Didier Dietschi / Roberto Spreafico

Adhäsive metallfreie Restaurationen

Aktuelle Konzepte für die ästhetische Versorgung im Seitenzahnbereich

Adhäsive metallfreie Restaurationen

Aktuelle Konzepte für die ästhetische Versorgung im Seitenzahnbereich

Didier Dietschi, Dr. med. dent.
Dozent
Abteilung für restaurative Zahnheilkunde und Endodontie
Universität Genf

Roberto Spreafico, Dr. med., Dr. med. dent.
Busto Arsizio, Italien

Deutsche Übersetzung:
Dr. med. dent. Matthias Kalwitzki, Tübingen

Quintessenz Verlags-GmbH
Berlin, Chicago, London, São Paulo, Tokio,
Moskau, Warschau, Prag

Die Deutsche Bibliothek – CIP Einheitsaufnahme

Dietschi, Didier:
Adhäsive metallfreie Restaurationen: aktuelle Konzepte für die
ästhetische Versorgung im Seitenzahnbereich / Didier Dietschi ; Roberto Spreafico.
Dt. Übers.: Matthias Kalwitzki. – Berlin; Chicago; London;
São Paulo; Tokio; Moskau; Warschau; Prag: Quintessenz-Verl., 1997
ISBN 3-87652-144-0
NE: Spreafico, Roberto:

Druck- und Bindearbeiten: Bosch-Druck, Landshut

ISBN 3-87652-144-0
Printed in Germany

Widmung

Meinen Eltern und meinem Bruder, Jean-Michel, deren Unterstützung und Ermutigung dieses Buch möglich gemacht hat.

Didier Dietschi

Meinen Eltern, ohne deren Hilfe ich nicht da wäre, wo ich bin. Meinen Kindern Veronica, Benedetta, Nicolo, bei denen ich mich dafür entschuldigen möchte, daß ich die Zeit mit der Arbeit an diesem Buch und nicht mit ihnen verbracht habe.
Meiner Frau Nicoletta für ihre Geduld und ihr Verständnis.
Mein Dank gilt außerdem meinen Schwiegereltern Gigi und Elda für ihre Unterstützung.

Roberto Spreafico

Danksagung

Unser ganz besonderer Dank gilt unserem Mentor, Prof. Jacques Holz, der uns nicht nur die Prinzipien einer herausragenden restaurativen Zahnheilkunde näherbrachte, sondern auch eine Denkweise und akademische Sicht der Dinge, die uns im täglichen Umgang mit der adhäsiven Zahnheilkunde eine große Hilfe war.

Wir wollen außerdem unserem Dank gegenüber den Mitarbeitern des zahntechnischen Labors der Abteilung für restaurative Zahnheilkunde und Endodontie der Universität Genf Ausdruck geben, insbesondere Marie-Claude Bijon, Nicole Allenspach und Francine Gross für Ihre Hilfsbereitschaft und Unterstützung bei der Herstellung sämtlicher Materialien mit dem Rasterelektronen-, dem Fluoreszenz- und dem Polarisierten Lichtmikroskop.

Ein herzliches Dankeschön außerdem an die Mitarbeiter in unseren beiden Praxen, deren Fachkompetenz und Hilfe bei der Erstellung des in diesem Buch präsentierten klinischen Materials von unschätzbarem Wert war.

Vorwort

Urs C. Belser, Prof. Dr. med. dent.
Leiter der Abteilung für Festsitzende Prothetik und Okklusion
Universität Genf, Schweiz

Während der letzten beiden Jahrzehnte hat die adhäsive restaurative Zahnmedizin zunächst im Frontzahngebiet und später auch im Seitenzahngebiet in zunehmendem Maße ihr großes klinisches Potential unter Beweis gestellt. Als Hauptgründe für diese Entwicklung sind insbesondere drei zu nennen: (i) die ständige Suche nach spezifischen, weniger invasiven restaurativen Methoden, (ii) das ständig wachsende Bedürfnis der Patienten nach ästhetisch ansprechenden Lösungen und (iii) die intensiv geführte Diskussion um den Einsatz von Amalgam in der Zahnheilkunde. Als unmittelbare Folge davon sieht sich der Praktiker mit einer beeindruckenden Vielzahl häufig sehr komplexer Wahlmöglichkeiten und den damit verbundenen Materialien und Vorgehensweisen konfrontiert, wenn es darum geht, verschiedene Ausprägungen und Schweregrade von Läsionen im Seitenzahngebiet zu versorgen. Die Autoren des vorliegenden Buches, Dr. Didier Dietschi und Dr. Roberto Spreafico, sind mit diesem Werk ihrem hohen Anspruch, dem Praktiker einen vollständigen, kritischen und systematischen Überblick über die wichtigsten modernen Konzepte, ihre klinische Prognose, die richtige Indikationsstellung und die entsprechenden Entscheidungskriterien zu vermitteln, in bemerkenswerter Weise gerecht geworden. Insbesondere wurde eine sehr sinnvolle Einteilung von jegliche klinische Situation betreffenden Techniken und restaurativen Strategien vorgenommen, an die sich eine detaillierte Erläuterung verschiedener Präparationstechniken, direkter, semi-direkter und indirekter Restaurationstechniken sowie Maßnahmen zur Eingliederung und Ausarbeitung von adhäsiven Restaurationen anschließen. Als erfahrene Praktiker und gleichzeitig in der klinischen Forschung tätige Wissenschaftler gelang es den beiden Autoren, ihr Themengebiet, durch wissenschafliche Daten und REM-Aufnahmen ergänzt, in höchst anschaulicher und praktisch orientierter Art und Weise darzustellen. Mit seinen sehr sorgfältig ausgewählten klinischen Step by Step-Vorgehensweisen und seiner exzellenten Bebilderung stellt dieses Buch ohne Frage den momentan gültigen Stand der Technik auf dem Gebiet metallfreier ästhetischer Seitenzahnrestaurationen dar und vermittelt damit sowohl dem Studenten der Zahnmedizin als auch dem praktisch tätigen Zahnmediziner das essentielle Know-how. Es wird daher innerhalb der zahnmedizinischen Zielgruppe zweifellos die Verbreitung und Anerkennung finden, die ihm auf Grund seiner hohen Aktualität zukommt. Es war mir deshalb eine ganz besondere Ehre und ein Privileg, dieses Vorwort zu verfassen.

Genf, im September 1996

Urs C. Belser

Inhaltsverzeichnis

1 ***Gründe für die ästhetische Restauration im Seitenzahngebiet***

Seite 13

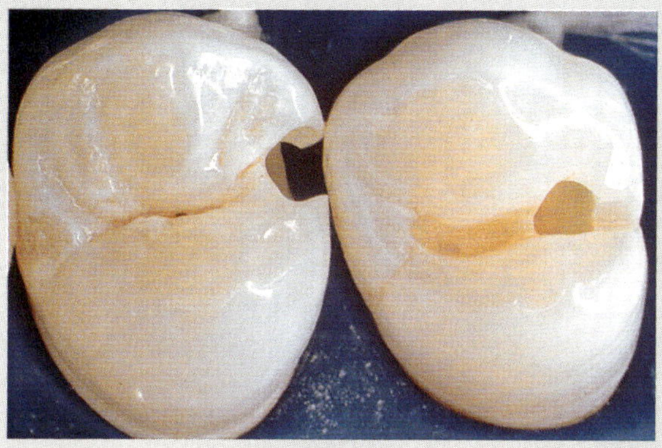

2 ***Historischer Überblick***

Seite 27

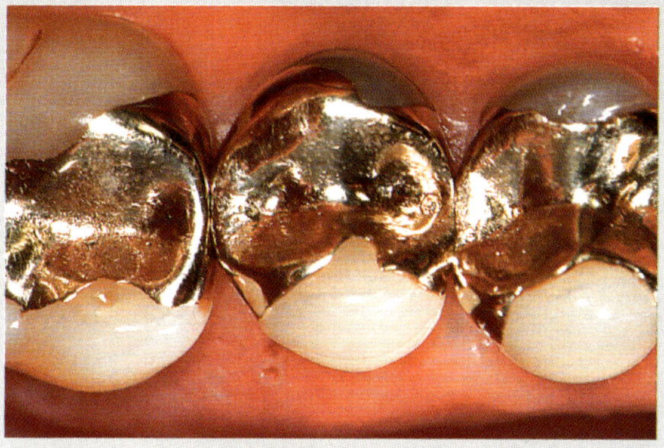

3 ***Restaurative Materialien***

Seite 35

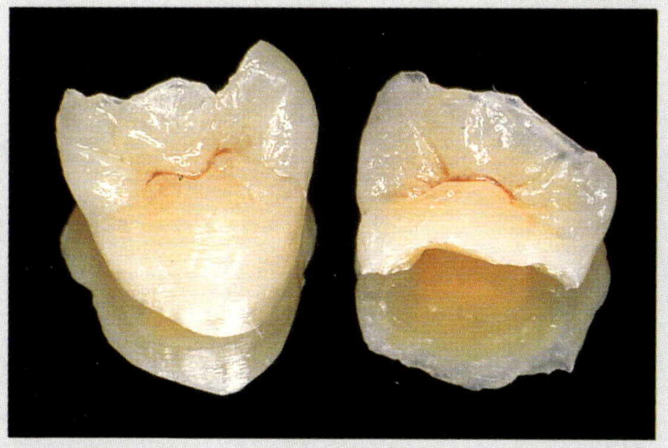

4 *Klassifikation restaurativer Techniken und Vorgehensweisen* Seite 61

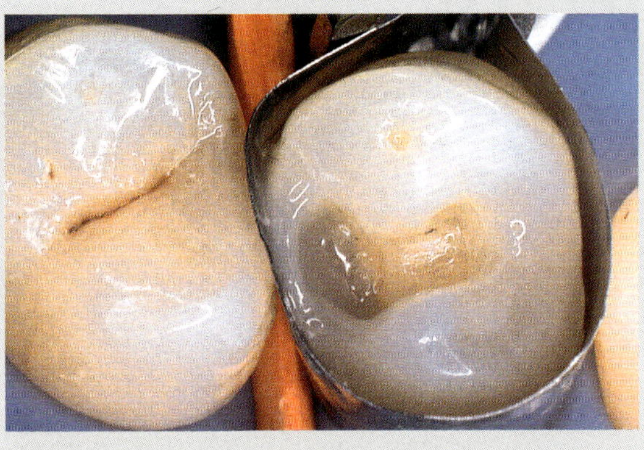

5 *Präparation* Seite 79

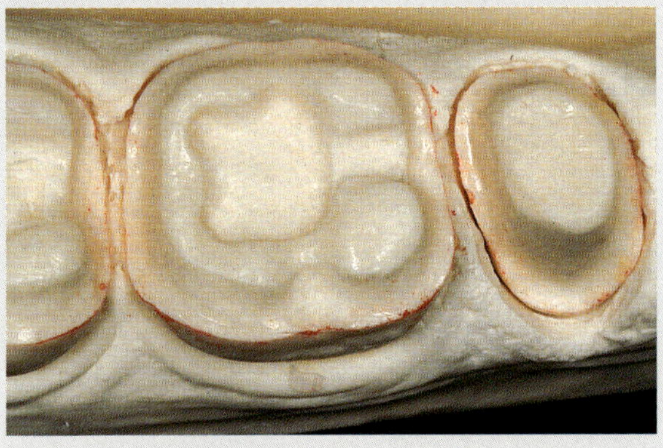

6 *Direkte Techniken* Seite 101

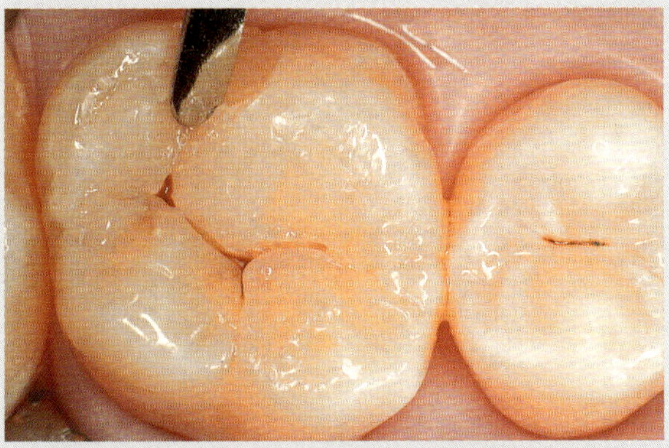

7 *Semi-direkte Techniken* Seite 121

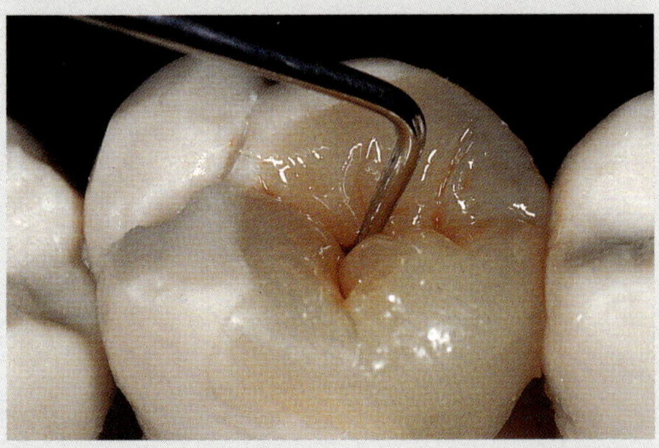

8 ***Indirekte Techniken***

Seite 139

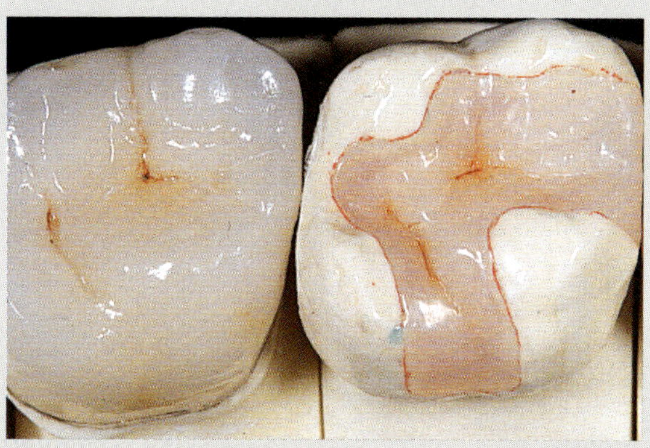

9 ***Neue Technologien zur Herstellung zahnfarbener Restaurationen***

Seite 169

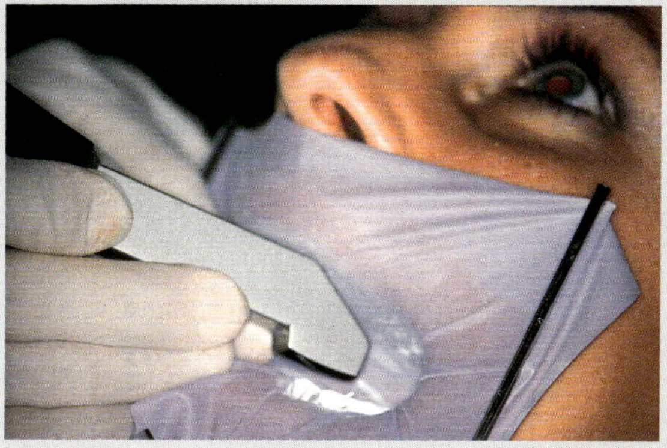

10 ***Vorgehensweisen beim Einsetzen***

Seite 185

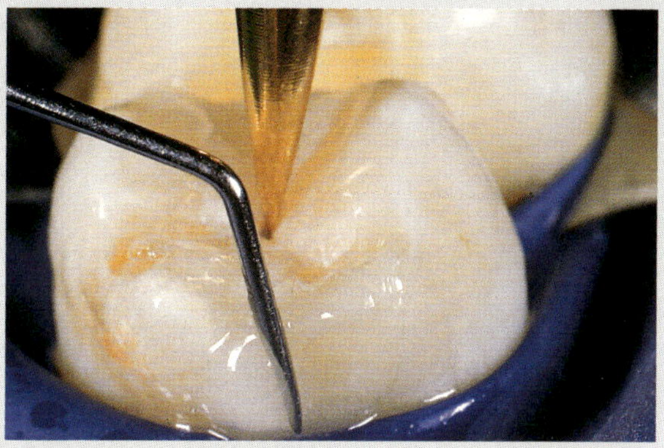

11 ***Ausarbeitung und Politur***

Seite 203

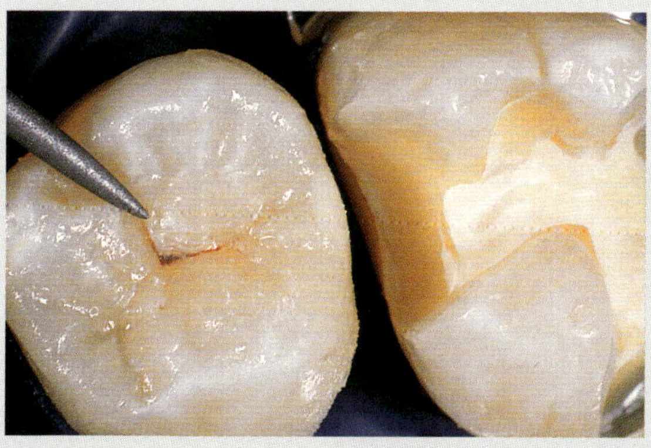

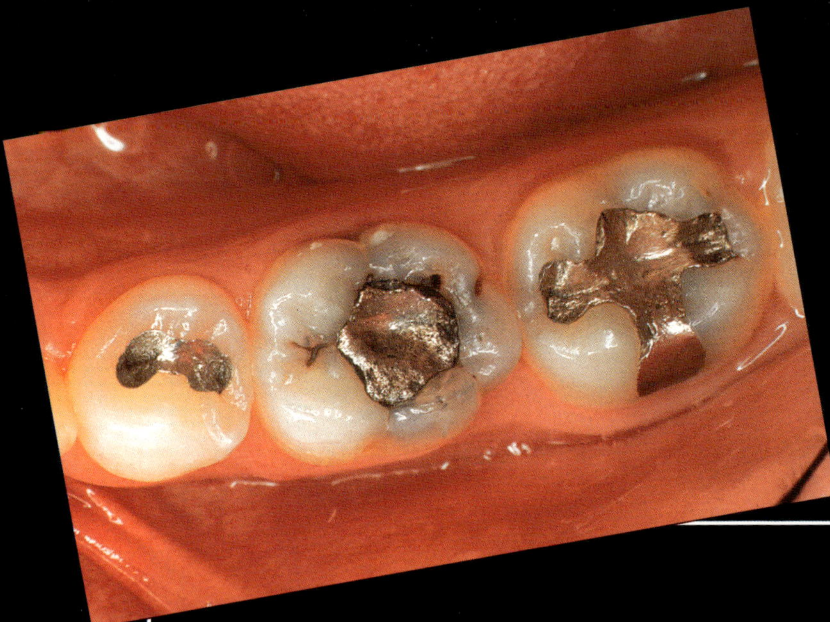

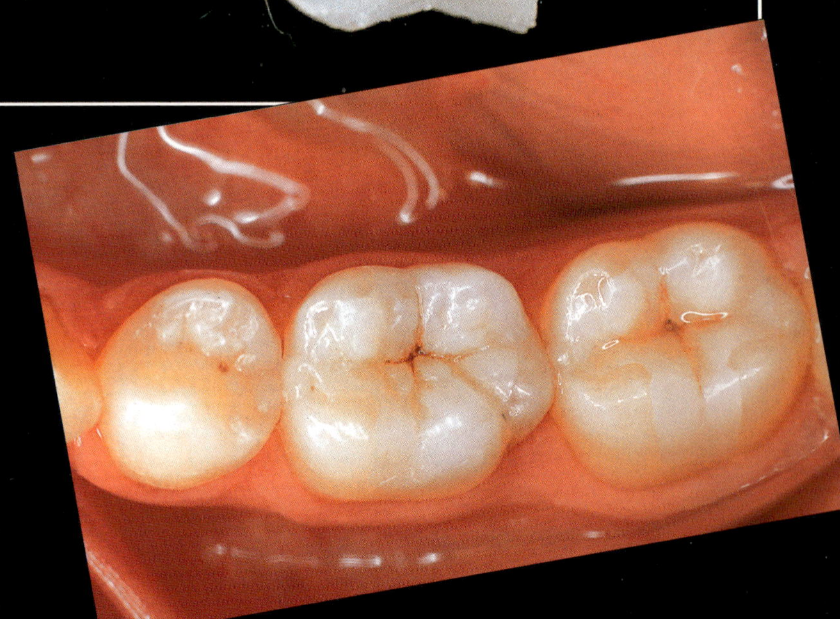

1 Gründe für die ästhetische Restauration im Seitenzahngebiet

Zahnärztliche Prävention und verbesserte Mundhygiene haben zu einer deutlichen Abnahme kariöser Erkrankungen (De Crousaz et al. 1985) und der Notwendigkeit prothetischer Behandlungsmaßnahmen geführt (Abb. 1-1). Dies stellte in der Folge die traditionellen Konzepte der Zahnheilkunde in Frage und führte zu einer veränderten Gewichtung der restaurativen Zahnheilkunde, wobei insbesondere die konservierend-adhäsiven Techniken in den Vordergrund rückten (Nathanson, 1991) (Abb. 1-2 bis 1-4). Adhäsive Techniken und Materialien haben sich seit den frühen

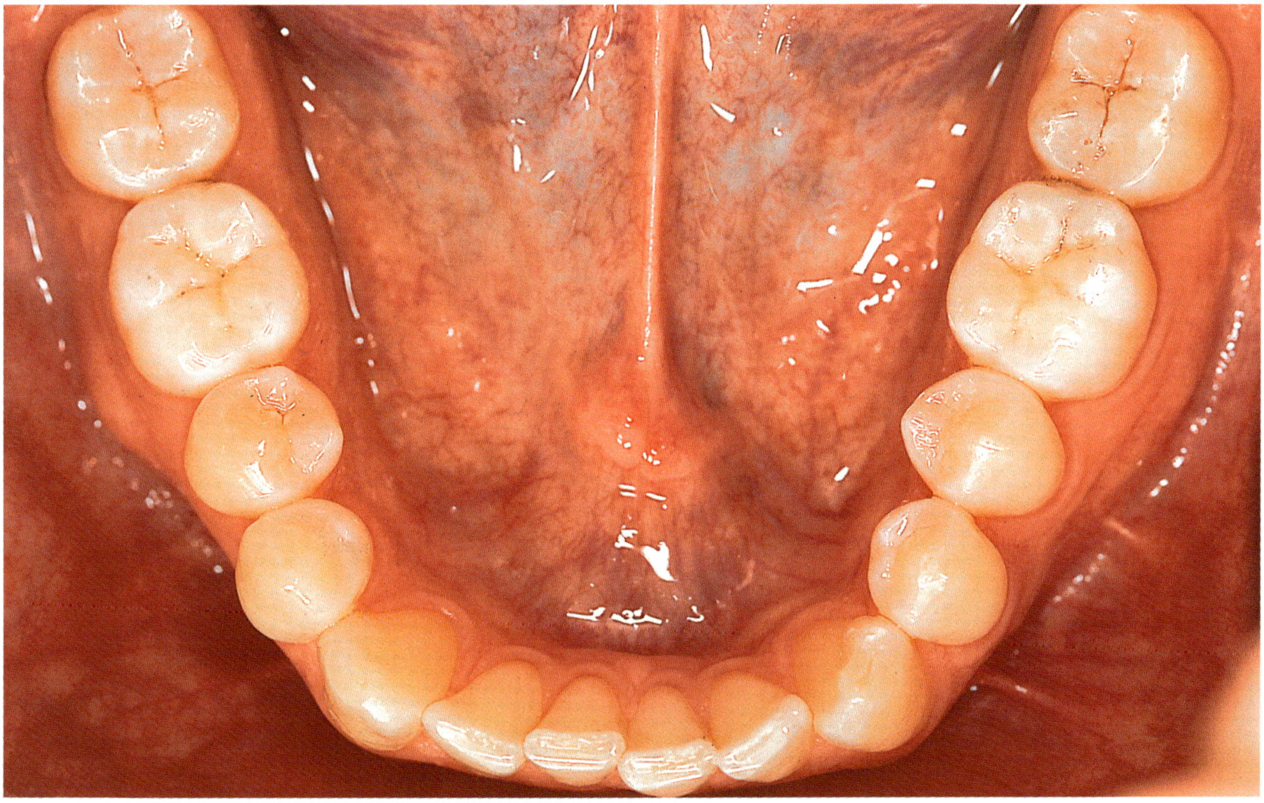

Abb. 1-1 Kariesfreies Gebiß eines 35jährigen Patienten, an dem die Vorzüge von Prävention und Mundhygiene sichtbar werden.

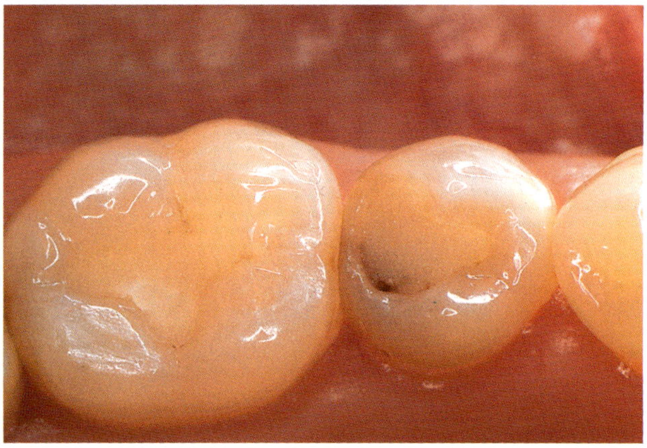
Abb. 1-2 a

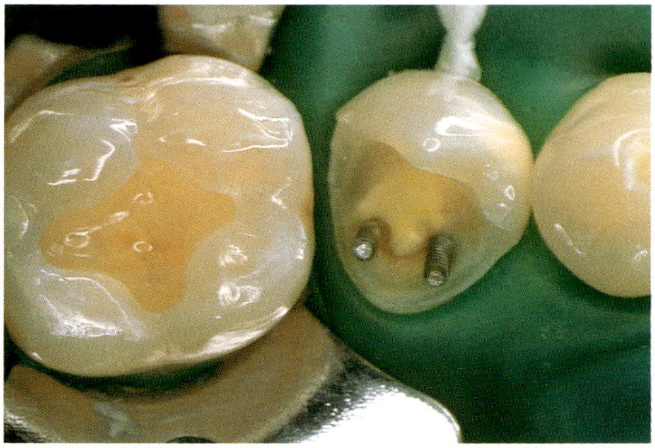
Abb. 1-2 b

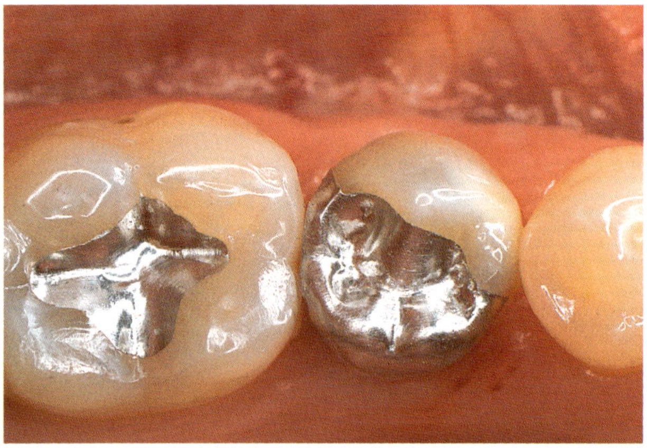
Abb. 1-2 c

Abb.1-2 Präoperative Ansicht einer Sekundärkaries an einer alten Restauration an einem unteren Prämolaren und Abnutzungserscheinungen von Komposit an Prämolar und Molar (a). Während der Kavitätenpräparation mußten, den für die Versorgung mit Amalgam spezifischen Präparationsregeln gemäß, für geometrische Retention und mechanische Widerstandsform ein lingualer Höcker geopfert und zwei parapulpäre Stifte gesetzt werden (b). Fertige Amalgamfüllungen (c).

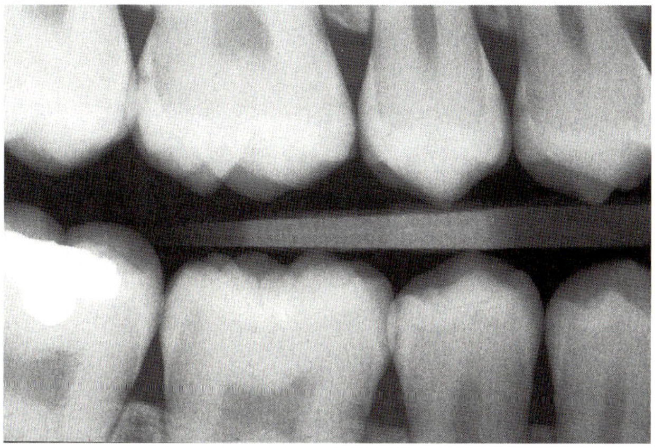

Abb. 1-3 a

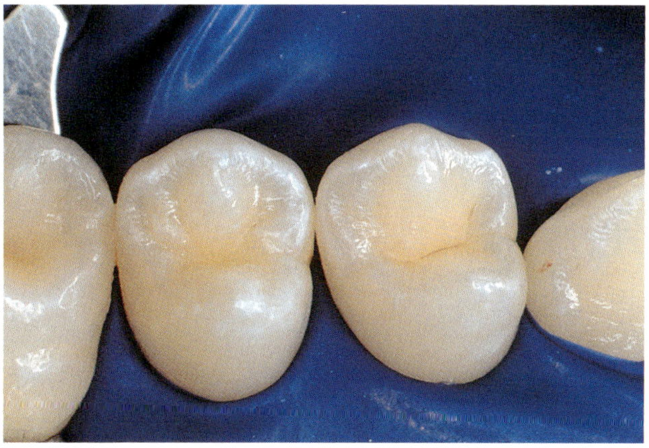

Abb. 1-3 b

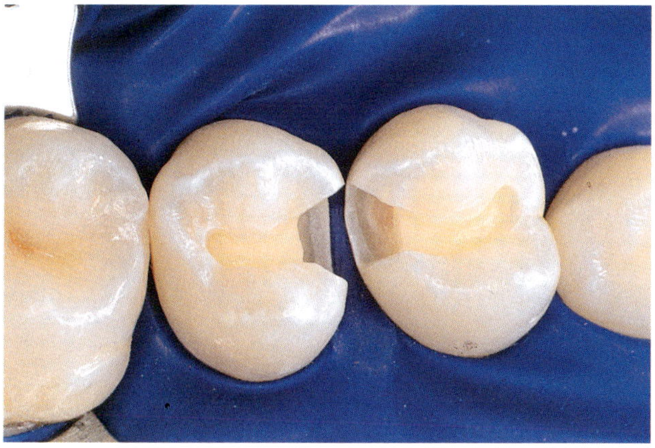

Abb. 1-3 c

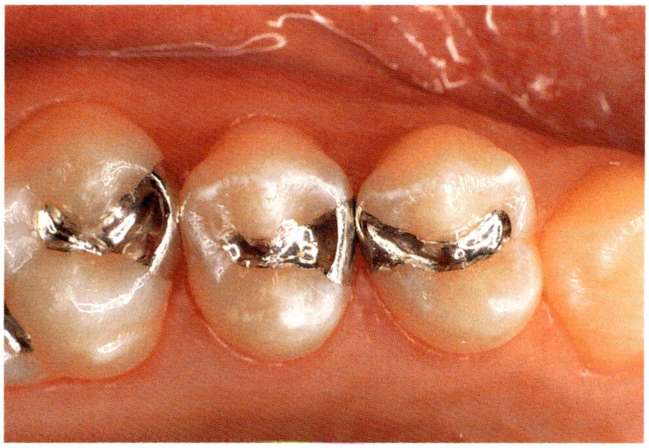

Abb. 1-3 d

Abb. 1-3 Bißflügelaufnahme von kariösen Läsionen mit Dentinbeteiligung an den Zähnen 14 und 15 (a). Klinische Ansicht der intakten Okklusalflächen (b). Die traditionelle Vorgehensweise bei der Versorgung dieser Läsionen mit Amalgam machte die okklusale Extension der Kavität erforderlich (c). Postoperative Ansicht (d).

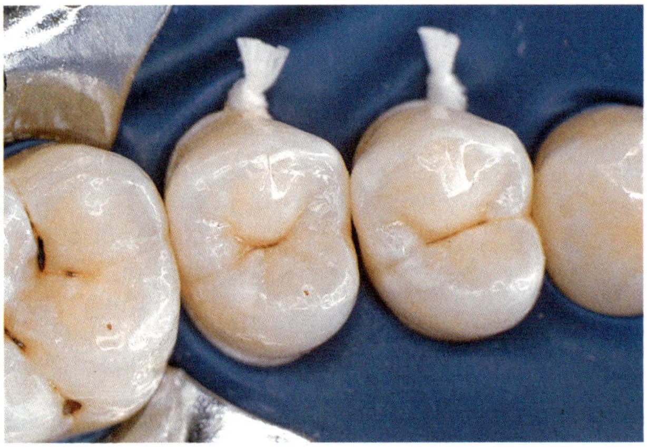

Abb. 1-4 a

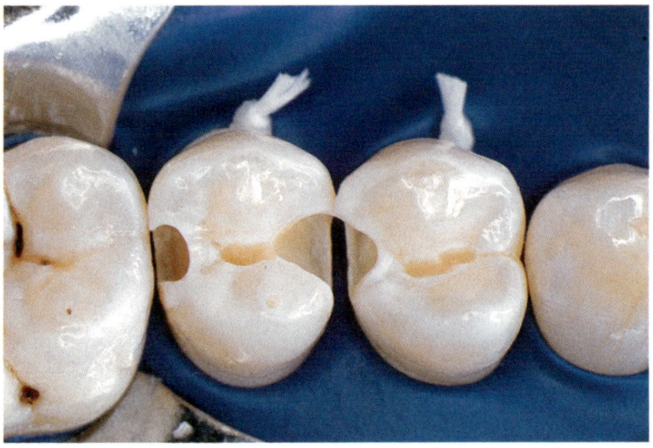

Abb. 1-4 b

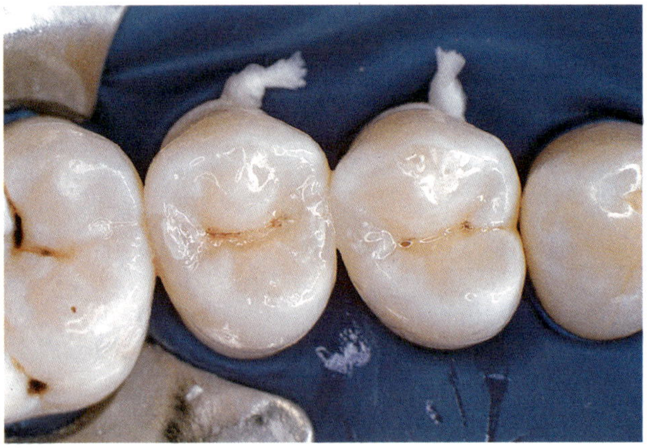

Abb. 1-4 c

Abb.1-4 Ausgangsbefund eines Falles ähnlich dem in Abb. 1-3 gezeigten. Durch eine zahnhartsubstanzschonende Vorgehensweise wird die Kavitätengröße bei Verwendung adhäsiver Techniken durch die Ausdehnung der kariösen Läsion bestimmt und ermöglicht eine maximale Zahnhartsubstanzschonung (c). Ansicht nach Anwendung von Kompositen (direkte Technik) (d).

Abb.1-5 Mögliche Prognose eines kariös erkrankten Zahnes bei „klassischer" (a) und bei „adhäsiver" (b) Vorgehensweise. Vom Fortschreiten einer „natürlichen" kariösen Zerstörung und dem unvermeidlichen Verschleiß jeder Restauration abgesehen, ist die Wahrscheinlichkeit, daß die Behandlung des Zahnes aus mechanischen Gründen zu einem Mißerfolg wird, bei Anwendung konventioneller restaurativer Methoden größer. Im ungünstigsten Fall (linker Kreis) kann das Auftreten einer Infraktur vorzeitig zu einer Wurzelkanalbehandlung und einer protektiven Überkronung des Zahnes führen. Im günstigsten Fall (rechter Kreis) kann die Versorgung mit einem Onlay die Notwendigkeit einer präprothetischen Wurzelbehandlung und sukzessives Überkronen verhindern. Bei Anwendung zahnhartsubstanzschonender Prinzipien moderner Präparationstechniken sind unter Berücksichtigung der systemimmanenten Widerstandskräfte bei adhäsiv versorgten Zähnen Mißerfolge aus mechanischen Gründen nicht zu erwarten.

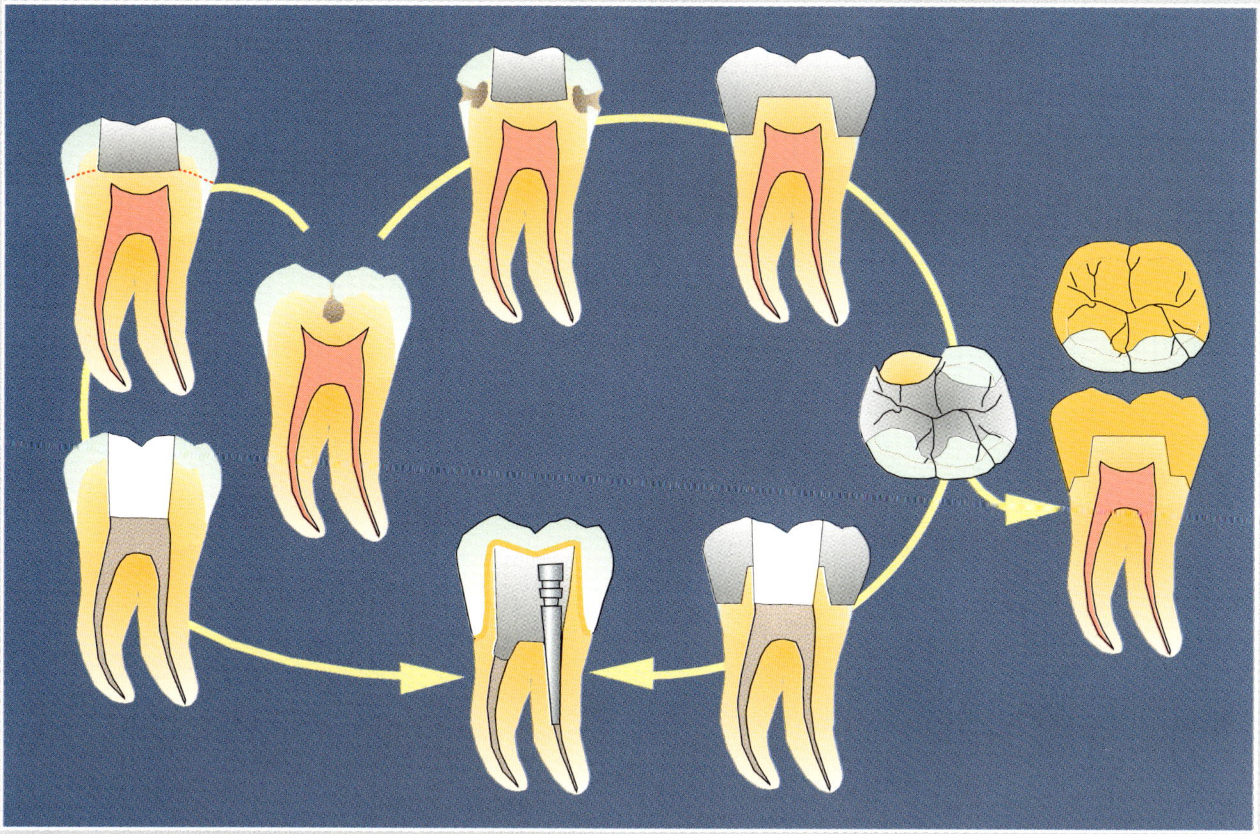

Abb. 1-5 a

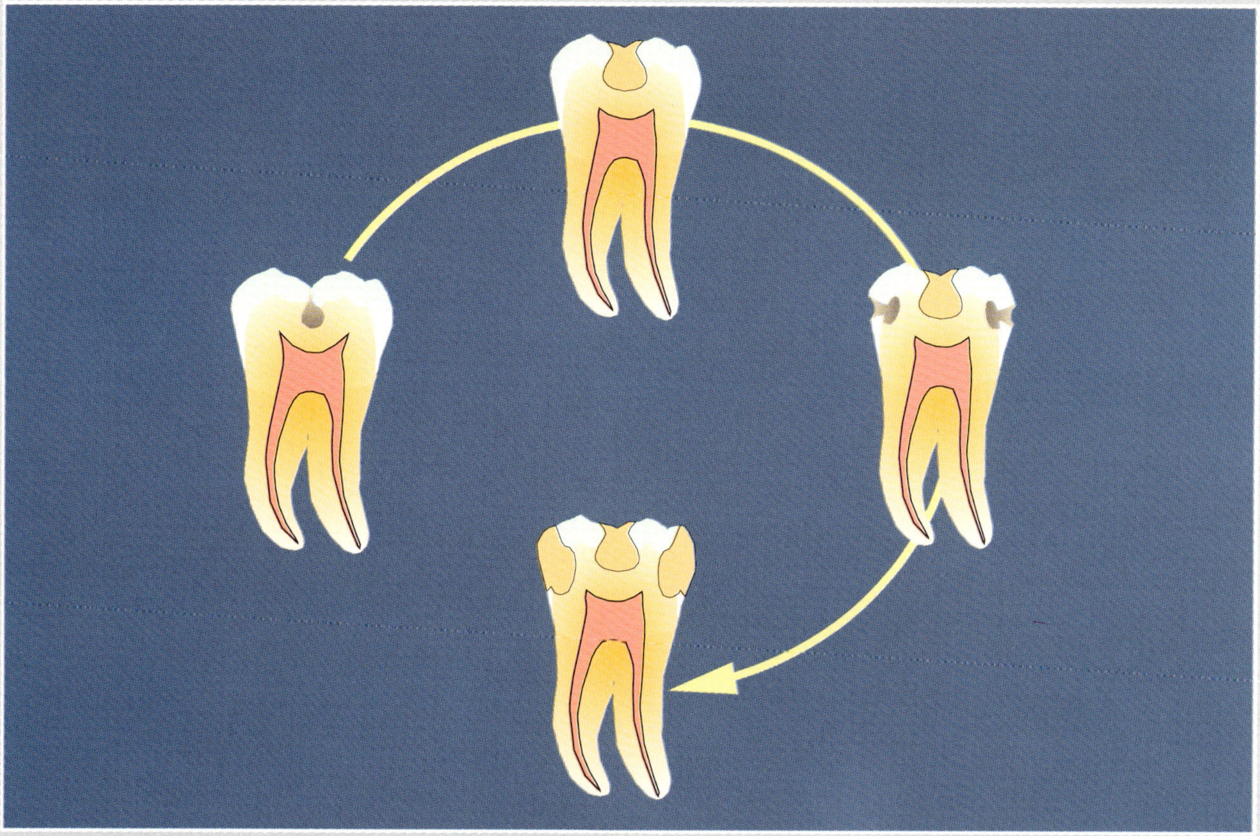

Abb. 1-5 b

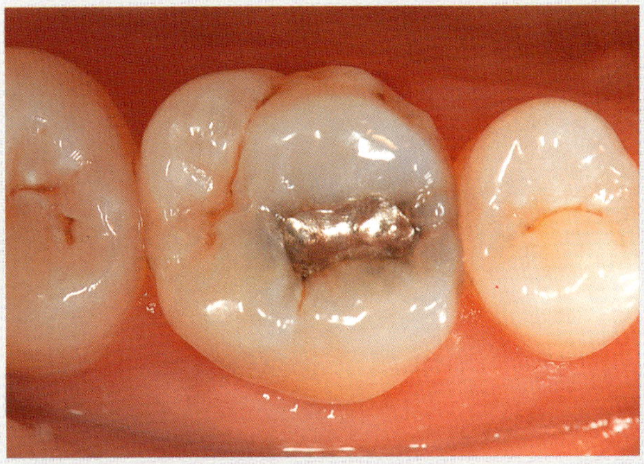

Abb. 1-6 a

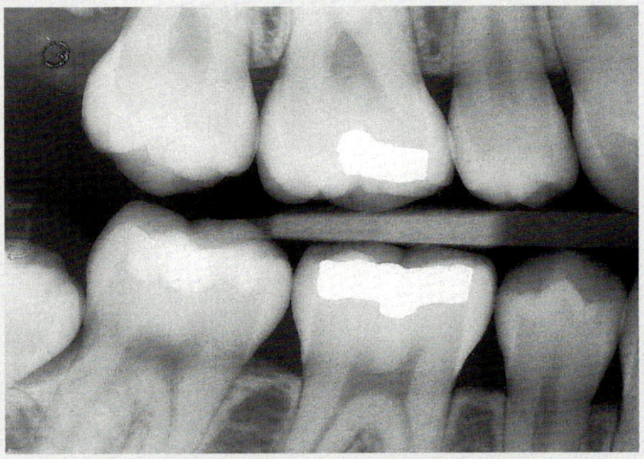

Abb. 1-6 b

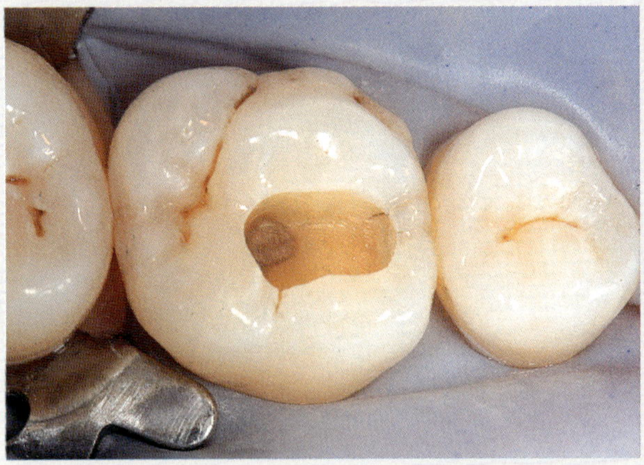

Abb. 1-6 c

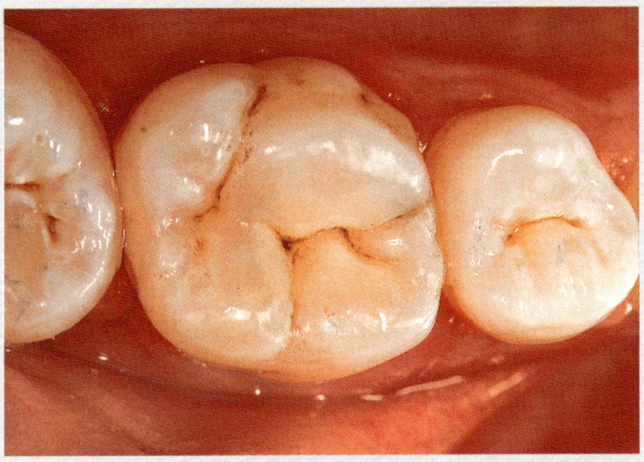

Abb. 1-6 d

Abb. 1-6 Klinische Falldarstellung eines Zahnes mit Infraktur (Fall 1).
Dieser erste obere Molar, der mit einer kleinen okklusalen Amalgamfüllung versorgt war, entwickelte eine Sensibilität auf Druck (a-b). Nach Entfernung der Restauration war im mesialen Anteil des Zahnes eine Infraktur sichtbar (c). Unter Anwendung der direkten Technik wurde der Zahn mit einer Kompositfüllung versorgt, um die Zahnhartsubstanzen zu stützen und abzudichten. Die Drucksensibilität bildete sich daraufhin zurück (d).

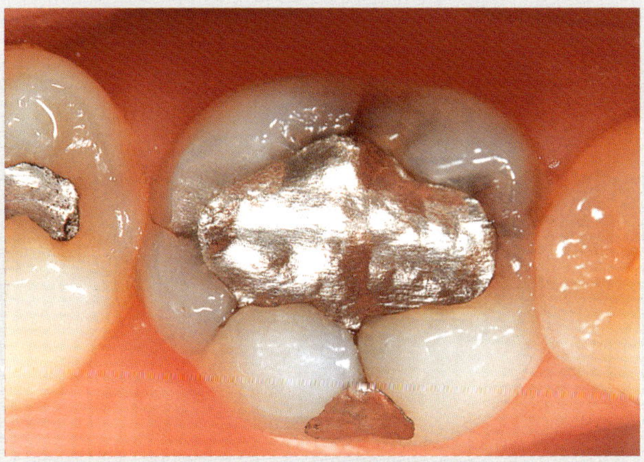

Abb. 1-7 a

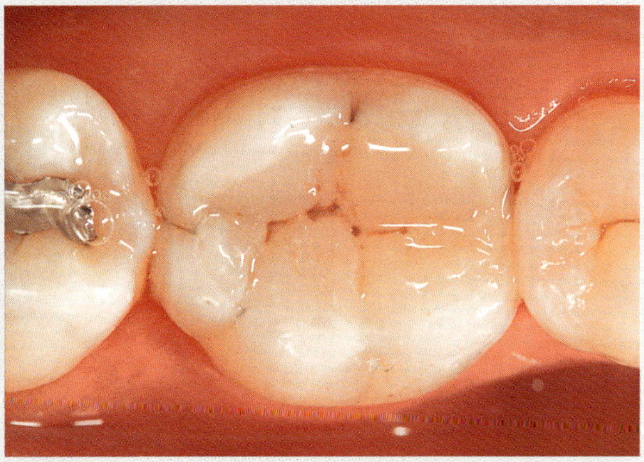

Abb. 1-7 b

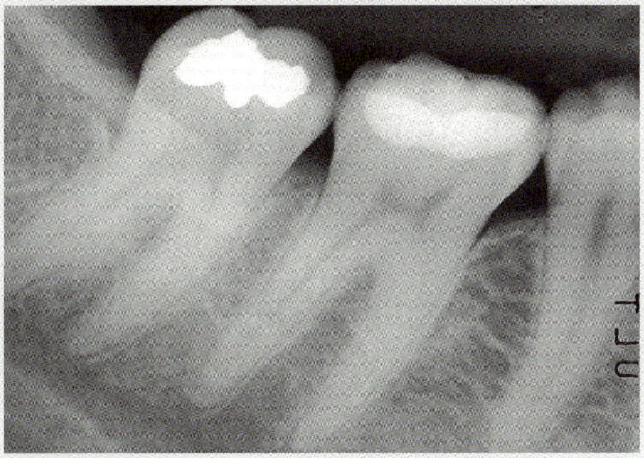

Abb. 1-7 c

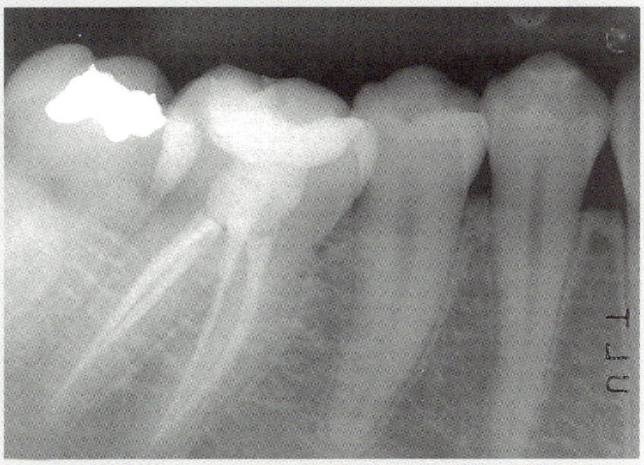

Abb. 1-7 d

Abb. 1-7 Klinische Falldarstellung eines Zahnes mit Infraktur (Fall 2).
An diesem unteren Molaren, der mit einer großen Klasse-I-Amalgamfüllung versorgt war, waren Bruchgefährdung des versorgten Zahnes und fehlende Höckerüberkuppelung mit Sicherheit ausschlaggebend für die ausgeprägte Infraktur, sichtbar sowohl am mesialen als auch am distalen Rand. Dies führte mit einer hohen Wahrscheinlichkeit zu den hier vorliegenden Beschwerden Spontanschmerz und Druckschmerzhaftigkeit (a). In einem ersten Schritt wurde versucht, die Symptomatik auf adhäsive Weise mit einem intraoral angefertigten Kompositinlay zu beheben (b). Das postoperative Röntgenbild zeigt, daß die ursprüngliche Präparation nicht sehr tief reichte (c). Diese Behandlung führte jedoch nur zu einer kurzzeitigen Besserung der Beschwerden, und schließlich mußte eine Wurzelkanalbehandlung durchgeführt werden (d). Es erscheint vertretbar, daß im Falle einer solchen relativ kleinen Klasse-I-Kavität die Versorgung mit einer Krone auf einen späteren Zeitpunkt verschoben wird.

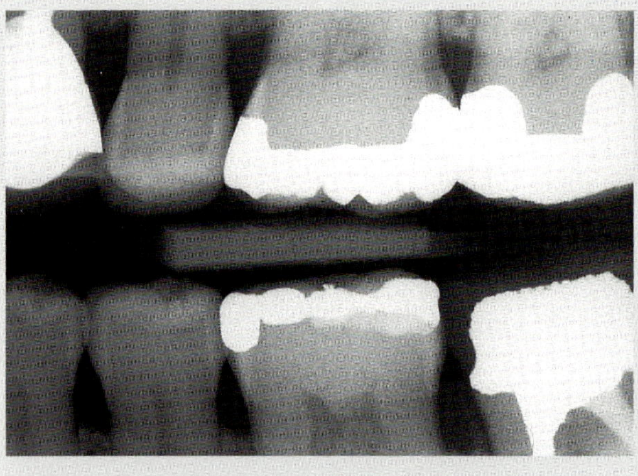

Abb. 1-8 a

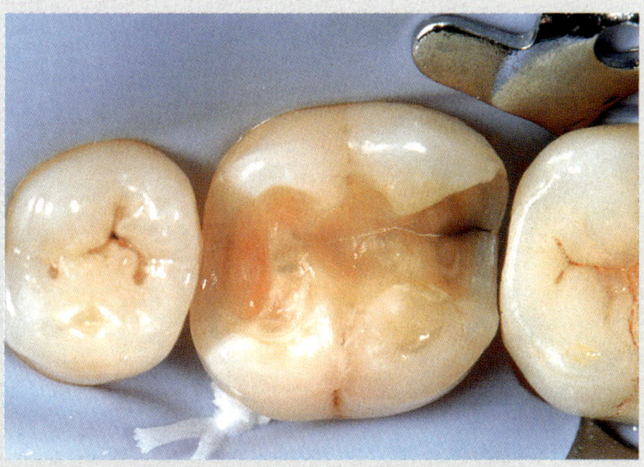

Abb. 1-8 b

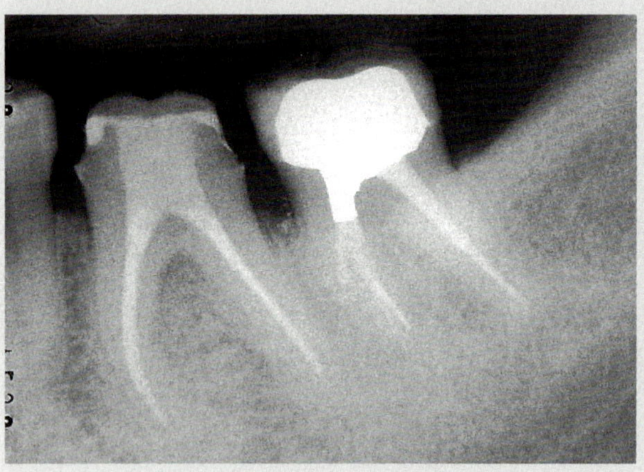

Abb. 1-8 c

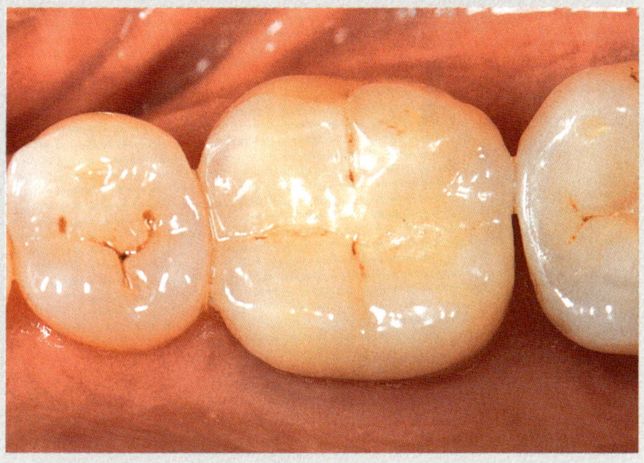

Abb. 1-8 d

Abb. 1-8 Klinische Falldarstellung eines Zahnes mit Rißbildung (Fall 3).
Obwohl diese kleine Klasse-II-Kavität an einem ersten unteren Molaren zum Zeitpunkt der klinischen und röntgenologischen Erstuntersuchung keine sichtbaren Defekte aufwies, klagte der Patient über Sensibilität auf Temperaturänderung und Druckschmerzhaftigkeit (a). Nach Entfernung der Amalgamfüllung wurde eine tiefe Infraktur sichtbar, wobei die Verfärbung des umliegenden Gewebes auf eine Randundichtigkeit hinwies (b). Wie im vorher gezeigten Fall mußte auch hier eine endodontische Therapie durchgeführt werden, um die Symptomatik zu beseitigen (c). In diesem Fall legten die Rißbildung und der Kavitätenumfang eine Kronenpräparation nahe, damit der Zahn vor einer weiteren Progression der Infraktur geschützt werden konnte (d).

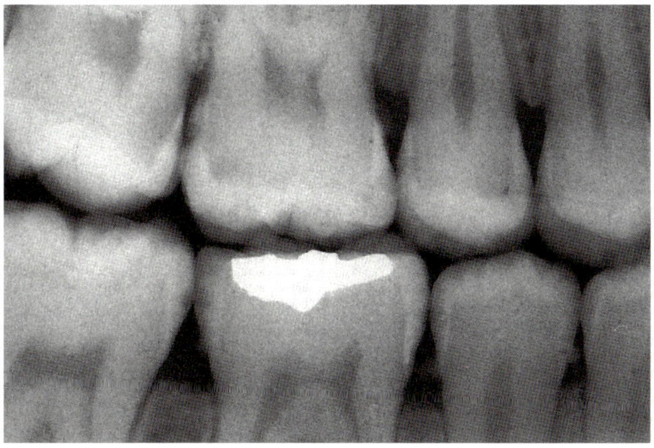

Abb. 1-9 a

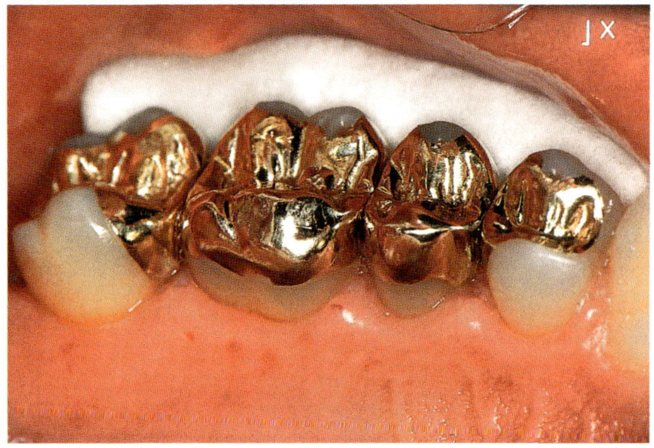

Abb. 1-9 b

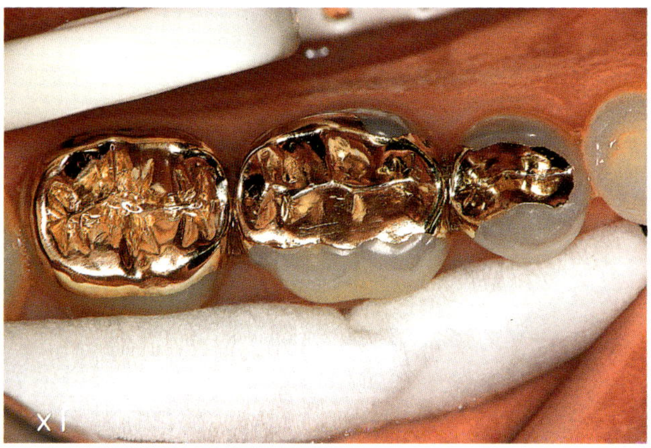

Abb. 1-9 c

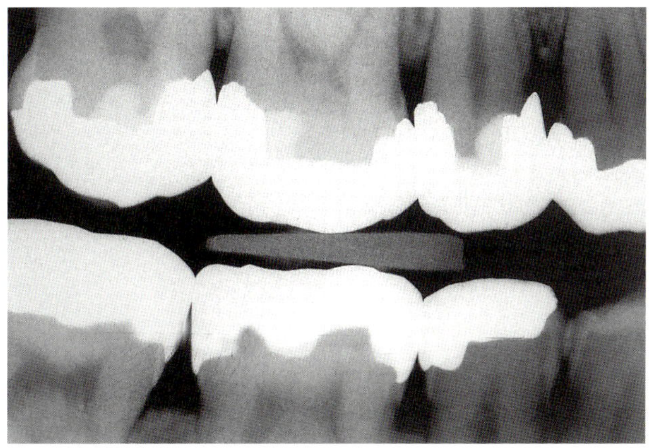

Abb. 1- 9 d

Abb. 1-9 Präoperatives Röntgenbild des ersten und vierten Quadranten (a). Wie aus den postoperativen klinischen Ansichten (b, c) und dem Röntgenbild (d) erkennbar, wurden die Läsionen mit großen Goldfüllungen versorgt. Früher gültige Präparationsregeln aufgrund geometrischer und sogenannter prophylaktischer Erwägungen, die mit dieser restaurativen Technik verbunden sind, haben hier zu einem enormen Verlust an gesunder Zahnhartsubstanz geführt (die Fotos erscheinen mit freundlicher Genehmigung von Prof. Jacques Holz, DMD, Abteilung für restaurative Zahnheilkunde der Universität Genf).

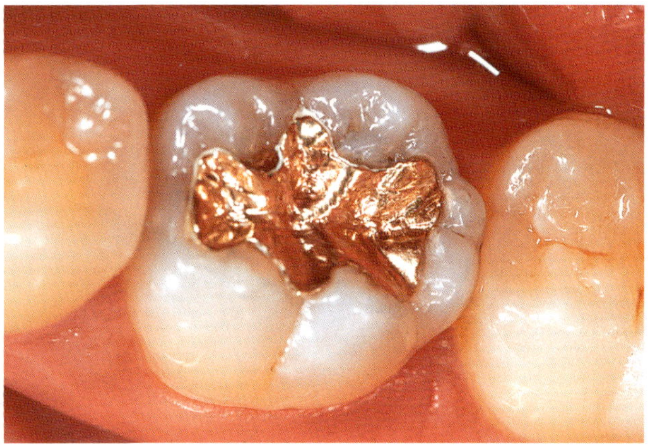

Abb. 1-10 a

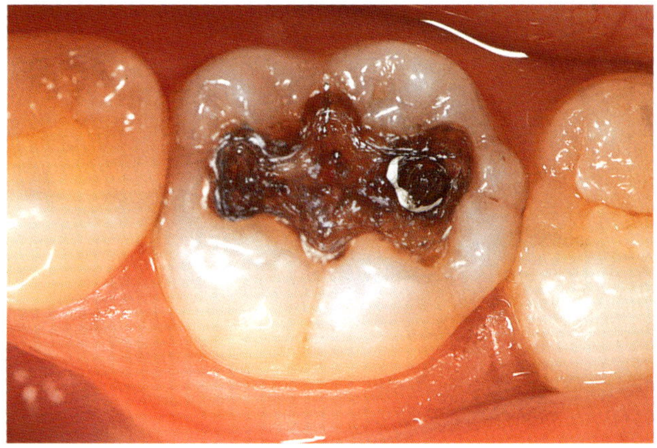

Abb. 1-10 b

Abb. 1-10 Die Lockerung dieser okklusalen Goldgußrestauration (a), verbunden mit einer erheblichen Sekundärkaries (b), hatte vermutlich eine mangelhafte Randqualität der Restauration zur Ursache (die Fotos erscheinen mit freundlicher Genehmigung von Pascal Magne, DMD).

60er Jahren enorm verbessert. Auf wohl keinem anderen Gebiet der restaurativen Zahnheilkunde wurde so intensiv und kritisch geforscht.

Das ideale restaurative Material sollte bestimmte funktionelle Kriterien erfüllen:
Es muß

- eine maximal zahnhartsubstanzschonende Präparation erlauben,
- die Morphologie und die ursprünglichen mechanischen Belastungseigenschaften des Zahnes so wiederherstellen, daß die Erfüllung der vorherigen funktionellen Kriterien gewährleistet ist,
- eine optimale interne und externe Verträglichkeit besitzen und einen dichten Randschluß der Restauration ermöglichen, um Sekundärkaries, Pulpaschädigungen und Dentinsensibilitäten zu vermeiden,
- sich biologisch kompatibel zum umgebenden vitalen Zahnhartgewebe verhalten,
- eine gute Prognose bezüglich seiner Haltbarkeit aufweisen.

Keines der traditionellen metallischen Materialien konnte alle diese grundlegenden Forderungen in zufriedenstellender Weise erfüllen. Bei der Verwendung von Amalgam sind Infrakturen oder Frakturen des Zahnes (Cameron, 1964 und 1976; Cavel et al. 1985; Geurtsen, 1992) oder des restaurativen Materials sowie Verfärbungen ein altbekanntes Problem (Abb. 1-5 bis 1-8). Bei der Verwendung von Goldfüllungen muß, besonders bei Prämolaren, viel gesunde Zahnhartsubstanz für die Präparation geopfert werden (Abb. 1-9). Da der klinische Aufwand bei der Anfertigung von Goldrestaurationen außerdem sehr hoch ist, kommt es durch fehlerhafte Behandlungsschritte häufig zur Bildung von Sekundärkaries (Abb. 1-10). Darüber hinaus wird die Unbedenklichkeit des Amalgams und anderer Metalle, die in der Mundhöhle Verwendung finden, immer mehr in Zweifel gezogen, obwohl dafür definitive Beweise von wissenschaftlicher Seite fehlen (Bergman 1990, Wirz et al. 1990). So führten beispielsweise die von Patientenseite geäußerten Bedenken bezüglich einer po-

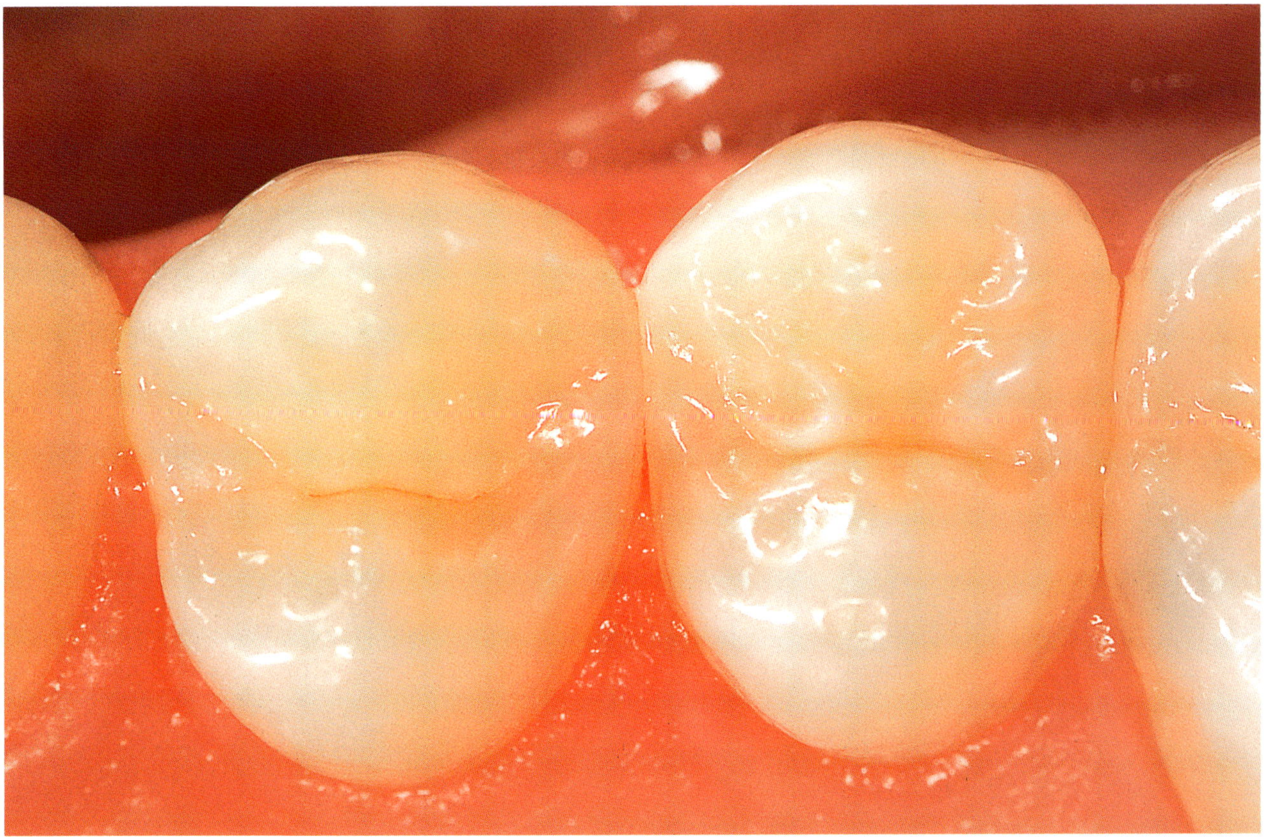

Abb. 1-11 Die Wiederherstellung natürlicher anatomischer und ästhetischer Verhältnisse sind grundlegende Behandlungsziele, um die Bedürfnisse der Patienten zu befriedigen und eine optimale Funktion zu gewährleisten. Die Harmonie von Farbabstimmung und anatomischen Details wird an diesen beiden oberen Prämolaren deutlich.

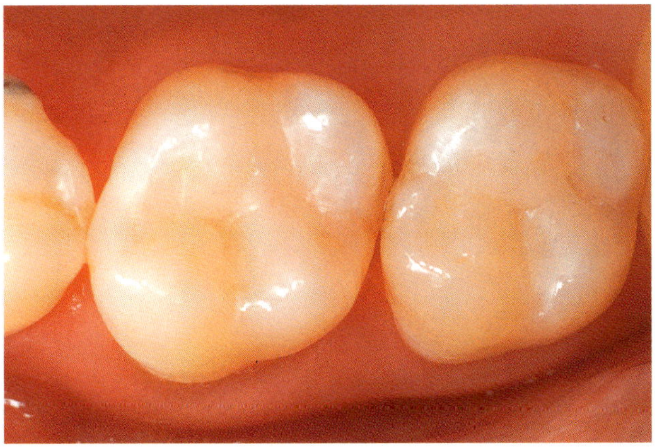

Abb. 1-12 a

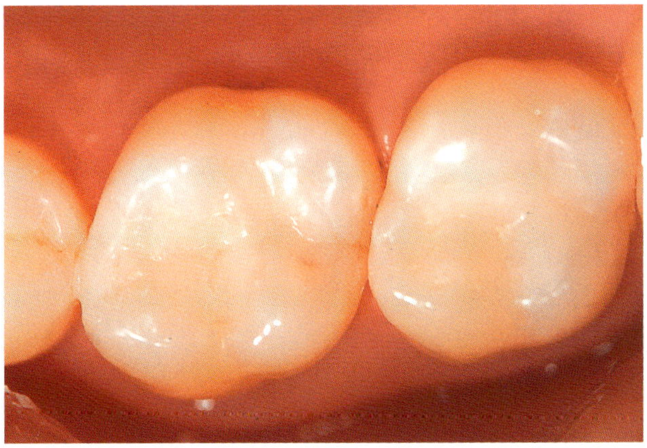

Abb. 1-12 b

Abb. 1-12 Fünf- (a) und Neun- (b) Jahreskontrollen von Klasse-I und Klasse-II Kompositfüllungen im Seitenzahngebiet, an denen die gute klinische Langzeitprognose der neuen ästhetisch ansprechenden Materialien deutlich wird.

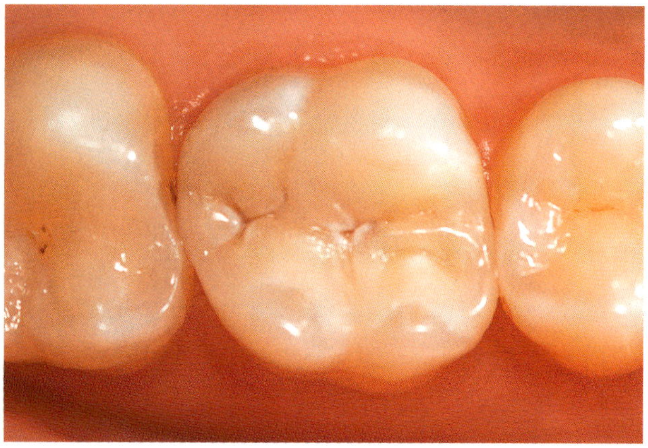

Abb. 1-13 a

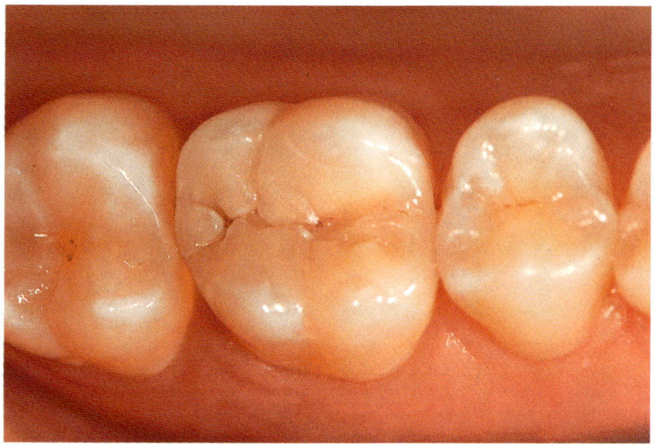

Abb. 1-13 b

Abb. 1-13 Drei- (a) und Fünf- (b) Jahreskontrollen eines Keramikinlays an einem ersten oberen Molar. Adhäsiv eingesetzte Keramikrestaurationen gewährleisten auch im Seitenzahngebiet die beste ästhetische Langzeitprognose, sind aber mit einem deutlich höheren Aufwand verbunden.

tentiellen Quecksilbertoxizität und damit verbundene ökologische Erwägungen zu einer immer größeren Ablehnung traditioneller Materialien und Techniken. Abgesehen von den materialspezifischen Mängeln ist es dennoch unbestritten, daß diese Materialien in der Hand sorgfältiger Behandler eine gute Langzeitprognose haben können.

Natürliche Ästhetik und Funktion ist die letzte Anforderung für die restaurative Versorgung im Seitenzahngebiet und möglicherweise diejenige, die die größte Herausforderung birgt (Abb. 1-11). Dieser Aspekt ist in letzter Zeit immer mehr ins Zentrum der Überlegungen von Patient und Zahnarzt gerückt. Die gegenwärtig verfügbaren adhäsiven Techniken und Materialien machen die ästhetische Versorgung der meisten Läsionen im Seitenzahngebiet mit einer ausreichend guten Prognose möglich, vorausgesetzt, daß das für die gegebene Situation richtige restaurative System angewandt wird (Abb. 1-12 und 1-13).

Literatur

Bergman M. Side effect of amalgam and its alternatives: local, systemic and environmental. Intern Dent J 1990;40:4–10.

Cavel WT, Kelsey WP, Blankenau RJ. In vivo study of cuspal fractures. J Prosthet Dent 1985;53:38–42.

Cameron CE. The cracked tooth syndrome. J Am Dent Assoc 1964;68:405–411.

Cameron CE. The cracked tooth syndrome: additional findings. J Am Dent Assoc 1976;93:971–975.

De Crousaz P, Marthaler TM, Wiesner V, Bandi A, Steiner M, Robert A, Meyer R. Caries prevalence in children after 12 years of salt fluoridation in a canton of Switzerland. Schweiz Monatsschr Zahnmed 1985; 95:805–815.

Geurtsen W. The cracked-tooth syndrome: clinical features and case reports. Int J Periodont Rest Dent 1992;12: 395–405.

Nathanson D. Current developments in esthetic dentistry. Curr Opin Dent 1991;1:206–211.

Wirz J, Ivanovic D, Schmidli F. Quecksilberberbelastung durch Amalgamfüllungen. Schweiz Monatsschr Zahnmed, 1990;100:1292–1298.

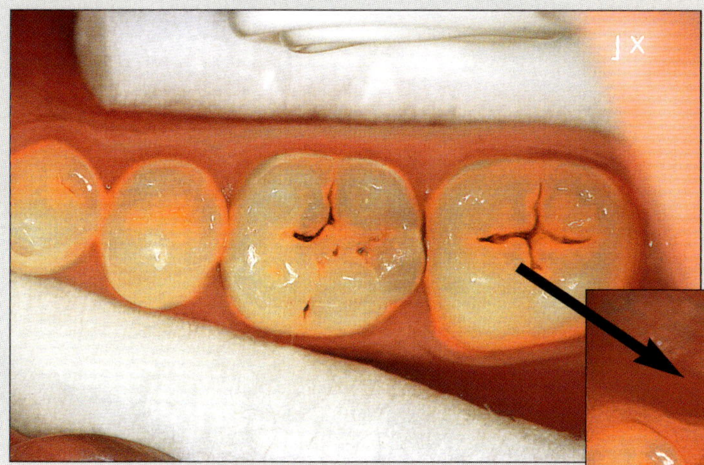

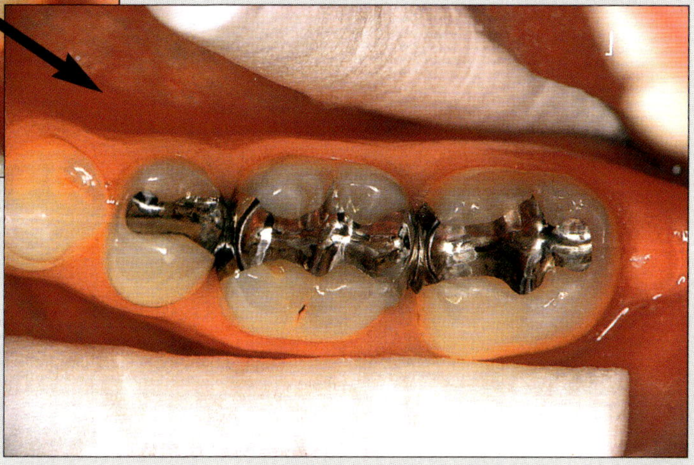

Traditionelle Vorgehensweise

Die restaurative Technik sollte dem Patienten und der klinischen Situation gemäß ausgewählt werden und nicht umgekehrt

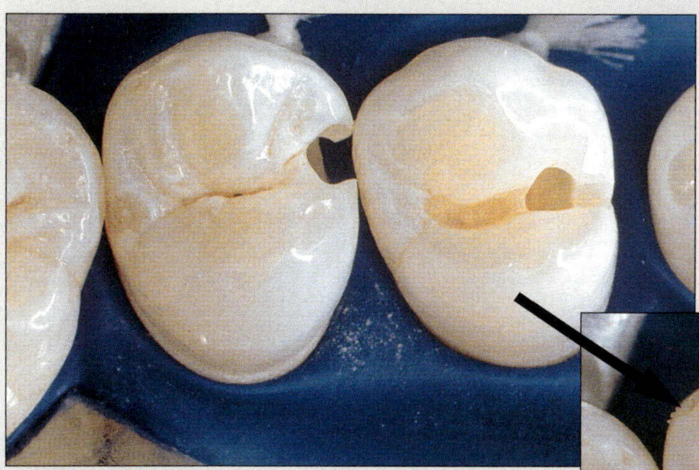

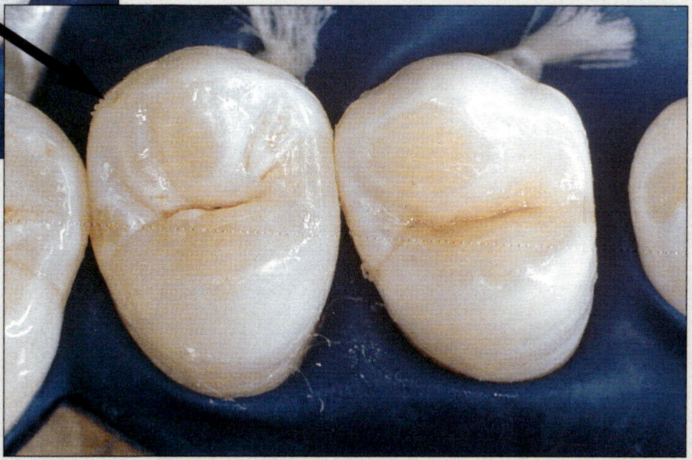

Moderne Vorgehensweise

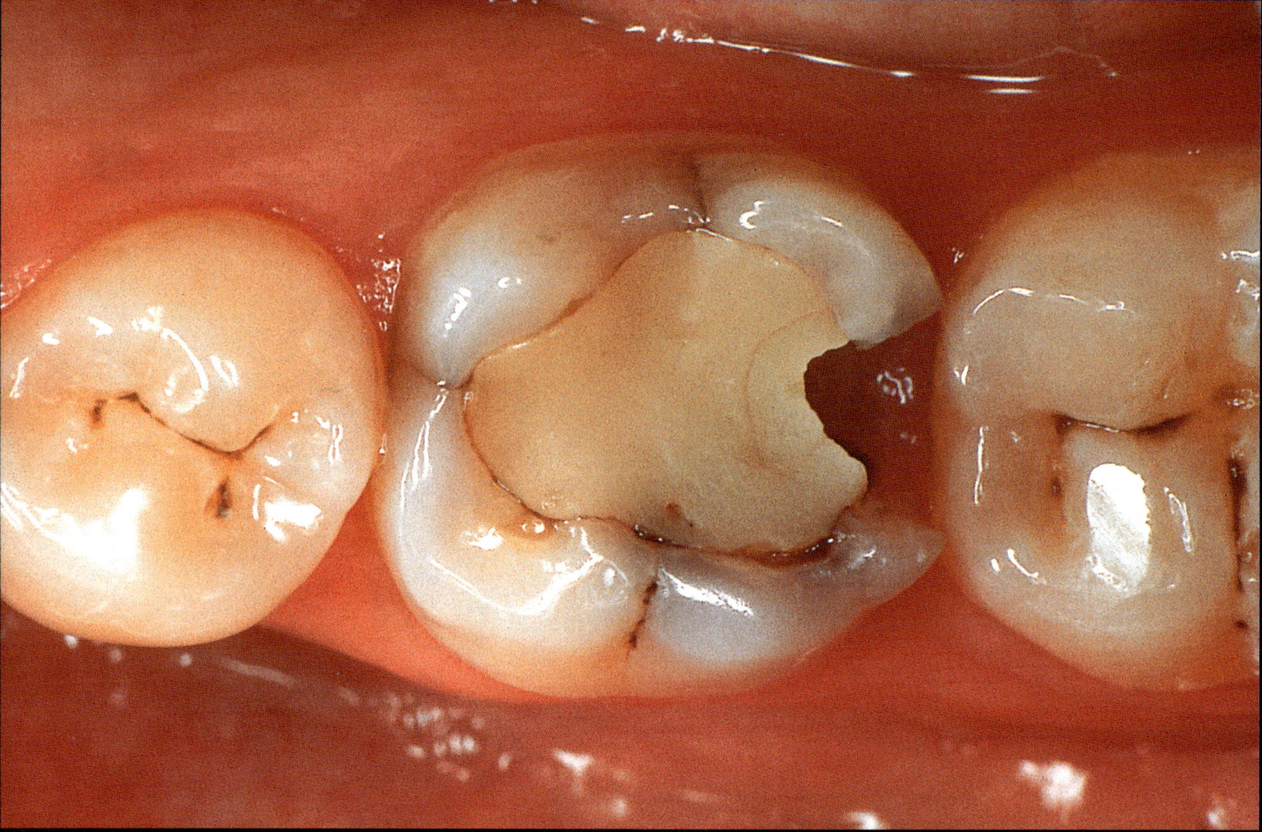

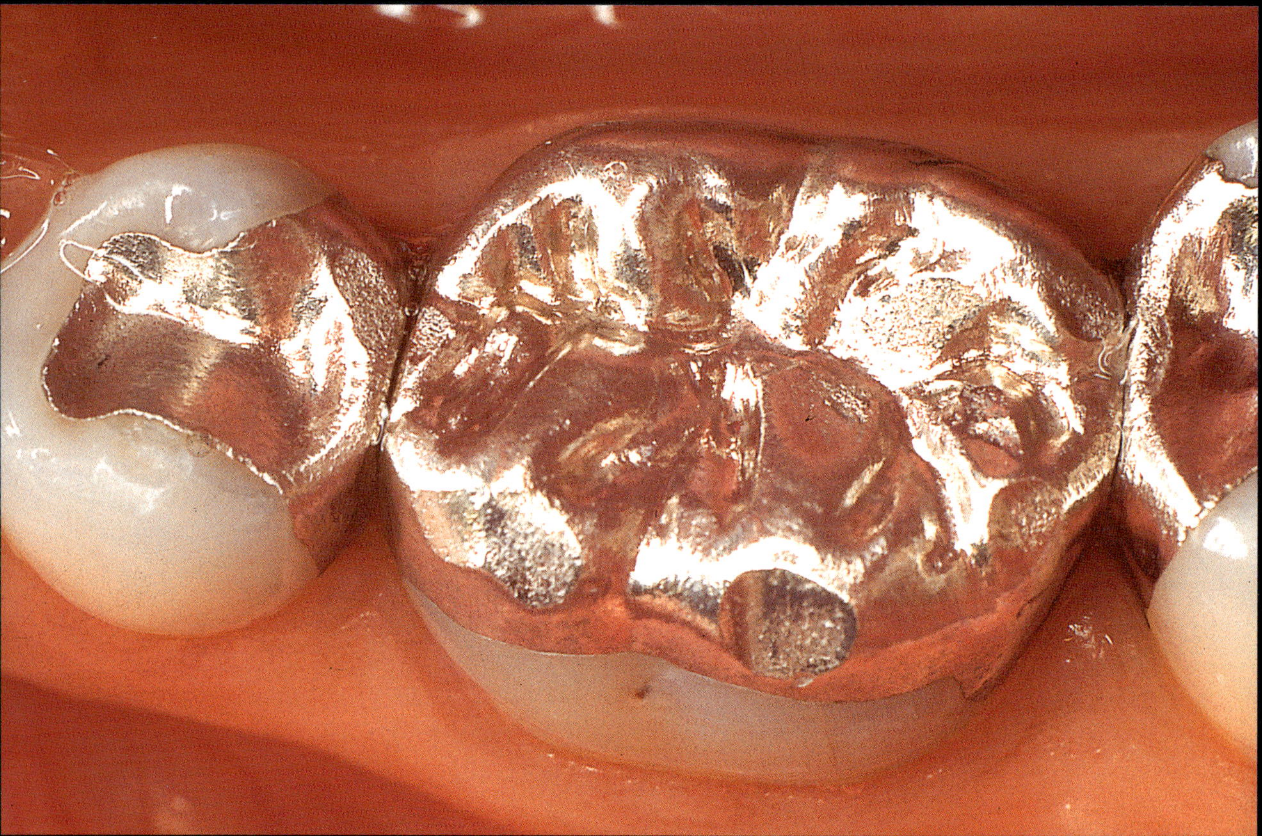

2 Historischer Überblick

Das Interesse an ästhetischen intrakoronalen Restaurationen entspringt keinem neuartigen Konzept. Schon im Jahre 1856 wurden vorgefertigte Keramikinlays, die mit Goldfolie abgedichtet wurden, als ästhetische Füllungen verwandt (Hoffmann-Axthelm, 1973). Ein weiteres Beispiel ist die Entwicklung von gesinterten Keramikinlays durch Herbst in Deutschland im Jahre 1882, die in der zahnmedizinischen Literatur zum ersten Mal von Bruce erwähnt wurden (1891). Das Verfahren zur Herstellung gesinterter Keramikinlays über einer Platinfolie wurde einige Jahre später von Land entwickelt (1888) (Hoffmann-Axthelm, 1973, Ernsmere, 1900). Dabei ist es durchaus interessant sich zu vergegenwärtigen, daß keramische Inlays schon einige Zeit vor dem Amalgam in der Zahnmedizin Einzug hielten (1895). Das Fehlen eines ge-

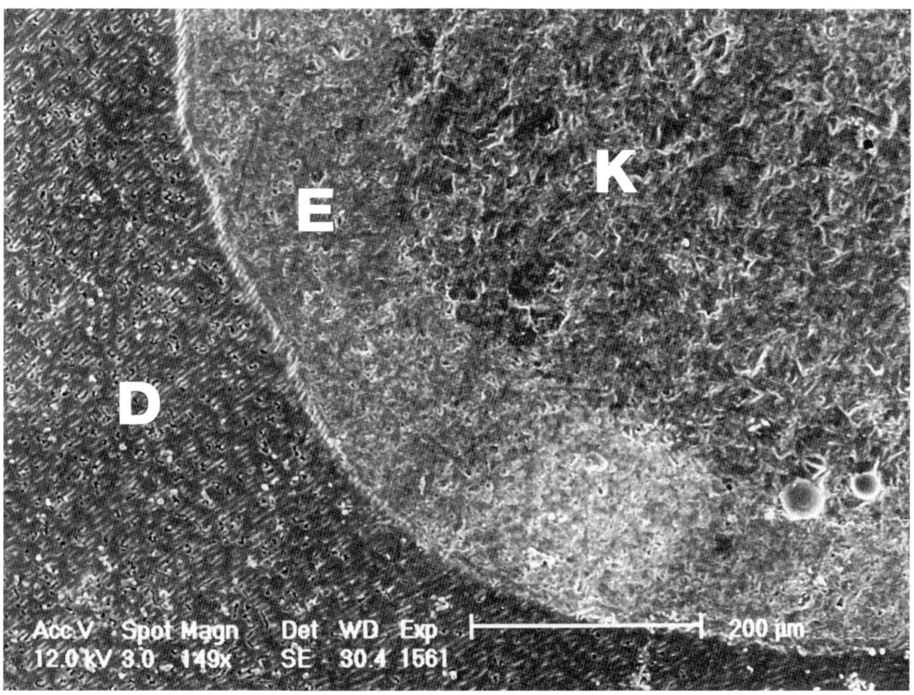

Abb. 2-1 REM-Aufnahme des Randschlusses im Gingivalbereich an einem laborgefertigen Keramikinlay (Low fusing Ceramic, Ducera) nach simuliertem Ermüdungstest (mechanische Belastung und Temperaturwechsel). Die Aufnahme zeigt die Restauration im Bereich der gingivo-axialen Präparationslinie. Die Anwendung der Adhäsivtechnik erwies sich sowohl am Zahn als auch an der Restauration als erfolgreich, was die Effektivität des Anätzens von Porzellan und der neuen adhäsiven Techniken demonstriert.

D = Dentin; E = Eingliederungskomposit; K = Keramik.

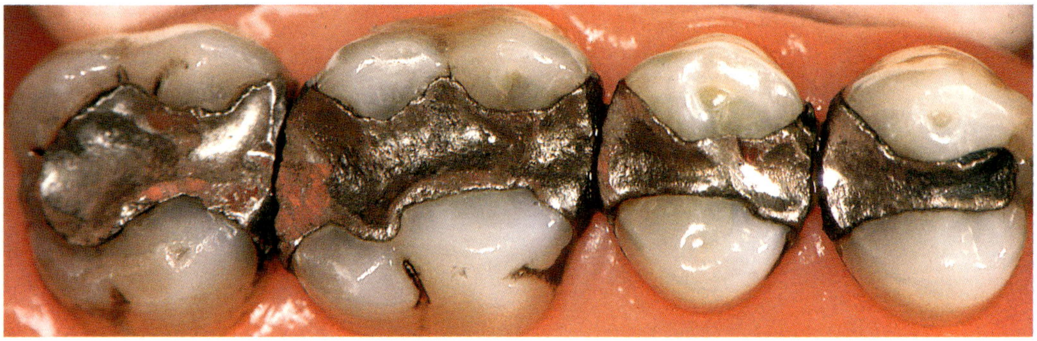

Abb. 2-2 a

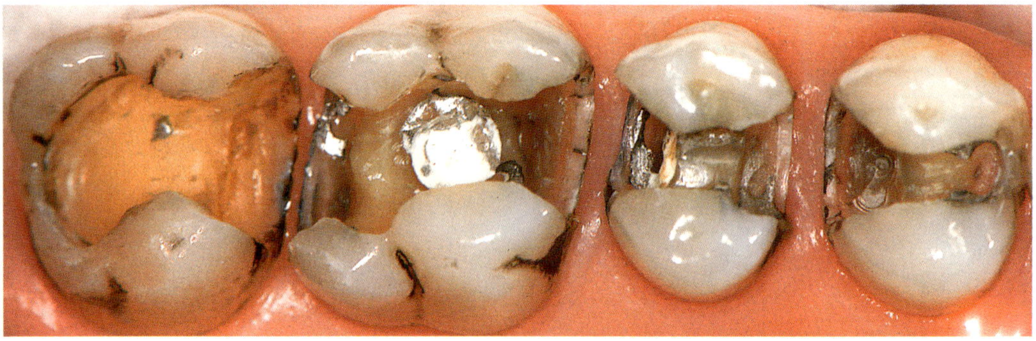

Abb. 2-2 b

Abb. 2-2 Klinische Ansicht einer Amalgamfüllung nach 20 Jahren Tragezeit (a). Nach ihrer Entfernung konnte in den darunterliegenden Zahnhartgeweben keine Sekundärkaries festgestellt werden (b). Bis vor kurzem waren solche metallischen Restaurationen überwiegend das Mittel der Wahl. (Die Fotos erscheinen mit freundlicher Genehmigung von Prof. Jacques Holz.)

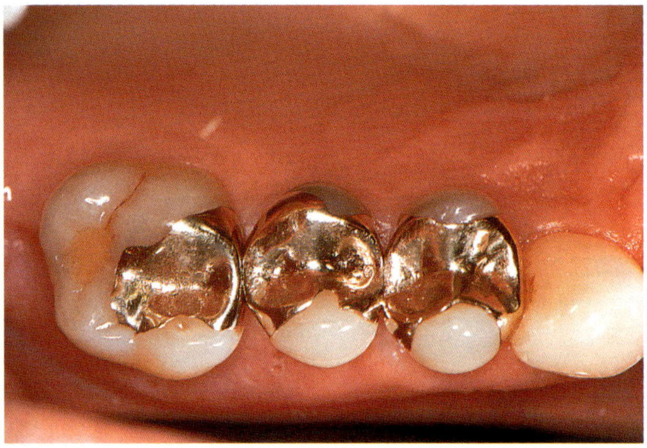

Abb. 2-3 a

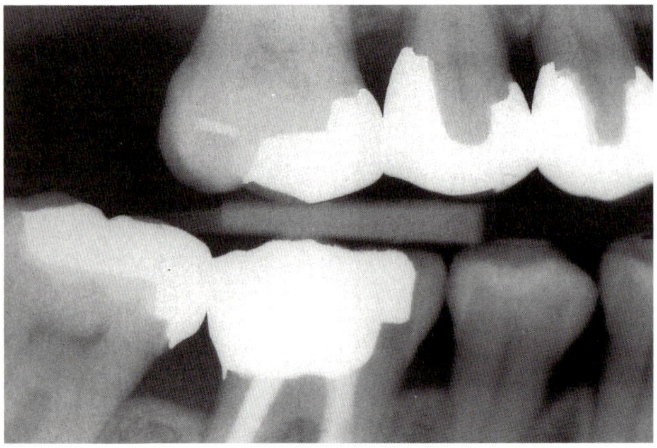

Abb. 2-3 b

Abb. 2-3 Klinische Ansicht (a) und Röntgenbild (b) eines intakten Goldinlays nach 24jähriger Tragezeit, an dem die ausgezeichnete Langzeitprognose sorgfältig hergestellter herkömmlicher Goldrestaurationen ersichtlich wird. (Das Foto erscheint mit freundlicher Genehmigung von Prof. Jacques Holz.)

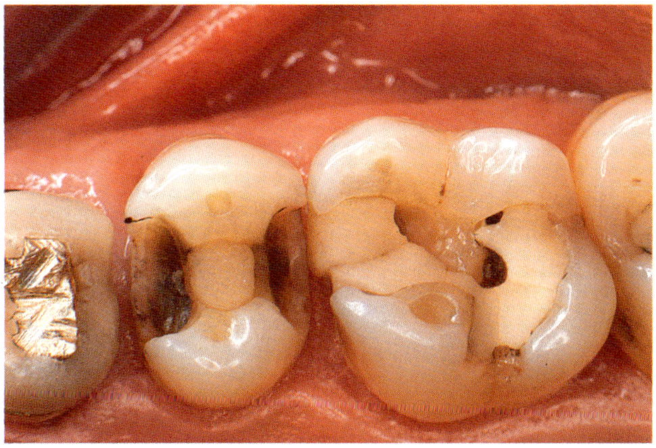

Abb. 2-4 Vollständiger Mißerfolg von Kompositfüllungen nach nur wenigen Jahren klinischer Tragezeit. Die Gründe für diesen Mißerfolg liegen mit hoher Wahrscheinlichkeit in den ungenügenden physikalischen Eigenschaften früherer Kompositmaterialien, einer unkorrekten Handhabung und falscher Indikationsstellung. Die häufige Beobachtung solcher Mängel bei adhäsiven Restaurationen führte in der Vergangenheit dazu, daß sie in der Füllungstherapie kaum berücksichtigt wurden.

eigneten Einsetzmaterials erwies sich jedoch solange als großes Hindernis für den klinischen Erfolg dieser Techniken (Nyman, 1905), bis in neuerer Zeit Adhäsivtechniken und das Anätzen der Keramik zu einer Technik kombiniert werden konnte, die es möglich machte, die Restauration effektiv und dauerhaft mit dem Zahn zu verbinden (Simonsen und Calamia, 1983, Calamia und Simonson, 1984) (Abb. 2-1).

Die eigentliche Entwicklung direkt applizierbarer ästhetischer Materialien begann mit den Silikatzementen, die 1871 von Fletcher vorgestellt wurden. Der nächste Schritt erfolgte jedoch erst sehr viel später, als die ungefüllten Komposite auf den Markt kamen (1937), deren Einsatz für ästhetische Füllungen seit 1945 vertreten wird (Blumenthal, 1947). Die bedeutendsten Entwicklungen auf diesem Gebiet waren vermutlich die Entwicklung des Epoxymoleküls durch den Schweizer Castan im Jahre 1938 und die Entwicklung der Konditionierung von Zahngewebe durch Ätzung durch den Schweizer Chemiker Hagger im Jahre 1951. Einige Berichte wiesen schon früh auf die potentielle Bedeutung dieser Moleküle für die Verankerung restaurativer Materialien an Zahnhartgeweben hin. Ungefähr gleichzeitig erfolgte die erste Beschreibung dessen, was später als „Hybridlayer“ bezeichnet wurde (McLean und Kramer, 1952, Kramer und McLean, 1952). Diese grundlegenden Arbeiten waren die Basis für die weiteren Entwicklungen der Schmelz-Ätz-Technik von Buonocore in Jahre 1955 und der Kompositmaterialien auf der Basis der BIS-GMA Formel nach Bowen (Bowen, 1962) und begründeten den Beginn der modernen adhäsiven Zahnheilkunde.

Bis vor einigen Jahren noch galten ästhetische Materialien und Techniken im Seitenzahnbereich aufgrund ihrer biologischen

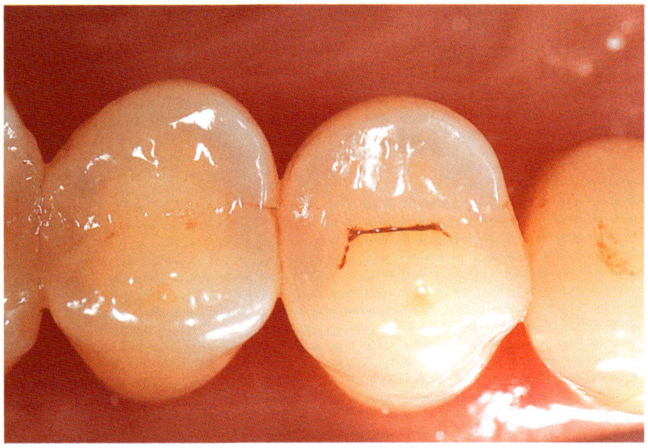

Abb. 2-5 a

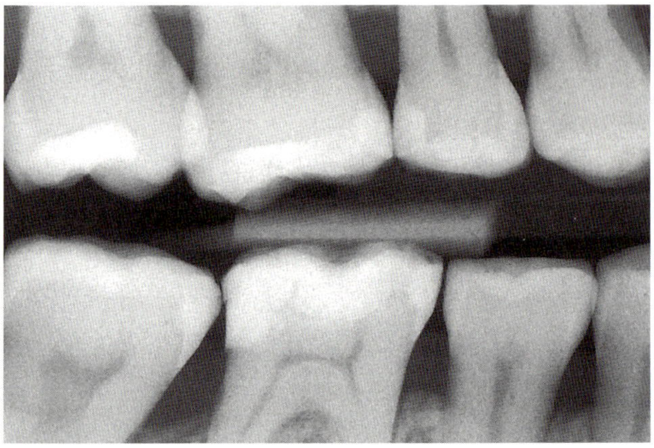

Abb. 2-5 b

Abb. 2-5 Klinische Ansicht einer Klasse-II-Füllung nach der direkten Technik an einem oberen Prämolaren nach einer Tragezeit von 10 Jahren (a). Das dazugehörige Röntgenbild, das noch einige weitere Kompositfüllungen desselben Alters zeigt, macht deutlich, daß moderne Kompositmaterialien ebenfalls eine ausreichend gute klinische Langzeitprognose besitzen können (b).

und physikalisch-chemischen Mängel nicht als ernsthafte Alternative zu Amalgam (Abb. 2-2) oder Goldfüllungen (Abb. 2-3) (Council on Dental Materials, 1983; Qualtrough, 1990) (Abb. 2-4). In der Tat war die Haltbarkeit ästhetischer Restaurationen durch die Bildung von Randspalten, Verschleißerscheinungen und Mißerfolgen aufgrund der mechanischen Eigenschaften begrenzt (Lutz et al., 1984; Roulet, 1987; Dietschi und Holz, 1990). Sekundärkaries, Pulpaschädigungen und Funktionsverlust waren demzufolge häufige klinische Befunde (Nucles und Fingar, 1975; Barnes et al., 1990; Philips et al., 1983). Verbesserungen der physikalisch-chemischen Eigenschaften und die Entwicklung neuer und unterschiedlicher Techniken machen nunmehr den Einsatz dieser Materialien im Seitenzahngebiet mit einer hinreichend guten Prognose möglich (Wilson et al.,1988; Barnes et al., 1991) (Abb. 2-5). Trotz der immer größer werdenden Anzahl von ästhetischen Materialien und Techniken ist das ideale System, das alle klinischen Indikationen gleichermaßen gut umfaßt, noch nicht gefunden. Mit der Entwicklung eines solchen Systems ist auch in naher Zukunft nicht zu rechnen. Die Kenntnis der gegenwärtig verfügbaren Materialien und der damit verbundenen klinischen Abläufe ist daher eine unabdingbare Vorraussetzung, um das der jeweiligen klinischen Situation angemessene restaurative System auswählen zu können (Abb. 2-6). Eine Keramikrestauration für eine einzige oder kleine Kavität (Abb. 2-7) kann daher heutzutage ebenso wenig vertreten werden wie eine Komplettsanierung mit Kompositfüllungen nach der direkten Technik. Dieser Aussage liegt eine Behandlungsphilosphie zugrunde, die das Wohl des Patienten als den Punkt höchster Priorität betrachtet und die beste Synthese aus Qualität der Restauration, Langlebigkeit und entstehenden Kosten anstrebt.

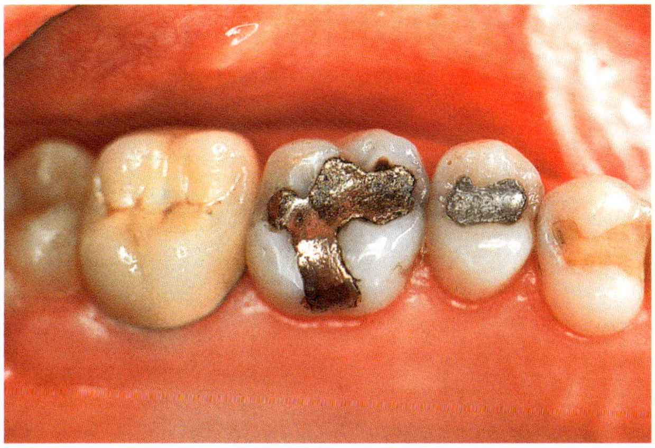

Abb. 2-6 a

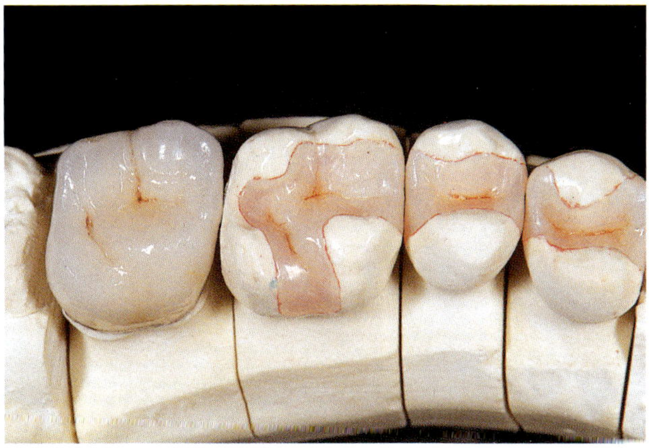

Abb. 2-6 b

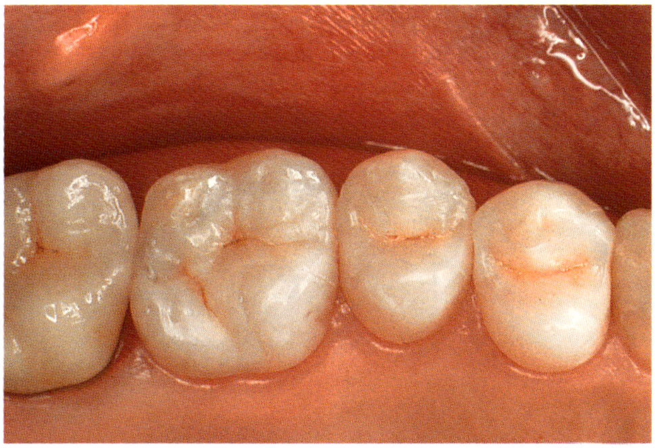

Abb. 2-6 c

Abb. 2-6 Präoperative Ansicht. Die Entscheidung für eine Behandlung wird aufgrund von Anzahl, Lokalisation und Extension der zu ersetzenden Füllung getroffen (a). Wie auf dem Modell ersichtlich, wurde dieser zweite Quadrant mit einer VMK-Krone und Kompositinlays restauriert (b). Die abschließende postoperative Situation zeigt die die Möglichkeiten moderner ästhetischer Zahnheilkunde auf, für jede klinische Situation eine adäquate restaurative Lösung zu finden (c).

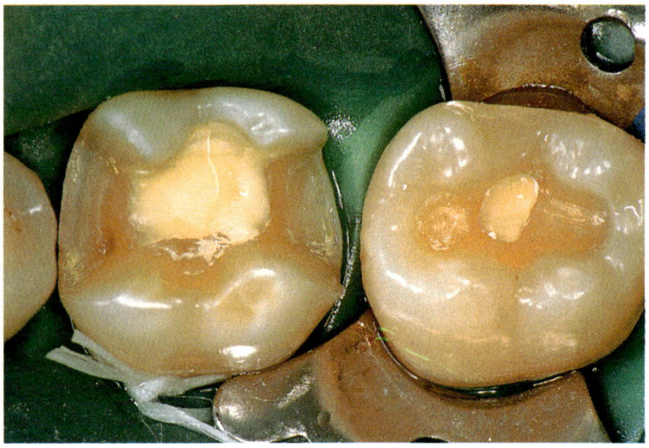

Abb. 2-7 a

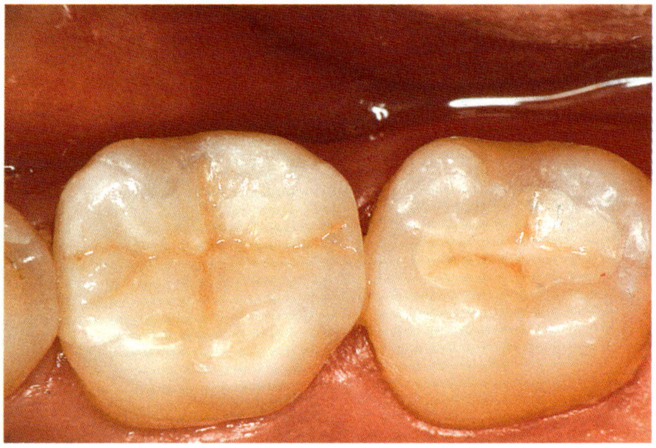

Abb. 2-7 b

Abb. 2-7 In den frühen 80er Jahren führte eine übergroße Begeisterung für die neuen adhäsiven keramischen Techniken zu Fehlern bei der Anwendung indirekter Techniken. Die Versorgung dieser kleinen kariösen Läsion an einem zweiten unteren Molaren (a) mit einem indirekten Keramikinlay (b) ist ein gutes Beispiel für die damalige Veränderung im zahnärztlichen Denken. Heutzutage würde eine direkte Kompositfüllung als Mittel der Wahl erscheinen, als eher konservative Vorgehensweise bei geringerem klinischen Aufwand und deutlich erniedrigten Kosten.

Literatur

American Dental Association Council on Dental Materials, Instruments and Equipments: Status report on posterior composites. J Am Dent Assoc 1983;107: 74–76.

Barnes DM, Holston AM, Strassler HE, Schires PJ. Evaluation of clinical performance of twelve posterior composite resins with a standardized placement technique. J Esthet Dent 1990;2:36–43.

Barnes DM, Blank LW, Thompson VP, Holston AM, Gingell JC. A 5- and 8- year clinical evaluation of posterior composite resins. Quintessence Int 1991;22: 143–151.

Blumenthal LM. Recent german developments in the field of dental resins. Office of Military Government for Germany (U.S.) 1947; Fiat report No1185.

Bowen RL. Dental filling material comprising vinyl silanetreated fused silica and a binder consisting of a reaction product of bisphenol and glycidylmethacrylate. 1962; US patent No 3,066,112.

Bruce GA. The Herbst method of filling with glass. Dental record 1891;11:47–48.

Buonocore MG. A simple method of increasing the adhesion of acrylic filling materials to enamel surfaces. J Dent Res 1955;34:849–853.

Calamia JR, Simonsen RJ. Effect of coupling agents on bond strength of etched porcelain. J Dent Res 1984;63:179 (Abstract No 79).

Castan P. 1938; Swiss patent No 211116.

Dietschi D, Holz J. A clinical trial of four light-curing posterior composite resins: two year report. Quintessence Int 1990;21:965–975.

Ernsmere JB. Porcelain dental work. Br J Dent Sci 1900;43:547–550.

Fletcher T. New plastic filling. Br J Dent Sci 1871;14: 514–516.

Hagger O. 1951; Swiss patent No 278946.

Hoffman-Axthelm W. Die Geschichte der Zahnheilkunde. Berlin: Quintessence, 1973:276–312.

Kramer IRH A, Mc Lean JW. Alterations in the staining reaction of dentin resulting from the constituent of a new self polymerising resin. Brit Dent J 1952;93: 150–153.

Lutz F, Cochran MA, Mörmann W. Adhäsive Restorationen - Flop oder Hit? Schweiz Monatsschr Zahnmed 1984;94:1124–1131.

Mc Lean JW, Kramer IRH A. A clinical and pathological evaluation of a sulphinic acid activated resin for use in restorative dentistry. Brit Dent J 1952;93:255–69, 291–293.

Nuckles DB, Fingar WW. Six-month and one-year clinical evaluation of a composite resin for Class II restorations. J Am Dent Assoc 1975;91:1017–1022.

Nyman JE. Porcelain problems. Dent Cosmos 1905; 47:1166–1184.

Philips RW, Lutz F, Roulet JF. Seitenzahn-Komposits – eine Standortbestimmung. Schweiz Mschr Zahnheilk 1983;93:666–673.

Qualtrough AJE, Wilson NHF, Smith GA. The porcelain inlay: historical view. Oper Dent 1990;15:61–70.

Roulet JF. A material scientist's view: assessment of wear and marginal integrity. Quintessence Int 1987;18:543–522.

Simonsen RJ, Calamia JR. Tensile bond strength of etched porcelain. J Dent Res 1983;62:297 (Abstract No I 154).

Wilson NHF, Wilson MA, Wastell DG. A clinical trial of visible light cured posterior composite resin restoration materials: five years results. Quintessence Int 1988;19:675–681.

3 Restaurative Materialien

Als mögliche Antwort auf die Fragen, die sich aus der Versorgung des Seitenzahngebietes ergeben, können verschiedene Materialien Verwendung finden. Diese Materialien können nach ihrer physikalisch-chemischen Struktur grob klassifiziert werden: Dentalporzellane, Zemente, ungefüllte und gefüllte Kunststoffe; oder nach ihrer Funktion: Adhäsive, Unterfüllungen, Einsetz- und Füllungsmaterialien (Abb. 3-1).

Adhäsive

Alle modernen ästhetischen restaurativen Systeme gründen auf einer adhäsiven Vorgehensweise. Die Frage nach der Anhaftung am Schmelz ist mittels der Säure-Ätz-Technik befriedigend gelöst, während die Materialien zur Anhaftung an Dentin ständig weiterentwickelt werden (Abb. 3-2). Die neuesten Beschreibungen von Dentinbonding-Materialien beruhen auf dem Einsatz

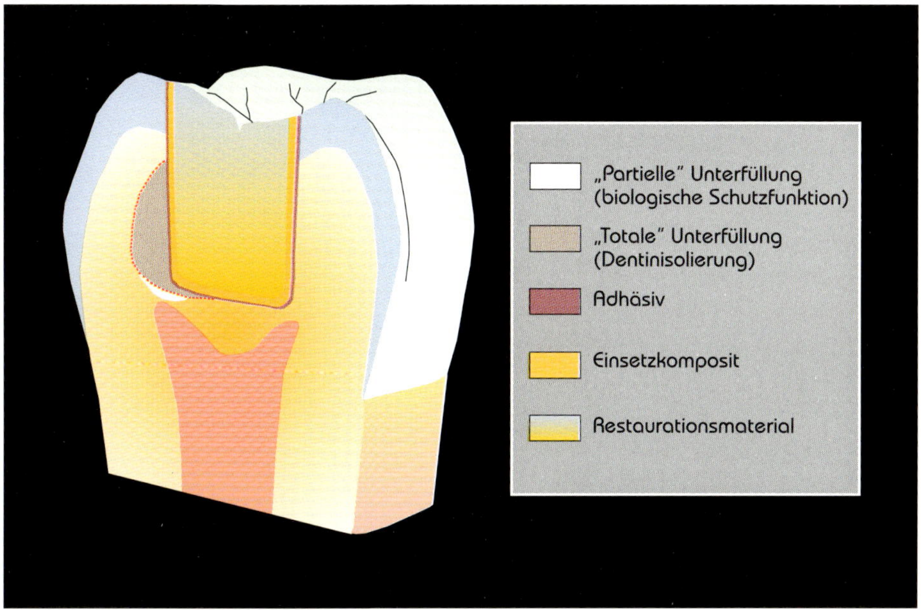

Abb. 3-1 Restaurative Materialien zum Einsatz bei adhäsiv verankerten Restaurationen im Seitenzahngebiet werden sinnvollerweise nach ihrer Funktion kategorisiert. Die Abbildung zeigt die Materialien in der Reihenfolge ihrer Anwendung.

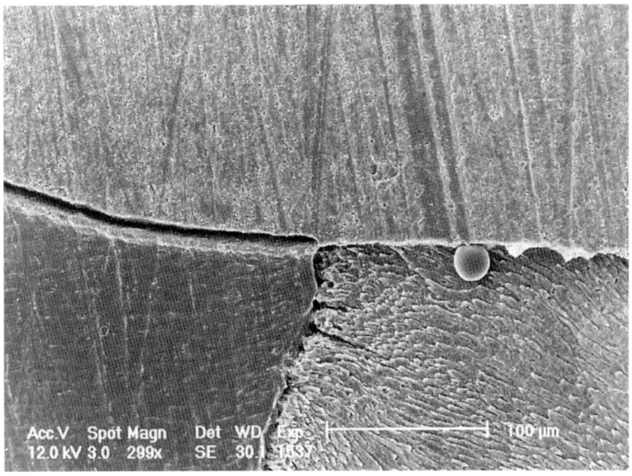

Abb. 3-2 REM-Aufnahme des Randbereiches einer in direkter Technik hergestellten Kompositfüllung nach Ermüdungsversuch (1,5 Jahre simulierte klinische Funktion). Sichtbar wird ein perfekter Verbund im Schmelzbereich (rechts) und die Ablösung im Dentinbereich (links), was auf die Problematik des Dentinbondings in vielen Situationen hinweist.

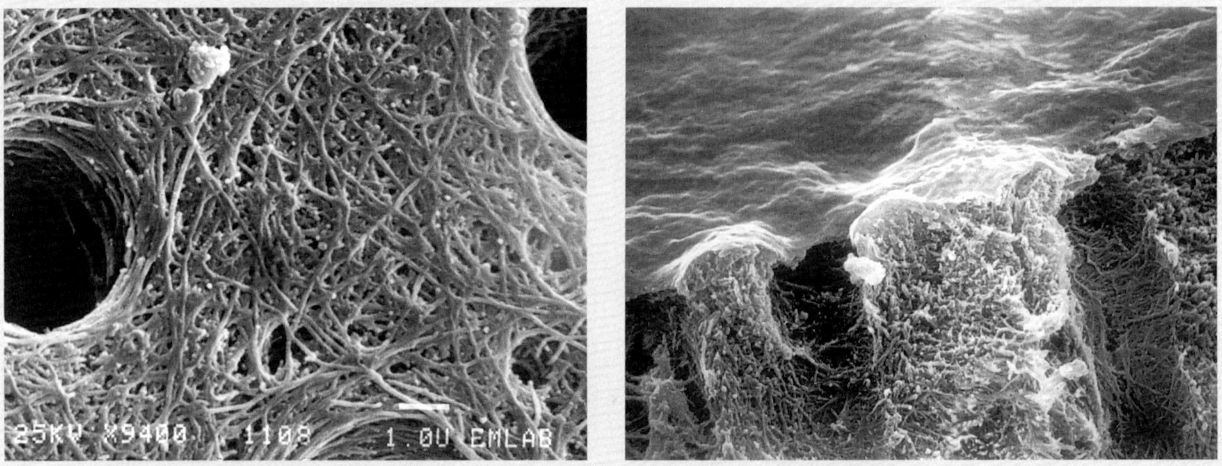

Abb. 3-3 a

Abb. 3-3 b

Abb. 3-3 REM-Aufnahme von säurekonditioniertem Dentin (H_3PO_4 Gel, 10 Sekunden). Das exponierte Kollagenfasergeflecht ist deutlich erkennbar, sowohl auf der Oberfläche der obenliegenden Probe (a) als auch auf dem Schnittbild (b) (Vergrößerung, b: x 4800). Die poröse Struktur eignet sich gut für das Imprägnieren mit hydrophilen Materialien (Harze). Aufgrund des Risikos der Schwächung oder Denaturierung der kollagenen Fasern muß darauf geachtet werden, das Dentin nicht zu stark zu dekalzifizieren. Dies würde zu einem Kollabieren und Abscheren der kollagenen Fasern während weiterer restaurativer Maßnahmen führen. (Mit freundlicher Genehmigung von Dr. B Ciucchi, Universität Genf.)

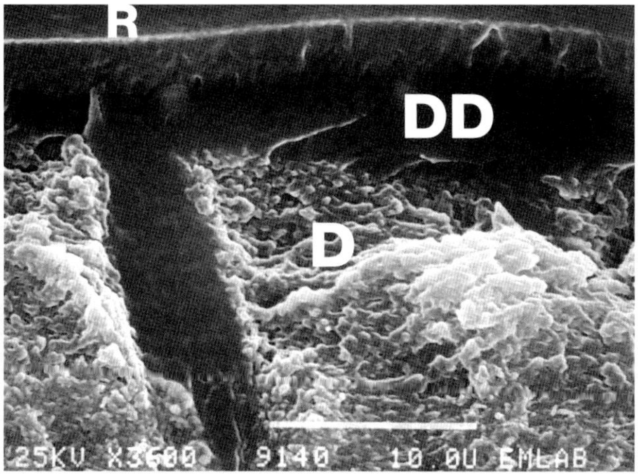

Abb. 3-4 REM-Aufnahme einer mit Bonding agent beschickten Dentinprobe, das die Ausbildung eines Hybridlayers (Interdiffusionszone entspricht einer Infiltration des Bonding agents in das dekalzifizierte Dentin: DD) zwischen intaktem Dentin (D) und der Restauration (R) zeigt. Die Adhäsion am Dentin erwies sich als stark genug, um eine Fraktur der Probe zu verhindern. (Vergrößerung : x 3600). (Mit freundlicher Genehmigung von Dr. B Ciucchi, Universität Genf.)

hydrophiler Monomere, die im Primer und im Bonding agent enthalten sind. Üblicherweise geht dem Einsatz dieser Materialien eine Dentinätzung voraus (Van Meerbeek et al., 1992a) (Abb. 3-3). Ziel dieser adhäsiven Systeme ist die vollständige Durchdringung des demineralisierten Dentins oder des vorhandenen Smearlayers mit ungefülltem Kunststoff bis zur Zone des intakten Dentins (Abb. 3-4). Die Bildung eines „Hybridlayers" oder einer „Interdiffusionszone" (Nakabayashi, 1982; Van Meerbeek et al., 1992) aus fest verbundenem Kunststoff und Zahngeweben (in der Hauptsache kollagene Fasern) stellt eine deutliche Verbesserung der In-vitro-Haftkraft des Dentinbondings im Vergleich zu früheren Eigenschaften der Dentinhaftvermittler dar (Barkmeier und Cooley, 1992) (Abb. 3-5). Dieser „Hybridisierungsprozeß" betrifft das intertubuläre Dentin und vermutlich auch das peritubuläre Dentin, obwohl der Einfluß von Kunststoffzotten auf die Anhaftung am Dentin zur Zeit noch kontrovers diskutiert wird und möglicherweise von der Dentintiefe abhängt, die wiederum in einem direkten Zusammenhang mit der von den Tubuli in Anspruch genommenen Gesamtfläche steht. Die Wirksamkeit des Dentinbondings scheint außerdem je nach der Qualität des Dentins (gesund oder kariös, jung oder sklerotisch) und der Lokalisation (zervikal oder koronal, oberflächlich oder tief) stark zu variieren. Neueste wissenschafliche Bemühungen legen mehr Gewicht auf die Erforschung der Wirkungen der Dentinätzung, um die Penetration des kollagenen Netzwerkes durch adhäsiv wirkende Kunststoffe zu verbessern und um die Schwächung und Denaturierung des kollagenen Fasergeflechts zu vermeiden (Sano et al., 1995) (Abb. 3-6).
Andere wissenschaftliche Forschungen zielen darauf ab, die Anzahl der für das Dentinbonding erforderlichen klinischen Behandlungsschritte zu reduzieren. Die Ergebnisse dieser Bemühungen sind die „Zweiphasen"-Produkte, z. B. selbst ätzen-

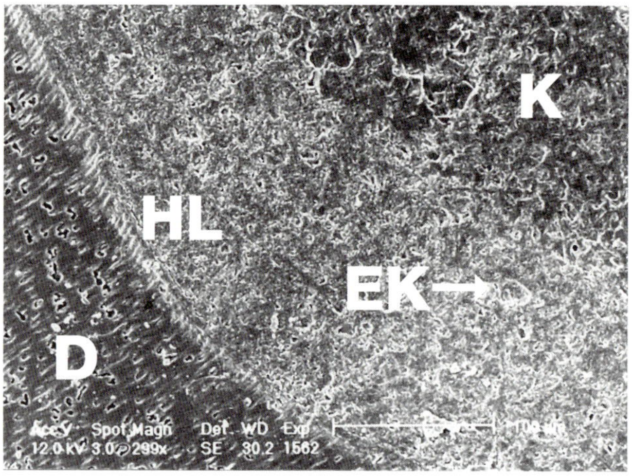

Abb. 3-5 REM-Aufnahme eines adhäsiv eingesetzten Keramikinlays nach einem In-vitro-Ermüdungstest (1,5 Jahre simulierte klinische Funktion). Die Probe zeigt, daß die Adhäsion der Restauration an das Dentin unter Ausbildung eines Hybridlayers mit Hilfe eines modernen Adhäsivs den funktionellen und thermischen Belastungen widerstehen kann.
D = Dentin,
HL = Hybridlayer,
EK = Eingliederungskomposit,
K = Keramik.

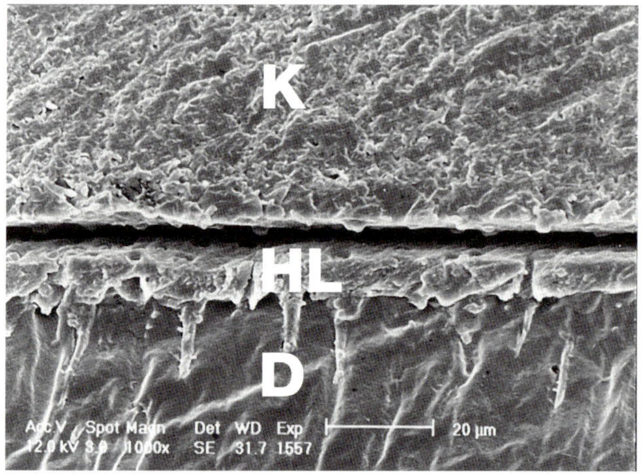

Abb. 3-6 REM-Aufnahme einer nach der direkten Technik hergestellten Klasse-II-Füllung nach einem In-vitro-Ermüdungstest (1,5 Jahre simulierte klinische Funktion). Die Probe weist an der Grenzfläche der adhäsiven Anlagerung eine Trennung von Hybridlayer und Restauration auf, was den Schluß zuläßt, daß die kontrollierte adhäsive Konditionierung des Dentins und die Kollagendemineralisation oder Denaturierung immer noch ein Problem darstellt. In diesem speziellen Fall erscheint die Annahme gerechtfertigt, daß das spontane Zusammenfallen der kollagenen Fasern oder deren Kompression im Anschluß an das Ätzen und Trocknen des Dentins zu einer insuffizienten Verbindung zwischen der obersten Schicht des Hybridlayers und dem zum Bonding verwendeten Material geführt hat. K = Komposit, HL = Hybridlayer, D = Dentin.

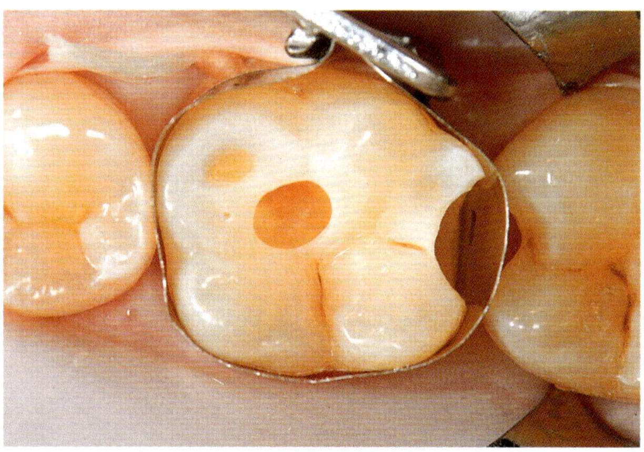

Abb. 3-7 a

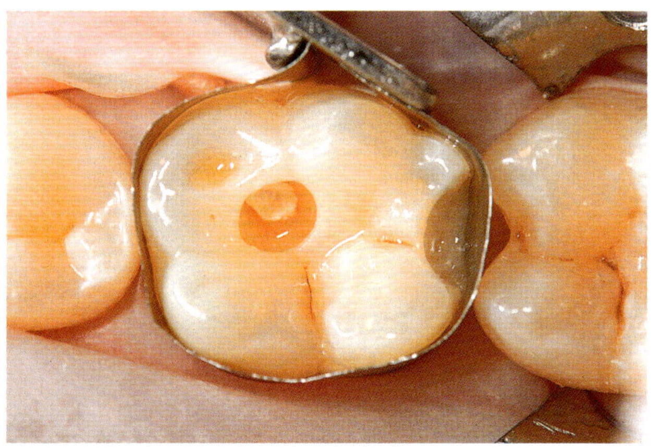

Abb. 3-7 b

Abb. 3-7 Klinische Ansicht einer Präparation für eine okklusale Kompositfüllung nach der direkten Technik. Am tiefsten Punkt der Kavität erscheint die verbliebene Dentinschichtdicke sehr gering und macht eine biologische Abdeckung erforderlich (a). Zum Abdecken der betroffenen Region wurde ein Kalziumhydroxidzement benutzt (b).

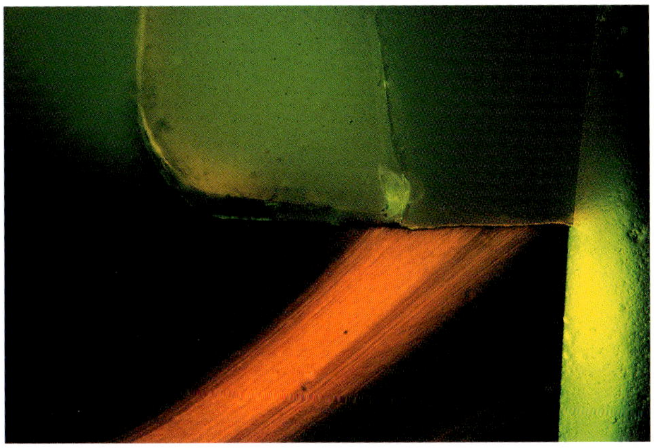

Abb. 3-8 a

Abb. 3-8 b

Abb. 3-8 Die Diskussion über die Anwendung einer Unterfüllung zur Verbesserung der marginalen Adaptation bei tiefen Kavitäten wird heutzutage immer noch kontrovers geführt. Bei engen aber tiefen Kavitäten kann die Anwendung einer Unterfüllung die Qualität der marginalen Adaptation beeinträchtigen, wie hier am Beispiel von Kompositfüllungen nach der direkten Technik unter dem Fluoreszenzmikroskop sichtbar wird. Das Eindringen eines fluoreszenten Kunststoffes war im Sinne eines Leakageversuchs unter Restaurationen mit einer Unterfüllung stärker ausgeprägt (a) als bei solchen mit einer kompletten Adhäsion an die Kavitätenoberfläche (b) (Vergrößerung: x 50).

de Primer oder „priming-bonding"-agents (Watanabe et al., 1994).

Solange die Funktionstüchtigkeit und Langzeitprognose des Dentinbondings klinisch nicht einwandfrei erwiesen ist, sind Indikationen für adhäsive Restaurationen bei Präparationen, die unterhalb der Schmelz-Dentin-Genze liegen, mit größter Vorsicht zu stellen. Auch unter Verwendung der verbesserten neuen Dentaladhäsive kommen der Restaurationstechnik und der klinischen Sorgfalt die größte Bedeutung für die Erlangung eines befriedigenden Randschlusses und einer befriedigenden Dichtigkeit zu, zumindest solange, wie noch keine schrumpfungsfreien Materialien zur Verfügung stehen.

Unterfüllungen

Diese Gruppe von Materialien erfüllt traditionsgemäß viele verschiedene Funktionen, darunter die einer biologischen Schutzfunktion für die tiefen Anteile von Präparationen („partielle Unterfüllung"), die Isolation des Dentins gegenüber chemischen oder thermischen Reizen („totale Unterfüllung"), und den Dentinersatz als Maßnahme vor der weiteren Restauration. Mit der Entwicklung besserer Adhäsive hat sich der Einsatz und der Indikationsbereich von Unterfüllungen verringert.

Heutzutage wird die Indikation zur Anwendung einer Unterfüllung unter einer adhäsiven Restauration hauptsächlich zum Schutze der Pulpa in Form einer partiellen Unterfüllung mit $Ca(OH)_2$-Zement gestellt (Virgilitto und Holz, 1989; Elbaum et al., 1992) (Abb. 3-7). Moderne Adhäsive scheinen die Funktion einer totalen Unterfüllung von Lacken und Zementen übernehmen zu können und führen möglicherweise auch zu besserem Randschluß und Dichtigkeit der Restauration (Dietschi et al., 1995) (Abb. 3-8). Die biologische Schutzfunktion

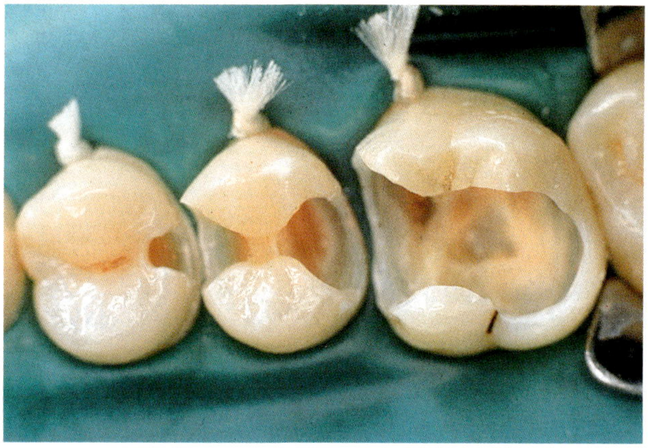

Abb. 3-9 a

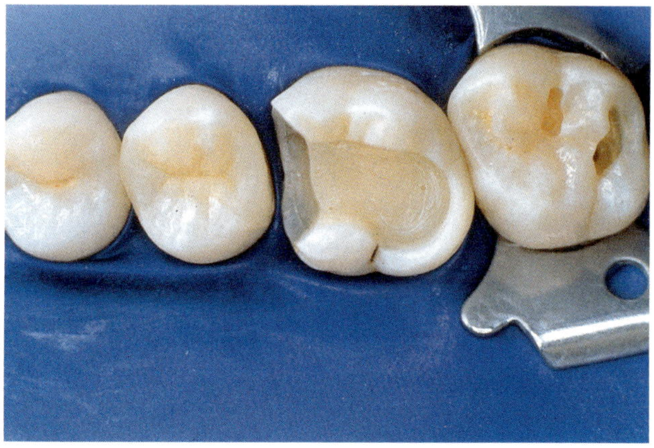

Abb. 3-9 b

Abb. 3-9 a bis b Präparationen für adhäsive Restaurationen (a). Während die Prämolaren mit Kompositfüllungen in direkter Technik versorgt wurden, wurde in den ersten Molaren eine Kompomerunterfüllung eingebracht, um der Kavität die zur Aufnahme eines Kompositinlays erforderliche Geometrie zu geben (b).

Abb. 3-10 a

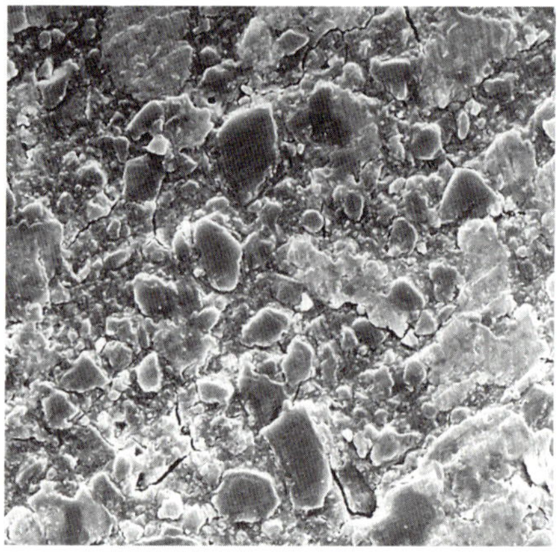

Abb. 3-10 b

Abb. 3-10 Diagramm der Struktur konventioneller Glasionomerzemente (nach Wilson und Lee, 1988). In seinem Endstadium besteht der Zement aus zwei Phasen: Füller und Matrix. Die Erhärtung der Matrix resultiert aus dem Übergang der Säure in die Gelphase mit Hilfe der Metallionen, die während des initialen Säureangriffs aus dem Glas herausgelöst wurden. Der Füller besteht aus großen Partikeln, wobei ein intakter Glaskern von Kieselgel (setzt die Metallionen frei) und kleineren Partikeln, die vollständig in Kieselgel eingebettet sind, umgeben ist (a). REM-Aufnahme eines Glasionomerzementes nach abgeschlossener Reaktion (b).

einer Unterfüllung während restaurativer Maßnahmen ist besonders bei der Anwendung indirekter oder semi-direkter Techniken von Vorteil, jedoch nur dann, wenn die eingesetzten Materialien fest am Dentin haften und es zu einem dichten Verbund kommt.
Unterfüllungen haben außerdem die Funktion, das Volumen des Füllungsmaterials zu reduzieren (Lutz et al., 1986) oder eine für die Präparation von Inlay/Onlay-Techniken günstige Geometrie herzustellen (Abb. 3-9). Dabei soll erwähnt werden, daß die Indikation und die Wahl des richtigen Materials (konventionelle oder lichthärtende Glasionomerzemente, Kompomere) für den Einsatz als Unterfüllung aufgrund der Entwicklung neuer Adhäsive und Unterfüllungsmaterialien neu überdacht werden muß (Abb. 3-8).

Konventionelle Glasionomerzemente

Konventionelle Glasionomerzemente bestehen aus einer Kombination von Polycarboxylatzementflüssigkeit (Polycarboxylsäure) und Silikatzementpulver (Aluminiumsilikat-Glas) (Abb. 3-10). Dieser Zement, der 1972 von Wilson und Kent entwickelt wurde, besitzt einige interessante Eigenschaften:

- kariostatische und bakteriostatische Wirkung
- potentielle chemische Bindung zu Hartgeweben
- eine früheren Zementen überlegene mechanische Belastbarkeit
- ein den Zahnhartgeweben verwandter Ausdehnungskoeffizient
- chemische Kompatibilität gegenüber Substratfeuchtigkeit

Aufgrund der relativ langen Abbindezeit, die eine gleichmäßige und stetige Hydratation des Zementes erfordert, ist die klinische Anwendung von Glasionomerzementen äußerst fehleranfällig (McLean, 1992). Gleichzeitig muß jedoch auf In-vitro- und In-vivo-Studien hingewiesen werden, die vorteilhafte Effekte durch freigesetzte Fluoridionen nachweisen (Schwarz und Philips, 1984; Hattab et al., 1991; Heys und Fitzgerald, 1991; Prati et al., 1993).

Lichthärtende Zemente auf Ionomerbasis und Kompomere

Obwohl es für diese Materialgruppe noch keine allgemein anerkannte Klassifikation und Terminologie gibt, nimmt ihr Einsatz ständig zu. Ihre Entwicklung gründet in dem Versuch, die Vorteile von Glasionomerzementen und Kompositen zu verbinden. Die Matrix weist entweder eine Ähnlichkeit zu mit lichthärtenden Monomeren verstärkten konventionellen Zementen auf, oder beruht auf einer Kunststoffbasis mit einer zusätzlichen ionischen Substruktur. Der Füller besteht zumeist aus einem Aluminium-Silikat-Glas, wie es bei konventionellen Glasionomerzementen verwandt wird (Wilson, 1990) (Abb. 3-11). Die Bedeutung der Säure-Base-Reaktion, die typisch für die konventionellen Glasionomerzemente ist und während der Abbindephase in Gegenwart von Wasser stattfindet, kann sich von Produkt zu Produkt deutlich unterscheiden. Das erklärt die Problematik, eine entsprechende Beschreibung und Klassifikation dieser Stoffklasse vorzunehmen. Dabei ist es offensichtlich, daß die sogenannten „Kompomere“ (z. B. Dyract, De Trey Dentsply; Compoglass, Vivadent) in ihrer Struktur und ihrem Abbindeverhalten den Kompositen sehr ähnlich

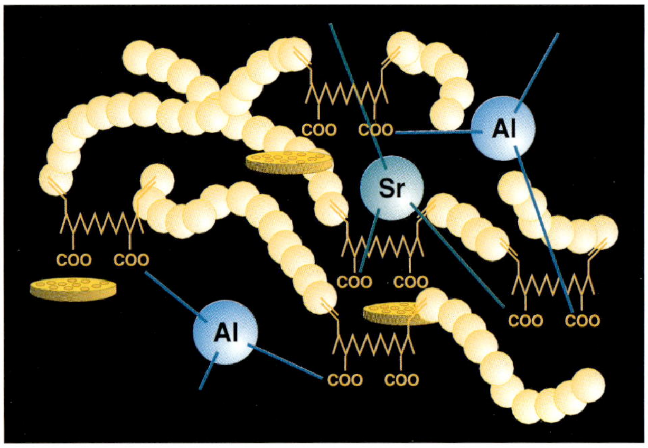

Abb. 3-11 a

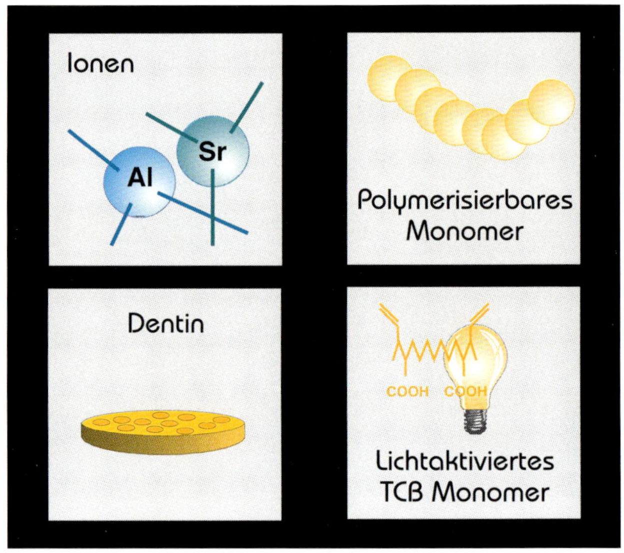

Abb. 3-11 b

Abb. 3-11 Diagramm der Struktur eines Kompomers und seine „ursprüngliche" Matrix (basierend auf der Formel für „Dyract", De Trey-Dentsply).

sind, mit dem Unterschied, daß sie einen glasionomerartigen Füller enthalten. Die erwarteten Vorteile dieser neuen Art von Ionomermaterialien sind:

- leichte Handhabung durch lange Verarbeitungszeit und schnelles Abbinden (Lichthärtung)
- Unempfindlichkeit gegenüber Wasserzutritt und Austrocknung
- frühzeitige Belastbarkeit und verbesserte mechanische Eigenschaften (im Vergleich zu herkömmlichen Glasionomerzementen)
- potentielle Verbindung zu den Zahnhartgeweben (bei Dentinkonditionierung und Anwendung von Primern)
- Freisetzung von Fluoriden

Bei der ersten Generation dieser Produkte (ohne Konditionierungslösung oder Adhäsiv) wurden noch einige Schwächen bezüglich der Anhaftung an das Dentin beobachtet, die zum einen durch eine ungenügende Haftwirkung an Zahnhartgeweben erklärt werden können (Mitra, 1990; Cooley und Barkmeier, 1991; Tyas, 1992), zum anderen durch die Polymerisationsschrumpfung des Materials selbst oder des darüberliegenden Komposits (Dietschi et al., 1995). Aufgrund ihrer schlechten Haftung an Dentin und unter Berücksichtigung des signifikanten Kunststoffanteils, kann die Verwendung eines modernen Dentinbondingsystems vor der Applikation eines lichthärtenden Glasionomerzementes im Sinne einer Unterfüllung empfohlen werden. Für die Kompomere ist die Wirksamkeit eines speziellen Adhäsivs oder eines Dentinbondingsytems für die Dentinhaftung nachgewiesen („Dyract" und „Compoglass" Produktinformation des Herstellers, 1994 und 1995).

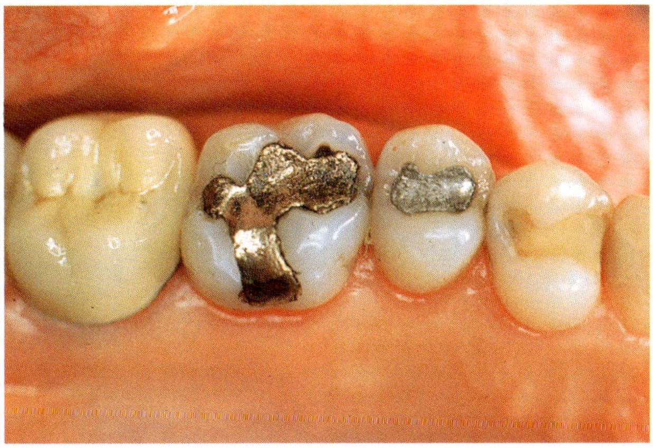

Abb. 3-12 a

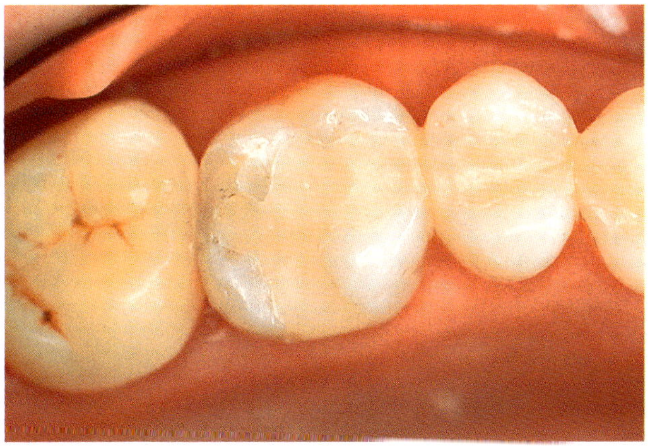

Abb. 3-12 b

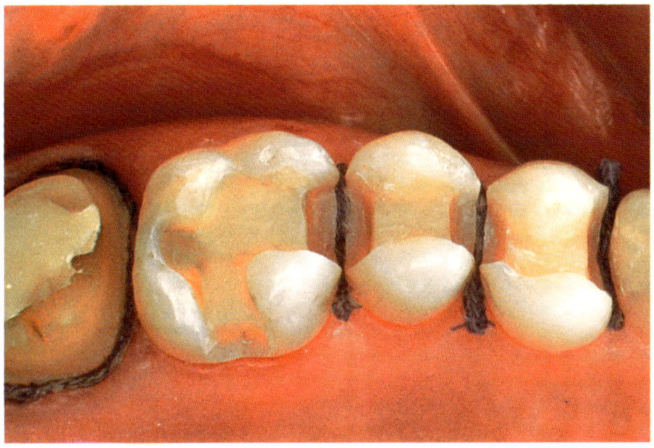

Abb. 3-12 c

Abb. 3-12 Präoperative klinische Ansicht eines oberen rechten Quadranten (a). Nach der Entfernung alter Amalgamfüllungen und der defekten Krone am zweiten Molaren wurden die Zähne provisorisch mit einem Kompomer und einem laborgefertigten Acrylprovisorium versorgt (b). Für die Versorgung mit Inlays dient das Kompomer als Übergangsversorgung und im folgenden als Material für eine Ausgangssituation, die das weitere Vorgehen vereinfacht und optimiert. Fertige Präparationen (c).

Obwohl die Kompomere ursprünglich in der Absicht entwickelt wurden, eine Alternative zu Materialien zur Versorgung von Kavitäten der Klasse V und Klasse-I- und II-Kavitäten in der Kinderzahnheilkunde zu bilden, können sie auch vorteilhaft als Unterfüllungsmaterial verwandt werden.

Die Anwendung von Ionomermaterialien als Provisorien vor der definitiven restaurativen Versorgung kann sich in manchen Fällen als durchaus nützlich erweisen (Abb. 3-12).

Die Überlegungen für die Auswahl und den Gebrauch von Unterfüllungen unter adhäsiven Restaurationen im Seitenzahngebiet sind in Abbildung 3-13 zusammengefaßt.

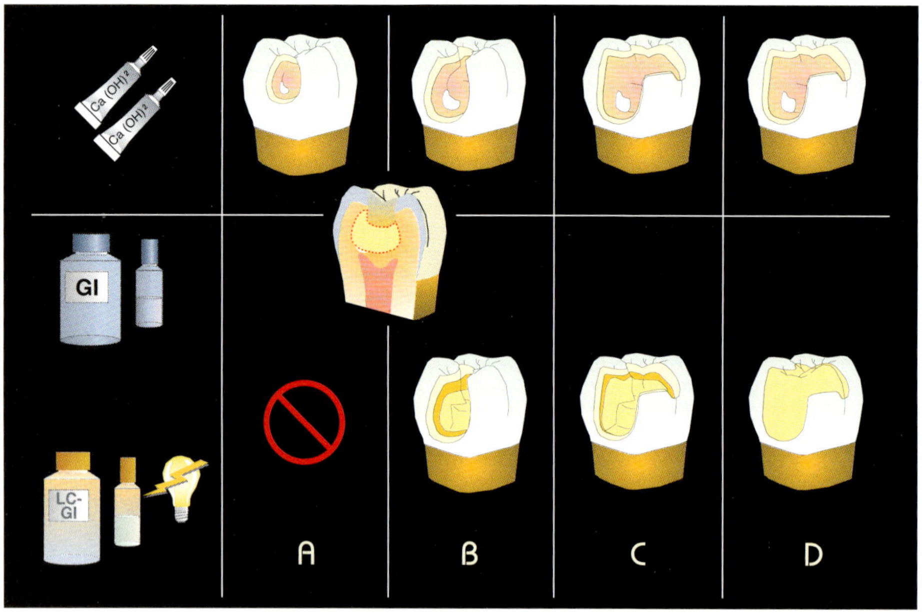

Abb. 3-13 Zusammengefaßte Indikationen für die Anwendung einer Unterfüllung unter adhäsiven Restaurationen. Kalziumhydroxidzemente sind als lokale Schutzmaßnahme (lining) über genau umschriebenen Regionen mit extrem geringer Dentinschichtdicke (weniger als 1 mm verbliebene Zahnhartsubstanz, das Dentin ist „rosafarben") gut geeignet. Glasionomerzemente (traditionelle, GI, lichthärtende oder Kompomere, LCGI) werden als Unterfüllung in mittelgroßen Kavitäten (B) zur Reduktion des Volumens des restaurativen Materials eingesetzt (bei der Anwendung direkter restaurativer Methoden) oder in großen Kavitäten (C), um eine adäquate Morphologie für die Herstellung semi-direkter und indirekter Restaurationen zu gewährleisten. Unter den gleichen Umständen (B und C) können Glasionomerzemente auch vorteilhaft für provisorische Versorgungen verwandt werden, die die weiteren restaurativen Maßnahmen vereinfachen (D).

Füllungsmaterialien

Es gibt grundsätzlich nur zwei ästhetische Materialien, die in der Lage sind, das Hauptvolumen verlorengegangener Zahnhartsubstanz zu ersetzen: Keramik (in der Hauptsache Dentalporzellane) und Komposite. Alle restaurativen Systeme, die auf der Verwendung von einem der beiden Materialien beruhen, gründen auf dem Konzept der „adhäsiven Zahnheilkunde". Sowohl Komposit als auch Keramik erfordern einen festen Verbund zu den Zahnhartgeweben, um ein hinsichtlich mechanischer Belastung, Randschluß und Dichtigkeit optimales Ergebnis zu erhalten.

Keramiken

Für den Gebrauch in der restaurativen Zahnheilkunde werden verschiedene Arten von Keramiken angeboten, die sich in ihrer Struktur, ihren Eigenschaften, ihrer Verarbeitung und der Indikation stark unterscheiden.

Heterogene Porzellane

Die Mikrostruktur gesinterter Dentalporzellane besteht üblicherweise aus zwei Phasen: eine Glasmatrix, in die kristalline Anteile eingebettet sind (Abb. 3-14) (McLean, 1983; Sadoun und Degranges, 1986). Die

Abb. 3-14 a

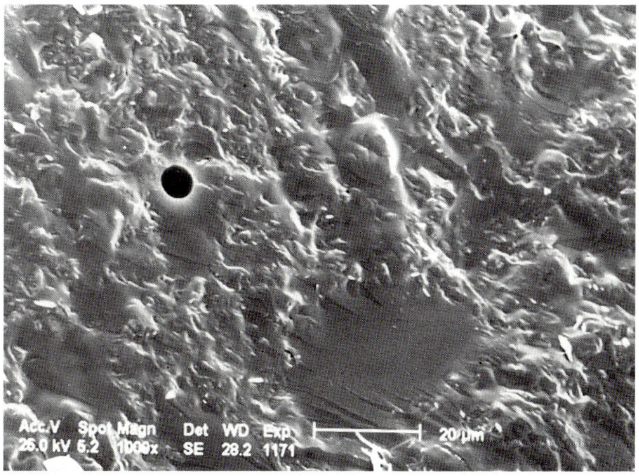

Abb. 3-14 b

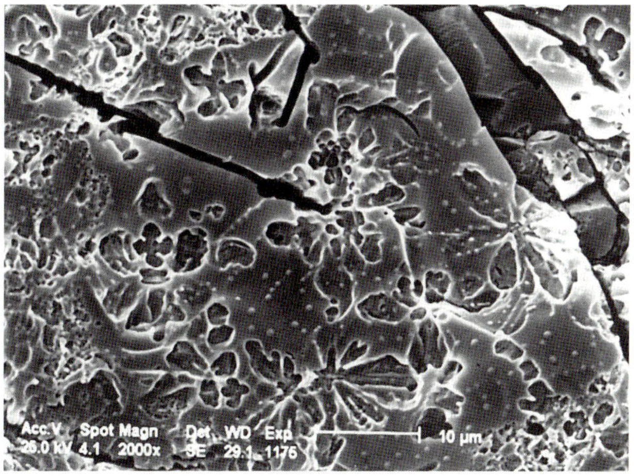

Abb. 3-14 c

Abb. 3-14 Schema der Struktur eines heterogenen konventionellen Dentalporzellans (a). Nach dem Brennvorgang sind im Endstadium deutlich kristalline Einschlüsse sichtbar, eingebettet in einer Glasmatrix (b) (REM-Aufnahme). Spuren von Leuzitkristallen wurden durch die Ätzung mit HF sichtbar (Corum, Vivadent) (c) (REM-Aufnahme).

Keramiken, die in der herkömmlichen restaurativen Zahnheilkunde Verwendung finden, sind in der Hauptsache **verstärkte heterogene Porzellane**. Im Gegensatz zu den konventionellen Metallaufbrennkeramiken enthalten diese Keramiken einen höheren Anteil der kristallinen Phase, der häufig aus Aluminiumoxid oder Leuzit (Kristalle mit einem höheren Elastizitätsmodul) besteht (Schmid et al., 1992).

Bei den **Glaskeramiken** (z. B. Dicor, Dentsply; Cerapearl, Kyocera) entsteht die kristalline Phase (Mica und/oder Diopsid bei Dicor und Apatit bei Cerapearl) durch die

Abb. 3-15 a

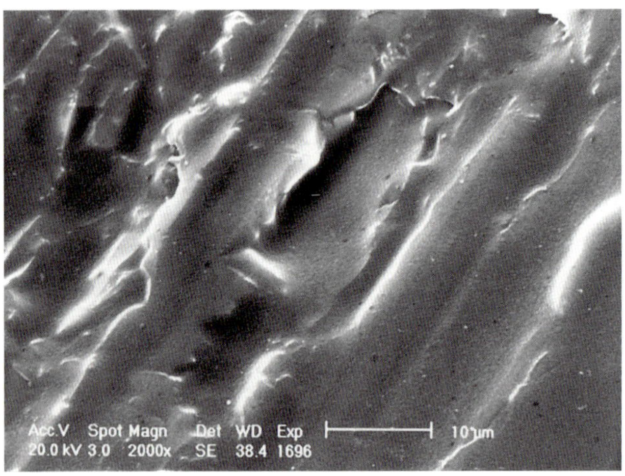

Abb. 3-15 b

Abb. 3-15 c

Abb. 3-15 Schema der Struktur einer Glaskeramik (a) (Dicor). Im ersten Schritt wird ein spezielles Glas vergossen, ähnlich den Gußverfahren bei Metallrestaurationen. Das Ergebnis ist eine amorphes Glas (b) (REM-Aufnahme). Der thermische Keramisierungsprozeß erlaubt die Entwicklung einer kristallinen Struktur (c) (REM-Aufnahme).

„Keramisierung" der Glasphase mit Hilfe eines thermischen Prozesses (Grossman, 1973; Hobo und Iwata, 1985; Denry und Rosenstiel, 1993) (Abb. 3-15). Eine andere vielversprechende Technik ist die glasimprägnierte **Sinterkeramik** (slip-casting-Technik) (InCeram, Vita Zahnfabrik) (Sadoun und Degranges, 1987; Claus, 1990). Das für die Herstellung von Inlays/Onlays spezifische Material besteht aus einer gesinterten Spinellmatrix (MgO_2), in die Glaspartikel infiltriert werden. Diese Zusammensetzung steht für eine neue Klasse von Dentalkeramiken, deren Matrix ein Kristall ist, was zu einem sehr hohen kristallinen Anteil führt (Abb. 3-16). Ein Nachteil dabei

Abb. 3-16 a

Abb. 3-16 b

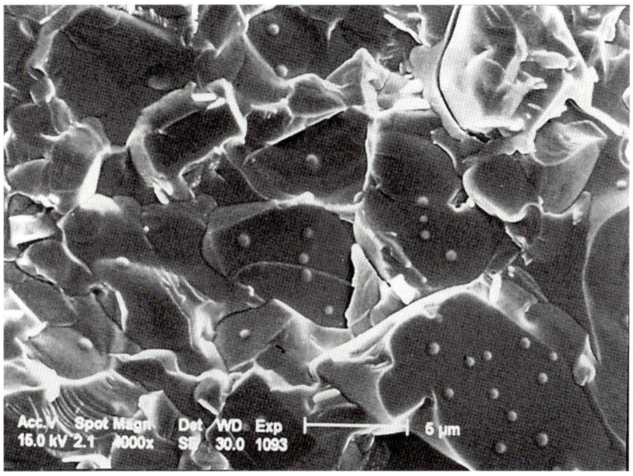

Abb. 3-16 c

Abb. 3-16 Schema der Struktur einer Keramik, die im slip-casting Verfahren hergestellt wurde (glasimprägnierte Sinterkeramik) (InCeram, Vita) (a). Der erste Schritt besteht in der Sinterung von Spinellkristallen (b) (REM-Aufnahme). Diese Struktur bildet die Matrix des Materials, das später von einem Glas infiltriert wird. Das Ergebnis ist eine heterogene Keramik mit einer kristallinen Matrix und Glaseinschlüssen (c) (REM-Aufnahme).

ist jedoch, daß alle Keramiken mit einem hohen Kristallanteil eine reduzierte Tranzluzenz aufweisen und daher nur als Kernmasse verwandt werden sollten, die mit einem kosmetischen Porzellan überschichtet werden muß.

Keramiken, die mit einem CAD-CAM-System maschinell hergestellt werden (z. B. CEREC, CEREC 2, Siemens) und pantographische Systeme (Celay, Mikrona; Ceramatik MKII, Instrument AB), sind vorfabrizierte homogene und porenfreie Materialien, die verbesserte physikalische Eigenschaften und Polierbarkeit aufweisen (Mörmann, 1989; Eidenbenz, 1992).

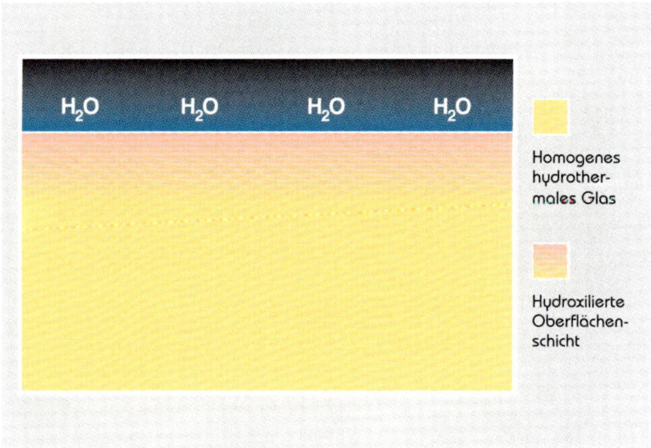

Abb. 3-17 a

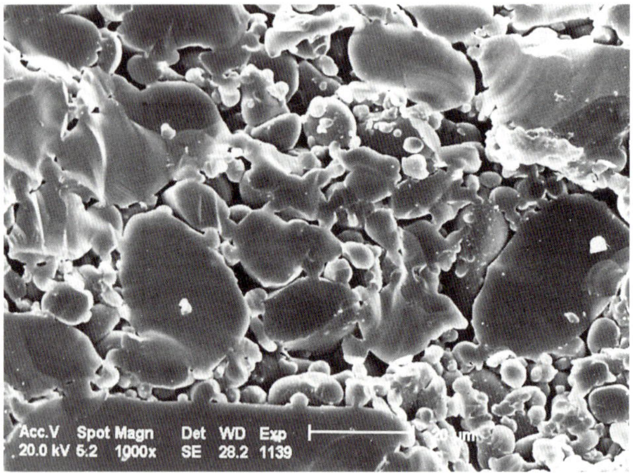

Abb. 3-17 b

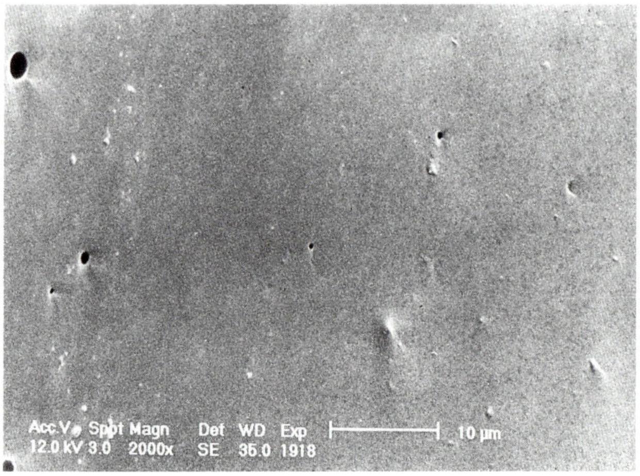

Abb. 3-17 c

Abb. 3-17 Schema der Struktur eines hydrothermalen Glases (LFC, Ducera) (a). Glaspartikel schmelzen während des Brennvorgangs (b) (REM-Aufnahme des Materials unmittelbar nach partiellem Brennvorgang). Im Endstadium ist das Material ein homogenes Glas, das an der Oberfläche mit Wasser reagiert und so eine verstärkte hydroxilierte Schicht ausbildet (a und c) (c: REM-Aufnahme).

Homogene Porzellane

Niedrigschmelzende Keramik (LFC Ducera, Ducera) ist ein reines hydrothermales Glas, das auf einen konventionellen Keramikkern aufgebracht werden kann (Komma, 1993) (Abb. 3-17). Das Material weist eine homogene Struktur auf, besitzt ein antagonistenfreundliches Abrasionsverhalten und ein ausgezeichnetes intraorales Politurverhalten.

Bis heute erlaubt keines der erhältlichen Systeme die ausschließliche Herstellung der ästhetischen keramische Restauration bei gleichzeitiger Gewährleistung einer sy-

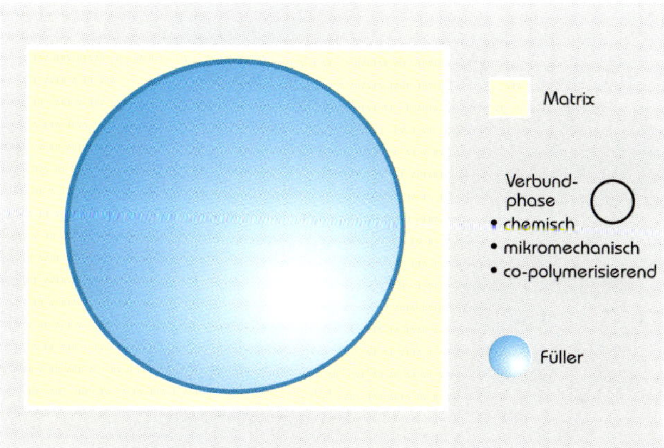

Abb. 3-18 Schema der Struktur eines restaurativen Komposits mit den zwei grundsätzlichen Phasen: organische Matrix, anorganischer Füller und der Verbundphase, die die beiden hauptsächlichen Bestandteile miteinander verbindet.

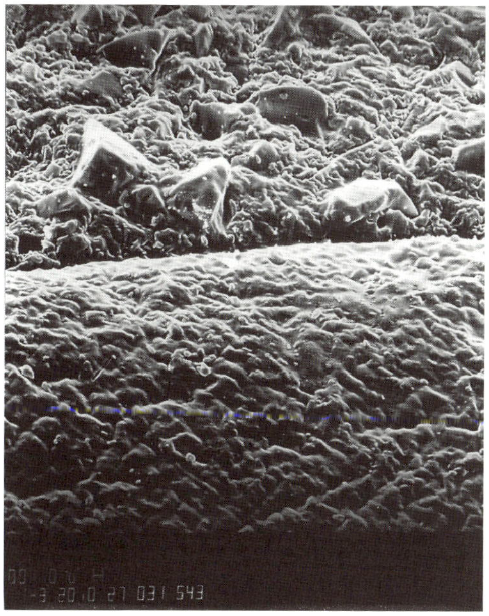

Abb. 3-19 REM-Aufnahme einer Seitenzahnrestauration mit einem Komposit der alten Generation nach neun Monaten Tragezeit. Die Rauhigkeit der Oberfläche läßt vermuten, daß der Verschleiß der Restauration aufgrund des Abriebs der Matrix und des Herauslösens der Füller rasch stattfindet.

stemimmanenten hohen mechanischen Belastbarkeit (siehe Kapitel 6). Aus diesem Grund hängt die klinische Langzeitprognose von der Wirksamkeit des Verbundes von Restauration und den Zahnhartgeweben unter Verwendung adhäsiver Einsetzmaterialen ab (Dietschi et al., 1990; Nathanson, 1991a).

Komposite

Struktur

Komposite bestehen grundsätzlich aus einer organischen Phase, der Kompositmatrix (Acrypolymere), und einer anorganischen Phase, den mineralischen Füllern (Partikeln) (Abb. 3-18). Beide Phasen sind chemisch oder mikromechanisch miteinander verbunden (Bowen und Reed 1976a, Bowen und Reed, 1976b). Diese Verbindung ist der Schwachpunkt der Komposite (Abb. 3-19) (Roulet, 1986). Große Anstrengungen wurden von den Herstellern unternommen, um den Silanisierungsprozeß (das am häufigsten verwandte Verfahren zur chemischen Ankuppelung) zu verbessern, hauptsächlich um die Verschleißfestigkeit des Materials zu erhöhen. Die Zukunft im Bereich der Polymerforschung liegt in der Entwicklung nichtschrumpfender Materialien, z. B. unter Verwendung von ringöffnenden Monomeren (Stansbury, 1990, Stansbury und Bailey 1990, Eick et al., 1993).

Abb. 3-20 a

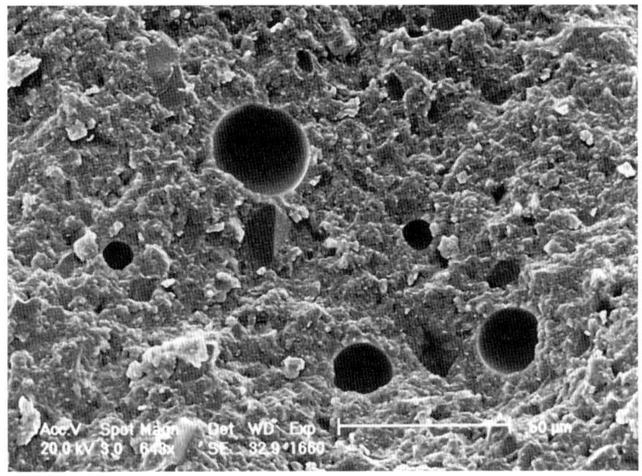

Abb. 3-20 b

Abb. 3-20 REM-Aufnahme einer frakturierten, lichtgehärteten Kompositprobe (a). In der Materialmasse sind keine Lufteinschlüsse sichtbar. In einer chemisch härtenden Kompositprobe sind aufgrund des manuellen Anmischens viele Lufteinschlüsse sichtbar. (b). Es wird angenommen, daß diese Poren während Polymerisation und Funktion zum Spannungsabbau dienen können.

Polymerisation

Die **Lichtpolymerisation** ist immer noch die allgemein bevorzugte Methode der Wahl. Die hauptsächlichen Vorteile lichthärtender Komposite liegen in ihrer porenfreien Struktur (Abb. 3-20a), ihrer homogenen Aktivierung (verbesserte physikalisch-chemische Eigenschaften, günstigeres Verschleißverhalten) und der Möglichkeit der Schichttechnik zur Erlangung von besserem Randschluß und Ästhetik (Lutz et al., 1984; Lutz et al., 1986, Ruyter, 1985). Trotzdem wird von manchen Autoren immer noch die Verwendung von selbsthärtenden Kompositen vertreten (Abb. 3-20b). Die Anwendung dieser Materialien wird insbesondere für tiefe Kavitäten empfohlen. Dabei wird angenommen, daß die Polymerisation an den wärmeren Kavitätenwänden beginnt und das Risiko eines Ablösens der Restauration von den Dentinwänden reduziert oder verhindert (Fusayama, 1992). Auch einige klinische Studien empfehlen eine derartige Applikationstechnik (Bertolotti, 1991).

Nach wie vor ist die Polymerisationsschrumpfung das größte Problem der Kompositmaterialien. Dieser systemimmanente Nachteil früherer und gegenwärtiger Produkte macht die Verbesserung der Dentinadhäsion und die Entwicklung von Applikationstechniken notwendig, um einen befriedigenden Randschluß und Dichtigkeit der mit Adhäsivtechnik hergestellten Restaurationen zu erhalten.

Klassifikation

Der Füller ist für die klinischen und physikalisch-chemischen Eigenschaften der

Tabelle 1: Einteilung von Kompositmaterialien aufgrund der Füllerzusammensetzung.

Komposittyp	Füllertyp	Füllergehalt (%)	mittlere Partikelgröße (μm)	Partikel-verteilung (μm)	Typische Produkt-namen für den Einsatz im Seiten-zahngebiet
Makrofüller (konventionell)	**Monomodal:** gefräste, splitterförmige Makrofüller	60–80	> 5	1–40	Estilux Posterior (alte Formel)
kugelförmige	**Monomodal:** gefräste, kugelförmige Füller	85	0,6	0,01–3.5	Z100
Homogenes Mikrofüller-komposit	**Monomodal:** pyrogenes SiO_2	35–45	0,04	–	Dual (Einsetzzement)
Inhomogenes Mikrofüller-komposit	**Monomodal:** pyrogenes SiO_2 und Mikrofüllerkomplexe	45–79	0,04	1–200	Helio-Molar
Hybrid	**Bimodal:** gefräste, kugelförmige Makropartikel; pyrogenes SiO_2	70–80	2–15 0,04	0,1–10	Occlusin Ful-Fil Pekafill Dicor MGC (Einsetzen)
Feinhybrid (submicron)	**Bimodal:** Makropartikel, pyrogenes SiO_2	70–80	0,5–1 0,04	0,1–10	Herculite XRV, Prodigy Prisma APH, TPH Einsetzen: Porcelite Variolink

Komposite von herausragender Bedeutung (Söderholm, 1985). Die zur Zeit anerkannten Klassifikationen der Komposite basieren deshalb auf den Füllereigenschaften (Tabelle 1) (Lutz et al. 1983; Willems et al., 1993a; Dietschi et al., 1994).
Grundsätzlich gibt es zwei verschiedene Arten von Füllern: **gefräste** aus großen Quarz- oder Glasblöcken (die meist noch Metallionen wie Barium oder Strontium aus Gründen der Radioopazität enthalten) und **synthetisierte** kugelförmige Partikel (pyrogenes SiO_2). Die Größe der in modernen Produkten verwendeten gefrästen Partikel reicht von 0,01 bis 15 Mikrometer. Wenn die durchschnittliche Größe der gefrästen Par-

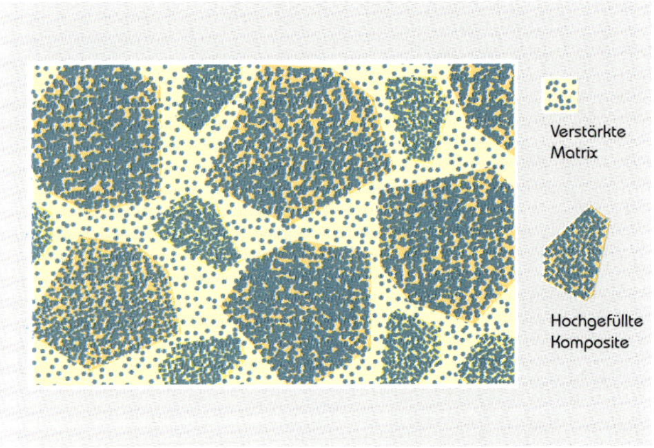

Abb. 3-21 a

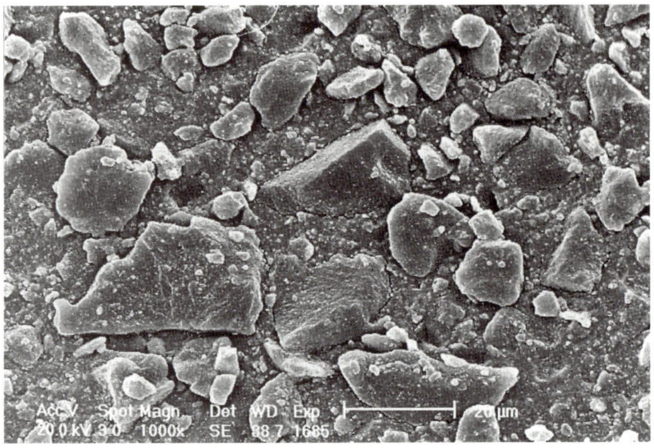

Abb. 3-21 b

Abb. 3-21 Schema der Struktur eines monomodalen heterogenen mikrogefüllten Komposits (a). Vorpolymerisierte Komplexe mit höherer Füllerdichte sind in eine verstärkte Matrix eingebettet. Als Partikel dienen ausschließlich pyrogenes SiO_2. Matrix und Komplexe entsprechen in ihrer Zusammensetzung weitgehend einem homogenen mikrogefüllten Material. REM-Aufnahme einer unpolierten Oberfläche (b).

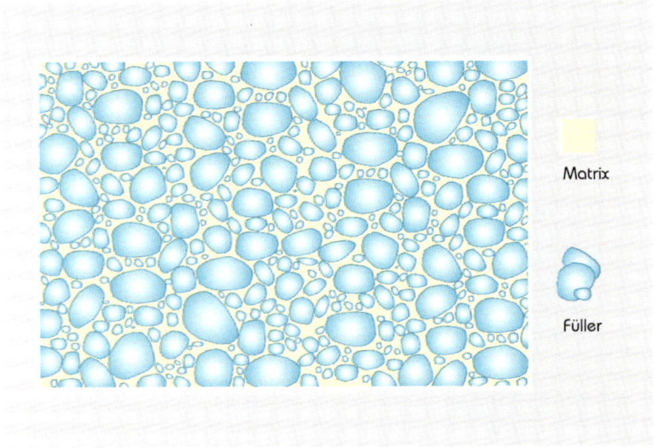

Abb. 3-22 a

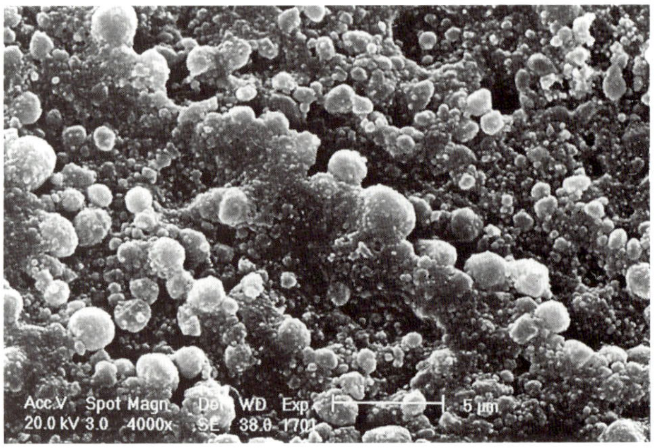

Abb. 3-22 b

Abb. 3-22 Schema der Struktur eines monomodalen kugelförmigen Komposits (a). Mittels spezieller Herstellungsmodalitäten werden die gefrästen Partikel gerundet (Z100, 3M). Aufgrund der Inkorporation sehr vieler verschiedener Partikelgrößen weist das Material eine außergewöhnliche Füllerdichte auf. REM-Aufnahme einer unpolierten Oberfläche (b).

tikel 1 Mikrometer oder weniger beträgt, spricht man von „klein- oder sub-Micron-Partikeln". Pyrogenes SiO_2 (Mikropartikel) wird üblicherweise in einer Größe von 0,04 Mikrometern verwandt.

Es gibt zwei verschiedene Arten der Inkorporation von Füllern: mono- oder bimodal. Wenn beide Arten von Füllern im selben Material vorhanden sind, wird es als bimodal oder Hybrid bezeichnet.

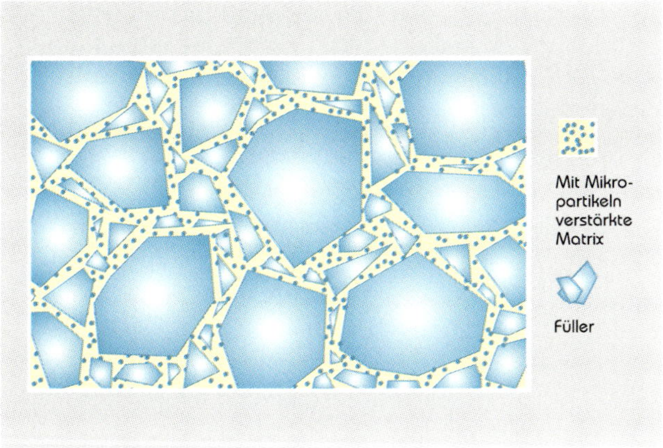

Abb. 3-23 a

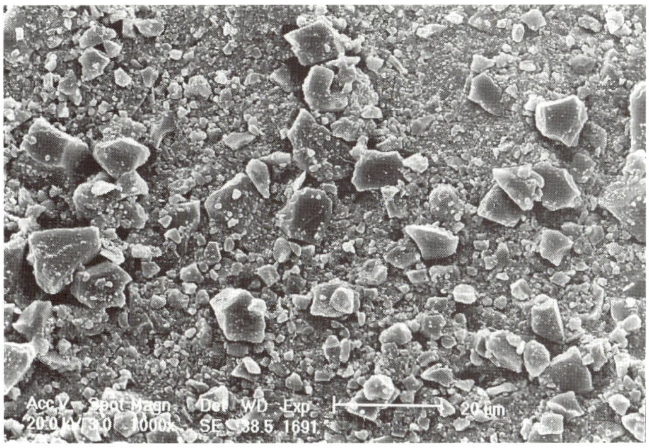

Abb. 3-23 b

Abb. 3-23 Schema der Struktur eines Hybridkomposits (bimodales Komposit) (a). Gefräste Partikel sind in einer mit Mikropartikeln verstärkten Matrix eingebettet. Die Partikelgröße liegt etwas über einem Mikrometer. Oberflächenglätte und Polierbarkeit dieser Materialien sind nicht ideal. REM-Aufnahme einer unpolierten Oberfläche (b).

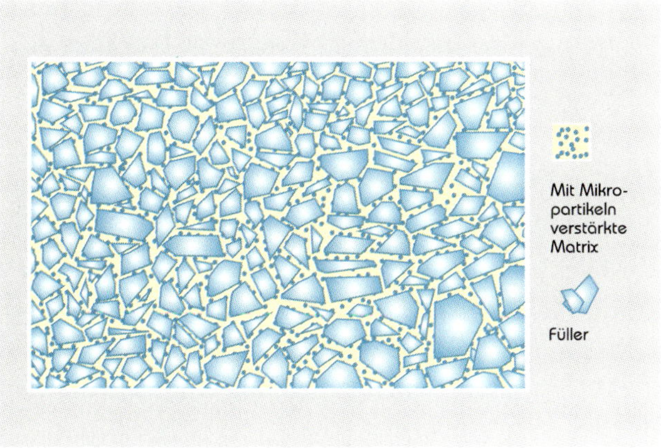

Abb. 3-24 a

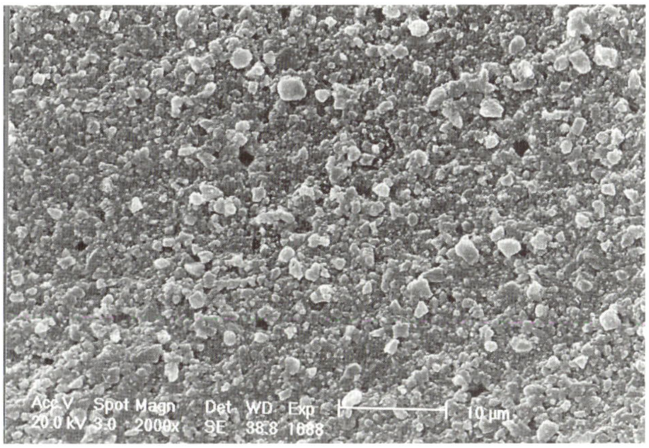

Abb. 3-24 b

Abb. 3-24 Schema der Struktur eines Feinhybrids (bimodales Komposit) (a). Fein gefräste Partikel sind in einer mit Mikropartikeln verstärkten Matrix eingebettet. Die Partikelgröße liegt bei unter einem Mikrometer, was diesen Materialien überlegene Oberflächeneigenschaften verleiht. REM-Aufnahme einer unpolierten Oberfläche (b).

Monomodal

Konventionelle Makrofüller sind für den Einsatz in der modernen Zahnheilkunde nicht mehr indiziert.

Hochgefüllte Mikrofüllerkomposite wurden für den Einsatz im Seitenzahngebiet entwickelt (z. B. Heliomolar, Vivadent) (Abb. 3-21). Diese Materialien, die gegenüber den früheren homogenen Mikrofüllerkom-

positen verbesserte physikalisch-chemische Eigenschaften aufweisen, besitzen eine inhomogene Struktur, um einen ausreichenden Füllergehalt zu gewährleisten. Trotz ausgezeichneter Oberflächeneigenschaften schränkte die außergewöhnliche Sprödigkeit dieses Materials seinen Einsatz deutlich ein, vor allem im Vergleich zu neueren Kompositentwicklungen (Vanherle, 1985).
Kugelförmige Partikel wurden in eine neue Art monomodaler Komposite inkorporiert (Z100, 3M) (Abb. 3-22). Der Einsatz eines solchen Füllers, mit einer großen Variationsbreite in der Partikelgröße statt der konventionellen splitterförmigen Glaskeramiken mit einer regelmäßigeren Partikelgröße, führte zur Herstellung der hochgefüllten Kompositmaterialien (Z100 Produktinformation des Herstellers, 1992).

Bimodal

Frühere Hybride (Abb. 3-23) wurden durch **Kleinpartikelhybride** (Abb. 3-24) mit reduzierter Füllergröße und einem erhöhten anorganischen Anteil ersetzt (z. B. Brillant, Coltene; Herculite XRV und Prodigy, Kerr; T.P.H., De Trey Dentsply; Tetric, Vivadent; etc.) (Ferracane, 1992). Diese Kleinpartikelhybride weisen gute Oberflächeneigenschaften (Polierbarkeit und Verschleißfestigkeit) sowie hervorragende physikalisch-chemische Eigenschaften auf. Ausschließlich Produkte, die submicron-Partikel und weiche Glasfüller besitzen, behalten unter klinischen Aspekten ihren Glanz und werden daher als echte Kleinpartikelkomposite bezeichnet.

Gegenwärtig haben manche Komposite und Adhäsive auch den Vorteil potentieller Fluoridfreisetzung, was durch die Beimengung spezieller Füller wie Ytterbiumfluorid möglich wurde (Heliomolar und Tetric, Vivadent) (Arends und Ruben, 1988; Swift, 1989).

Die meisten der heute erhältlichen Produkte der neuen Generation weisen in physikalisch-chemischer Hinsicht nur sehr geringe Unterschiede auf. Ihr Verhalten unter klinischen Bedingungen ist mit Sicherheit mehr auf Handhabung, Applikationstechnik und Indikationsstellung zurückzuführen als auf ihre systemimmanenten Eigenschaften. Die Verschleißfestigkeit kann sich jedoch von Produkt zu Produkt erheblich unterscheiden (Lutz et al., 1992). Trotzdem ist die Verschleißfestigkeit der meisten modernen Komposite mit der des Amalgams vergleichbar, die der besten Komposite sogar mit der des Zahnschmelzes (Willems et al., 1993b). Ihr Einsatz im Seitenzahngebiet kann daher zweifellos in Betracht gezogen werden.
Ästhetische Eigenschaften und Verarbeitungsmodalitäten können stark variieren. Die Auswahl sollte unter den Materialien getroffen werden, die eine maximale Auswahl von Farbabstufungen erlauben (Abb. 3-25). Die besten Ergebnisse werden mit gut formbaren, nicht klebenden Materialien erreicht, die während der Konturierung nicht fließen.

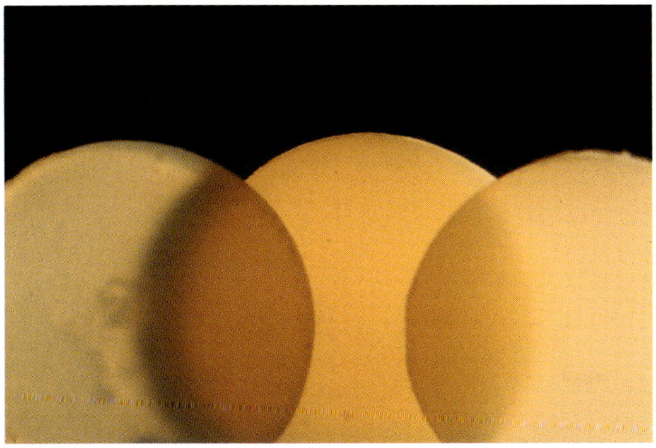

Abb. 3-25 a

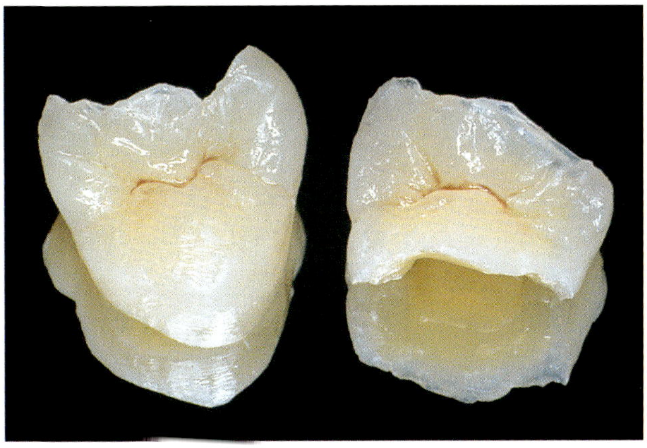

Abb. 3-25 b

Abb. 3-25 Um eine optimale Ästhetik zu gewährleisten, sollte ein kompletter Satz an Kompositmaterialien verschiedene Opazitäten enthalten: Dentin, Schmelz und tranzluzente Massen (a). Das erlaubt dem Zahnarzt und dem Techniker natürlichere Restaurationen herzustellen. Sogar während der Behandlung hergestellte Restaurationen, wie diese semi-direkten extraoralen Inlays, können so eine außergewöhnliche Ästhetik erreichen (b).

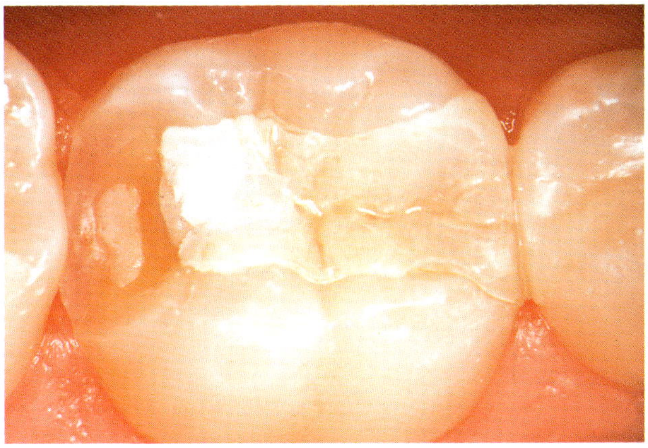

Abb. 3-26 Klinische Ansicht eines frakturierten Keramikinlays. Der frühzeitige Mißerfolg ist auf die unzureichenden adhäsiven und mechanischen Eigenschaften des Eingliederungsmaterials (Glasionomerzement) zurückzuführen.

Einsetzmaterialien

Obwohl der Einsatz der Glasionomerzemente vor einiger Zeit zum Einsetzen von zahnfarbenen Restaurationen empfohlen wurde, zeigte die klinische Erfahrung, daß sie für diesen Zweck nicht geeignet sind (Aberg et al., 1994). Tatsächlich ist die hohe Rate klinischer Fehlschläge auf eine unzureichende mechanische Belastbarkeit und eine geringe Adhäsion an die Zahnhartgewebe oder das Restaurationsmaterial zurückzuführen (Abb. 3-26) (Dietschi et al., 1990). Die Entwicklung von Einsetzmaterialien auf Kompomerbasis (Dyract Cem, De Trey-Dentsply) mit einer höheren Adhäsion an das Dentin und potentieller Fluoridfreisetzung erscheint vielversprechend. Bis dato liegen jedoch noch keine klinischen Ergebnisse vor, so daß der Einsatz dieser Materialien zum adhäsiven Eingie-

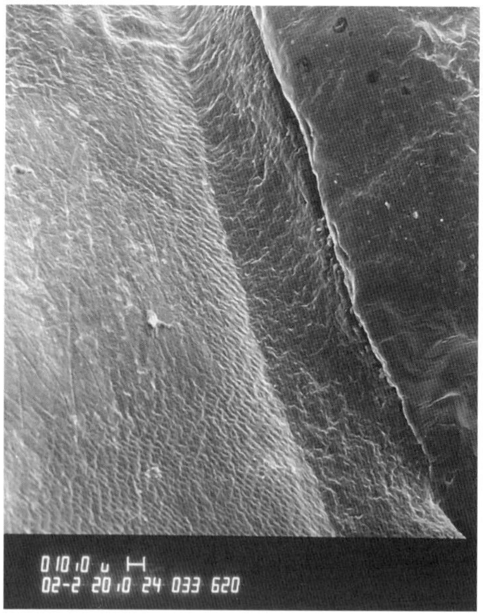

Abb. 3-27 Wie diese REM-Aufnahme der Randqualität eines Keramikinlays nach einem Jahr klinischer Tragezeit zeigt, weisen zur Eingliederung verwandte Kompositmaterialien, insbesondere veralteter Produkte, unzureichende Abriebfestigkeit auf. Eine Verbesserung dieser Eigenschaft war daher notwendig.

dern intrakoronaler Restaurationen noch nicht wissenschaftlich abgesichert ist.

Zum Einsetzen von Komposit- und Keramikinlays wurden spezielle Komposite (Mikrofüller, Feinhybridprodukte) entwickelt (Inokoshi et al., 1993; Van Meerbeek et al., 1994). Die Verschleißfestigkeit mikrogefüllter Komposite scheint der der Hybridmaterialien überlegen (Leinfelder et al., 1992; Krejci et al., 1993). Das Zusammenwirken von Licht- und Autopolymerisation wurde als notwendig erachtet, um zum einen eine ausreichende Verarbeitungzeit zur Verfügung zu haben und zum anderen eine vollständige Polymerisation des Einsetzzementes zu gewährleisten (Breeding et al., 1991; Darr und Jacobsen, 1995). Im Vergleich zu Füllungsmaterialien zeichnen sich diese Zwei-Komponenten-Materialien durch eine geringere Viskosität aus, was das Anmischen von Hand und das vollständige Einbringen der Restauration erleichtert. Die reduzierte Viskosität beruht grundsätzlich auf einer Verringerung des Fülleranteils und einem erhöhten Anteil an organischen Lösungsmitteln (niedermolekulare Monomere). Die physikalisch-chemischen Nachteile dieser Materialien sind eine höhere lineare Schrumpfung und geringere Verschleißfestigkeit (Abb. 3-27).
Ultraschallenergie kann beim Eingliedern zahnfarbener Restaurationen unterstützend eingesetzt werden, so daß höhergefüllte Einsetzmaterialien verwendet werden können (z. B. Sono-Cem, ESPE, Vario-link, Vivadent). Diese Energie erhöht kurzzeitig die Fließfähigkeit des Komposits (Thixotropie) (Noack et al., 1991; Sindel et al., 1994). Der Einsatz dieser Materialien dient dem Zweck, die Verschleißfähigkeit des Einsetzmaterials zu erhöhen und einen besseren Randschluß zu gewährleisten; dies konnte aber bis heute noch nicht vollständig belegt werden (Noack et al., 1991; Van Meerbeek et al., 1992b). In jedem Fall werden jedoch die Einsetzmodalitäten und besonders das Entfernen von Kompositüberschüssen erleichtert.
Bis zum heutigen Tage gibt es keine Über-

einstimmung bezüglich der Zusammensetzung und der Struktur eines idealen Einsetzkomposits, das eine minimale Schichtstärke, optimale Verschleißfestigkeit und gutes Handling gleichermaßen vereint. Es erscheint daher wichtig, die Entwicklung besserer Einsetzmaterialien weiter voranzutreiben, da die Eigenschaften dieser Materialien für die Langlebigkeit adhäsiv eingesetzter Restaurationen von größter Wichtigkeit sind. Darüberhinaus bleiben die klinischen Abläufe sehr fehleranfällig, und auch für diesen Aspekt sind weitere Verbesserungen wünschenswert.
(Siehe auch Kapitel 11 für weitere Informationen zur Eingliederung)

Literatur

Arends J, Ruben J. Fluoride release from a composite resin. Quintessence Int 1988;19:513–514.

Aberg CH, van Dijken JW, Olofsson AL. Three-year comparison of fired ceramic inlays cemented with composite resin or glass ionomer cement. Acta Odontol Scand 1994;52:140–149.

Barkmeier WW, Cooley RL. Laboratory evaluation of adhesive systems. Oper Dent 1992, 5(suppl):50–61.

Bertolotti RL. Posterior composite technique utilizing directed polymerization shrinkage and novel matrix. J Pract Perio Aesthet Dent 1991;3:53–58.

Bowen RL, Reed LA. Semiporous reinforcing fillers for composite resins: I. Preparation of provisional glass formulations. J Dent Res 1976;55:738–747.

Bowen RL, Reed LA. Semiporous reinforcing fillers for composite resins: II. Heat treatments and etching characteristics. J Dent Res 1976;55:748–756.

Breeding LC, Dixon DL, Caughman WF. The curing potential of light activated composite resin luting agents. J Prosthet Dent 1991;65:512–518.

Claus H. Vita-In-Ceram, ein neues Verfahren zur Herstellung oxidkeramischer Gerüste für Kronen und Brücken. Quintessenz Zahntech 1990;16:35–46.

Compoglass light-curing compomer-based restorative material. Product information. Schaan-Liechtenstein:Vivadent;1995.

Cooley RL, Barkmeier WW. Dentinal shear bond strength, microleakage, and contraction gap of visible light-polymerized liners/bases. Quintessence Int 1991;22:467–474.

Darr AH, Jacobsen PH. Conversion of dual cure luting cements. J Oral Rehabil 1995;22:43–47.

Denry IL, Rosenstiel SF. Flexural strength and fracture toughness of Dicor glass ceramic after embedment modification. J Dent Res 1993;72:572–576.

Dietschi D, Maeder M, Meyer JM, Holz J. In vitro resistance to fracture of porcelain inlays bonded to tooth. Quintessence Int 1990;21:823–831.

Dietschi D, De Siebenthal G, Neveu-Rosenstand L, Holz J. Influence of the restorative technique and new adhesives on the dentin marginal seal and adaptation of resin composite class II restorations: an in vitro evaluation. Quintessence Int 1995;26:717–727.

Dyract: a single-component compomer. The technology behind it. Konstanz-Germany: De Trey-Dentsply; 1994.

Eick JD, Robinson SJ, Byerley TJ, Chappelow CC. Adhesives and nonshrinking dental resins of the future. Quintessence Int 1993; 24:632–640.

Eidenbenz S. Kopierschleifen keramischer Formkörper. Zahnmedizin Dissertation, Zürich, 1992.

Elbaum R, Remusat M, Brouillet JL. Biocompatibility of an enamel-dentin adhesive. Quintessence Int 1992; 23:773–782.

Ferracane JL. Using posterior composites appropriately. J Am Dent Assoc 1992;123:53–58.

Fusayama T. Indications for self-cured and light-cured adhesive composite resins. J Prosthet Dent 1992;67: 46–51.

Goracci G, Mori G, Martinis LC. Curing light intensity and marginal leakage of resin composite restorations. Quintessence Int 1996;27:355–362.

Grossman DG. Tetrasilicic mica glass-ceramic method. 1973; U.S. patent No 3732087.

Hattab FN, El-mowafy OM, Salem NS, El-Bradawy WAG. An in vivo study on the release of fluoride from glass-ionomer cement. Quintessence Int 1991;22:221–224.

Heys RJ, Fitzgerald M. Microleakage of three cement bases. J Dent Res 1991;70:55–58.

Hobo S, Iwata T. Castable apatite ceramics as a new biocompatible restorative material. I. Theoretical considerations. Quintessence Int 1985;2:135–141.

Inokoshi S, Willems G, Van-Meerbeek B, Lambrecht P, Braem M, Vanherle G. Dual-cure luting composites: Part I: Filler particle distribution. J Oral Rehabil 1993; 20:133–146.

Komma O. Hydrothermale Dentalkeramik-Systeme: eine neue Werkstoffklasse. Produkt Dokumentation. Rosbach:DUCERA Dental;1993.

Krejci I, Lutz F, Reimer M, Heizmann JL. Wear of ceramic inlays, their enamel antagonist, and luting cements. J Prosthet Dent 1993;69:425–430.

Leinfelder KF, Miracle RL, O'Neal SJ. Critical interfacial gaps for ceramic resin inlays. J Dent Res 1992; 71:112 (Abstract No 56).

Lutz F, Krejci I, Barbakow F. Chewing pressure vs. wear of composites and opposing cusps. J Dent Res 1992;71:1525–1529.

Lutz F, Philips RW, Roulet J-F, Imfeld Th. Komposits – Klassification und Wertung. Schweiz Mschr Zahnheilk 1983;93:914–929.

Lutz F, Philips RW, Roulet J-F, Setcos JC. In vivo and in vitro wear of potential posterior composites. J Dent Res 1984;63:914–920.

Lutz F, Krejci I, Luescher B, Oldenburg TR. Improved proximal margin adaptation of class II composite resin restorations by use of light-reflecting wedges. Quintessence Int 1986;17:659–664.

McLean JW. The future of dental porcelains. In Mc Lean JW (ed). Dental ceramics: Proceedings of the first international symposium on ceramics. Berlin:Quintessence, 1983:13–40.

McLean JW. Clinical application of glass ionomer cements. Oper Dent 1992, 5(suppl):184–190.

Mitra SB. Adhesion to dentin and physical properties of a light cured glass ionomer liner-base. J Dent Res 1990;70:72–74.

Mörmann WH, Brandestini M, Lutz F, Barbakow F. Chair-side computer-aided direct ceramic inlays. Quintessence Int 1989, 20:329–339.

Nakabayashy N, Kojima K, Masuhara E. The promotion of adhesion by the infiltration of monomers into tooth substrates. J Biomed Mater Res 1982;16:265–273.

Nathanson D. Factors in optimizing the strength of bonded ceramic restorations. In Mörmann WH (ed). Proceedings of the international symposium on computer restorations. Berlin: Quintessence, 1991:51–59.

Nathanson D: Current developments in esthetic dentistry. Curr Opin Dent 1991;1:206–211.

Noack MJ, Roulet J-F, Bergmann P. A new method to lute tooth colored inlays with highly filled composite resins. J Dent Res 1991;70:457 (Abstract No 1528).

3M Restorative Z100 : Product profile. St.Paul: 3M;1992.

Prati C, Fava F, Di Goia D, Selighini M, Pashley DH. Antibacterial effectiveness of dentin bonding systems. Dent Mater 1993;9:338–343.

Ruyter IE. Monomer systems and polymerization. In Vanherle G, Smith DC (eds). Posterior composite resin dental restorative materials. St.Paul: Peter Szulc Publishing,1985:109–135.

Roulet J-F. Degradation of dental polymers. Basel: Karger,1986.

Sadoun M., Degrange M. Les céramiques dentaires. 1ère partie: les céramiques dentaires classiques. Journal de Biomatériaux Dentaires 1986;2:215–225.

Sadoun M, Degrange M. Les céramiques dentaires. 2ème partie: les nouvelles céramiques. Journal de Biomatériaux Dentaires 1987;3:61–69.

Sano H, Takatsu T, Ciucchi B, Russel CM, Pashley DH. Tensile properties of resin-infiltrated demineralized human dentin. J Dent Res 1995;74:1093–1102.

Schmid M, Fischer J, Salk M, Strub J. Mikrogefüge Leucit verstärkter Glaskeramiken. Schweiz Monatsschr Zahnmed 1992;102:1046–1053.

Schwarz ML, Philips RW. Long-term fluoride release from glass ionomer cement. J Dent Res 1984; 63:158–160.

Sindel J, Schuh H, Krämer N. Film thickness of dental resin based luting materials using ultrasonic energy. IADR CED, Lyon, 1994.

Söderholm KJM: Filler systems and resin interface. In Vanherle G, Smith DC (eds). Posterior composite resin dental restorative materials. St.Paul: Peter Szulc Publishing,1985:139–159.

Stansbury JW, Bailey WJ: Evaluation of spiro orthocarbonate monomers capable of polymerization with expansion as ingredients in dental composite materials. In Gebelein CG, Dunn RL (eds). Progress in biomedical polymers. New York: Plenum Press, 1990:133–139.

Stansbury JW. Synthesis and double ring-opening polymerization of spiro orthocarbonates. ACS Polym Prepr 1990;31–59.

Swift EJ. Fluoride release from two composite resins. Quintessence Int 1989;20:895–897.

Swift EJ, Perdigão J, Heymann HO. Bonding to enamel and dentin: A brief history and state of the art, 1995. Quintessence Int 1995;26:95–110.

Tyas MJ. Glass ionomer (polyalkenoate) cement restorations. Curr Opin Periodontol Res Dent 1992;137–141.

Vanherle G. Overview of the clinical requirements for posterior composites. In Vanherle G, Smith DC (eds). Posterior composite resin dental restorative materials. St.Paul: Peter Szulc Publishing,1985:21–40.

Van Meerbeek B, Vanherle G, Lambrechts P, Braem M. Dentin and enamel bonding agents. Curr Opin Dent 1992;2:117–127.

Van Meerbeek B, Inokoshi S, Willems G, Noack MJ, Braem M, Lambrechts P, Roulet J-F, Vanherle G. Marginal adaptation of four tooth coloured inlay systems in vivo. J Dent 1992;20:18–26.

Van Meerbeek B, Inokoshi S, Davidson CL, De Gee AJ, Lambrechts P, Braem M, Vanherle G. Dual cure luting composites-part II: clinically related properties. J Oral Rehabil 1994;21:57–66.

Virgillito A, Holz J. Produits adhésifs dentinaires et de scellement soumis au contrôle biologique in vivo. J Biol Buccale 1989;17:209–224.

Watanabe I, Nakabayashi N, Pashley DH. Bonding to ground dentin by a phenyl-P self-etching primer. J Dent Res 1994;73:1212–1220.

Willems G, Lambrechts P, Braem M, Vanherle G. Classification of composites. In Vanherle G, Degrange M, Willems G (eds). State of the art on direct posterior filling materials and dentin bonding. Leuven: Van der Poorten, 1993:77–105.

Willems G, Lambrecht P, Braem M, Vanherle G. Three-year follow-up of five posterior composites: in vivo wear. J Dent 1993;21:74–78.

Wilson AD Resin-modified glass-ionomer cements. Int J Prosthodont 1990;3:425–429.

Wilson AD, Kent BE. A new translucent cement for dentistry: the glass ionomer cement. Br Dent J 1972; 132:133–135.

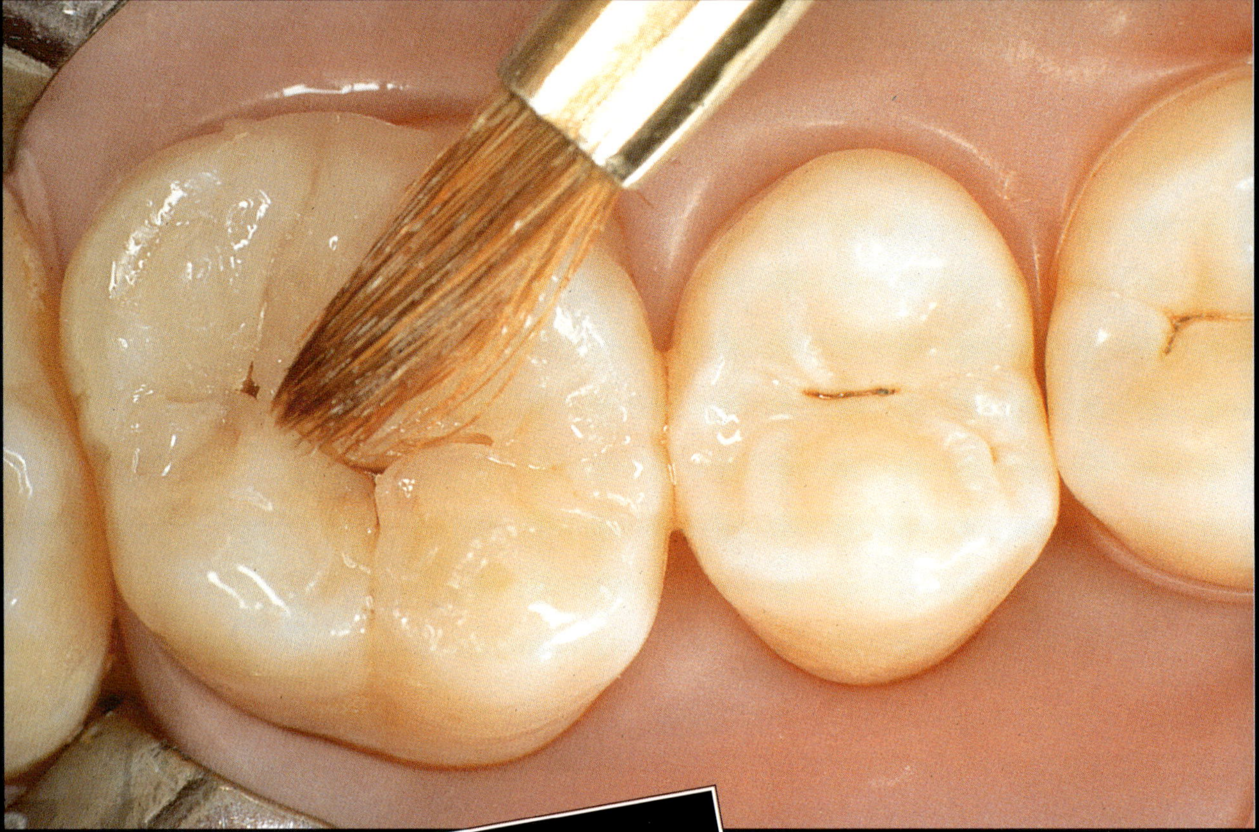
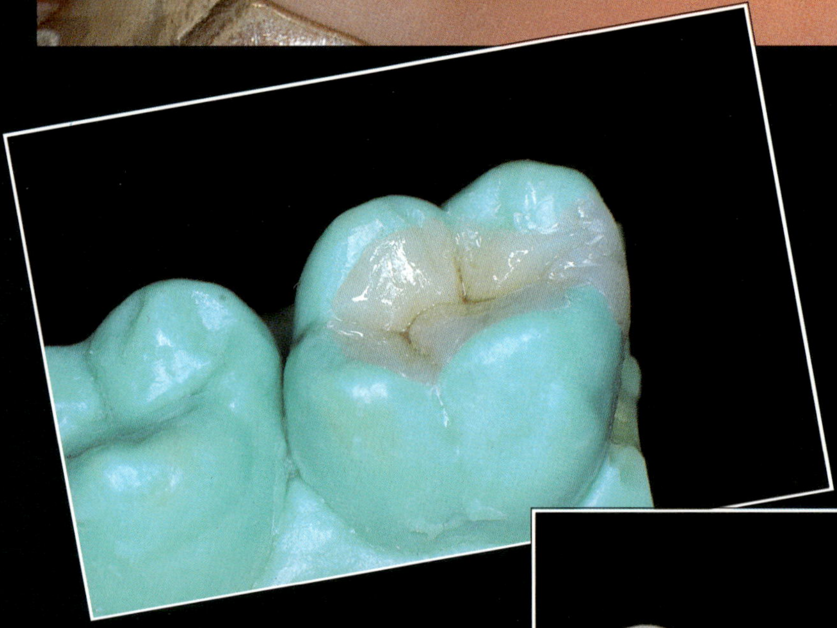
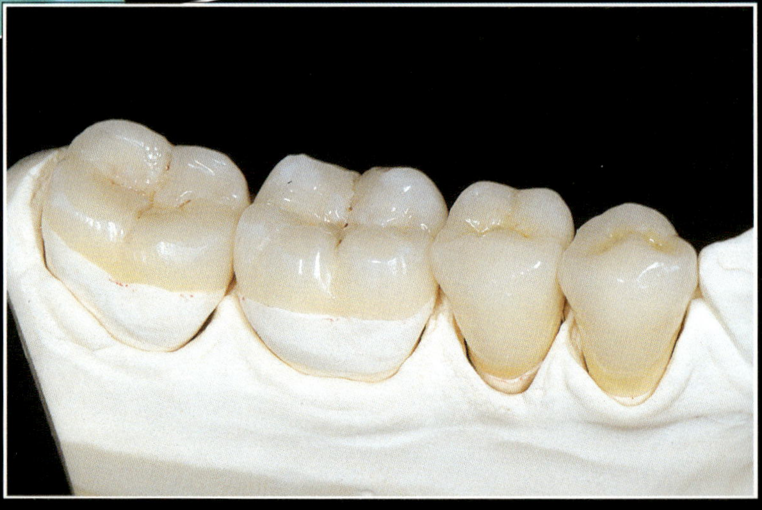

4 Klassifikation restaurativer Techniken und Vorgehensweisen

Aspekte ästhetischer restaurativer Techniken

Da es kein ideales restauratives System gibt, das in jeder klinischen Situation mit einer guten Erfolgsprognose eingesetzt werden kann, gehört es zur Verantwortung des heute tätigen Praktikers, für jeden Fall die am besten geeigneten Materialien und Techniken auszuwählen.

Ästhetische restaurative Techniken für das Seitenzahngebiet können in drei Gruppen eingeteilt werden (Dietschi und Holz, 1990) (Abb. 4-1):

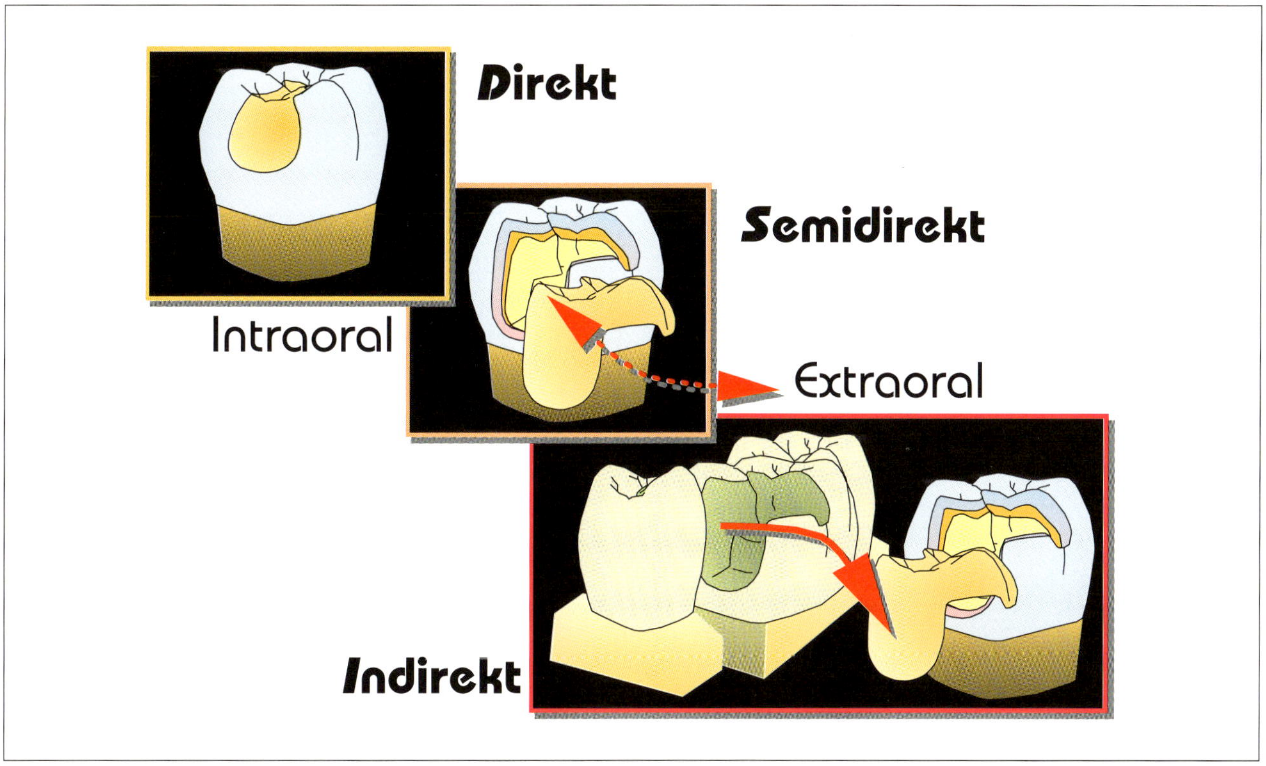

Abb. 4-1 Die zahlreichen zur Verfügung stehenden restaurativen Methoden können in drei Hauptgruppen eingeteilt werden: in die direkten, die semi-direkten und die indirekten Techniken.

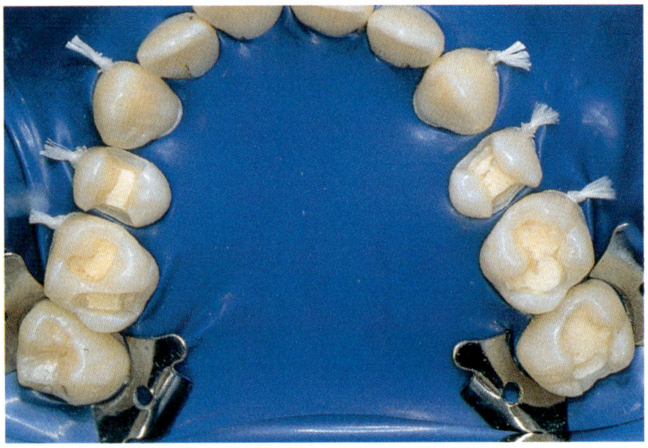

Abb. 4-2 Für die Anwendung adhäsiver Techniken muß das Operationsfeld vollkommen sauber und isoliert vom Zutritt von Feuchtigkeit oder organischen Flüssigkeiten sein. Diese klinische Ansicht zeigt, wie ein Oberkieferzahnbogen mit Hilfe von Kofferdam für die Zementierung von adhäsiv eingesetzten Inlays vorbereitet wurde.

- die „**direkten Techniken**" bestehen aus ausschließlich intraoralen Maßnahmen, die in einer einzigen Sitzung durchgeführt werden;
- die „**semi-direkten Techniken**" umfassen sowohl intraorale als auch extraorale Schritte, jedoch während der Behandlung hergestellte und eingesetzte Restaurationen, wohingegen
- die „**indirekten Techniken**" mehrere Sitzungen und die Zusammeanarbeit mit einem Dentallabor erfordern.

Diese Terminologie (direkte, semi-direkte und indirekte Techniken) ist daher interessant, weil sie die Klassifikation der zahlreichen gegenwärtig durchgeführten Maßnahmen bezüglich ihrer spezifischen Einsatzbereiche auf einfache Art und Weise möglich macht.

Vorbedingungen für adhäsive Restaurationen im Seitenzahngebiet

Da die Durchführung adhäsiver Maßnahmen üblicherweise komplex und aufwendig ist, sollen hier einige grundsätzliche Vorbedingungen für eine erfolgreiche adhäsive Vorgehensweise herausgestellt werden. Zunächst müssen alle Weichgewebe vollkommen gesund sein und die Randgestaltung muß vorzugsweise in den supra- oder paragingivalen Bereich gelegt werden können. Der Einsatz eines Kofferdams ist, unabhängig von der gewählten Technik, auch für die Applikation von Unterfüllungen und die für das Bonding erforderlichen Maßnahmen unabdingbar. (Knight et al., 1993) (Abb. 4-2). Außer als Schutzmechanismus gegen das unbeabsichtigte Verschlucken chemischer Produkte, ist nur der Kofferdam in der Lage, ein sauberes und trockenes Arbeitsfeld zu schaffen, das ein erfolgreiches adhäsives Arbeiten erlaubt, insbesondere im Seitenzahngebiet. Der Begriff „wet bonding" (auf feuchten Dentinoberflächen) sollte nicht dahingehend mißverstanden werden, daß auch der Einfluß von Blut und Speichel zu einer erfolgreichen Haftung führt.

Aspekte zur Behandlung: allgemeine und lokale Parameter

Allgemeine Parameter

Aufgrund der mäßigen klinischen Eigenschaften der Komposite der ersten Gene-

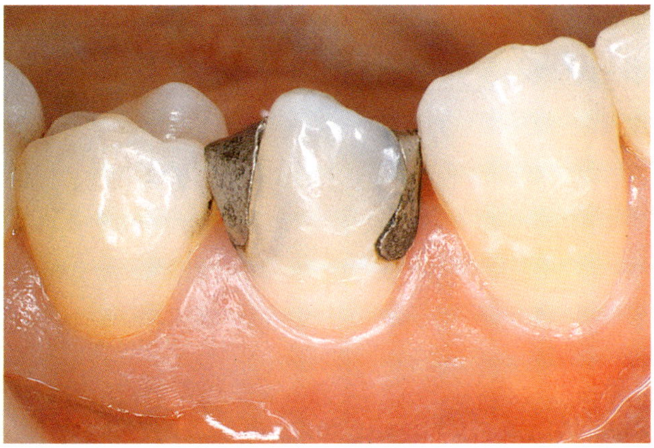

Abb. 4-3 a

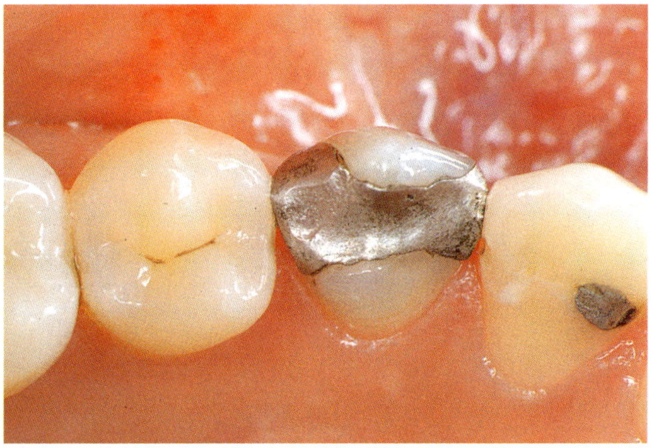

Abb. 4-3 b

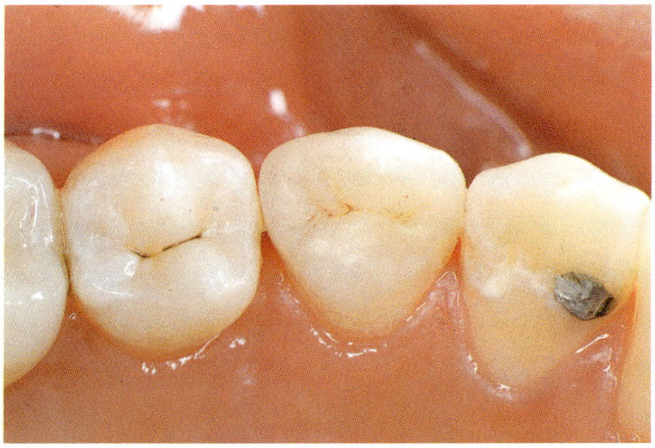

Abb. 4-3 c

Abb. 4-3 Präoperative Ansicht eines ersten unteren Prämolaren, an dem aus mechanischen und ästhetischen Gründen der Austausch einer Amalgamfüllung erforderlich war (a–b). Vor einigen Jahren noch wurde die Versorgung mit adhäsiven Restaurationen nur bei Patienten in Betracht gezogen, die ausgezeichnete orale Bedingungen aufwiesen. Postoperative Ansicht der zahnfarbenen Restauration (c).

ration galten ästhetische Restaurationen im Seitenzahngebiet nur bei Patienten mit ausgezeichneter Mundhygiene, geringer Kariesanfälligkeit und echtem ästhetischen Bedürfnis als indiziert (Abb. 4-3). Heutzutage ist die Indikation für adhäsive Restaurationen aufgrund einer allgemeinen Verbesserung der Mundhygiene, Fortschritten in der adhäsiven Zahnheilkunde und gestiegener Ansprüche auf die meisten Patienten ausgedehnt worden.

Okklusale Parafunktionen wie Bruxismus und Knirschen können einen beträchtlichen Einfluß auf die Wahl der Therapie ausüben. Nach dem gegenwärtigen Stand können keramische Inlays und insbesondere Onlays bei solchen Patienten als risikobehaftete Restaurationen betrachtet werden. Ebensowenig ist bis dato geklärt, ob adhäsive Restaurationen in solchen Fällen generell indiziert sind.

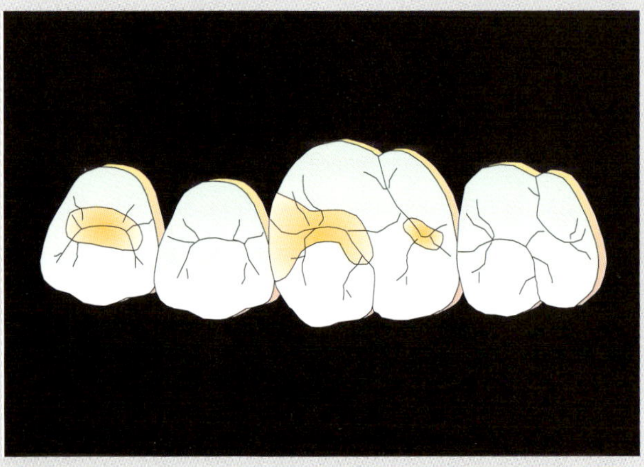

Abb. 4-4 a

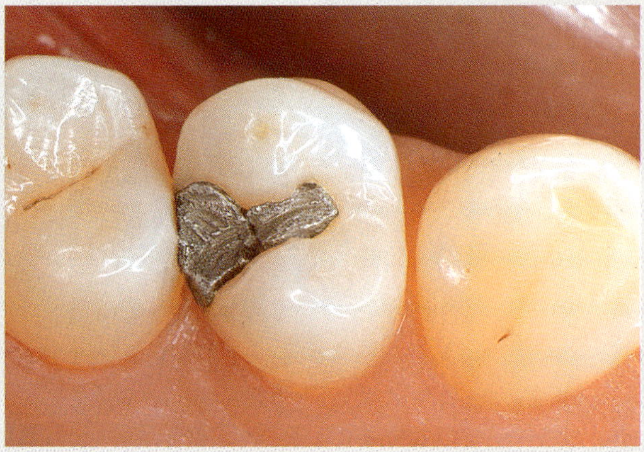

Abb. 4-4 b

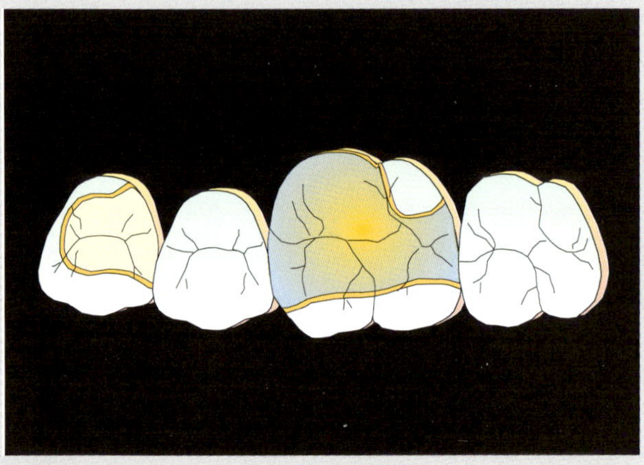

Abb. 4-4 e

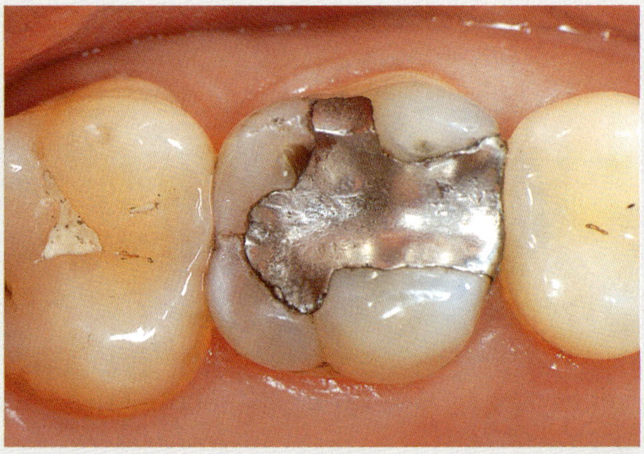

Abb. 4-4 f

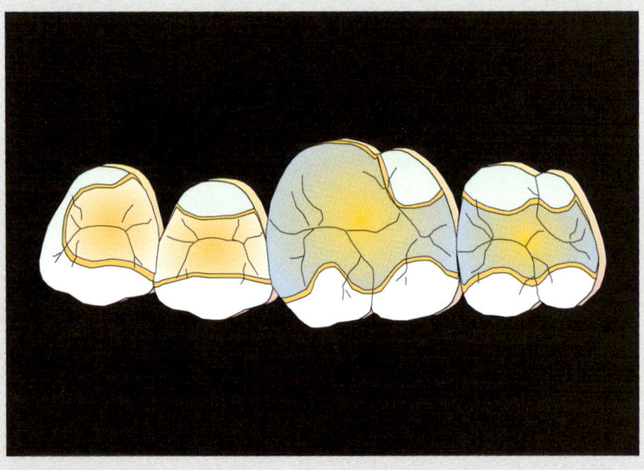

Abb. 4-4 i

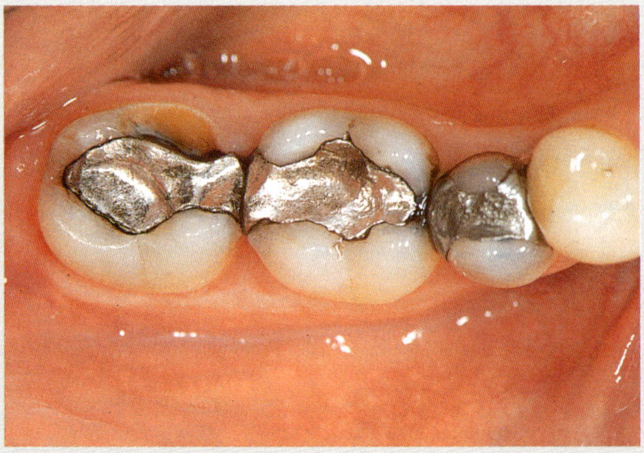

Abb. 4-4 j

Abb. 4-4 Grundsätzliche Indikationen und typische klinische Beispiele für direkte (a–d), semi-direkte (e–h) und indirekte restaurative Techniken (i–l).

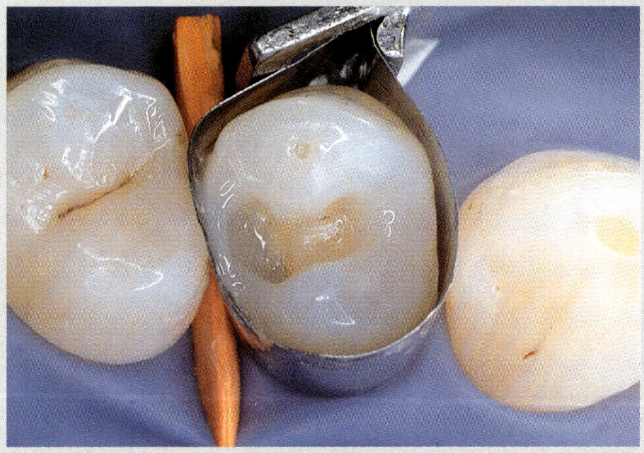

Abb. 4-4 c

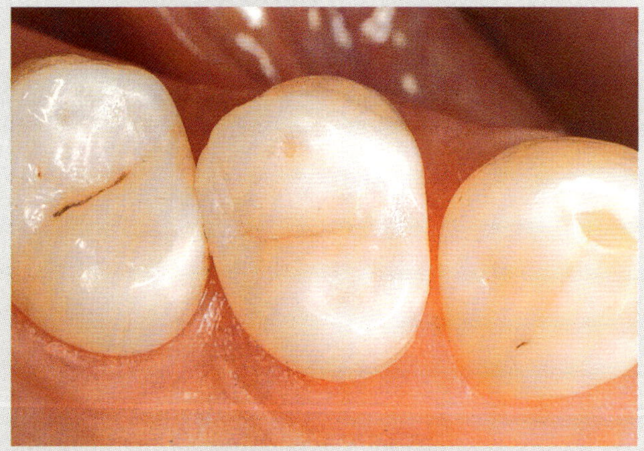

Abb. 4-4 d

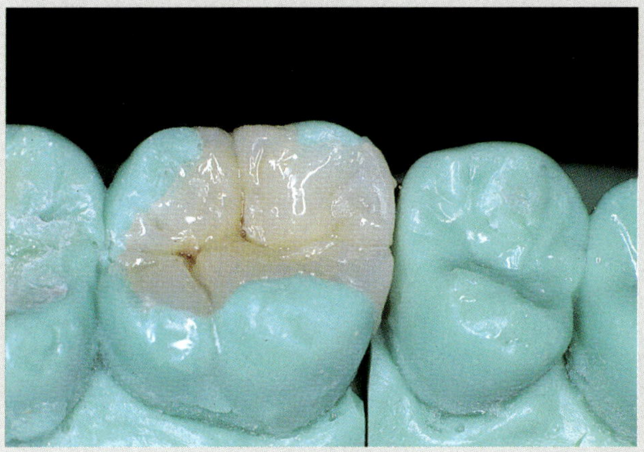

Abb. 4-4 g

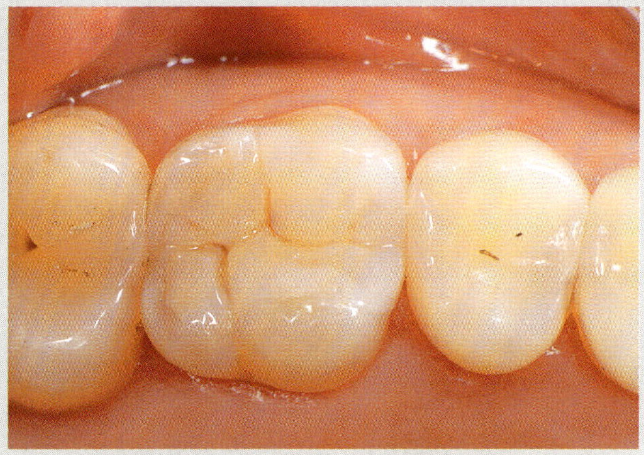

Abb. 4-4 h

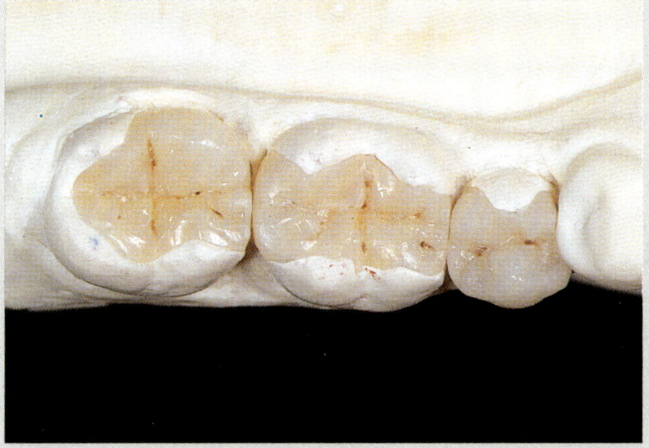

Abb. 4-4 k

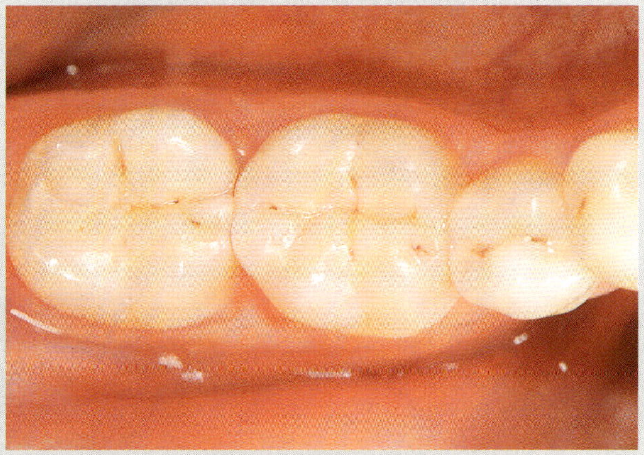

Abb. 4-4 l

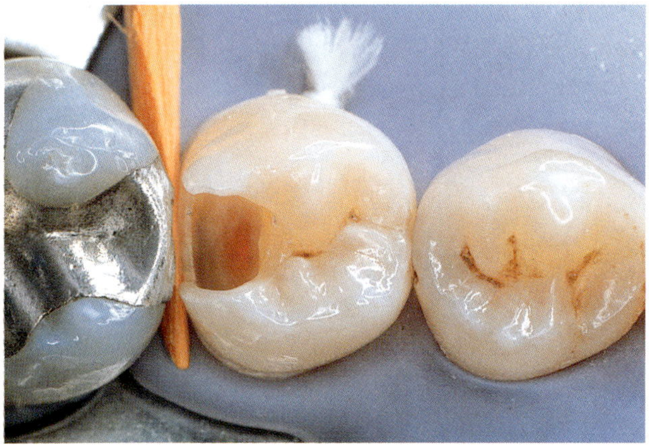

Abb. 4-5 a

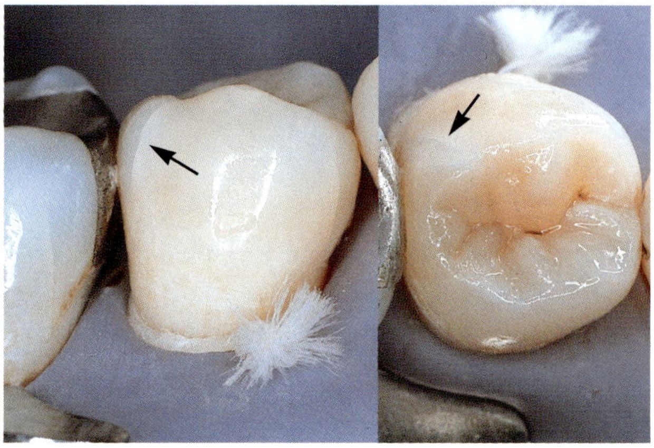

Abb. 4-5 b

Abb. 4-5 Klinische Ansicht eines präparierten unteren Prämolaren (a). Nach Durchführung einer Kompositrestauration kam es trotz der mäßigen Kavitätenausdehnung und dem Einsatz der Schichttechnik (direkte Technik) durch die Polymerisationsspannungen zur Fraktur der dünnen bukkalen Wand (c). Die Auswirkungen der bei der Polymerisation entstehenden Kräfte sollten nie unterschätzt werden.

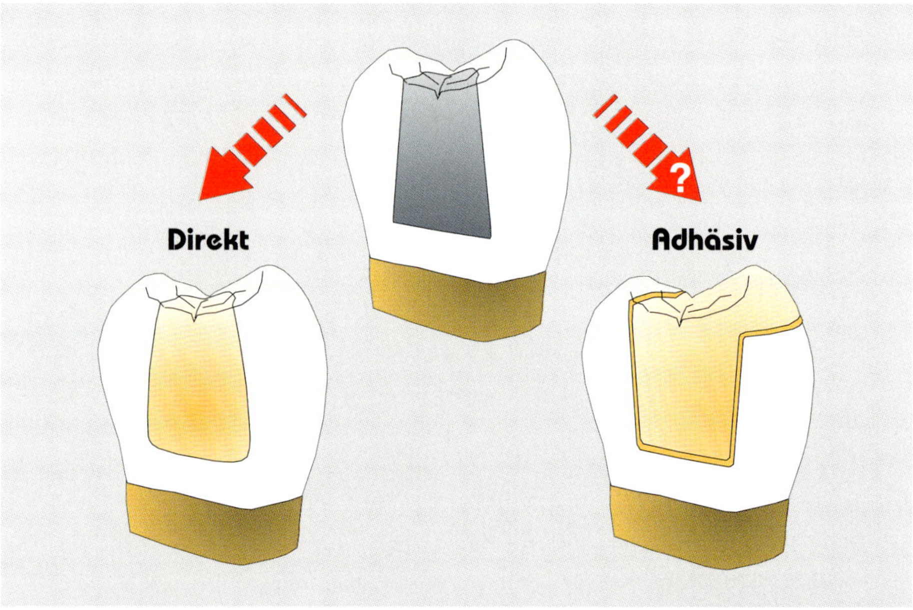

Abb. 4-6 Aufgrund ihrer spezifischen Anatomie muß die Therapie für Prämolaren beim Ersatz von großen Amalgamfüllungen sehr sorgfältig geplant werden. Die Modifikation der konventionellen Präparation hinsichtlich der Eingliederung einer adhäsiven Restauration (konische Präparation) kann zu einem signifikanten Verlust an Zahnhartsubstanz führen, was häufig die Überkuppelung der verbliebenen Höcker, insbesondere der tragenden Höcker, erforderlich macht. Aus diesem Grund kann das Legen einer Füllung nach der direkten Technik indiziert sein, auch wenn die Kavitätenausdehnungen eher die Anwendung einer semi-direkten oder indirekten Technik nahelegen würden.

Lokale Parameter

Lokale Parameter sind von größter Wichtigkeit, da von ihnen die Wahl des Materials und der angewandten Technik abhängt:

- *Größe und Anzahl der Restaurationen:* Aus klinischer Sicht besteht Einigkeit, daß die Indikation für Füllungen nach der direkten Technik auf kleine und mittlere Kavitäten beschränkt werden sollte (Abb. 4-4 a bis d). Momentan kann die aus der Polymerisationsschrumpfung resultierende Materialbelastung für größere Kavitäten nicht auf einem akzeptablen Niveau gehalten werden, auch dann nicht, wenn komplexe Inkrement-Methoden angewandt werden. Diese Problematik führt zu einer ganz erheblichen Belastung der Grenzflächenbereiche (Abb. 4-5). Großflächige Klasse-I- und -II-Kavitäten sowie partielle Überkuppelungen werden vorzugsweise mit adhäsiv eingesetzten Restaurationen versorgt. Ein einzelner Zahn oder eine eng begrenzte Anzahl von Zähnen (zwei bis drei Zähne in verschiedenen Quadranten) können sehr gut mit der semi-direkten Technik restauriert werden (Abb. 4-4 e bis h). Müssen mehrere Zähne gleichzeitig versorgt werden, ist die Herstellung optimaler funktioneller und anatomischer Okklusalflächen angesichts der systemimmanenten Maßnahmen semi-direkter Techniken (Gestaltung des Restauration ohne korrekten Antagonistenkontakt) schwierig. Deshalb sollten bei der Komplettversorgung von Ober- und Unterkiefer sowie von Quadranten indirekte Techniken zum Einsatz kommen (Abb. 4-4 i bis l). Durch laborgefertigte Restaurationen ist eine bessere Kontrolle von Okklusions- und ästhetischen Aspekten gegeben. Für ausgedehnte Überkuppelungen (einzelne oder mehrere Onlays oder Overlays) sind ebenfalls indirekte Techniken empfohlen.
  Bei konventionell präparierten Zähnen, z. B. für die Aufnahme von Amalgamfüllungen, die im Approximalbereich eine retentive Gestaltung aufweisen, kann die Umgestaltung der Kavität zur Aufnahme einer adhäsiven eingesetzten Restauration zu einem großen Verlust von Zahnhartsubstanz führen, insbesondere bei Prämolaren (Abb. 4-6). In einem solchen Fall kann die Indikationserweiterung zur Anwendung der direkten Technik gerechtfertigt sein.

- *Lokalisation der Kavitätenränder:* Es ist allgemein anerkannt, daß das Vorhandensein einer ununterbrochenen Schmelzrandbegrenzung befriedigenden Randschluß und Dichtigkeit bewirkt. Die Schichtstärke des vorhandenen Schmelzes sowie die zervikale Randgestaltung kann die Qualität der Restauration jedoch sehr stark beeinflussen (Dietschi et al., 1995). In-vitro-Versuche zeigen, daß für die Anwendung direkter Techniken (Schichttechnik) eine minimale Schmelzrandbegrenzung mit Abschrägung erforderlich ist, wohingegen bei adhäsiv eingesetzten Restaurationen (semi-direkte oder indirekte Techniken) nur 0,5 mm Schmelzrandbegrenzung vorhanden sein muß, um unabhängig von der Art der Randgestaltung einen befriedigenden Randschluß und Dichtigkeit zu gewährleisten (Abb. 4-7 a bis c). Ist der verbliebene Schmelzpool kleiner als 0,5 mm oder gar nicht mehr vorhanden, scheinen nur die kürzlich entwickelten Dentinbondingmaterialien in Verbindung mit adhäsiv eingesetzten Restaurationen in der Lage, die Randqua-

Abb. 4-7 a

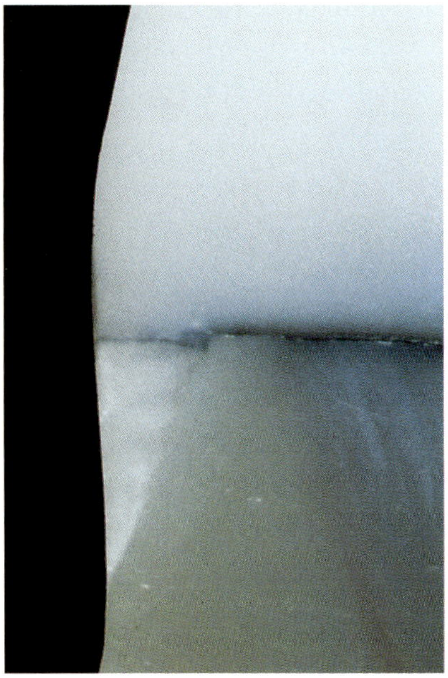

Abb. 4-7 b

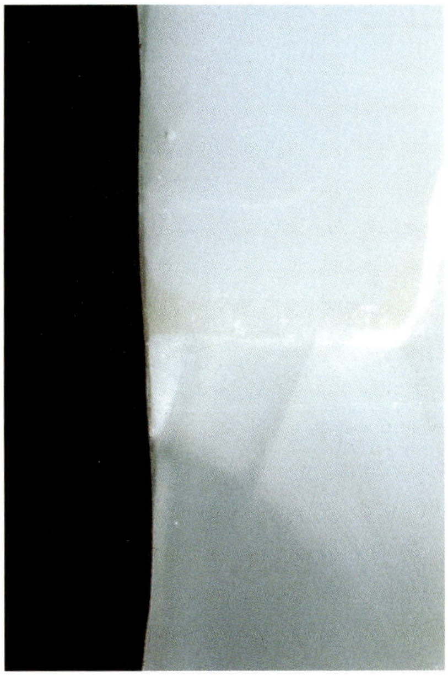

Abb. 4-7 c

Abb. 4-7 d

Abb. 4-7 Ausschnittsvergrößerungen in vitro restaurierter Zähne, Ansicht im Lichtmikroskop (Vergrößerung x 25). Bei einer minimalen zervikalen Schmelzschichtstärke (mindestens 1 mm) und der Präparation einer Abschrägung wurde ein befriedigender Randschluß der in der direkten Technik hergestellten Kompositfüllung erreicht (a). Bei einer Schulterpräparation zeigt sich nach der direkten Technik auch bei Anwendung der Schichttechnik ein Leakage (b). Bei einem adhäsiv eingegliederten Kompositinlay zeigt sich eine gleichbleibende Randqualität, unabhängig von der Präparationsform und der Schichtstärke des Schmelzes. In diesem Fall wurde trotz minimalem Schmelzpool und Schulterpräparation ein perfekter Randschluß erzielt (c). Bei Präparationen, die approximal im Dentin enden, gewährleistet offensichtlich die Verwendung eines modernen Adhäsivs in Verbindung mit einer Inlaytechnik die beste Randqualität und Dichtigkeit (d).

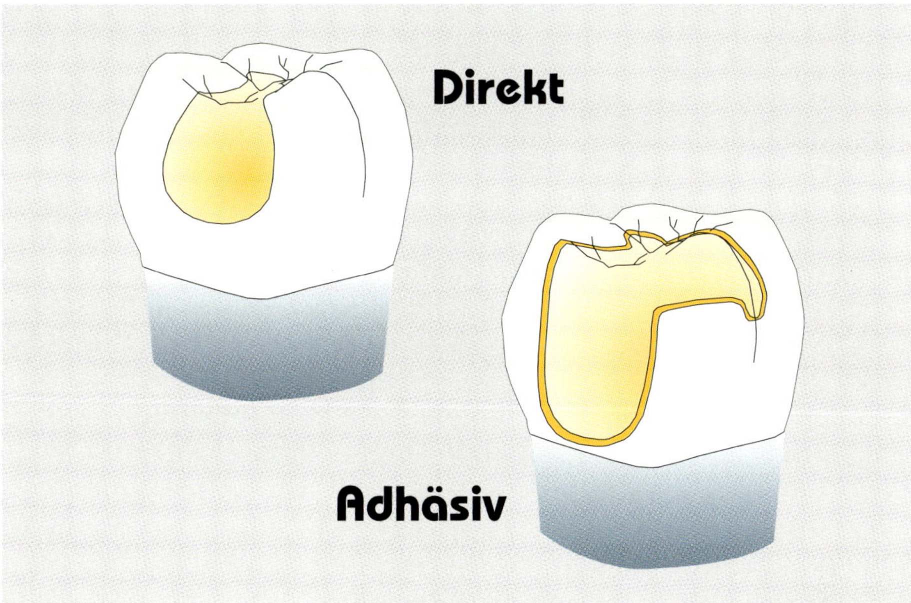

Abb. 4-8 Bei kleinen Kavitäten mit einer großen Schichtstärke an zervikal verbliebenem Schmelz sind direkte Techniken gut geeignet. Bei großen Präparationen mit einer dünnen Schmelzschichtstärke (weniger als 1 mm in Breite und Höhe) ist eine adhäsiv eingesetzte Restauration (semi-direkt oder indirekt) indiziert.

lität zu verbessern (Krejci et al., 1990; Dietschi et al., 1995) (Abb. 4-7d und 4-8). Da die adhäsiven Systeme keine befriedigende Dichtigkeit bei der Gestaltung von Randbereichen im Dentin garantieren konnten, wurde als Antwort auf das Problem der schmelzfreien Ränder bis vor kurzem eine kombinierte Amalgam-Komposit-Restauration vorgeschlagen. Dabei wird Amalgam in den approximalen Kastenboden eingebracht und die restliche Kavität mit einer direkten oder eingesetzten adhäsiven Restauration ergänzt (Eidelmann et al. 1990; Cardash et al., 1990) (Abb. 4-9). Die Indikation für diese Methode wird voraussichtlich mit der steten Verbesserung von Dentinadhäsiven abnehmen.

• *Lokalisation des Zahnes innerhalb des Zahnbogens:* Dieser Faktor muß aus ästhetischen Gründen erwogen werden, aber auch, um die mechanische Belastung der Restauration abzuschätzen. Je weiter mesial die Position der Restauration im Zahnbogen, desto geringer die funktionelle Belastung und der Verschleiß der Restauration, obwohl die klinischen Daten dieser Beziehungen immer noch kontrovers erscheinen (Mansour und Reynik, 1975; Wilson et al., 1988; Johnson et al., 1992) (Abb. 4-10). Die Position der zu restaurierenden Zähne muß auch in Beziehung zur Schwierigkeit der klinischen und technischen Durchführung gesehen werden. Das gilt vor allem für die Indikation einiger semi-direkter und indirekter Techniken an Stellen begrenzter Zugänglichkeit.

• *Zahnanatomie und Belastungsfähigkeit:* Wie bereits in Kapitel 1 beschrieben, führt das Fehlen stabilisierender Faktoren bei der Versorgung mit traditionellen metallischen Materialien hin und wieder zum Auftreten von Rißbildungen und Frakturen im Zahnhartgewebe (Cavel et

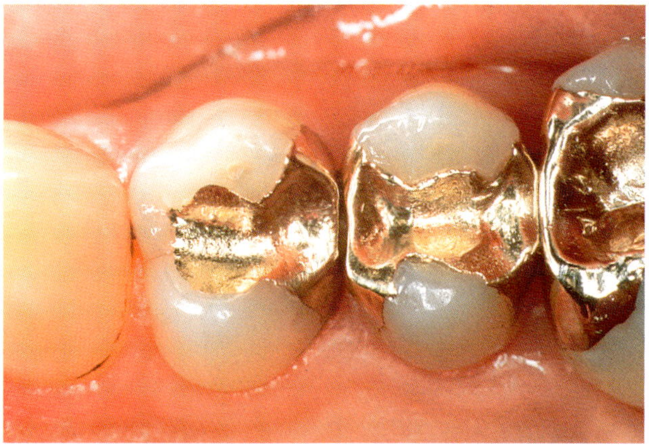

Abb. 4-9 a

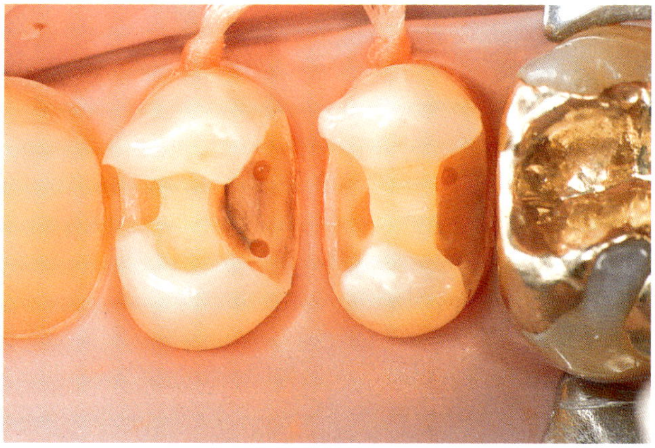

Abb. 4-9 b

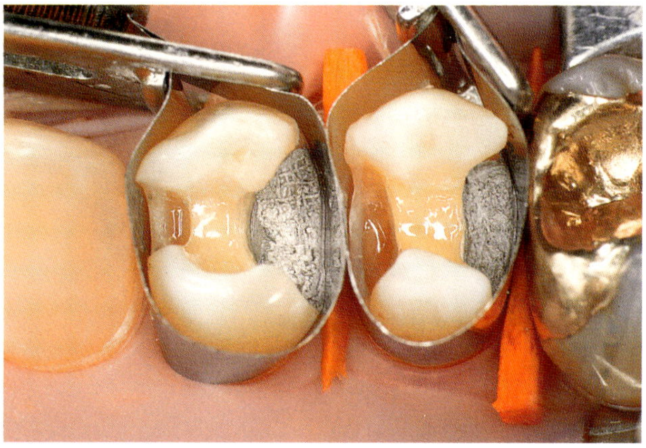

Abb. 4-9 c

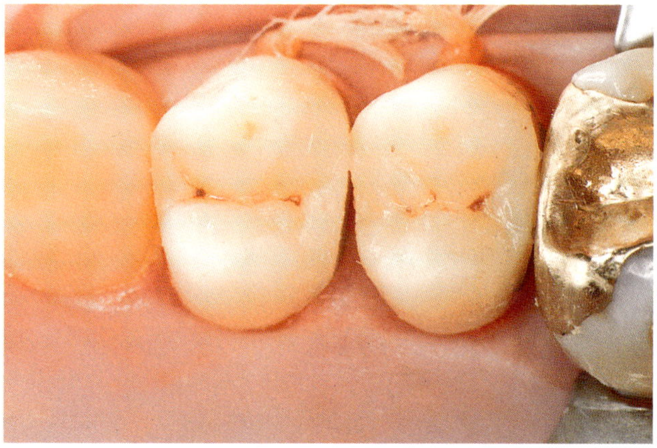

Abb. 4-9 d

Abb. 4-9 Diese beiden oberen Prämolaren wiesen eine Sekundärkaries unter Goldinlays auf (a). Im distalen Zervikalbereich verblieb nach der Entfernung des kariösen Gewebes kein Schmelz mehr. Es erfolgte die Präparation einer Retentionsform auf Höhe der Gingiva (b), um stabile Kriterien für das Einbringen einer Amalgambasis zu schaffen (c). Bei solchen „Hybrid"-Restaurationen mit einer okklusalen Kompositfüllung gewährleistet das Amalgam einen dichten Verschluß der im Dentin liegenden Kavitätenränder (d).

al., 1985). Einige anatomische Aspekte müssen deshalb während der Therapieplanung berücksichtigt werden. Insbesondere die Höckerneigung, Schichtstärke des Schmelzpools, Extension der Pulpahörner, Form und Größe der Höcker und zervikale Einziehungen können in hohem Maße die Belastungsfähigkeit des restaurierten Zahnes beeinflussen. Aus diesem Grunde müssen obere und untere Prämolaren sowie Zähne mit einer starken Höckerneigung als „Risiko"-Zähne angesehen werden. (Geurtsen, 1992; Khera et al., 1990) (Abb. 4-11 bis 4-13).

Nur adhäsive Techniken haben bislang

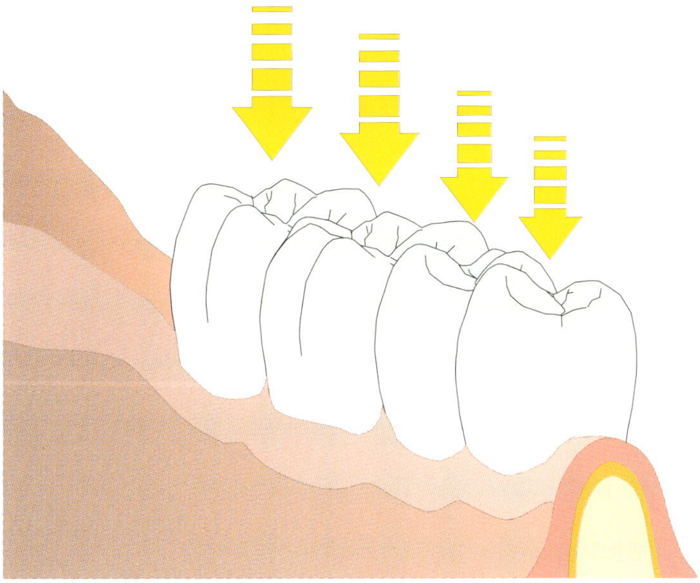

Abb. 4-10 Es ist bekannt, daß die funktionelle Belastung auf dem letzten Molaren am größten ist, wohingegen sie nach mesial abnimmt.

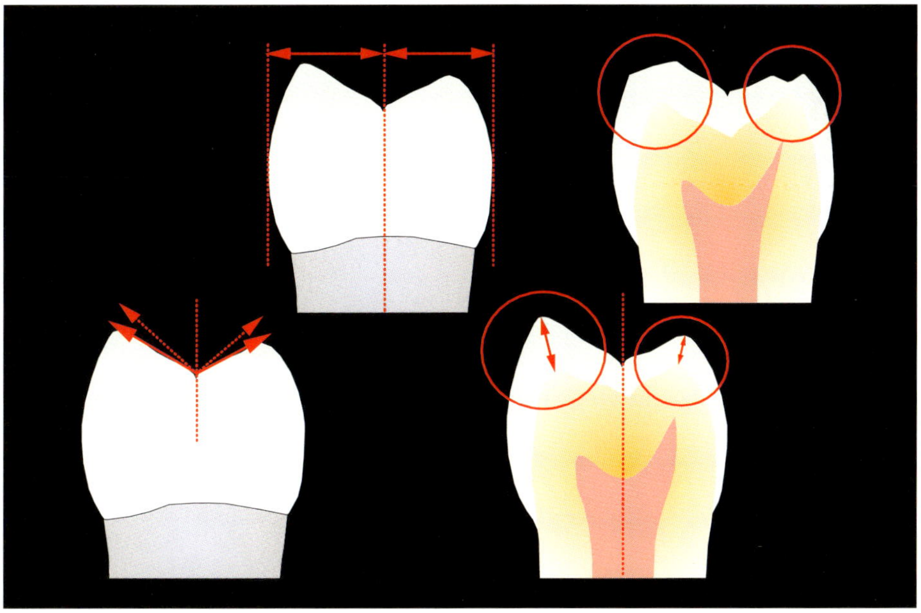

Abb. 4-11 Klinisch relevante anatomische Parameter für die Biomechanik des restaurierten Zahnes (von links nach rechts): Höckerneigung, Höckergröße, Höckeranatomie und Schichtstärke des Schmelzes, Defekte in der Zahnhartsubstanz (z. B. Erosionen, Abrasionen).

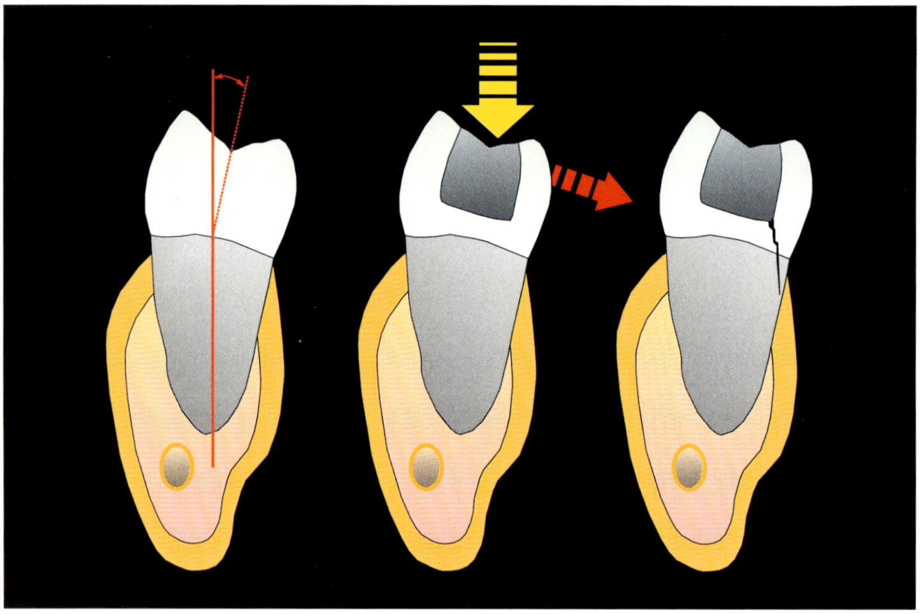

Abb. 4-12 Aufgrund der lingualen Neigung ihrer Kronen ist bei Unterkieferseitenzähnen ein besonderes Risiko der Fraktur nichttragender Höcker unter funktioneller Belastung gegeben. Aus diesem Grund stellt sich hier eher die Indikation zur adhäsiven Restauration als zur konventionellen Amalgamfüllung.

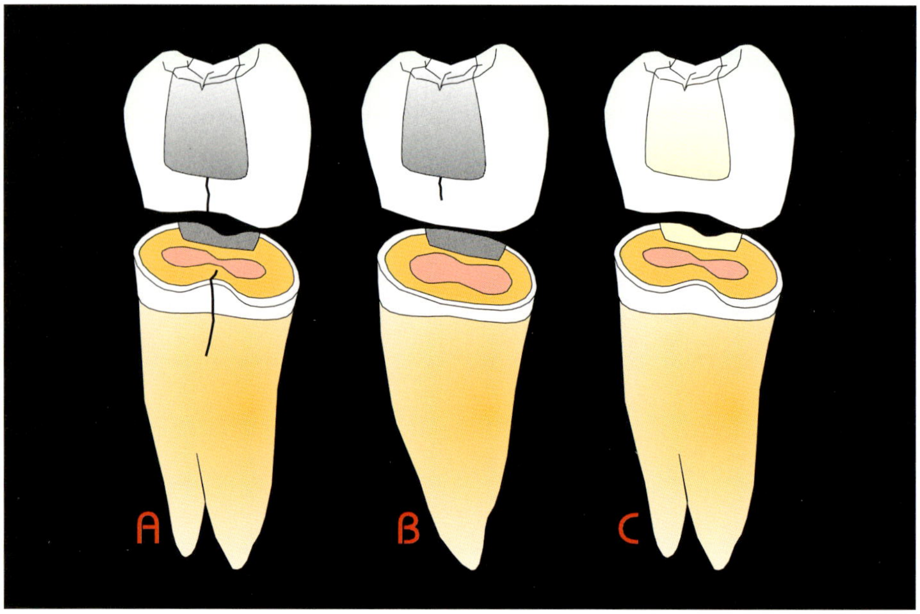

Abb. 4-13 Bei ersten Prämolaren und Molaren im Oberkiefer steht bei der Anwendung konventioneller restaurativer Techniken das Risiko einer mesiodistalen Fraktur in signifikantem Zusammenhang zum Vorhandensein zervikaler Konkavitäten und der Tiefe der Restaurationen (A und B). Deshalb sind adhäsive Restaurationen bei solchen mechanisch gefährdeten Zähnen vorzuziehen (C).

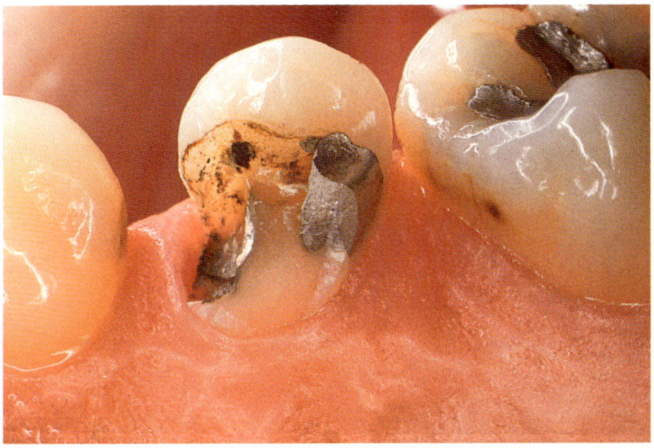

Abb. 4-14 a

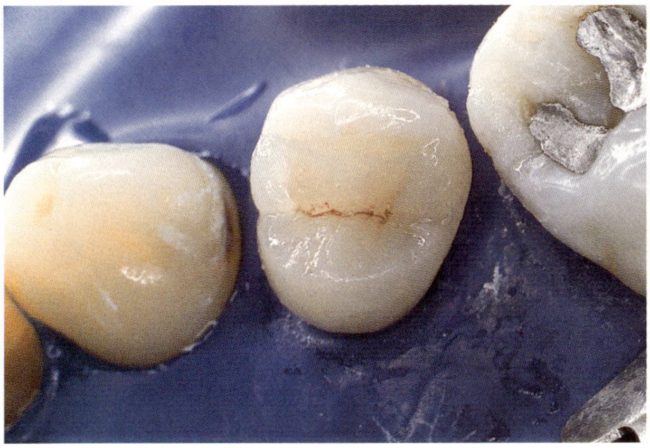

Abb. 4-14 b

Abb. 4-14 Klinisches Beispiel für einen frakturierten oberen Prämolaren (a). Als konservierende und wirtschaftliche Alternative zu Wurzelbehandlung, Stift und Kernaufbau mit prothetischer Restauration wurde ein adhäsives Onlay eingegliedert (b).

die Fähigkeit zur Stabilisierung des präparierten Zahnes gezeigt (Morin et al. 1984; Sheth et al. 1988; Lopez et al., 1991). Für die konservierende Versorgung von Zähnen mit Rißbildungen oder partiellen Frakturen sollte deshalb der Einsatz solcher Techniken ebenso erwogen werden wie für die Verhinderung solch mechanisch bedingter Mißerfolge. (Abb. 4-14). Im Falle einer tiefen mesiodistalen Fraktur sollte der Zahn jedoch vorzugsweise endodontisch behandelt und überkront werden (Geurtsen, 1992).

Kombinierte Indikationen

Da die Größe der Restaurationen innerhalb eines Zahnbogens stark variieren kann, muß eine entsprechende, die spezifischen Gegebenheiten berücksichtigende Therapieplanung zugrunde gelegt werden. Tatsächlich können und müssen direkte, semi-direkte und indirekte Techniken in vielen Situationen miteinander kombiniert werden (Abb. 4-15 und 4-16). Hier muß nochmals darauf hingewiesen werden, daß die Philosophie der modernen Zahnheilkunde ein optimales Verhältnis von Aufwand, optimalem klinischen Erfolg und entstehenden Kosten anstrebt.

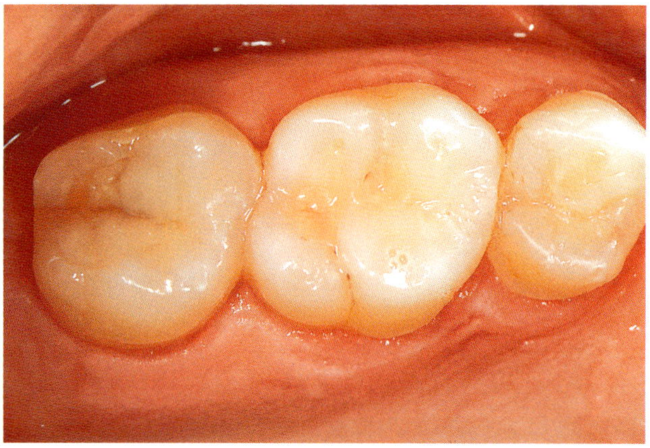

Abb. 4-15 a

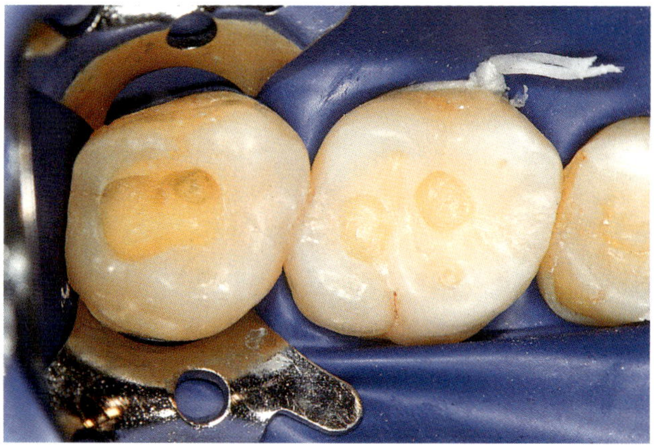

Abb. 4-15 b

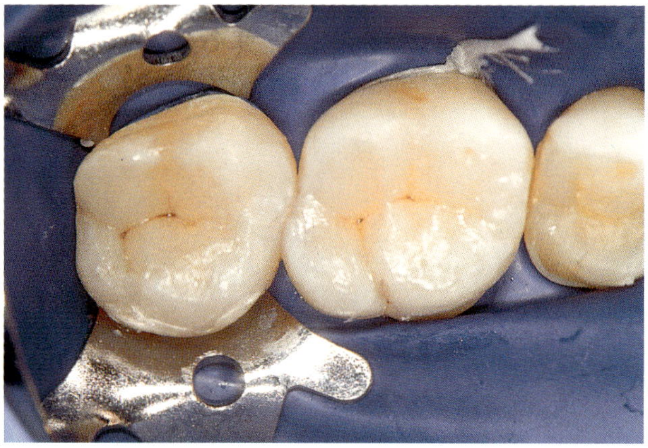

Abb. 4-15 c

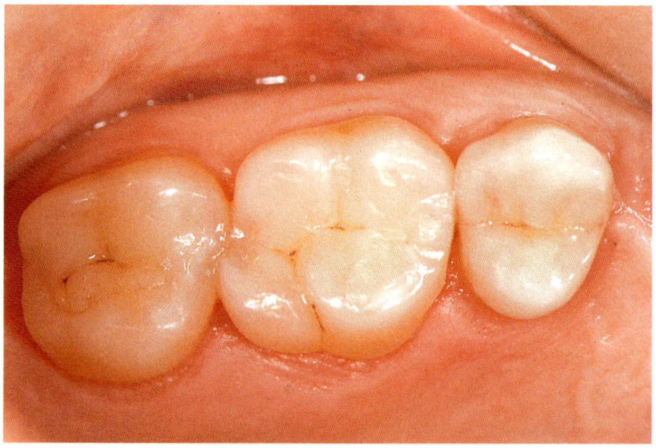

Abb. 4-15 d

Abb. 4-15 Präoperative Ansicht des Oberkieferseitenzahngebietes bei einem Patienten mit einer Komplettsanierung nach Abschluß einer kieferorthopädischen Behandlung (a). Frakturierte und dem Verschleiß stark unterworfene Restaurationen an den Molaren wurden entfernt (b) und durch neue Kompositfüllungen nach der direkten Technik ersetzt (c). Um die Vertikaldimension und eine korrekte Funktionalität wiederherzustellen, wurde der Prämolar mit einem keramischen Overlay versorgt (d). In solchen Fällen können und müssen verschiedene adhäsive Techniken kombiniert werden.

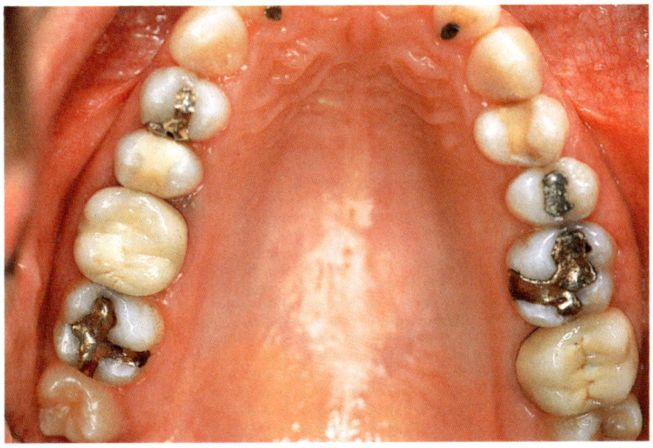

Abb. 4-16 a

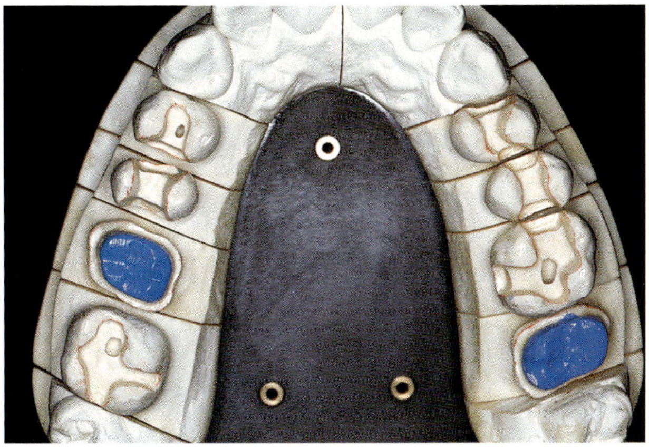

Abb. 4-16 b

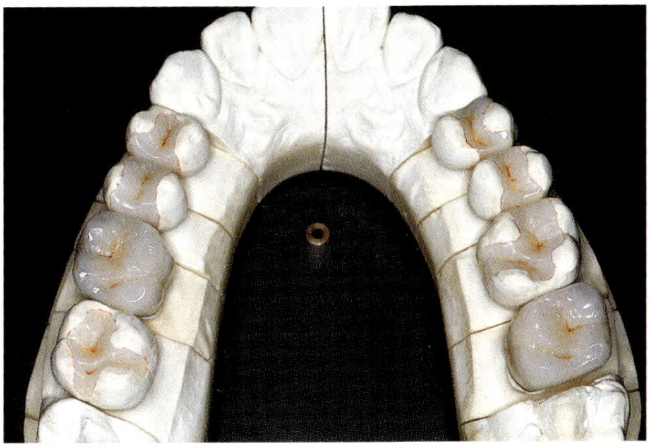

Abb. 4-16 c

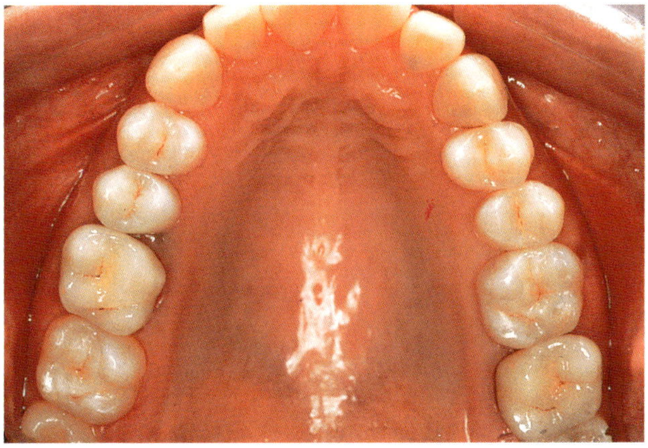

Abb. 4-16 d

Abb. 4-16 Präoperative Ansicht eines Oberkieferzahnbogens, der nach einem modernen und umfassenden Konzept versorgt werden sollte (a). Die Anzahl der zu behandelnden Zähne legte eine indirekten Vorgehensweise nahe. Ansicht des Arbeitsmodells: die Ausdehnung der Präparationen zur Aufnahme der Inlays liegt innerhalb der für die Durchführung indirekter Restaurationen gültigen Indikation (b). Fertiggestellte Kompositinlays und VMK-Kronen (Zahntechnik von M. Cossu) (c). Postoperative Ansicht, die die außergewöhnlichen Möglichkeiten moderner restaurativer Zahnheilkunde verdeutlicht (d).

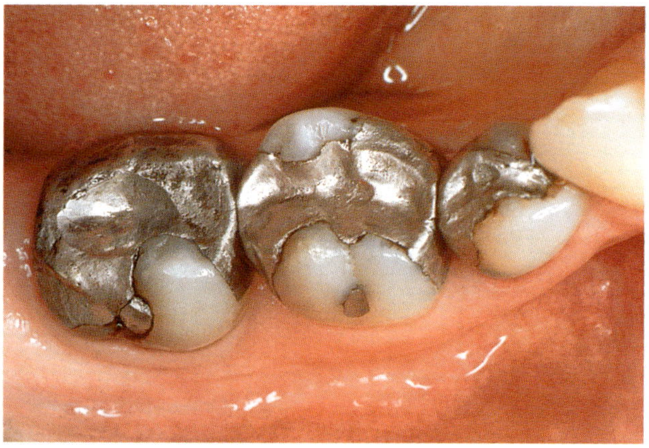

Abb. 4-17 a

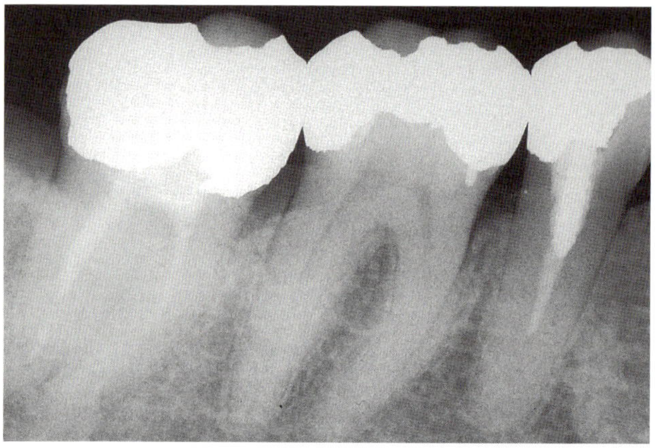

Abb. 4-17 b

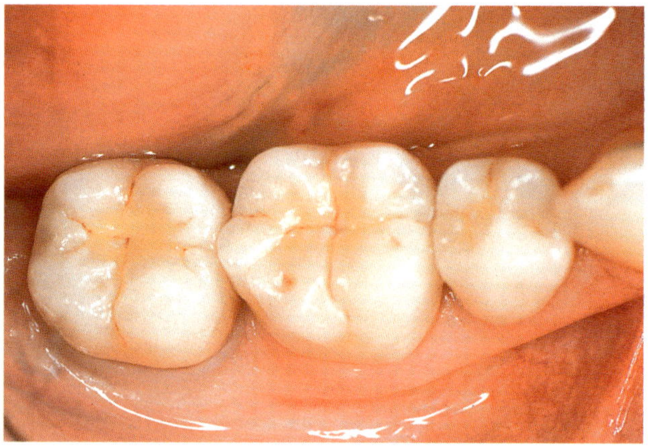

Abb. 4-17 c

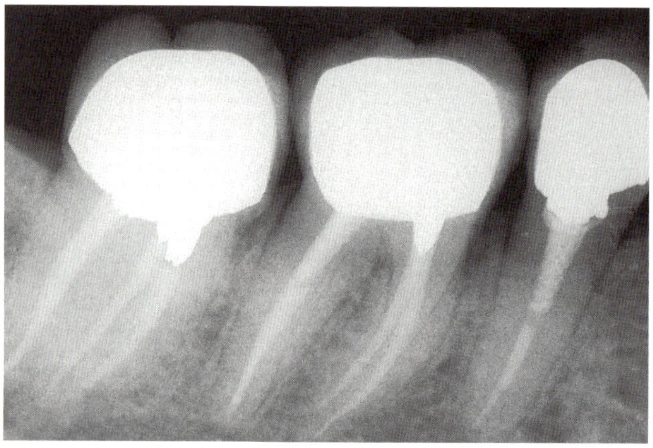

Abb. 4-17 d

Abb. 4-17 Ausgangsbefund und klinischer Status von Unterkieferseitenzähnen mit alten und minderwertigen Amalgamrestaurationen und Wurzelkanalfüllungen (a–b). Trotz Erhalt einiger koronaler Strukturen verbot sich hier aufgrund der Ausdehnung und der Tiefe der Kavitäten eine adhäsive Vorgehensweise. Aus diesem Grund erschienen präprothetische Parodontalbehandlung, Revision der Wurzelkanalfüllungen, konventionelle Amalgamaufbauten und die Versorgung mit VMK-Kronen als Therapie der Wahl für einen erwachsenen Patienten (c–d) (Zahntechnik von A. Schönenberger).

Indikationen zur prothetischen Versorgung

Das angestrebte Ziel der adhäsiven Zahnheilkunde ist die Reduzierung und Verzögerung prothetischer Maßnahmen. Zieht man jedoch die große Anzahl von Patienten in Betracht, denen effektive Präventivmaßnahmen nicht zuteil und die in herkömmlicher Weise behandelt wurden, kann die Indikationsstellung zur Anwendung adhäsiver therapeutischer Maßnahmen durch das Ausmaß der kariösen Zerstörung oder schon vorhandene Restaurationen unmöglich gemacht werden (Abb. 4-17).

Wirtschaftliche Überlegungen

Immer noch wird häufig angenommen, daß die Anwendung adhäsiver Restaurationen im Seitenzahngebiet eine teure Therapiealternative darstellt, verglichen mit metallischen Restaurationen oder Amalgamfüllungen. Diese Annahme darf heutzutage als überholt gelten. Die ästhetische Versorgung im Seitenzahngebiet bietet dem Patienten eine ausgezeichnete Relation von Qualität, Langlebigkeit und Kosten. Das adhäsive Vorgehen ermöglicht den Erhalt gesunder Zahnhartsubstanz, was in der Folgezeit die Notwendigkeit aufwendiger, umfangreicher und teurer Maßnahmen deutlich verzögern kann.

Literatur

Cardash HS, Bichacho N, Imber S, Libermann R. A combined amalgam and composite resin restoration. J Prosthet Dent 1990;63:502–505

Dietschi D, Holz J. Restaurations des dents postérieures. Rev Mens Suisse Odontostomatol 1990;100:1325–1332.

Dietschi D, Scampa U, Campanile G, Holz J. In vitro evaluation of marginal adaptation and seal of two posterior composite restoration systems in relation with location and thickness of cervical enamel. Quintessence Int 1995;26:127–138.

Dietschi D, De Siebenthal G, Neveu-Rosenstand L, Holz J. Influence of the restorative technique and new adhesives on the dentin marginal seal and adaptation of resin composite class II restorations: an in vitro evaluation. Quintessence Int 1995;26:717–727.

Eidelman E, Holan G, Tanzer-Sarneh S, Chosak A. An evaluation of marginal leakage of class 2 combined amalgam-composite restorations. Oper Dent 1990; 15:141–148.

Geursten W. The cracked-tooth syndrome: clinical features and case reports. Int J Periodont Rest Dent 1992;12: 395–405.

Johnson GH, Bales DJ, Gordon GE, Powell LV. Clinical performance of composite resin restorations. Quintessence Int 1992;23:705–711.

Khera SC, Carpenter CW, Staley RN. Anatomy of cusps of posterior teeth and their fracture potential. J Prosthet Dent, 1990;64:139–147.

Knight GT, Berry TG, Barghi N, Burns TR. Effect of two methods of moisture control on marginal microleakage between resin composite and etched enamel: a clinical study. Int J Prosth 1993;6:475–479.

Krejci I, Picco U, Lutz F. Dentinhaftung bei zahnfarbenen adhäsiven MOD-Sofortinlays aus Komposit. Schweiz Monatsschr Zahnmed 1990;100:1151–1159.

Lopez LMP, Leitao JGM, Douglas WH. Effect of a new resin inlay/onlay restorative material on cuspal reinforcement. Quintessence Int 1991;22:641–645.

Mansour RM, Reynik RJ. In vivo occlusal forces and moments. I. Forces measured in terminal hinge position and associated moments. J Dent Res 1975; 54:114–120.

Morin D, DeLong R, Douglas WH. Cusp reinforcement by the acid-etch technique. J Dent Res 1984;63: 1075–1078.

Sheth JJ, Fuller JL, Jensen ME. Cuspal deformation and fracture resistance of teeth with dentin adhesives and composites. J Prosthet Dent 1988;60:560–569

Wilson NHF, Smith GA, Wilson MA: A clinical trial of a visible light-cured posterior composite resin restorative material: five year results. Quintessence Int 1988;10:675–681.

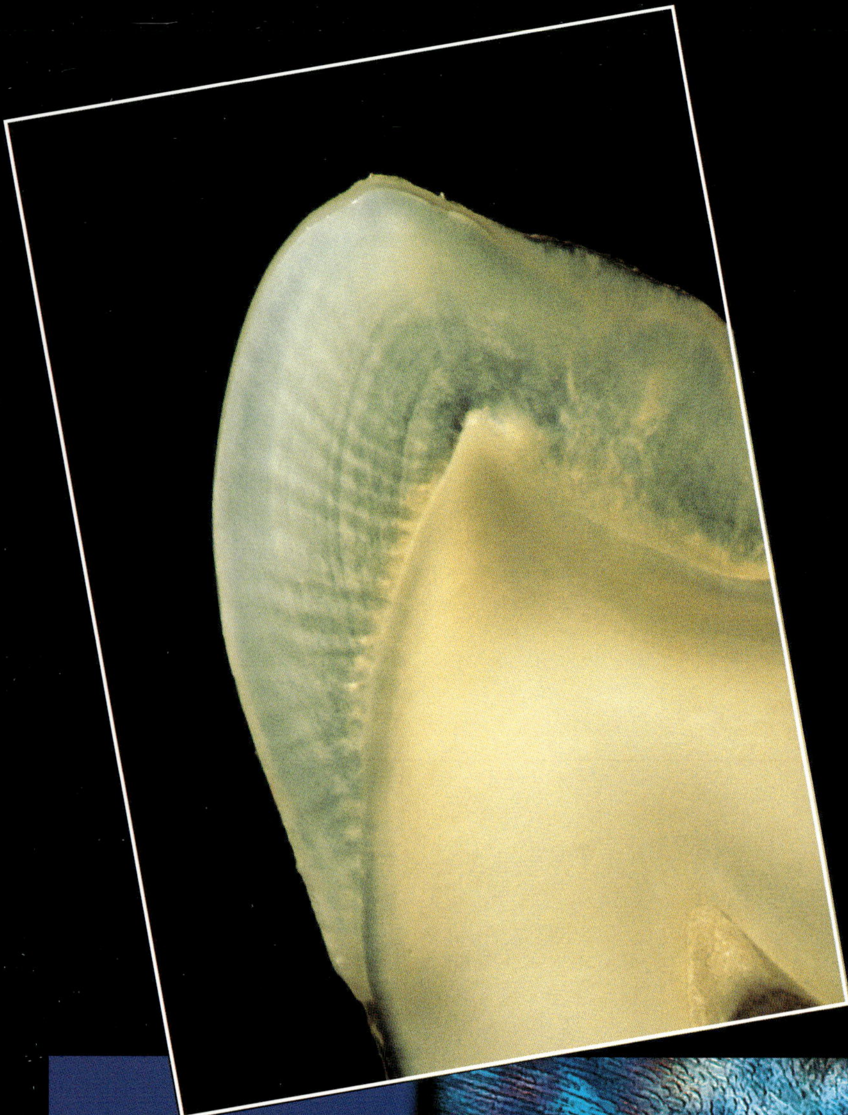

5 Präparation

Für die Präparation relevante Besonderheiten der Zahnhartgewebe bei der Verwendung adhäsiver Techniken

Wie von Buonocore 1955 gezeigt, kann eine optimale Adhäsion erreicht werden durch den mikromechanischen Verbund zu Schmelzprismen, die senkrecht zu ihrer Längsachse geätzt werden. Das Abschrägen von Schmelzrändern ist somit eine Vorbedingung für jegliche direkte adhäsive Technik, die jedoch in keinem Fall die Polymerisationsschrumpfung der Komposite kompensieren kann. An diesen grundsätzlichen Überlegungen hat sich auch mit der Entwicklung neuer restaurativer Techniken nichts geändert (Abb. 5-1 a bis c).
Die Extension der Präparation in den Bereich der Schmelz-Zement-Grenze, die lange als Kontraindikation für den Einsatz adhäsiver Techniken im Seitenzahnbereich betrachtet wurde, stellt heutzutage immer noch ein Problem dar (Abb. 5-1 d bis f). Der Einfluß von Schichtstärke und Präparationsart im sensiblen Bereich des verbliebenen Schmelzes für das Randverhalten und die Dichtigkeit der Restauration ist mittlerweile jedoch nachgeweisen worden (Dietschi et al., 1995). Die Änderung in Anordnung und Organisation der Prismen im letzten Millimeter des Schmelzes spielen jedoch für die Adhäsion keine herausragende Rolle (Fernandes und Chevitarese, 1991) (Abb. 5-1 d bis f, 5-2 und 5-3). Einer Schulterpräparation und adhäsiv eingesetzten Restaurationen wird heutzutage der Vorzug geben, wenn der verbliebene Schmelzpool weniger als 1 mm Schichtstärke beträgt oder gar nicht vorhanden ist.

Bei Kavitäten, die im zervikalen Dentin enden, wurden einige Fragen bezüglich des Adhäsionspotentials von gegenwärtig verfügbaren Bonding agents in diesem speziellen Bereich aufgeworfen (Abb. 5-1 g bis i) (Cagidiaco und Ferrari, 1995). Es hat den Anschein, daß das äußere Dentin eine irreguläre Struktur aufweist und nach Konditionierung in den Zustand eines weniger porösen Substrates übergeht. Der Beitrag des Zementes für die Adhäsion ist ebenfalls vernachlässigbar. Als letzter Punkt ist die unterschiedliche Ausrichtung der Dentintubuli zu beachten, wie sie bei zahlreichen Kavitätenoberflächen der Klasse II gefunden wurden. Möglicherweise beeinflussen sie den mechanischen Verbund zwischen

Abb. 5-1

- Typisches Beispiel einer „adhäsiven" Präparation mit ausreichend starkem Schmelzpool und abgeschrägten Schmelzrändern (a). REM-Aufnahme des Übergangs von Kavitätenboden zu Abschrägung (b). Bei höherer Vergrößerung erscheinen die Prismen an der Abschrägung als hauptsächlich senkrecht zu ihrer Längsachse exponiert, was bei Anwendung der Schmelz-Ätz-Technik einen besseren Verbund ergibt (c).

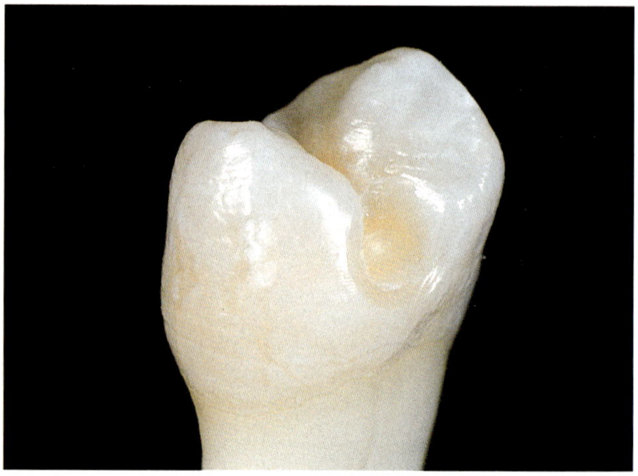

Abb. 5-1 a

- Typisches Beispiel einer adhäsiven Präparation mit dünnem zervikalen Schmelzpool (d). REM-Aufnahme der Kavitätengrenze (e). In der Detailansicht zeigen die Schmelzprismen eine weniger strukturierte Anordnung, was nur sehr wenig zum Haftverbund beiträgt (f).

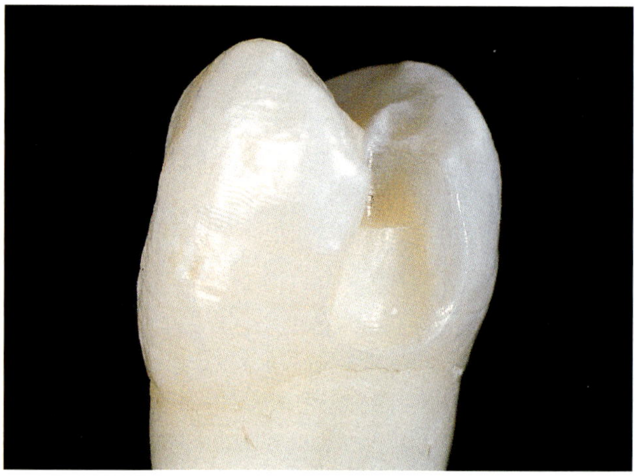

Abb. 5-1 d

- Typisches Beispiel einer Präparation mit Ausdehnung ins zervikale Dentin (g). Die REM-Aufnahme zeigt, daß am zervikalen Rand kaum Schmelz vorhanden ist (h). Im äußeren Dentin sind nur wenige Dentintubuli zu erkennen, die eine geringe Oberfläche beanspruchen; sie sind größtenteils quer angeschnitten (i).

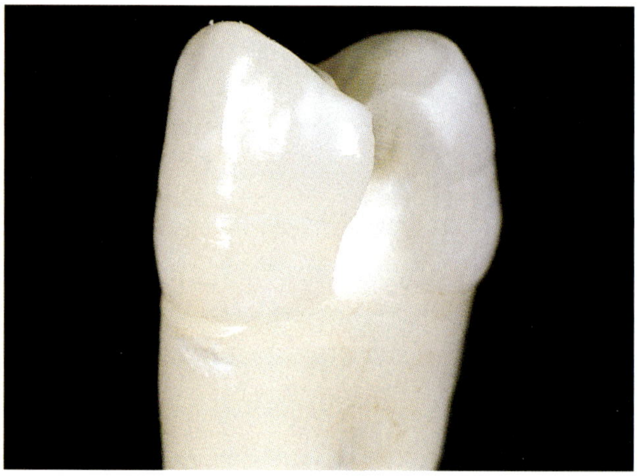

Abb. 5-1 g

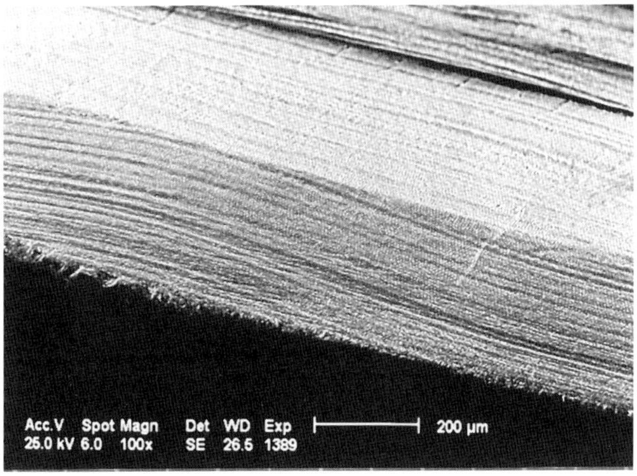

Abb. 5-1 b

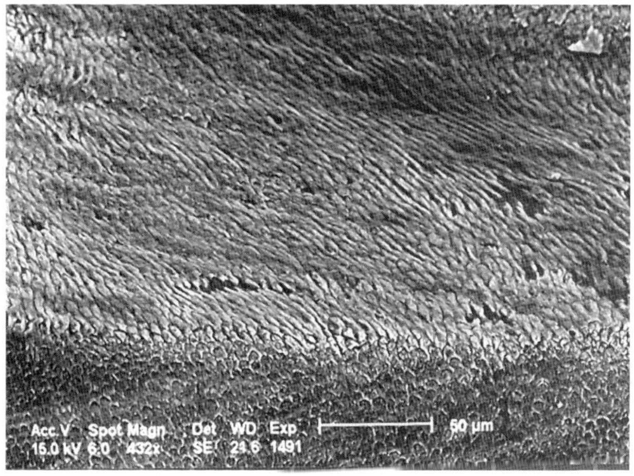

Abb. 5-1 c

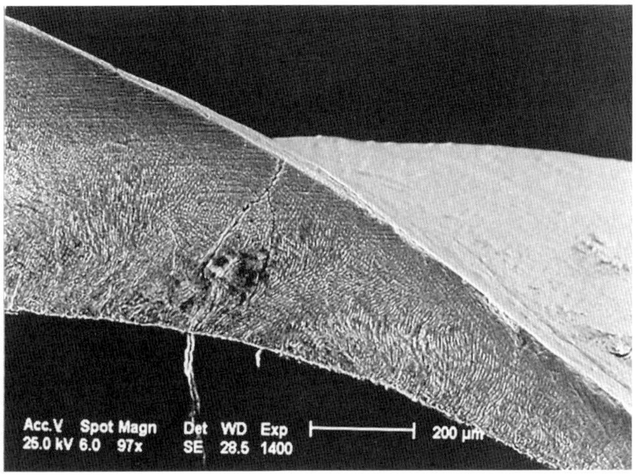

Abb. 5-1 e

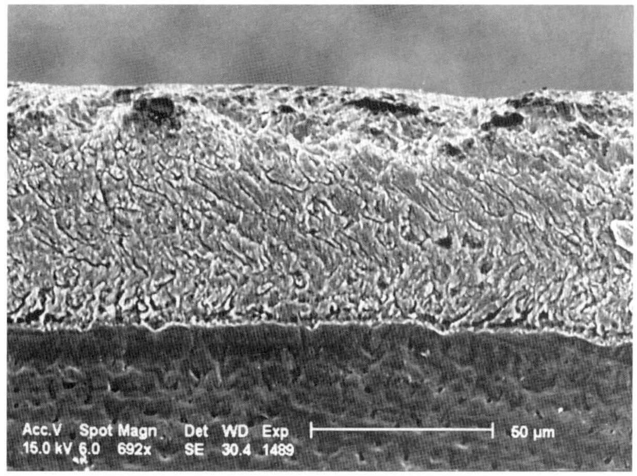

Abb. 5-1 f

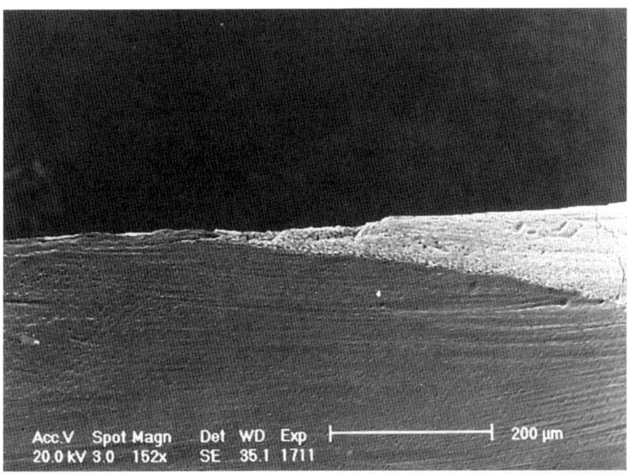

Abb. 5-1 h

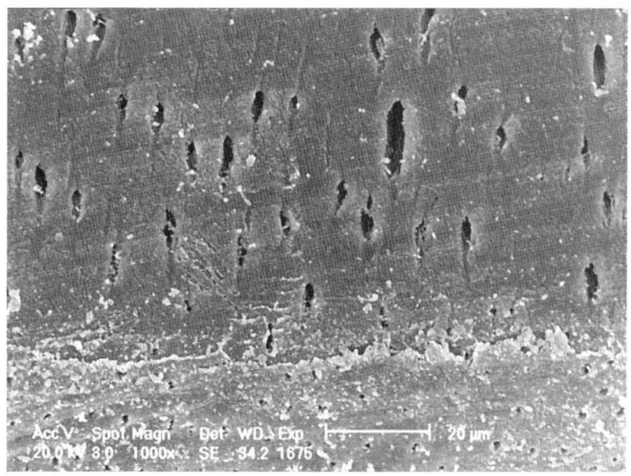

Abb. 5-1 i

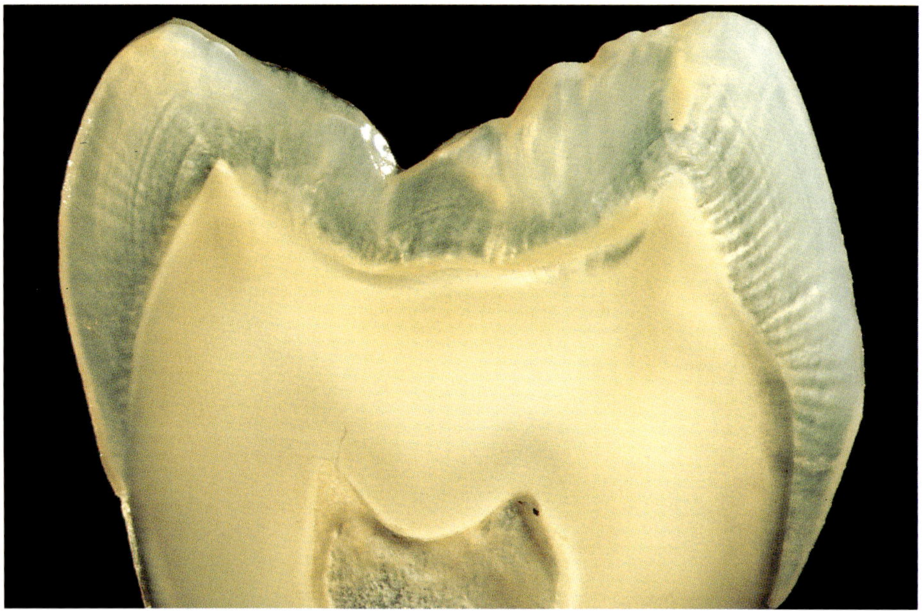

Abb. 5-2 Am Zahnquerschnitt sind Änderungen der Prismenausrichtung entlang der gesamten Schmelz-Dentin-Grenze deutlich sichtbar.

Abb. 5-3 Im Schnitt durch eine Zervikalregion ist bei der Betrachtung unter polarisiertem Licht die apikale Neigung der Prismenbündel auf dem letzten Millimeter sichtbar. Diese anatomische Besonderheit, tritt bei ungefähr 30% aller Zähne auf, sie stellt ein zusätzliches Hindernis für das adhäsive Vorgehen dar, da der Randbereich nicht unterstützte Prismen enthält (Vergrößerung x 100).

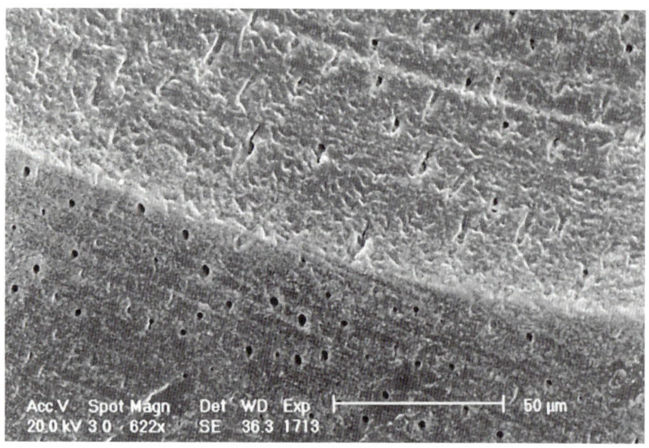

Abb. 5-4 REM-Aufnahme eines abgeschrägten Randes im Dentin. Ein Wechsel in der Anordnung der Tubuli auf beiden Seiten der Grenzlinie (zwischen dem Kavitätenboden und der Abschrägung) ist sichtbar. Die Tubuli an der Abschrägung sind stärker senkrecht zu ihrer Längsachse angeschnitten als bei einer Schulterpräparation. Ob diese Tatsache den Verbund durch die Zottenbildung lokal verbessert, bedarf weiterer Untersuchungen.

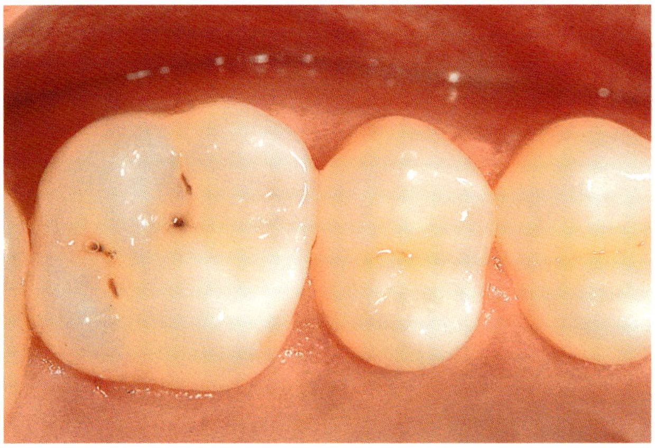

Abb. 5-5 a

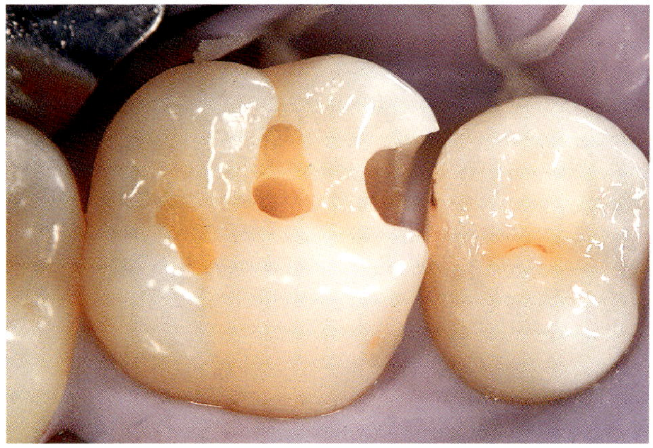

Abb. 5-5 b

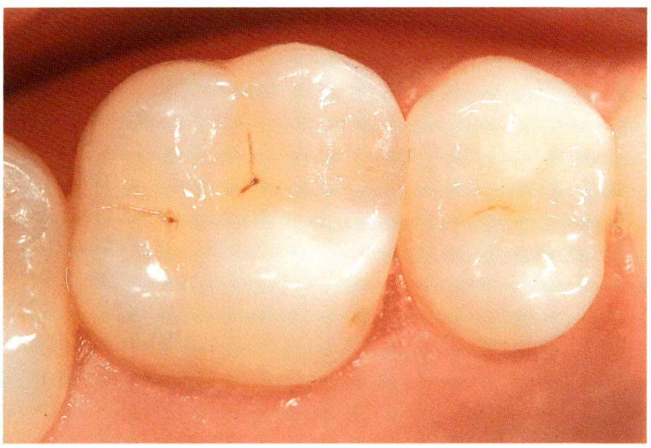

Abb. 5-5 c

Abb. 5-5 Ausgangsbefund eines oberen ersten Molaren mit kleinen kariösen Läsionen (a). Im Gegensatz zur konventionellen Vorgehensweise, die die Verbindung der verschiedenen Läsionen und entsprechend dem Konzept des „extension for prevention" sogar die Ausdehnung der Kavitätenränder in die gesunde Zahnhartsubstanz notwendig machte, fordern die modernen Richtlinien der adhäsiven Zahnheilkunde eine separate Entfernung der kariösen Gewebe (b). Fertiggestellte Restaurationen (c).

den Kunststoffzotten und dem demineralisierten intratubulären Dentin (Abb. 5-4). Diese unterschiedlichen Beobachtungen bedürfen weiterer Grundlagen- sowie klinischer Forschung, um abzuklären, wie dieses spezifische Dentin idealerweise konditioniert werden sollte.

Allgemeine Richtlinien

Bei der Präparation eines Zahnes für die Versorgung mit einer adhäsiven Restauration muß der Grundsatz der größtmöglichen Zahnhartsubstanzschonung beachtet werden. Im Seitenzahngebiet bedeutet dies, daß bestimmte Strukturen wie Schmelznasen im Approximalbereich, Schmelzbrücken und gesunde okklusale Oberflächen erhalten werden müssen, auch da, wo Schmelz nicht vollständig von Dentin unterstützt ist (Abb. 5-5).

Die Kavitätengeometrie wird jedoch vom Ausmaß der kariösen Läsion oder der Geometrie der zu ersetzenden Füllung bestimmt. Die verbliebenen gesunden Zahnhartgewebe und ihre Morphologie ent-

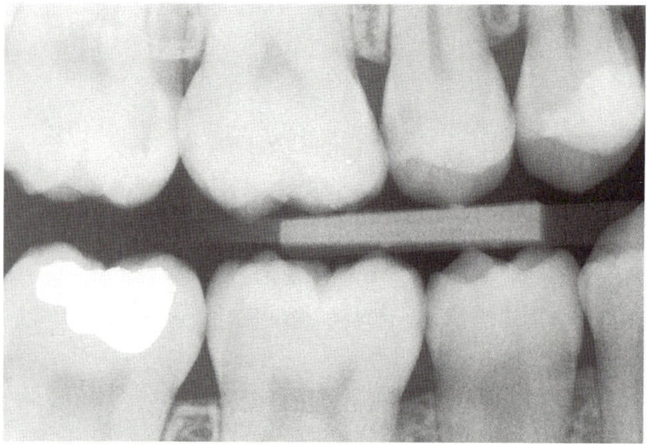

Abb. 5-6 a

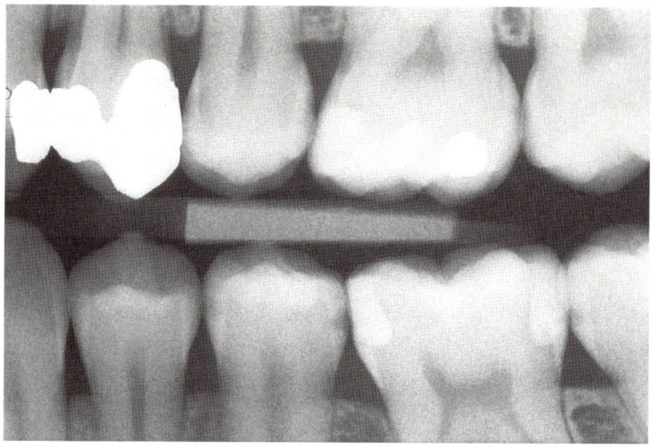

Abb. 5-6 b

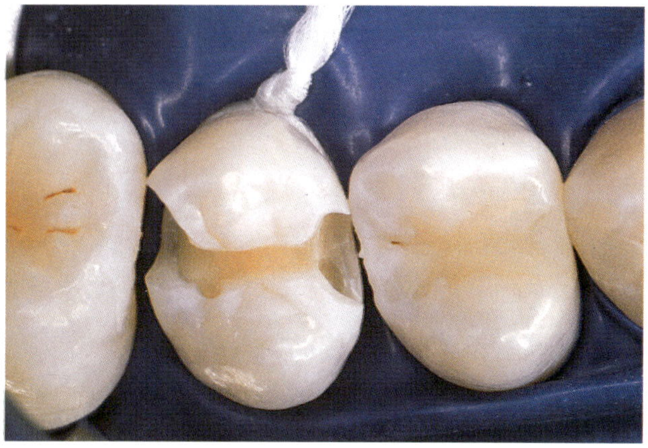

Abb. 5-6 c

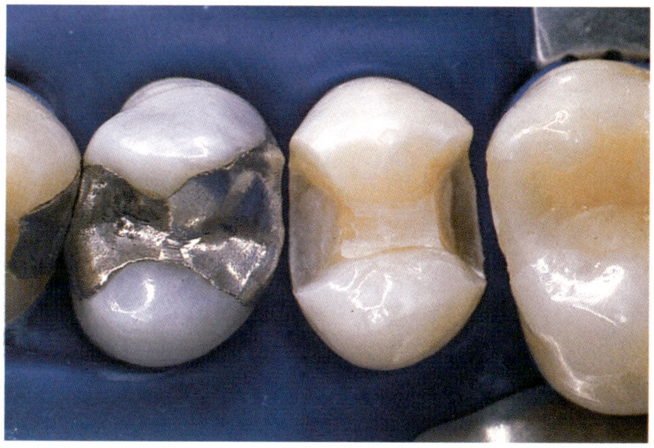

Abb. 5-6 d

Abb. 5-6 Präoperative Röntgenaufnahmen mit ähnlichen approximalen Defekten an oberen zweiten Prämolaren (a–b). Im ersten Quadranten wurde für eine Füllung nach der direkten Technik präpariert (c), wohingegen im zweiten Quadranten eine Präparation zur Aufnahme einer Restauration nach der semidirekten Technik (adhäsives Inlay) durchgeführt wurde (d). Gesunde Zahnhartsubstanz, um der Kavität Konizität zu verleihen und eine ausreichende Schichtstärke des Restaurationsmaterial zu gewährleisten, wurde geopfert.

scheiden dann über die Indikation bezüglich Materialien und Technik. Die endgültige Kavitätenform und Randgestaltung werden danach festgelegt (Abb. 5-6 und 5-7).

Präparation für die Aufnahme von Füllungen nach der direkten Technik

Bei der Präparation für die Aufnahme von Füllungen nach der direkten Technik sollte

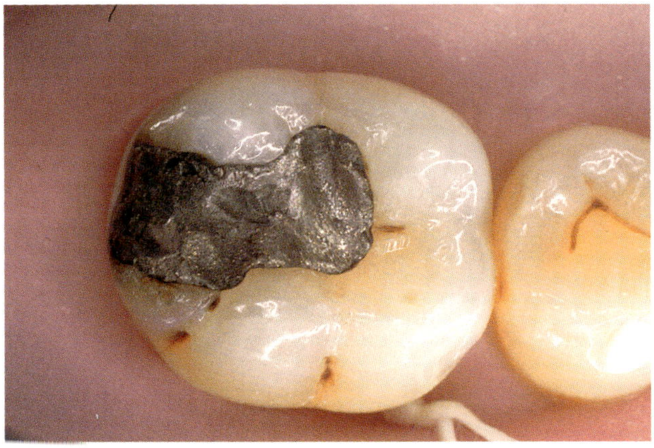

Abb. 5-7 a

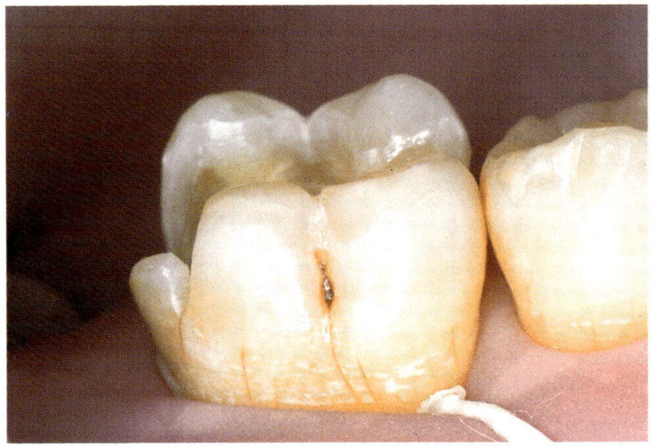

Abb. 5-7 b

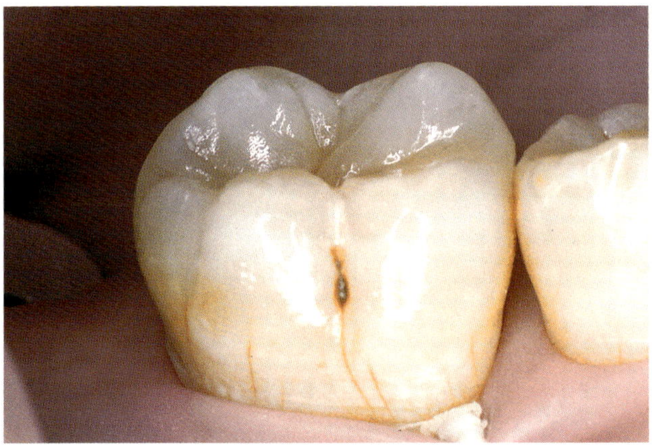

Abb. 5-7 c

Abb. 5-7 Präoperative Ansicht einer insuffizienten Amalgamfüllung an einem Unterkiefermolaren (a). Das Vorhandensein der kleinen Karies im bukkodistalen Grübchen machte die Überkuppelung des frakturgefährdeten distalen Höckers notwendig (b). Besonders bei Zähnen, die mit der direkten Technik restauriert wurden (c), müssen verbliebene Kavitätenwände mit extremer Bruchgefährdung vor der Belastung durch die Polymerisationsschrumpfung geschützt werden.

eine Unterschied gemacht werden zwischen der Therapie von kariösen, aber unversorgten Zähnen und dem Ersetzen von bereits vorhandenen Restaurationen.

Unversorgte Zähne

- Präparation für präventive Restaurationen: Bei oberflächlicher Fissurenkaries kann das zerstörte Gewebe durch eine selektive „Schmelzplastik" entfernt werden. Bei einer moderaten Zerstörung im Seitenzahnbereich wird bei dieser Vorgehensweise die Zahnhartsubstanz weitestgehend geschont. (Simonsen, 1985) (Abb. 5-8 a).
- Für die Aufnahme adhäsiver Füllungen nach der direkten Technik ist die konventionelle Kavitätengeometrie nach Black nicht optimal. Lutz und Mitarbeiter (1976) beschrieben die „adhäsive Präparation" als einen zahnhartsubstanzschonenden runden oder ovoiden Kasten mit Ausdehnung nach okklusal und der Abschrägung von Schmelzrändern (Abb. 5-8 b).

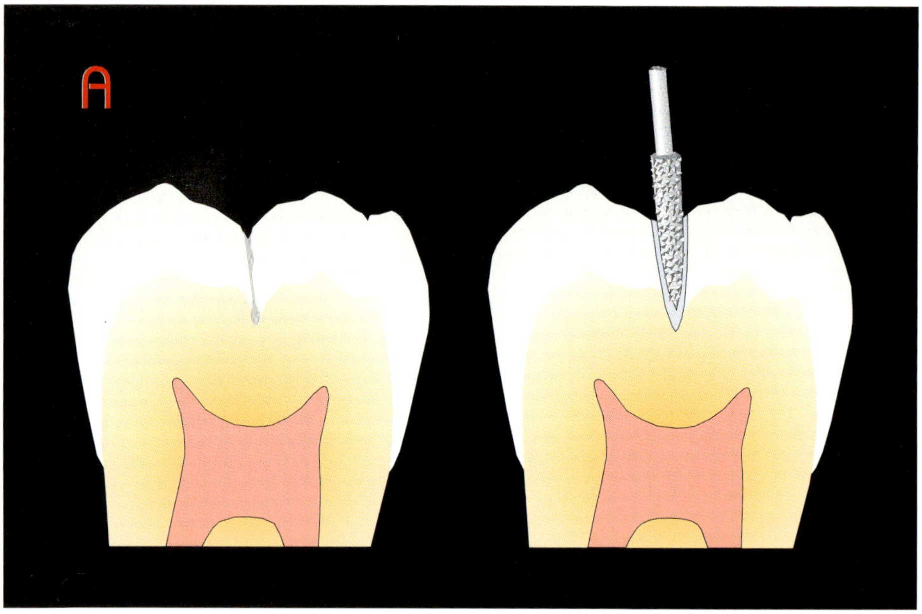

Abb. 5-8 a

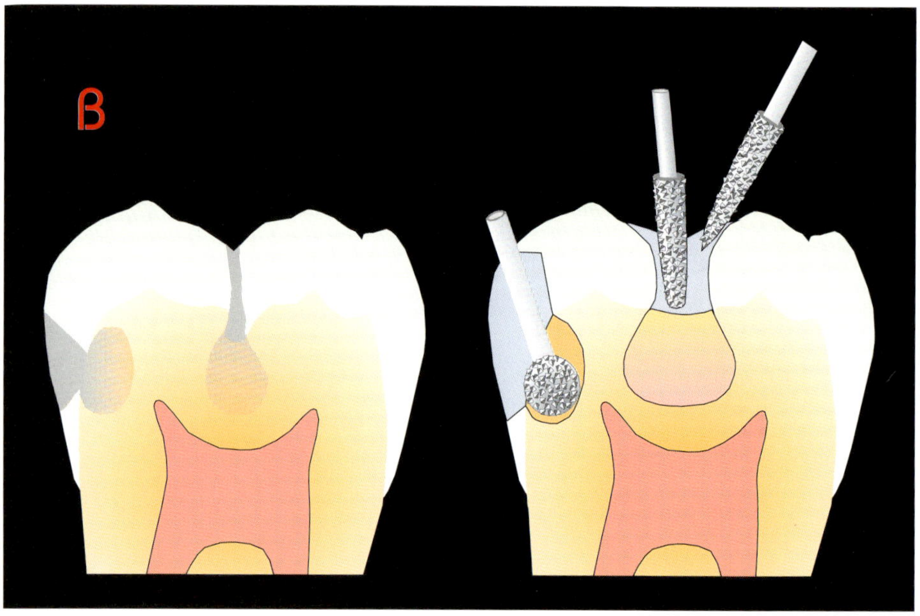

Abb. 5-8 b

Abb. 5-8 Verschiedene Präparationsformen für die Anwendung adhäsiver Restaurationen nach der direkten Technik.

Abb. 5-8a: Die Vorgehensweise, bei der eine größtmögliche Schonung der Zahnhartsubstanz bei oberflächlichen kariösen Läsionen stattfindet, erfordert eine selektive Entfernung der kariösen Gewebe mit geeigneten Instrumenten, so daß eine nur minimale Präparation durchgeführt wird. Dies ist die „präventive" Präparation.

Abb. 5-8b: Ist der Defekt tiefergehend, so ist eine „adhäsive" Präparation, die die Topographie der kariösen Läsion berücksichtigt, indiziert. Die gesamte gesunde Zahnhartsubstanz wird erhalten, so daß eine ovoide Kavitätenform resultiert, bei der an einigen Stellen die Dentinunterstützung des Schmelzes fehlt.

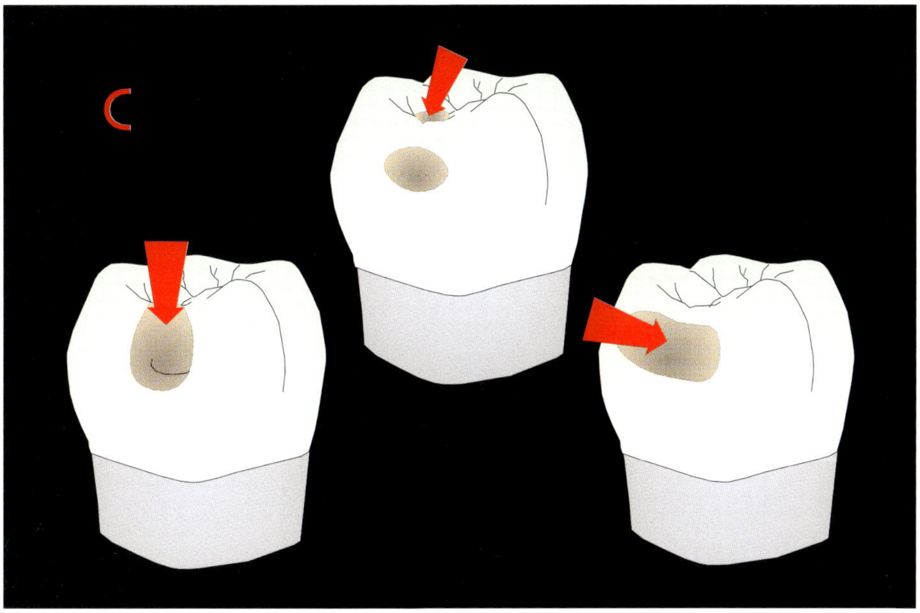

Abb. 5-8 c

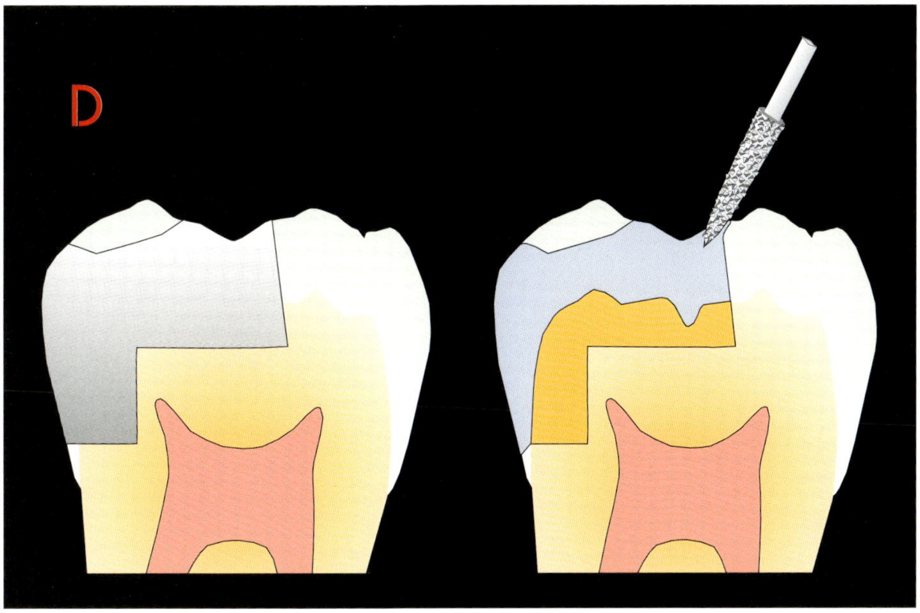

Abb. 5-8 d

Abb. 5-8c: Einige weniger gebräuchliche Präparationstechniken sind für die konservierende Versorgung approximaler Läsionen beschrieben worden. Darunter befinden sich die „Mikrokavität" (links), die „Tunnelkavität" (Mitte) und die „bukko-linguale Kavität" (rechts), deren Anwendung in ausgewählten Fällen angezeigt sein kann.
Abb 5-8d: Das Ersetzen bereits vorhandener metallischer Restaurationen macht, mit Blick auf die Adhäsivtechnik, die Umgestaltung der Kavitätenform und damit die Abschrägung aller Randbereiche erforderlich. Diese Form wird als „konventionelle Präparation mit Abschrägung" bezeichnet.

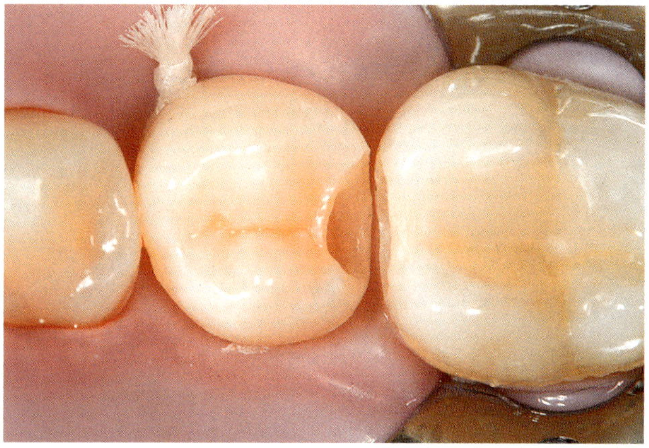

Abb. 5-9 Klinische Ansicht von zwei Präparationen für direkte adhäsive Restaurationen. Mit Hilfe des approximalen Zuganges, der durch die distale Kavität am zweiten Prämolaren gegeben war, war eine extrem zahnhartsubstanzschonende Vorgehensweise für die Versorgung der oberflächlichen Läsion der mesialen Wand des Nachbarzahnes möglich.

Die Philosophie der größtmöglichen Erhaltung von Zahnhartsubstanz führte zur Entwicklung anderer Präparationsformen wie den Mikrokavitäten, bukko-lingualen- oder Tunnelpräparationen (Hunt, 1984; Knight, 1984; Wilson und McLean, 1988) (Abb. 5-8 c). Diese Präparationsalternativen haben jedoch nur einen begrenzten Indikationsbereich, nämlich bei der Versorgung von kleinen approximalen Läsionen mit guter Zugänglichkeit. Bei Tunnelpräparationen ist die Erhaltung der Schmelzbegrenzung über der approximalen Präparation von vielen Autoren in Frage gestellt worden und als routinemäßige Präparation nicht mehr zu empfehlen (Van Waes et al., 1988; Covey et al., 1989). Die schwierige Entfernung des kariösen Gewebes und die ungenügende Belastbarkeit des erhaltenen Schmelzrandes, der im Regelfall nicht mehr von Dentin unterstützt ist, waren die hauptsächlichen Kritikpunkte an dieser Technik.
Sehr empfehlenswert dagegen ist die konservierende Versorgung von approximalen Läsionen über den Zugang einer angrenzenden approximalen Läsion des Nachbarzahnes, wenn die zahnmedizinische Situation es erlaubt (Abb. 5-9).

Ersetzen von Restaurationen

Ist die grundsätzliche Kavitätenform bereits festgelegt – in den meisten Fällen durch den Ersatz von Amalgamfüllungen –, muß die Präparation den Erfordernissen der Adhäsivtechnik angepaßt werden. Die Fertigstellung der Kavitäten erfolgt durch die Abschrägung der Schmelzränder nach der Entfernung des kariösen Gewebes. Diese Situation entspricht einer „konventionellen Präparation mit Abschrägung" (Abb. 5-8 d).

Präparation für adhäsiv eingesetzte Restaurationen

Adhäsiv eingesetzte Restaurationen (semidirekt und indirekt) machen konische Präparationen erforderlich, im Regelfall ohne Randabschrägung. Unterschnitte werden mit einem Unterfüllungsmaterial ausgeblockt, um die Kavitätenausdehnung möglichst klein zu halten. Dabei sollte es

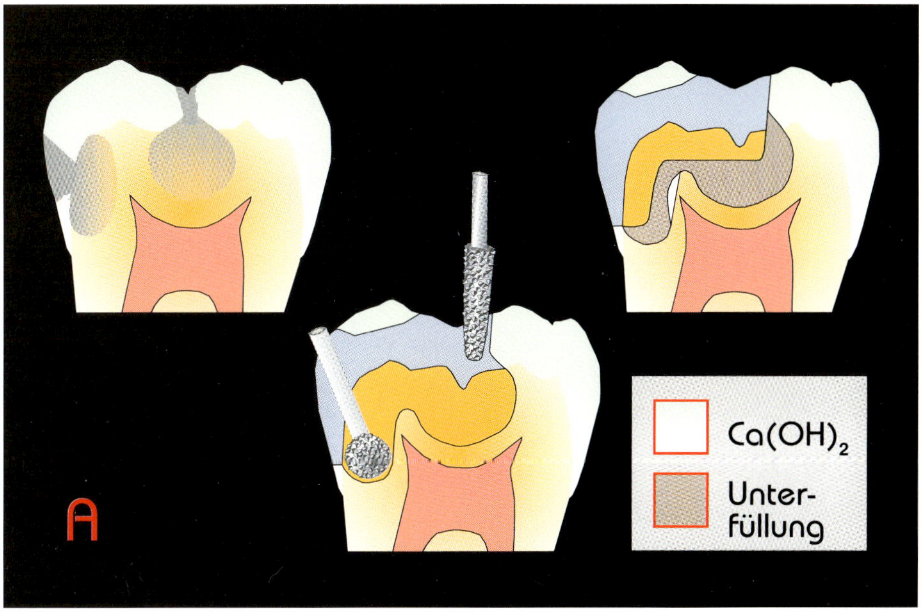

Abb. 5-10 a

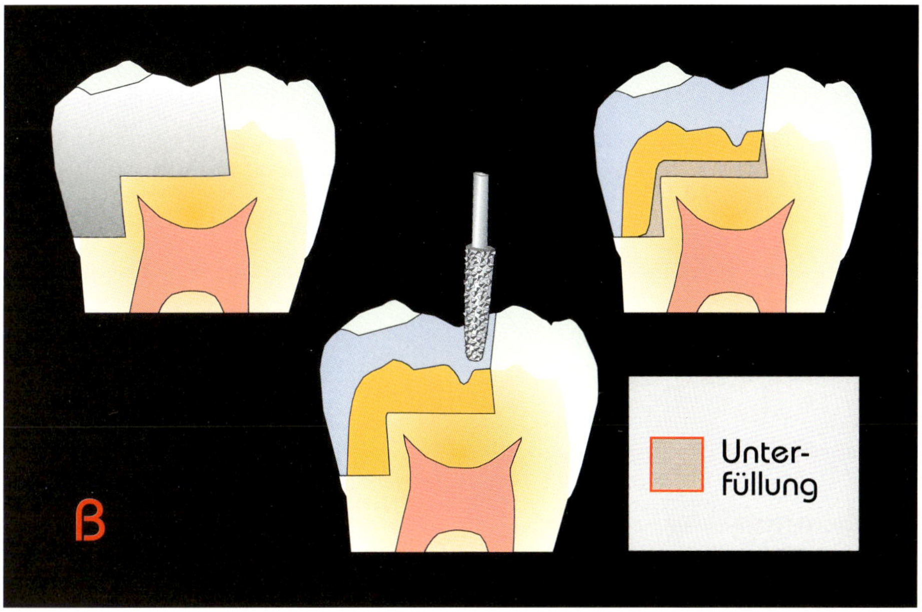

Abb. 5-10 b

Abb. 5-10 Verschiedene Präparationsformen für adhäsiv eingesetzte Restaurationen.
Abb. 5-10a: Im Fall einer tiefen kariösen Läsion wird die selektive Entfernung der kariösen Gewebe beträchtliche Unterschnitte schaffen, was mit der Anwendung semi-direkter und indirekter Techniken nicht vereinbar ist. Zur Schonung gesunder Zahnhartsubstanz wird die konische Form der Präparation durch eine Unterfüllung geschaffen, dessen ungeachtet müssen die Randbereiche der Präparation konisch präpariert werden.
Abb. 5-10b: Beim Ersatz großer Restaurationen mit konventioneller retentiver Gestaltung wird im Sinne einer Umgestaltung der Präparation für die Anwendung semi-direkter oder indirekter Techniken nach der korrekten konischen Randgestaltung ebenfalls eine Unterfüllung eingebracht.

Abb. 5-11 a

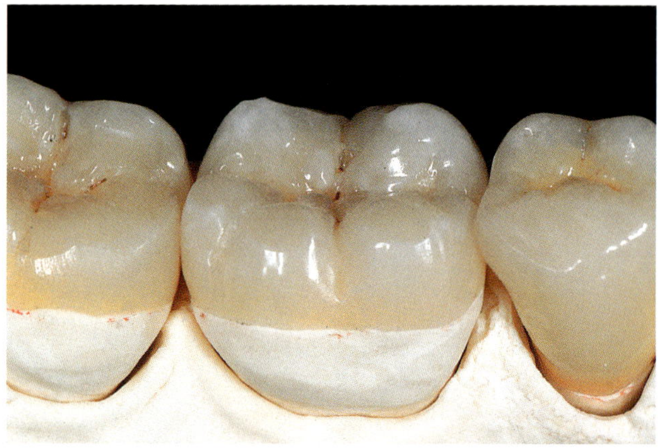

Abb. 5-11 b

Abb. 5-11 Typisches Beispiel für die Präparation eines indirekten keramischen Overlays, wie hier auf dem Meistermodell gezeigt (a). Für die Herstellung perfekt passender Restaurationen ist diese Kavitätenform notwendig, da die Verarbeitung von Keramik, unabhängig vom verwendeten System, die Gestaltung spitzer Winkel, insbesondere in den internen Bereichen der Präparation nicht erlaubt (b) (Zahntechnik von M. Magne).

vorzugsweise zu einer Abrundung von inneren und äußeren Stufen- und Kantenbildungen kommen (Fischer et al., 1975) (Abb. 5-10). Eine solche Präparationsform führt zu einer besseren Verteilung von mechanischen Belastungen und ermöglicht die Herstellung präzise passender keramischer Inlays und Onlays (Abb. 5-11).

Randgestaltung

Schulterpräparationen bedingen einen seitlichen Anschnitt der Schmelzprismen (Boyde, 1985) (Abb. 5-12a bis c). Dabei ist bekannt, daß die Ätztechnik unter solchen Bedingungen keine optimale Adhäsion gewährleistet (Munechika et al., 1984). Glücklicherweise kommt es durch die begrenzte Schichtdicke des Einsetzkomposits zu einer beträchtlichen Verringerung der durch die Polymerisation entstehenden Belastung auf die für den adhäsiven Verbund benötigten Oberflächen. Es konnte gezeigt werden, daß Schulterpräparationen für semi-direkte und indirekte Restaurationen eine durchaus akzeptable Präparationsform darstellen. Es wurde vermutet, daß das Anbringen einer konventionellen Ab-

Abb. 5-12
- Typisches Beispiel einer Schulterpräparation (a). Die REM-Ansicht des okklusalen Randes zeigt, daß die Schmelzprismen in diesem Bereich ungefähr parallel zu ihrer Längsachse angeschnitten sind (b). Die gleiche Prismenanordnung wird im Bereich gingivaler Schmelzränder beobachtet (c). Eine solche Präparationsform ist nur für semi-direkte und indirekte adhäsive Techniken geeignet.
- Typisches Beispiel für die Hohlkehlpräparation (konkave Abschrägung) (d). Die REM-Aufnahme der Grenzlinie zwischen der Abschrägung und der okklusalen Oberfläche zeigt mehr oder weniger transversal angeschnittene Schmelzprismen (e). Am Boden der Abschrägung sind die Prismen fast senkrecht zu ihrer Längsachse angeschnitten, was für die Anwendung der Ätz-Technik vorteilhaft erscheint (f).

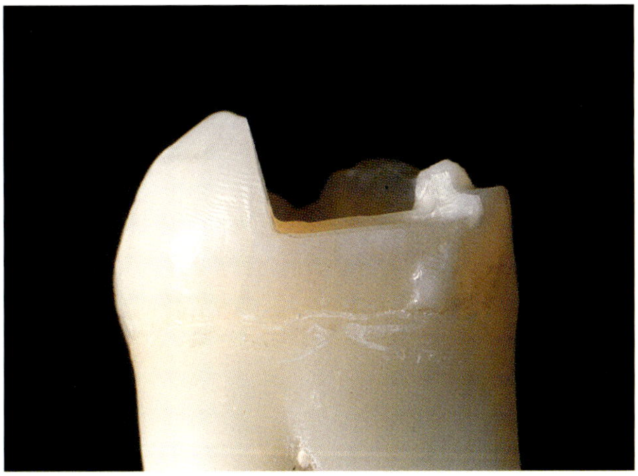

Abb. 5-12 a

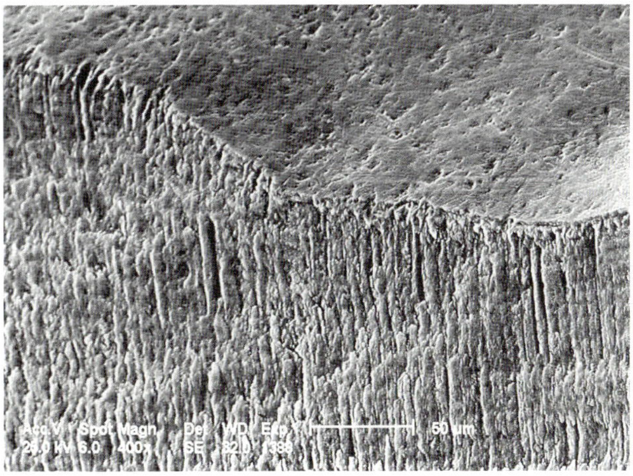

Abb. 5-12 b

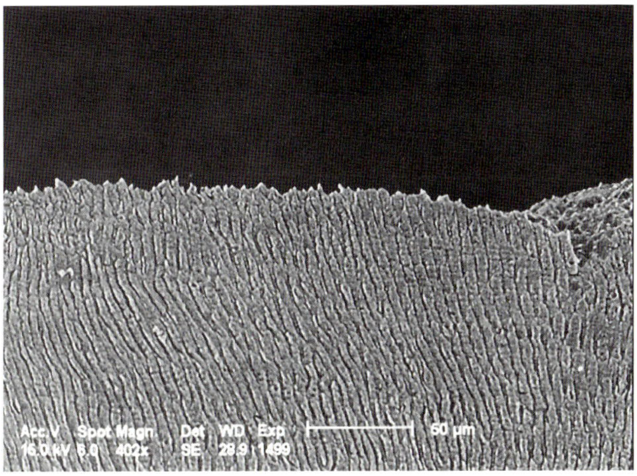

Abb. 5-12 c

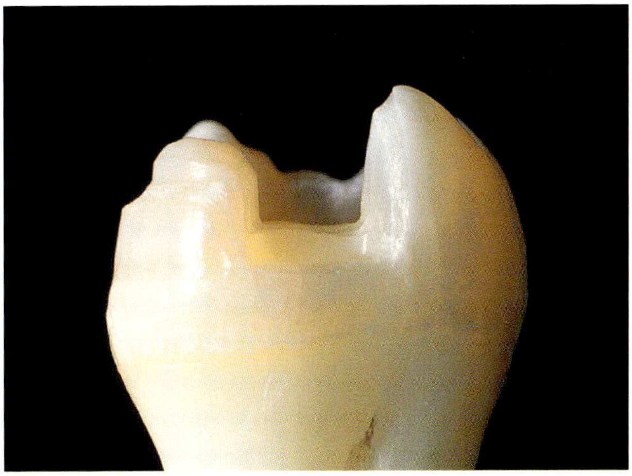

Abb. 5-12 d

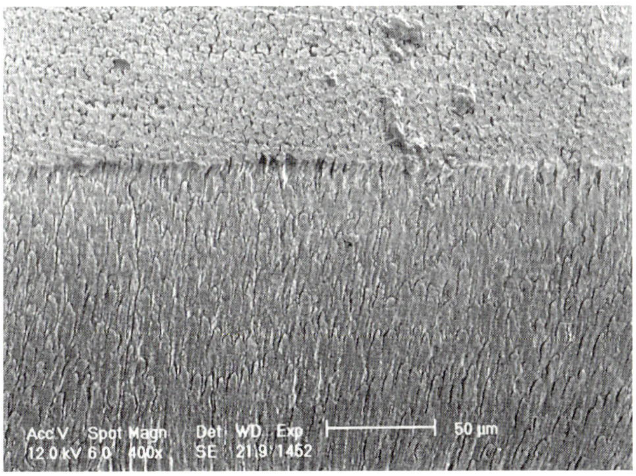

Abb. 5-12 e

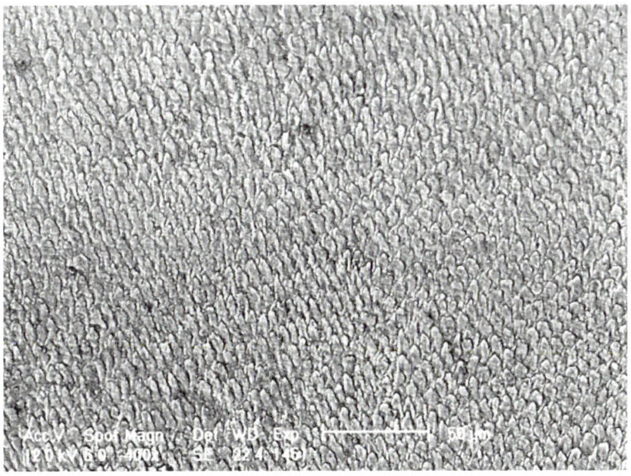

Abb. 5-12 f

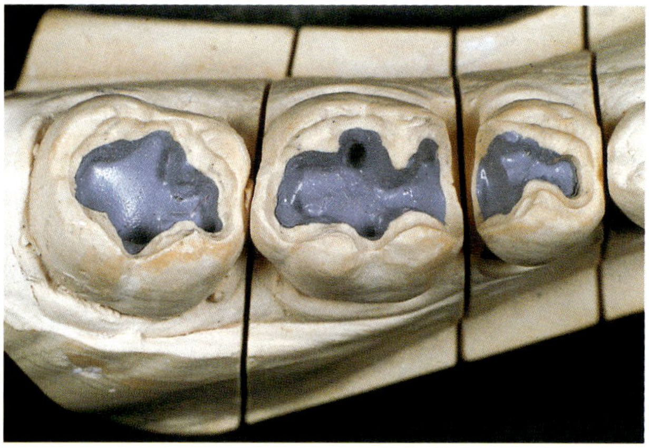

Abb. 5-13 a

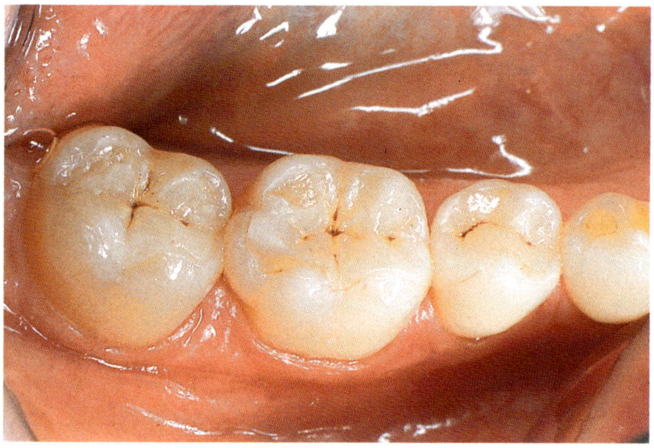

Abb. 5-13 b

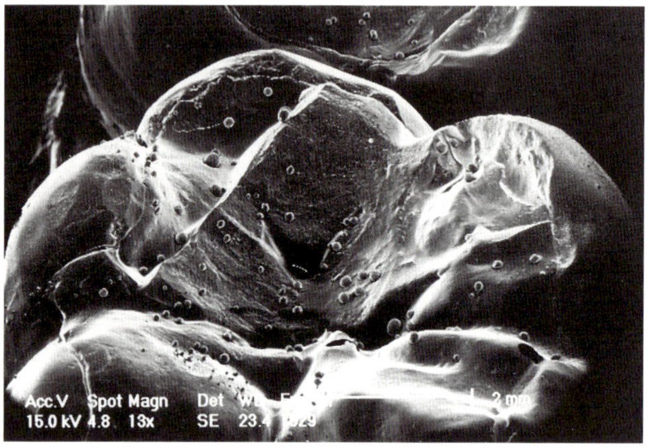

Abb. 5-13 c

Abb. 5-13 Arbeitsmodell mit Hohlkehlpräparation für keramische Inlays (a). Klinische Ansicht derselben Restauration nach 1,5 Jahren klinischer Tragezeit (b). Die REM-Aufnahme der Replikas dieser Inlays zeigt, daß es an vielen Stellen der okklusalen Ränder zu Frakturen gekommen ist, was die Anwendbarkeit dieser Präparationsform in Frage stellt (c).

schrägung unmittelbar vor dem Zementieren (da sich die Herstellung eines keramischen Inlays mit Randgestaltung als schwierig gestaltet) das Randverhalten und die Dichtigkeit positiv beeinflussen würde (Fett et al., 1991). Andererseits bedingt eine verspätet angebrachte Abschrägung einen größeren Zementspalt, was vermutlich zu einem höheren Verschleiß des Einsetzzementes führt (Noack et al., 1992; Suzuki et al., 1995). Deshalb ist die Hohlkehlpräparation, die konkave Abschrägung (Abb. 5-12 d bis f), eine interessante Alternative, da dieser Randverlauf auch zahntechnisch reproduzierbar ist. Gleichzeitig ist ein besserer ästhetischer Übergang zwischen Restauration und Schmelz gewährleistet und theoretisch auch eine

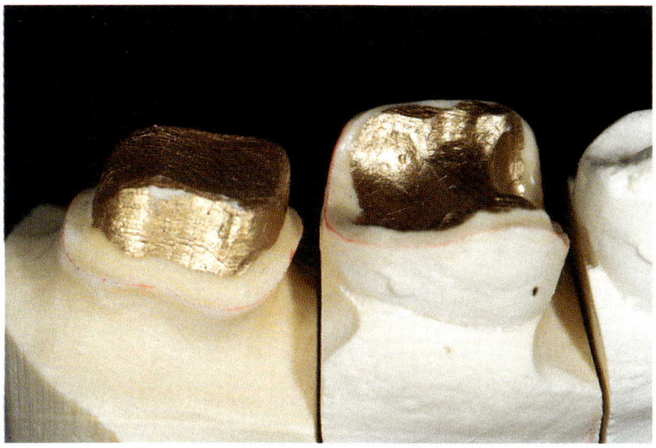

Abb. 5-14 a

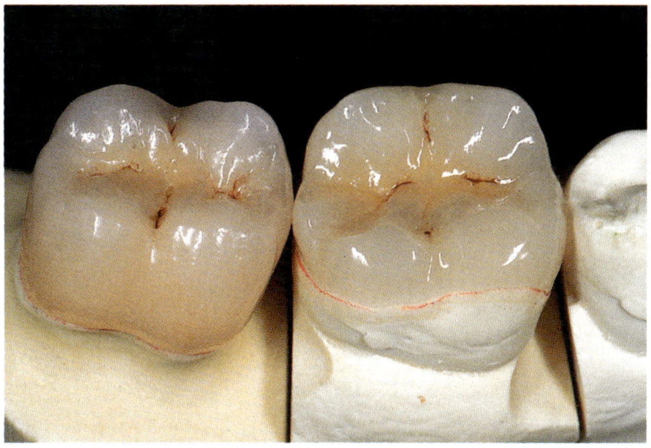

Abb. 5-14 b

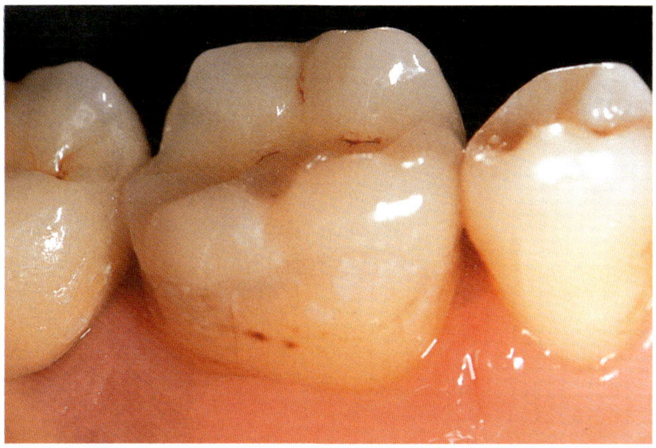

Abb. 5-14 c

Abb. 5-14 Bukkale Hohlkehlpräparation für ein Overlay am ersten Molaren (a). Diese Form der Präparation gewährleistet einen harmonischen und ästhetischen Übergang von der Keramik zur Zahnhartsubstanz (b–c). Die durch die Entscheidung zur adhäsiv eingesetzten keramische Restauration möglich gewordene Schonung gesunder Zahnartsubstanz ist durch den Vergleich mit der für eine Vollgußkrone notwendigen Präparation deutlich sichtbar.

bessere adhäsive Struktur (Hannig et al., 1991). Abgesehen davon, daß es technisch anspruchsvoller ist, Restaurationen mit Abschrägung herzustellen, zeigt die klinische Erfahrung bei solchen Restaurationen ein höheres Frakturrisiko im Randbereich okklusaler Oberflächen als bei Schulterpräparationen (Abb. 5-13). Außerdem vergrößert eine konkave Abschrägung die okklusale Oberfläche der Restauration und verschiebt dabei möglicherweise die Restaurationsränder in Bereiche größerer funktioneller Belastung. Aus diesem Grund sind konkave Abschrägungen nur im bukkalen Bereich anzuwenden (Abb. 5-14).

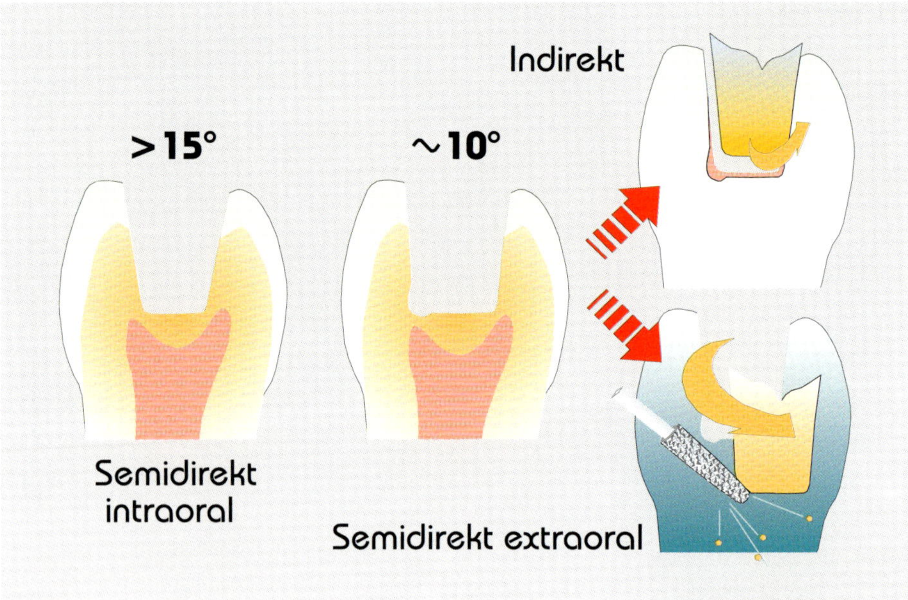

Abb. 5-15 Die semi-direkten intraoralen Techniken erfordern eine größere Konizität (größer 15 Grad) um die Entfernung der Restauration aus der Kavität zu erleichtern. Kleine interne Unterschnitte sind nur bei Präparationen für semi-direkte extraorale oder indirekte Techniken akzeptabel, da der Unterschnitt durch Ausblocken der entsprechenden Stellen mit einem Distanzlack (indirekte Technik) oder durch lokales Einschleifen der Restauration nach der Entfernung vom „elastischen“ Modell (semi-direkt extraoral) kompensiert werden kann. Für beide Methoden wird eine Kavitätenkonizität von ungefähr 10 Grad empfohlen.

Kavitätenform und Geometrie

Die Divergenz der Kavitätenwände sollte einerseits aus Gründen der Zahnhartsubstanzerhaltung minimal sein, andererseits an die klinischen und technischen Erfordernisse angepaßt werden. Es erscheint allgemein anerkannt, daß 10 Grad Divergenz oder mehr (in Abhängigkeit von der gewählten restaurativen Methode) die Herstellung adhäsiv eingesetzter Inlays möglich machen, die eine einfache Handhabung und eine einfache Eingliederung erlauben (Wassel et al., 1992; Reid et al., 1993). Für intraoral hergestellte Kompositinlays ist sogar ein größerer Divergenzwinkel notwendig (mindestens 15 oder 18 Grad), um die Inlays aus der Kavität entfernen zu können (siehe Kapitel 7). Man sollte jedoch nicht Einprobe und klinische Einsetzmaßnahmen dadurch zu vereinfachen suchen, daß man die Kavitätenwände zu divergent gestaltet, da dadurch die Frakturgefahr des restaurierten Zahnes erhöht wird (Burke et al., 1993). Der Grundsatz einer divergenten Gestaltung der peripheren Wände gilt für alle Arten adhäsiv eingesetzter Restaurationen. Bei indirekten oder semi-direkten extroralen Inlays sind geringe Unterschnitte akzeptabel, da sie am Modell ausgeblockt werden können (Abb. 5-15).

Die minimal notwendigen Kavitätendimensionen (Breite und Höhe), die für die Anwendung semi-direkter und indirekter Techniken erforderlich sind, besonders für Restaurationen aus Porzellan, können bei einer sorgfältigen Indikationsstellung im Regelfall problemlos erreicht werden (nur im Fall großer Präparationen).

Darüber hinaus gibt es noch einige wichtige Parameter, die die Kavitätenform und insbesondere die Entscheidung zur Höckerüberkuppelung wesentlich beeinflussen können:

- Beziehung zwischen den okklusalen Kontakten und den Präparationsgrenzen
- funktionelle Belastung der verbliebenen Wände/Art der Okklusion
- Stärke der Kavitätenwände/Vorhandensein von Defekten wie Erosionen, Abrasionen und Rißbildungen (Mikrorisse, Haarrisse)
- systemimmanente Charakteristika des gewählten restaurativen Materials
- approximale Überhänge
- Extension der Präparation in die kritischen ästhetischen Bereiche

Die Berücksichtigung dieser Faktoren wird die Entscheidungsfindung des Praktikers beeinflussen (Abb. 5-16). Trotz allem gibt es angesichts der zahllosen klinischen Situationen keine exakten und umfassenden Richtlinien für die Gestaltung der Kavitätengeometrie. In vielen Fällen wird deshalb die klinische Erfahrung den Ausschlag für die zu treffende Entscheidung geben.

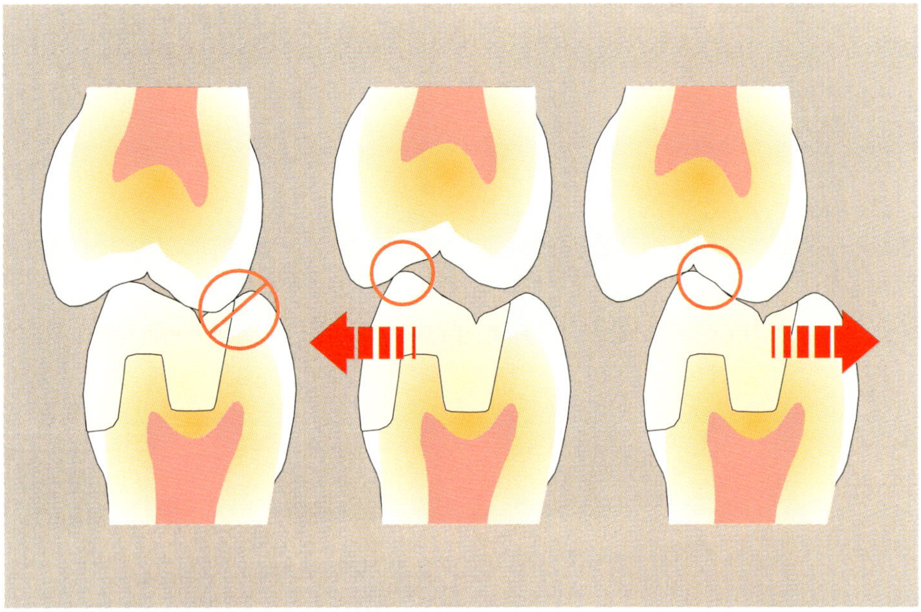

Abb. 5-16 a

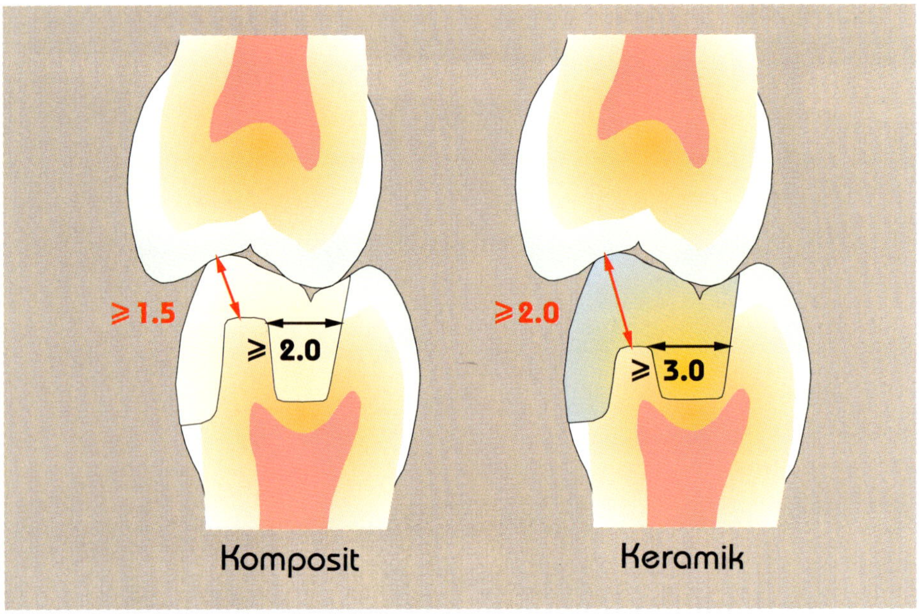

Abb. 5-16 b

Abb. 5-16 Faktoren von klinischer Bedeutung zur Festlegung der Präparationsform: a) Die Restaurationsränder sollten nicht im Bereich okklusaler Stopps liegen (insbesondere bei Keramik). Arbeits- und Balancekontakte müssen im Sinne einer Höckerüberkuppelung berücksichtigt werden. Die Präparation muß so durchgeführt werden, daß das restaurative Material eine ausreichende Schichtstärke für die Belastung durch Gruppenführung besitzt oder durch die anatomische Gestaltung der Restauration keinen Belastungen ausgesetzt ist. b) Je nach den Materialeigenschaften muß auf eine Mindestschichtstärke in Höhe und Breite für den okklusalen Isthmus und die Höckerüberkuppelung geachtet werden.

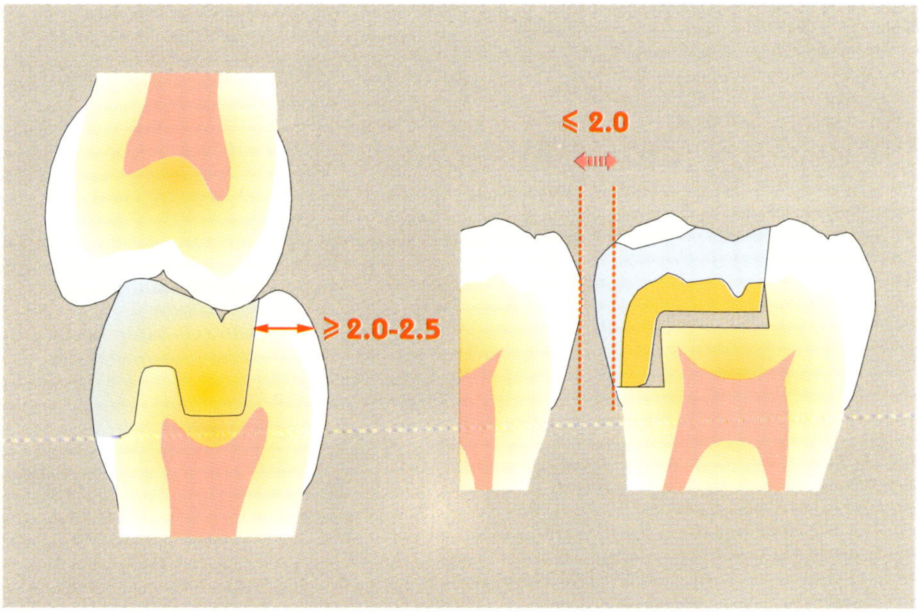

Abb. 5-16 c

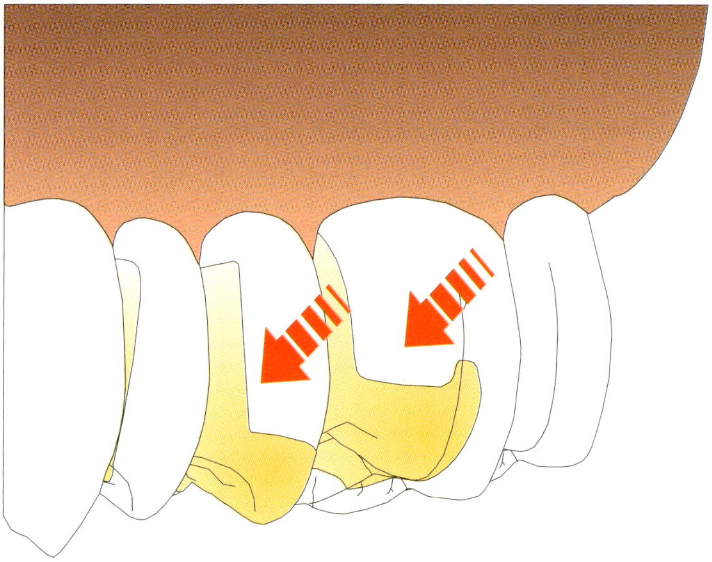

Abb. 5-16 d

c) Auch bei der Anwendung adhäsiver Techniken ist eine Mindestschichtstärke der verbleibenden Wände erforderlich. Der approximale Überstand des restaurativen Materials zur Herstellung eines ausreichend starken Approximalkontaktes ist von größter Bedeutung. Oberhalb einer kritischen Grenze besteht eine große Gefahr für die Fraktur der Restauration. d) Die Extension der Präparationen in den Bereich ästhetisch sensibler Bereiche muß mit großer Sorgfalt erwogen werden. Die Herstellung eines perfekten Übergangs zwischen Restauration und den angrenzenden Geweben ist immer noch problematisch.

Die spezifischen Charakteristika der Präpationsformen für CAD-CAM-Restaurationen werden im Kapitel 9 beschrieben.

Literatur

Boyde A. Anatomical considerations related to tooth preparation. In Vanherle G, Smith DC eds. Posterior composite resin dental restorative materials. St.Paul: Peter Szulc Publishing,1985: 377–403.

Burke FJ, Wilson NH, Watts DC. Effect of cavity wall taper on fracture resistance of teeth restored with resin composite inlays. Oper Dent 1993;18:230–236.

Cagidiaco MC, Ferrari M. Bonding to dentin: mechanism, morphology and efficacy of bonding resin composites to dentin in vitro and in vivo. Amsterdam: University of Amsterdam;1995:27–92. Thesis.

Covey D, Schulein TM, Kohout FJ. Marginal ridge strength of restored teeth with modified class II cavity preparations. J Am Dent Assoc 1989;118:199–202.

Dietschi D, Scampa U, Campanile G, Holz J. In vitro evaluation of marginal adaptation and seal of two posterior composite restoration systems in relation with location and thickness of cervical enamel. Quintessence Int 1995;26:127–138.

Fernandes CP, Chevitarese O. The orientation and direction of rods in dental enamel. J Prosthet Dent 1991; 65:793–800.

Fett HP, Mörmann WH, Krejci I, Lutz F. The effect of short bevel and silanization on marginal adaptation of computer-machined mesio-occlusodistal inlays. Quintessence Int 1991;22:823–829.

Fisher DW, Caputo AA, Shillingburg HT, Duncanson MG. Photoelastic analysis of inlay and onlay preparations. J Prosthet Dent 1975;33:47–54.

Garberoglio P. The ratio of the densities of dentinal tubules on the cervical and axial walls in cavities. Quintessence Int 1994;25:49–52.

Lutz F, Lüscher B, Ochsenbein H, Mühlemann HR. Die Entwicklung der perfekt adaptieren, randspaltfreien MOD-Kompositfüllung, In-vitro-Befunde. Schweiz Mschr Zahnheilk 1976;86:1025–1041.

Hannig M, Weinle S, Albers HK. Der Einfluss modifizierter Preparationsformen auf die Randqualitat von Kompositinlays aus SR-Isosit. Deutsch Zahnartztl Z 1991;46:611–614.

Hunt PR. A modified class II cavity preparation for glass ionomer restorative materials. Quintessence Int 1984;15:1011–1015.

Knight GM. The use of adhesive materials in the conservative restoration of selected posterior teeth. Aust Dent J 1984;229:324–331.

Munechika T, Suzuki K, Nishiyama M, Ohashi M, Horie K. A comparison of the tensile bond strengths of composite resins to longitudinal and transverse sections of enamel prisms in human teeth. J Dent Res 1984; 63:1079–1082.

Noack MJ, De Gee AJ, Roulet JF, Davidson CL. Interfacial wear of luting composites of ceramic inlays in vitro. J Dent Res 1992;71:113 (Abstract No 58).

Papa J, Cain C, Messer HM. Efficacy of tunnel restorations in the removal of caries. Quintessence Int 1993; 24:715–719.

Reid JS, Saunders WP, Baikas KM. Marginal fit and microleakage of indirect inlays systems. Am J Dent 1993;6:81–84.

Simonsen RJ. Conservation of tooth structure in restorative dentistry. Quintessence Int 1985;16:15–24.

Suzuki S, Leinfelder KF, Shinkai K. Wear resistance of resin cements. Am J Dent 1995;8:83–87.

Van Waess H, Krejci I, Lutz F. Die Tunnelrestaurationen. Ei des Kolombus oder Kuckucksei ?. Schweiz Monat Zahnmed 1988;1988:1105–1108.

Wassell RW, Walls AW, Mc Cabe JF. Cavity convergence angles for direct composite inlays. J Dent 1992;20: 294–297.

Watanabe LG, Marshall GW, Marshall SJ. Dentin shear strength: effects of tubule orientation and intra tooth location. Dent Mater 1996;12:109–115.

Wilson AD, Mc Lean JW. Designs of microcavities for approximal lesions. In Wison AD, Mc Lean JW. Glass-ionomer cements. Chicago: Quintessence; 1985: 197–220.

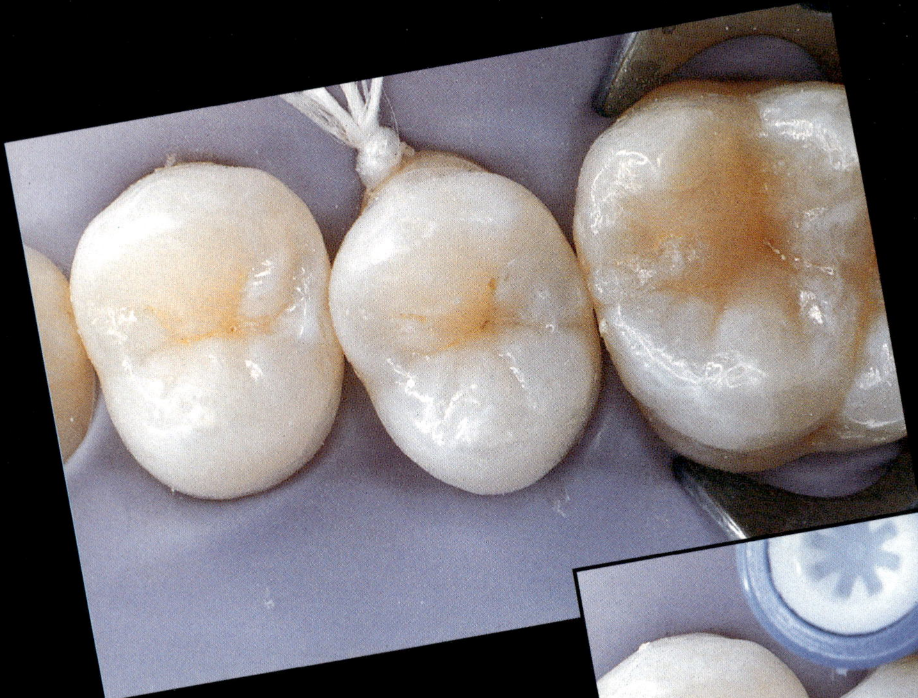
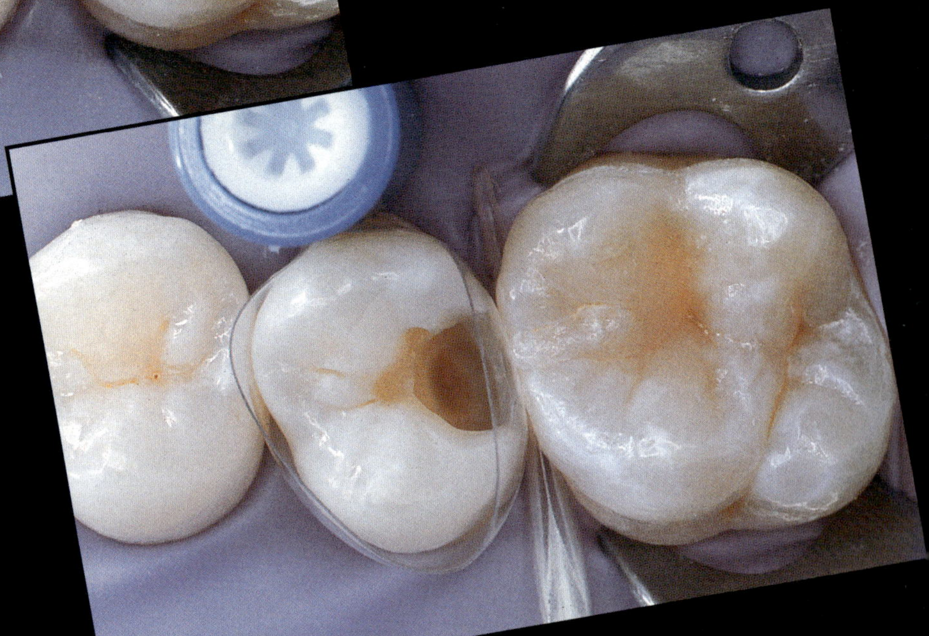

6 Direkte Techniken

Es gibt viele verschieden Techniken zur Herstellung direkter Füllungen, darunter einfache, wie z. B. das einzeitige Vorgehen („bulk"-Restaurationstechnik), und anspruchsvollere, wie die „dreiseitige Lichthärttechnik" (Lutz et al., 1986). Der unvermeidbaren Polymerisationsschrumpfung wird bei direkten Verfahren durch eine gezielte Applikationstechnik u. a. bei Klasse-II- und großen Klasse-I-Kavitäten entgegengewirkt. Aus diesem Grund sind zahlreiche Vorgehensweisen beschrieben wor-

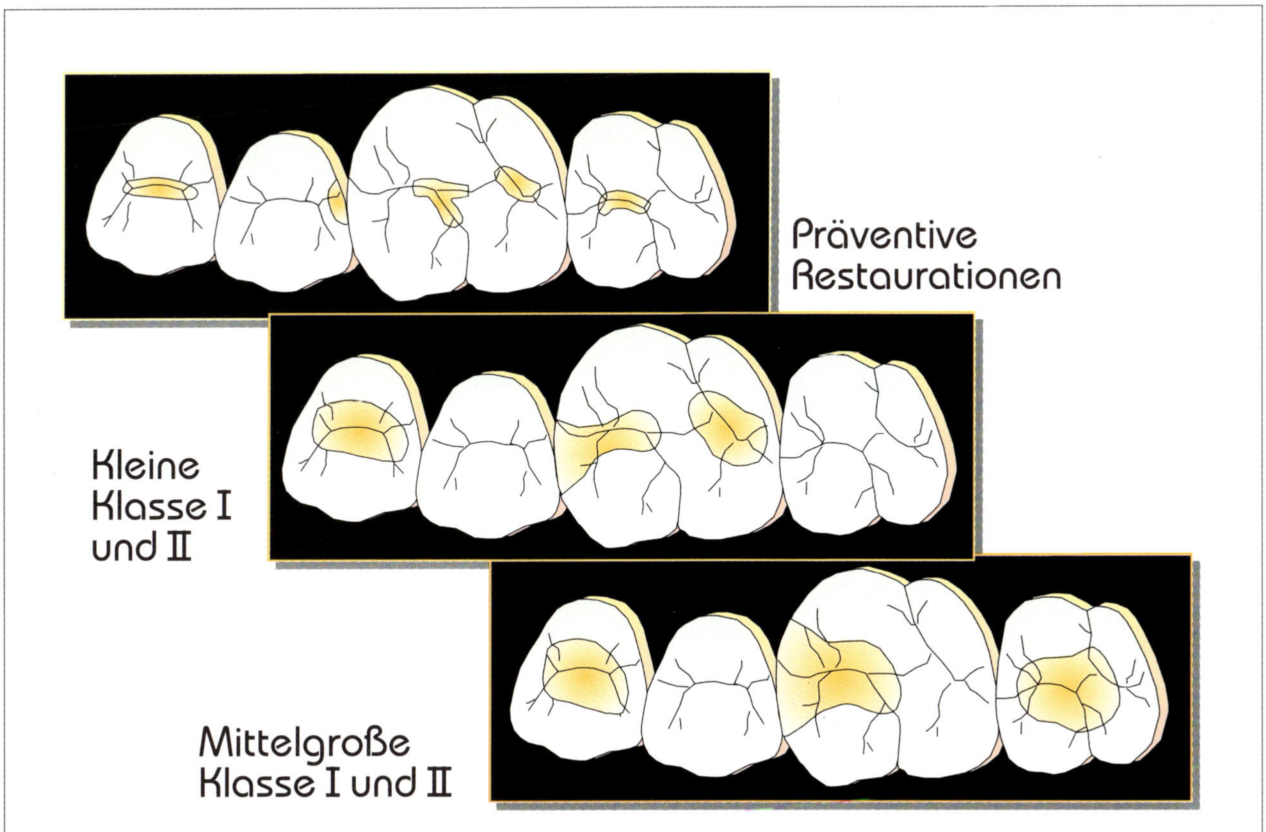

Abb. 6-1 Grundsätzliche Indikationen für die Anwendung direkter Techniken. Die Anwendung direkter Techniken wird empfohlen für präventive, kleine und mittelgroße Klasse-I- und Klasse-II-Restaurationen.

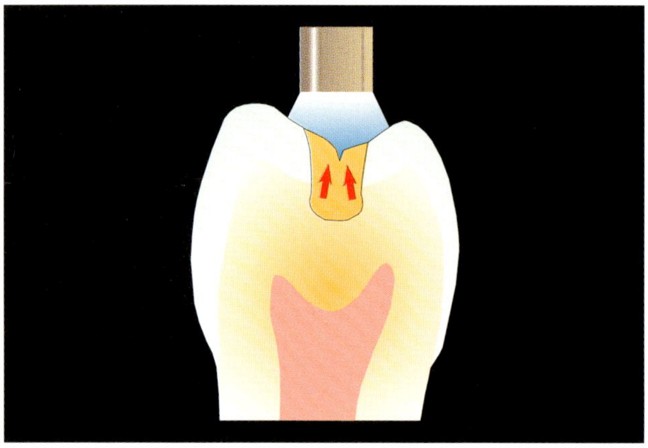

Abb. 6-2 Das einzeitige Vorgehen („bulk"-Technik) ist nur bei der Versorgung minimaler Kavitäten indiziert.

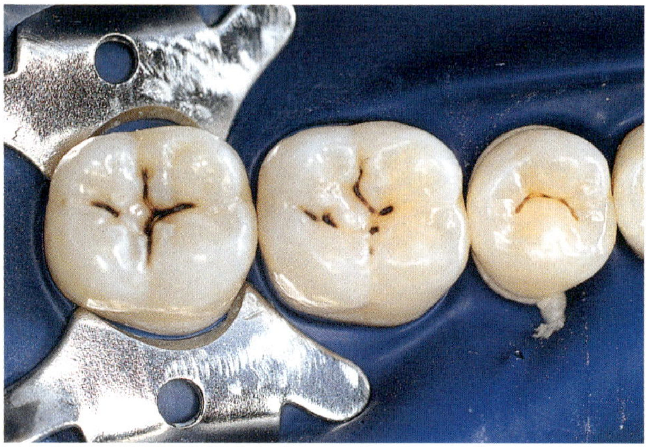

Abb. 6-3 a

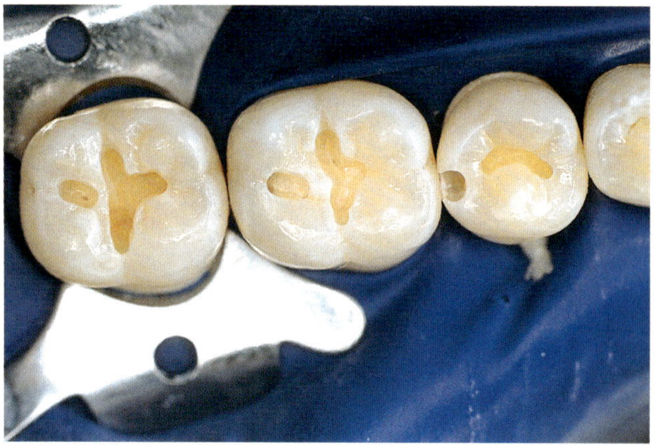

Abb. 6-3 b

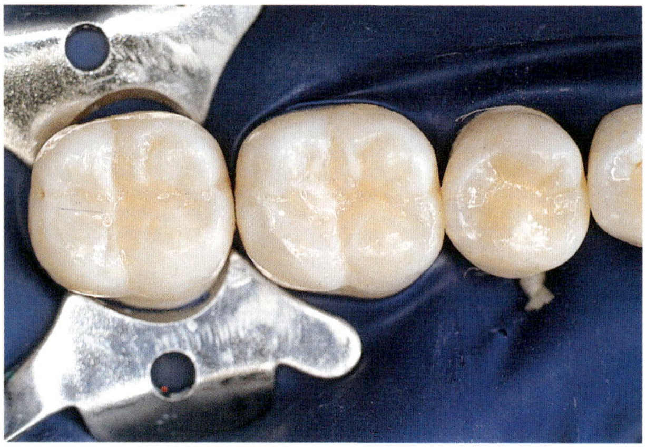

Abb. 6-3 c

Abb. 6-3 Initialkaries okklusaler Grübchen im Unterkieferseitenzahngebiet und ebenso an der distalen Approximalfläche am Zahn 35 (a). Die Kavitätenpräparation erfolgte nach zahnhartsubstanzschonenden Kriterien (b). Die Restauration wurde auf die einfachste Art und Weise mit Hilfe der einzeitigen Technik („bulk"-Technik) durchgeführt (c).

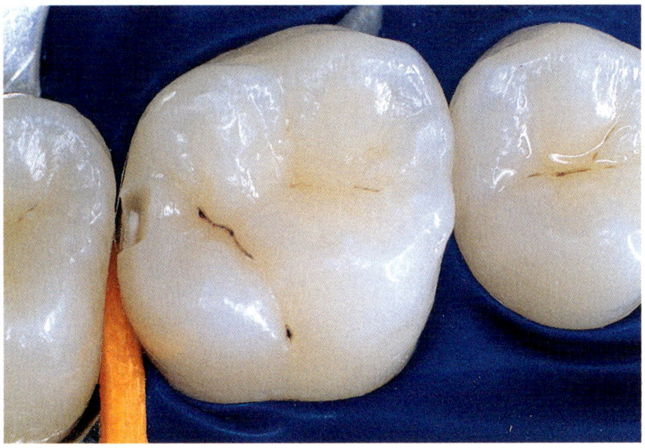

Abb. 6-4 a

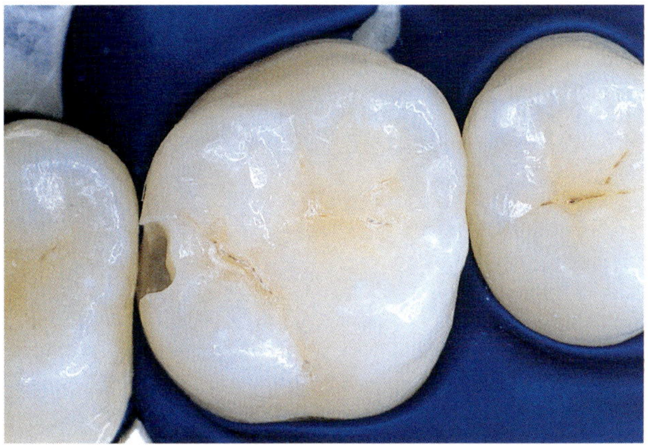

Abb. 6-4 b

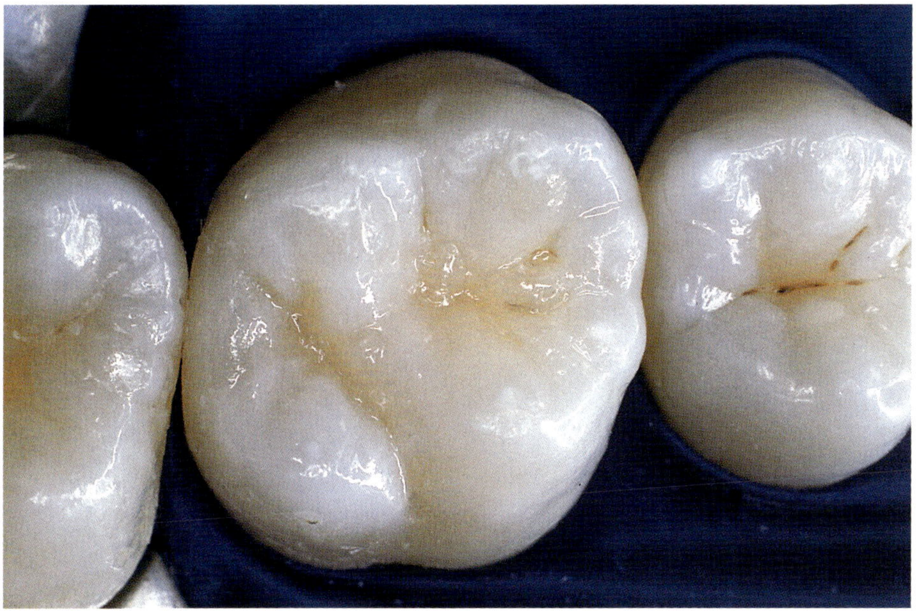

Abb. 6-4 c

Abb. 6-4 Auch bei oberflächlichen approximalen kariösen Läsionen (a) können sehr zahnhartsubstanzschonende Präparationen durchgeführt werden (b). Dies macht die Versorgung der Kavität mit der einzeitigen Technik („bulk"-Technik) möglich. Die Anwendung dieser modernen Vorgehensweise bei bisher unversorgten Zähnen führt zweifellos zu einer Verbesserung der Langzeitprognose dieser Zähne.

den: das portionsweise Polymerisieren durch Anwendung der Schichttechnik (d. h. horizontal, dreiseitig, schräg) (Lutz und Kull, 1980; Tjan et al., 1992), der Gebrauch von Kondensations- und Polymerisationsaufsätzen (Erickson und Derand,1991, Jorgensen und Hisamitsu, 1984) oder das Einbringen keramischer Inserts, um das Volumen des der Schrumpfung unterworfenen Materials zu reduzieren (Bowen und Setz, 1986, Donly et al., 1989; Bott und Hannig, 1994).

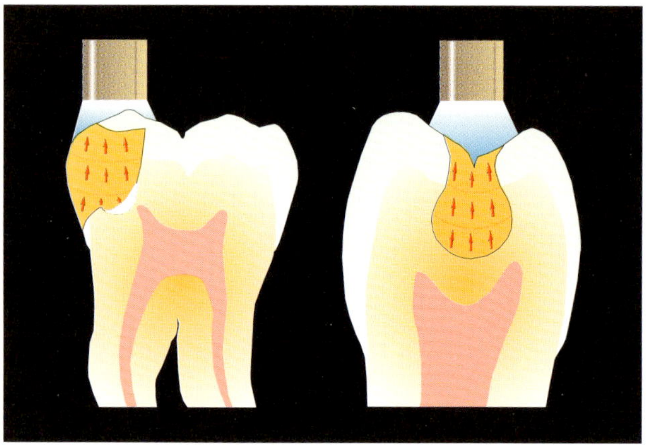

Abb. 6-5 In engen, aber tieferen Kavitäten ist die horizontale Schichttechnik angezeigt, um die Polymerisationsschrumpfung zu kompensieren (Polymerisationsvektoren durch Pfeile dargestellt).

Die Anwendung direkter Techniken ist grundsätzlich angezeigt für präventive, kleine bis mittelgroße Restaurationen (Abb. 6-1). Die Wahl der richtigen Methode basiert auf Größe und Volumen der Kavität:

- *Präventive Restaurationen:* Die Applikation einer einzigen Schicht Komposit mit anschließender Polymerisation ist möglich („bulk"-Technik) (Abb. 6-2 bis 6-4).

- *Kleine Klasse-I- und Klasse-II-Restaurationen:* Schon bei solchen Präparationen wird eine Schichttechnik empfohlen (Lutz und Kull, 1980). Angewandt wird vorzugsweise die konventionelle horizontale Schichttechnik (Abb. 6-5 und 6-6). Bei Klasse-II-Kavitäten beruht diese Technik auf der Verwendung einer konventionellen Metallmatrize, die durch die Reflektion des Polymerisationslichts die Polymerisation verbessert (Kays et al., 1991) (Abb. 6-7). Im Fall enger approximaler Kavitäten, breiter Kontaktflächen und kurzer klinischer Kronen ist das Anlegen einer solchen Matrize gegenüber dem Anlegen einer Plastikmatrize vergleichsweise einfach (Abb. 6-7 c). Darüber hinaus können leichter feste Approximalkontakte hergestellt werden. Tunnelrestaurationen (Abb. 6-8) scheinen nur bei sehr oberflächlichen Läsionen, die die vollständige Entfernung des kariösen Gewebes ohne extreme Schwächung des okklusalen Anteils erlauben, indiziert. Eine adhäsive Restauration mit einem festen Verbund zu allen Kavitätenwänden einschließlich des Tunnels erscheint gegenwärtig als die beste restaurative Lösung.

- *Mittelgroße Klassse-I- und Klasse-II-Restaurationen:* Da die horizontale Schichttechnik die Polymerisationsschrumpfung nicht vollständig ausgleichen kann, sollten mittelgroße Klasse-II-Kavitäten mit Hilfe besser geeigneter Techniken versorgt werden. Für diesen Fall sollte bei der Anwendung der direkten Techniken die „dreiseitige Lichthärttechnik" zur Anwendung kommen, die einen optimalen approximalen Randschluß und Dichtigkeit gewährleistet (Lutz et al., 1986) (Abb. 6-9). Die Überlegung bei dieser Technik ist zunächst das Einbringen eines traditionellen Glasionomerzementes in die

Abb. 6-6 Präoperative Ansicht einer insuffizienten Kompositrestauration (a). Die präparierte Kavität (b) wird dann mit mehreren horizontalen Inkrementen gefüllt. Eingefärbtes Komposit kann vor der Applikation der letzten Schicht eingebracht werden (c). Fertiggestellte Restauration (d).

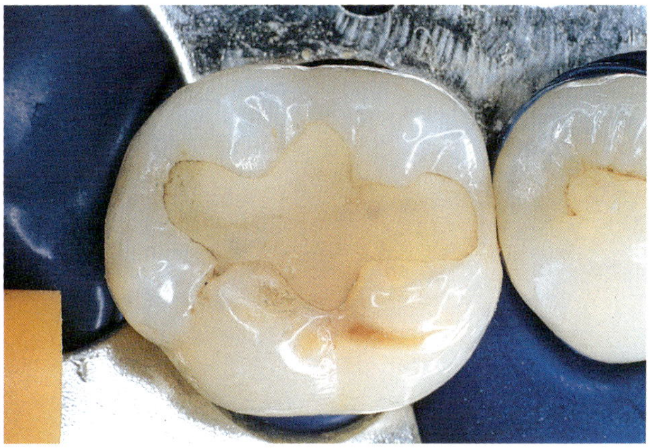

Abb. 6-6 a

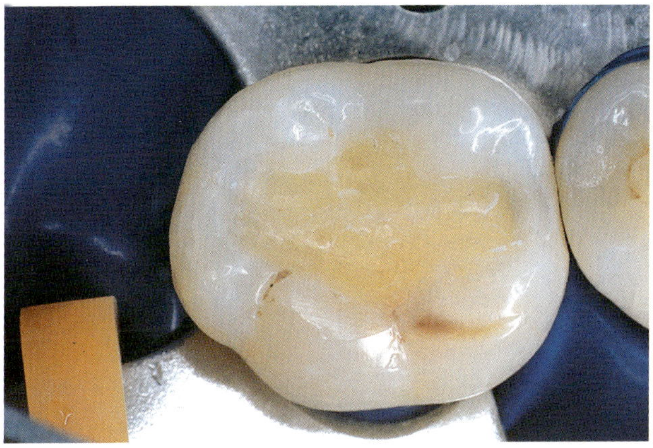

Abb. 6-6 b

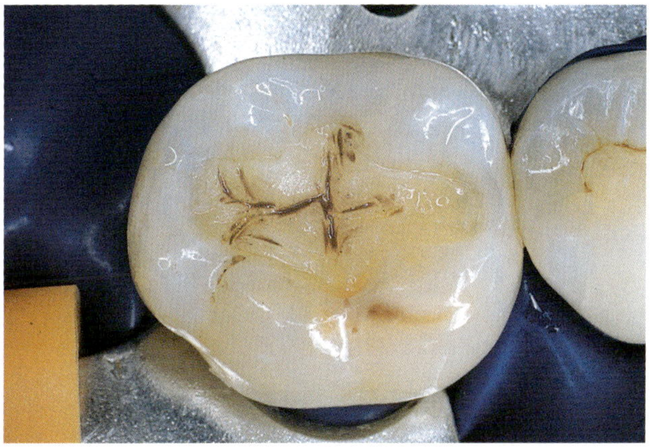

Abb. 6-6 c

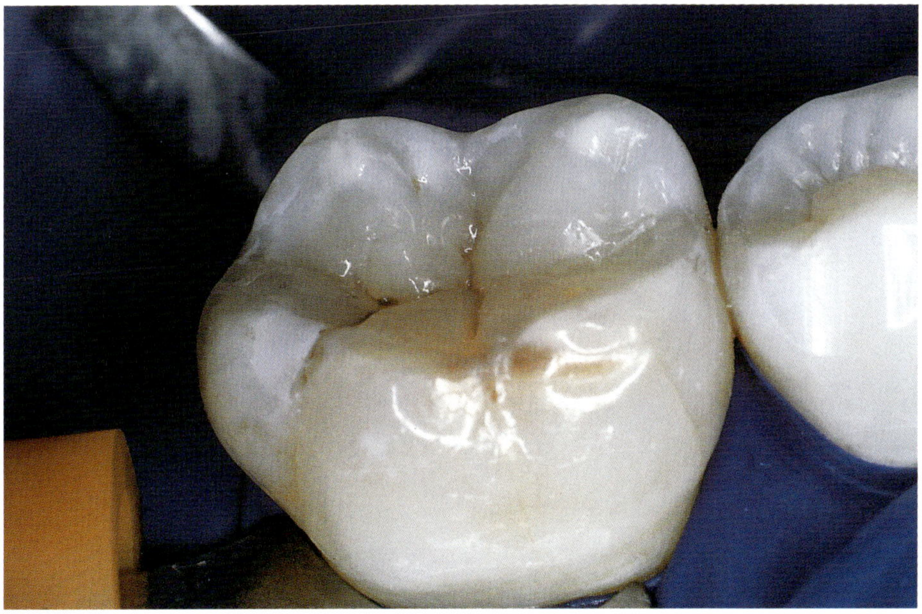

Abb. 6-6 d

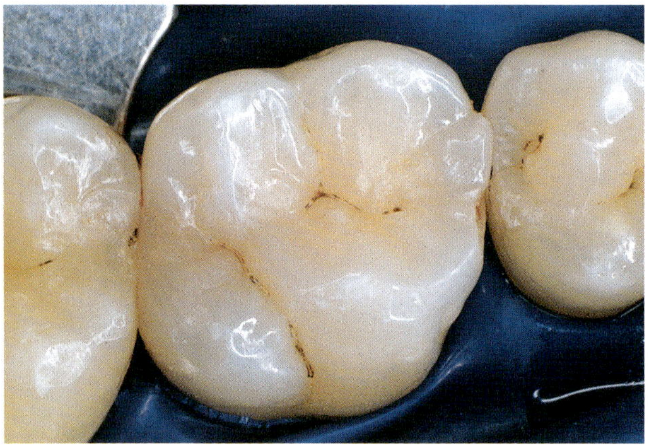

Abb. 6-7 a

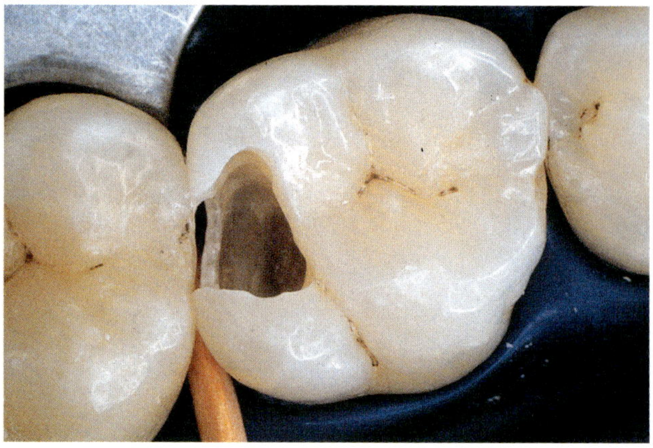

Abb. 6-7 b

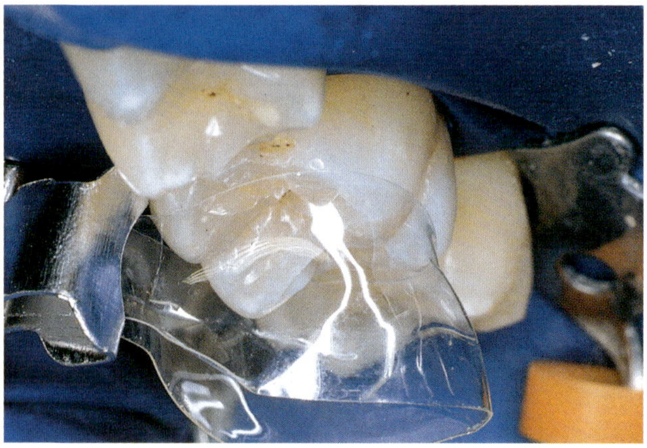

Abb. 6-7 c

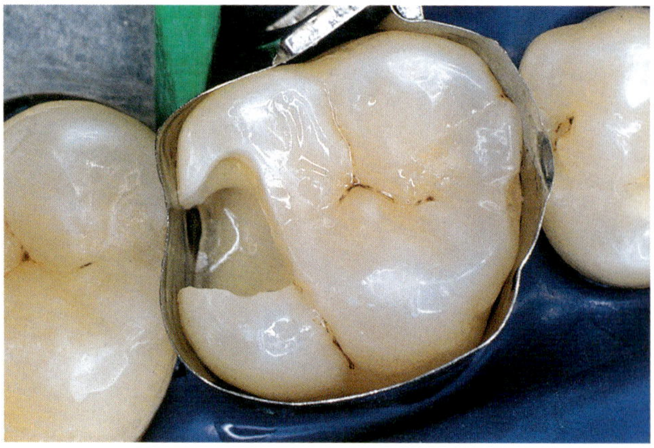

Abb. 6-7 d

Abb. 6-7 e

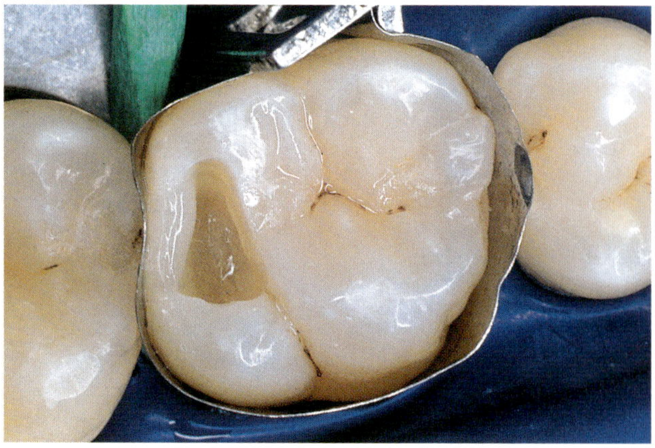

Abb. 6-7 f

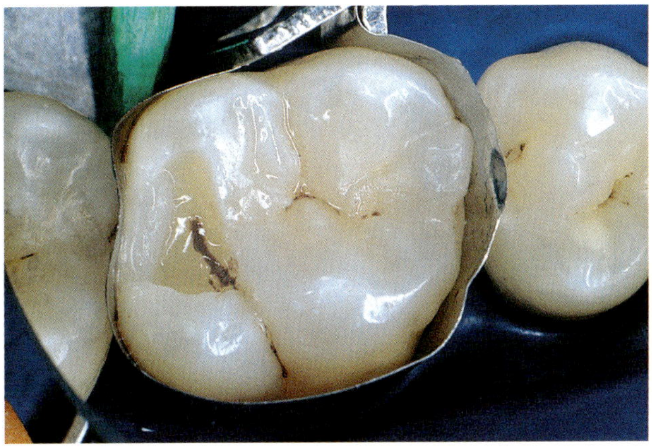

Abb. 6-7 g

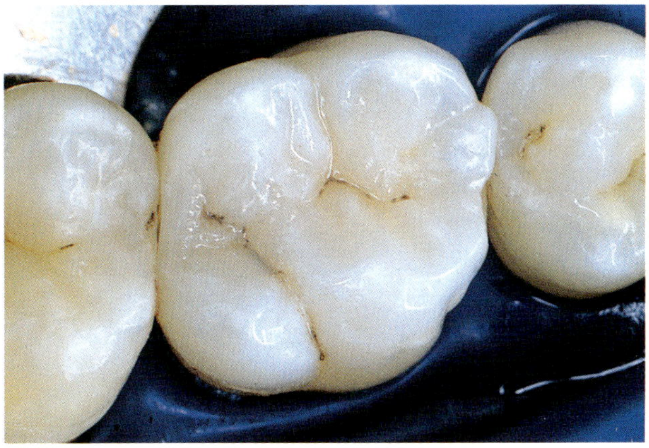

Abb. 6-7 h

Abb. 6-7 i

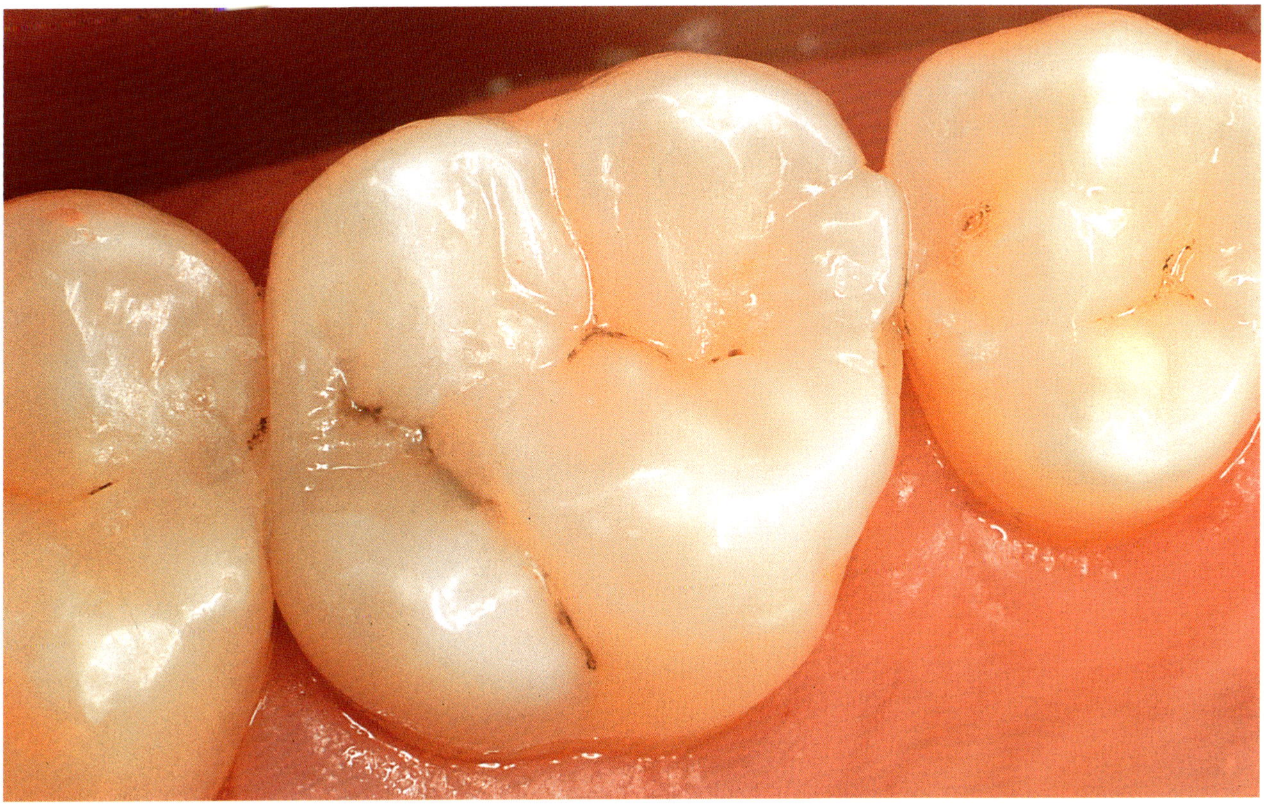

Abb. 6-7 Präoperative Ansicht eines kariösen oberen ersten Molaren (a). Die approximale Extension der Präparation ist nicht sehr groß, trotzdem macht das Volumen die Anwendung der Inkrementtechnik erforderlich (b). Nach dem vergeblichen Versuch, eine klare Plastikmatrize anzulegen (c), wurde eine Metallmatrize in Verbindung mit einem Holzkeil angelegt, um einen korrekten Approximalkontakt zu gewährleisten. Nach Durchführung der für das Bonding erforderlichen Maßnahmen wurde ein lichthärtender Glasionomerzement im Sinne einer Unterfüllung eingebracht (d). Dieses Material, das eine weichere Konsistenz besitzt als ein Komposit, wird verwandt, um eine polymerisationsbedinge Fraktur der bruchgefährdeten gingivalen Schmelzränder zu verhindern. Zusätzliche horizontale Inkremente wurden zur Vervollständigung der approximalen Wand eingebracht (e–f). Das noch verbliebene Kavitätenvolumen wurde mit den drei letzten Inkrementen gefüllt. Zur Herstellung einer natürlicheren Ästhetik wurde mit verschiedenen Farbtönen gearbeitet (interne Charakterisierung) (g–h). Fertige Restauration (i).

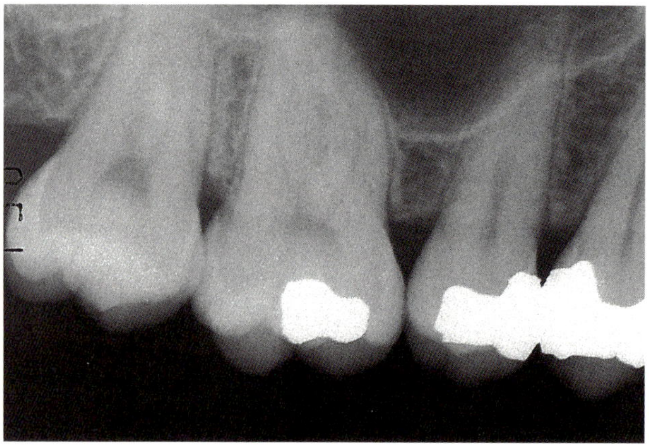

Abb. 6-8 a

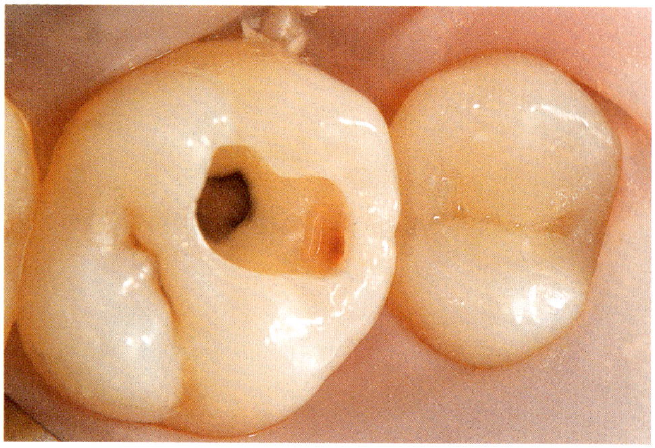

Abb. 6-8 b

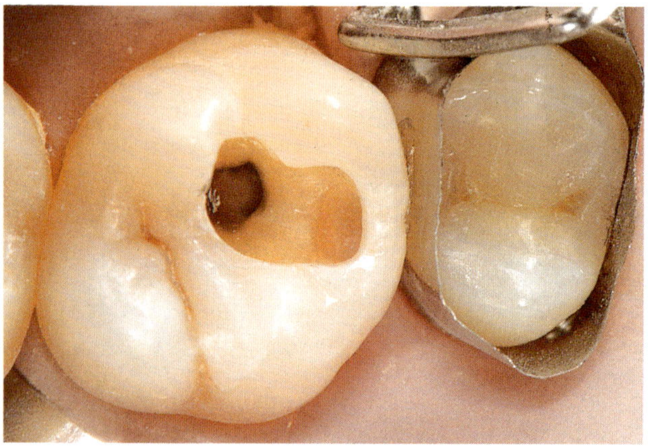

Abb. 6-8 c

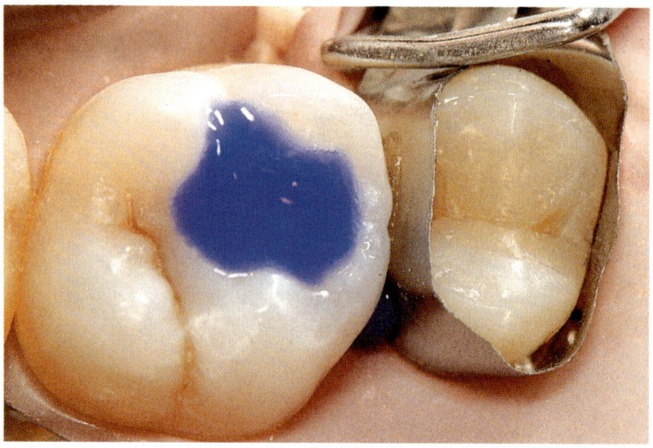

Abb. 6-8 d

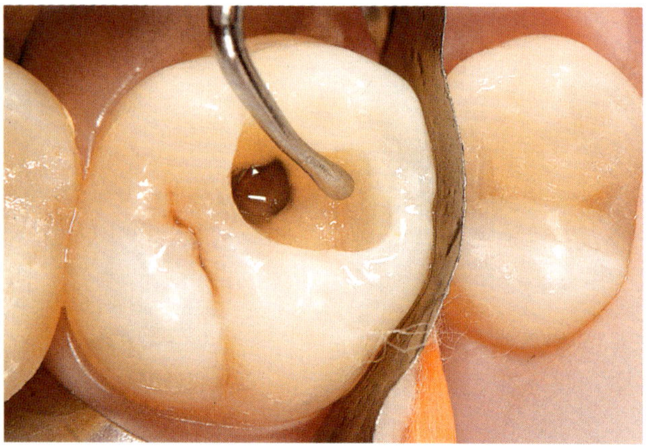

Abb. 6-8 e

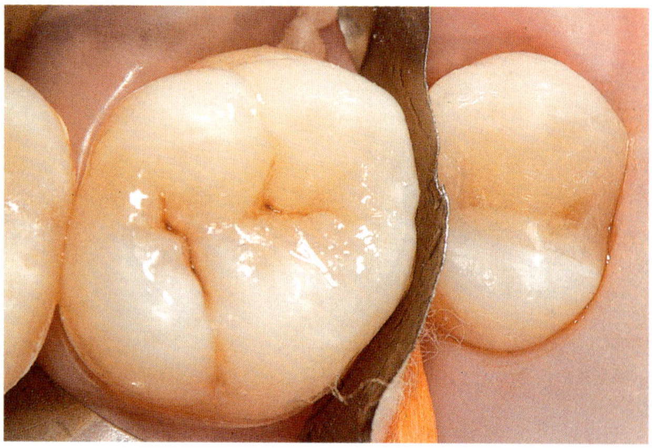

Abb. 6-8 f

◀ Abb. 6-8 Präoperative Ansicht zu ersetzender Amalgamfüllungen. Man beachte, daß der mesiale Anteil des ersten Molaren intakt erscheint (a). Nach der Entfernung der Amalgamfüllung wurde eine oberflächliche Karies im mesialen Teil sichtbar (b). Zur Entfernung der kariösen Gewebe wurde der Nachbarzahn entsprechend geschützt (c). In diesem Fall wurde die Entscheidung zur Tunnelpräparation getroffen, da der Zugang schon präpariert erschien und diese Vorgehensweise gesunde Zahnhartsubstanz schont, ohne den klinischen Erfolg zu gefährden. Mit Hilfe der Adhäsivtechnik (d) wurden deshalb Tunnel- und okklusale Kavität mit Komposit versorgt (e–f).

Abb. 6-9 Für größere approximale Kavitäten kann ein optimaler Randschluß und Dichtigkeit der Restauration durch anspruchsvollere Techniken wie z. B. die „dreiseitige Lichthärttechnik" erreicht werden (nach Lutz et al., 1986) (Polymerisationsvektoren mit Pfeilen dargestellt).

Kavität, um das Restvolumen des Komposits zu reduzieren und die anschließende Anwendung der Schichttechnik. Diese Methode basiert auf der Verwendung transluzenter Matrizen und lichtreflektierender Keile. Das erste Kompositinkrement wird auf den Boden der approximalen Kavität appliziert und indirekt über den Lichtkeil ausgehärtet, das zweite und dritte Inkrement wird durch die Höcker ausgehärtet. Mit Hilfe dieser Schichttechnik können die Schrumpfungsvektoren zur adhäsiven Grenzfläche hin gerichtet werden. Klinisch kommt es bei dieser aufwendigen Technik (Abb. 6-10) durch die Problematik beim Anlegen der transparenten Kunststoffmatrize und beim Herstellen fester Approximalkontakte mitunter zu Schwierigkeiten.

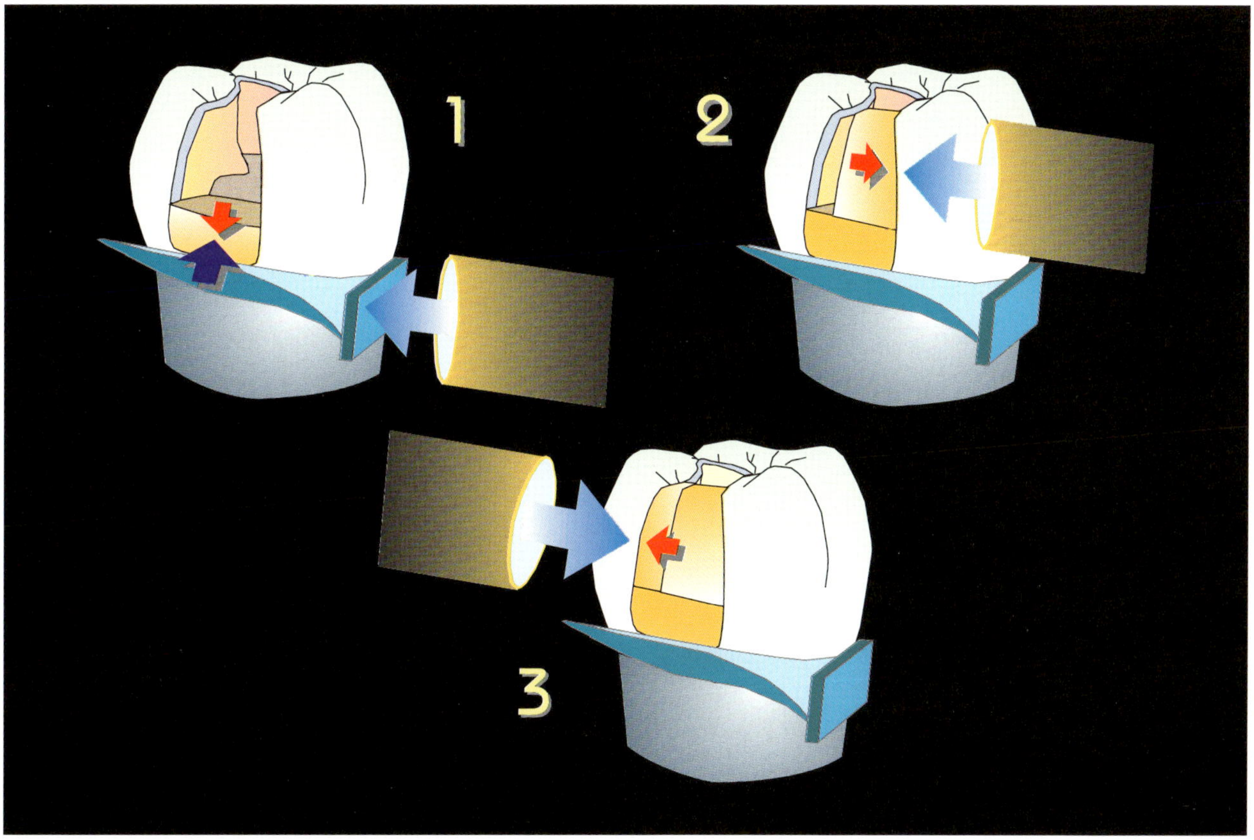

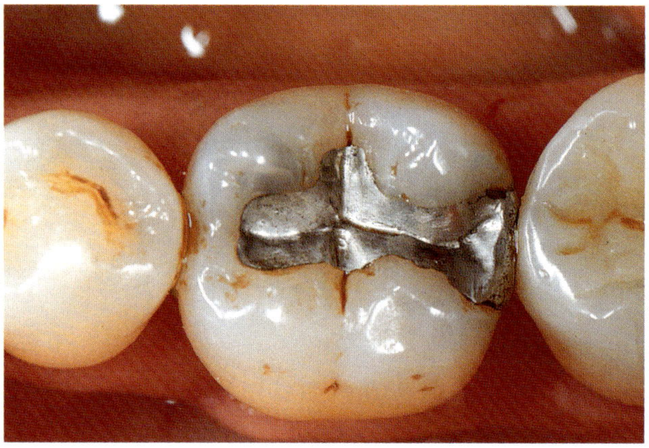

Abb. 6-10 a

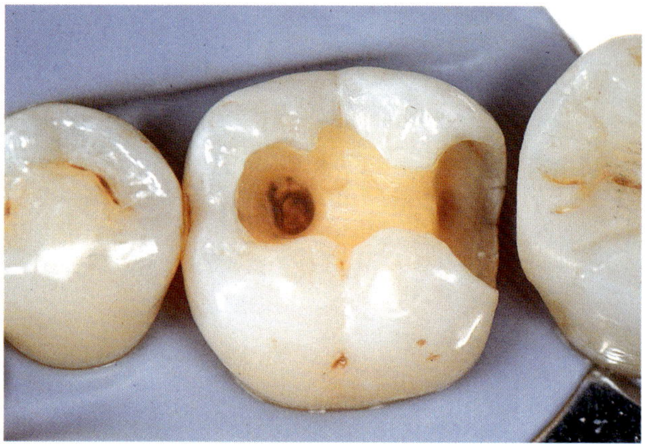

Abb. 6-10 b

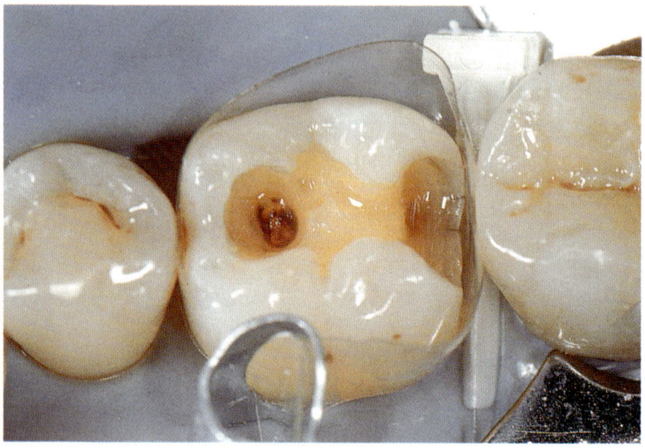

Abb. 6-10 c

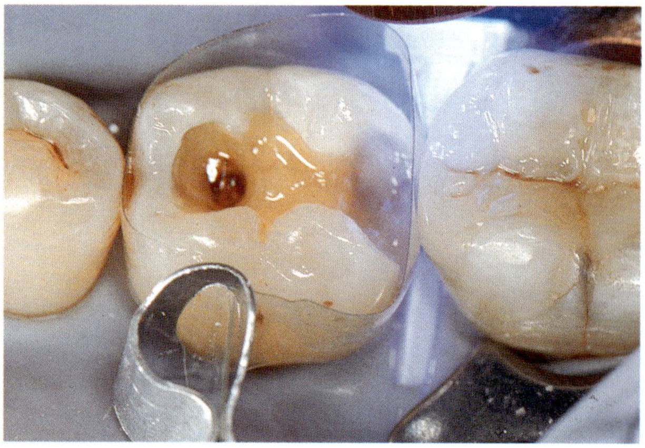

Abb. 6-10 d

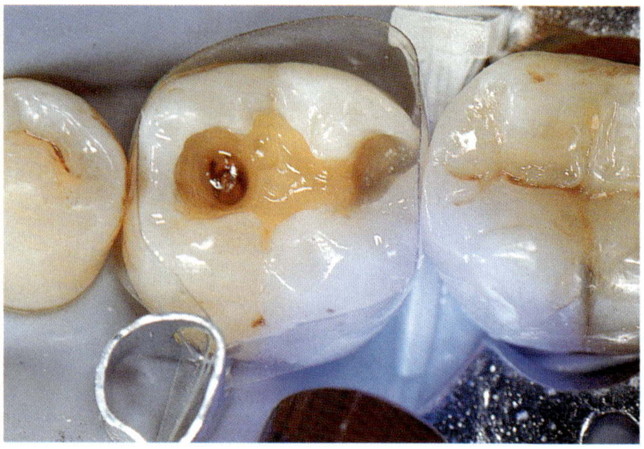

Abb. 6-10 e

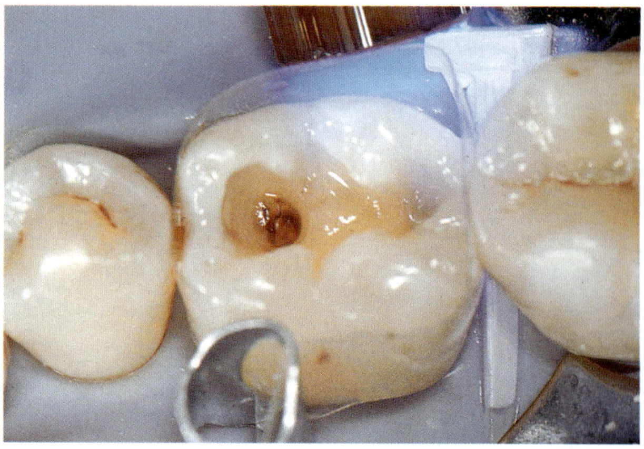

Abb. 6-10 f

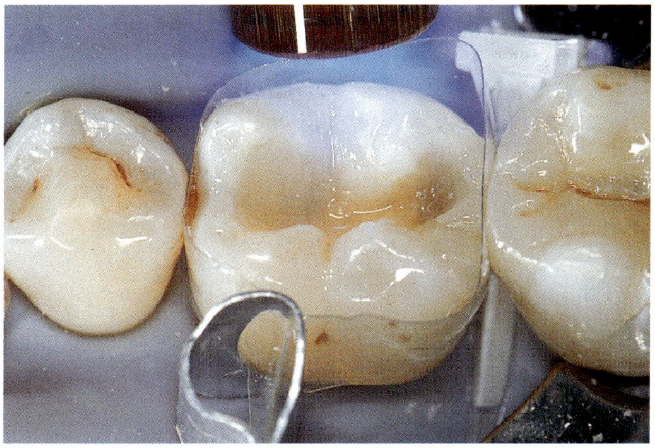

Abb. 6-10 g

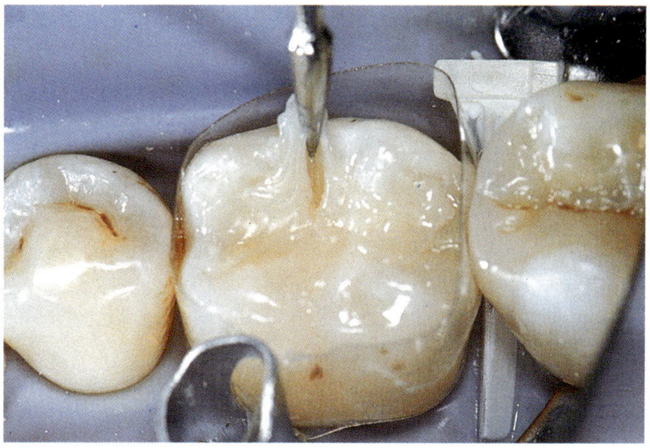

Abb. 6-10 h

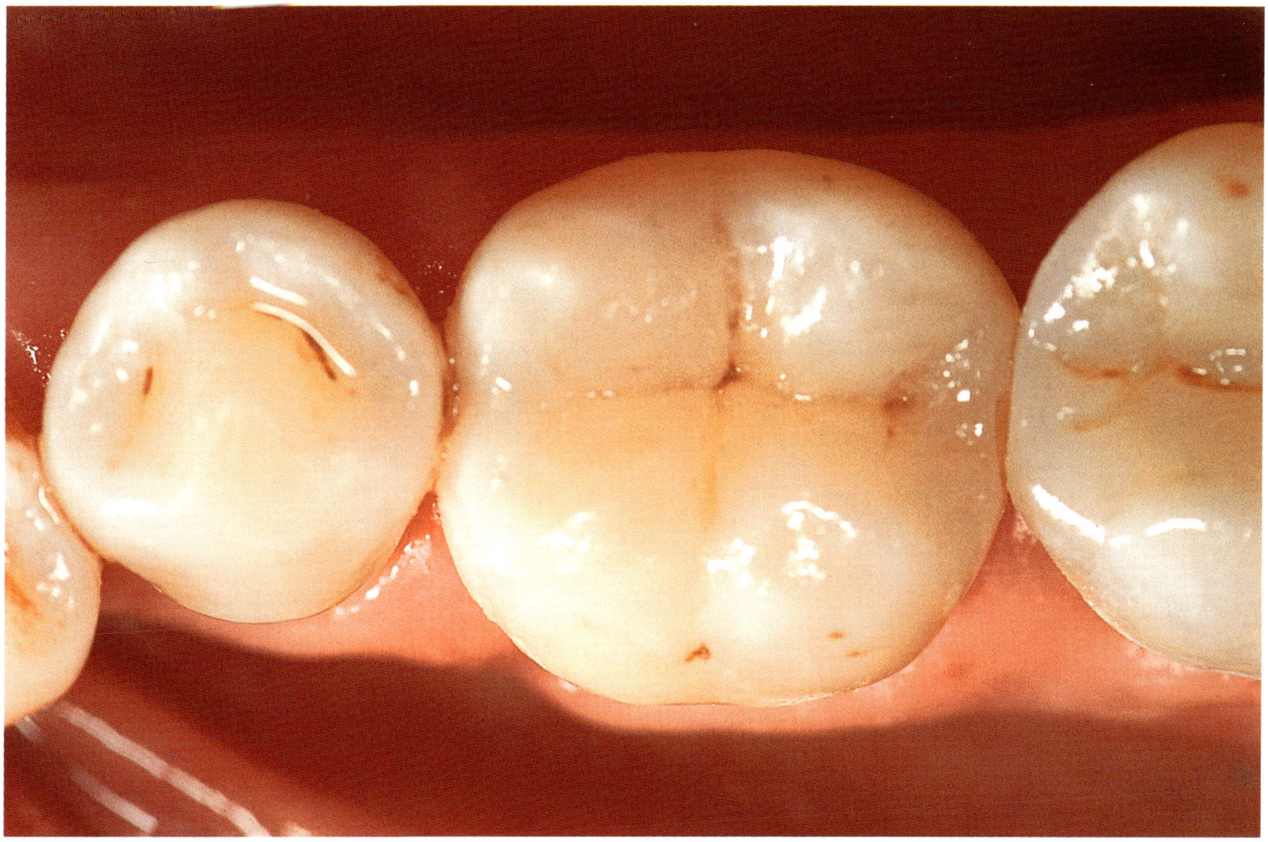

Abb. 6-10 i

Abb. 6-10 Eine Sekundärkaries machte die Entfernung der Amalgamfüllung an diesem ersten unteren Molaren notwendig (a). Die Kavitätenpräparation folgt den Kriterien für die Anwendung der Adhäsivtechnik (b). Eine transparente Kunststoffmatrize und ein lichtreflektierender Keil wurden angelegt (c). Es erfolgte die Applikation einer ersten Schicht Komposit im approximalen Kasten und die Aushärtung mit Hilfe des Keils (d). Bukkal wurde ein zweites Inkrement eingebracht, um den größten Teil der approximalen Präparation zu füllen, und durch den Höcker lichtgehärtet (e). Ein drittes Inkrement wurde zum Ausfüllen des verbliebenen approximalen Raumes eingebracht (f). Okklusal wird das Komposit vorzugsweise in schrägen Schichten eingebracht und durch die verbliebenen Wände lichtgehärtet (g). Die okklusale Anatomie wird durch das letzte Inkrement hergestellt (h). Postoperative Ansicht (i).

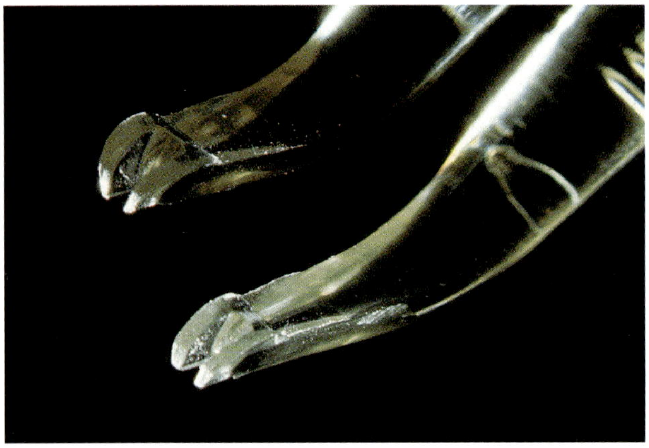

Abb. 6-11 a

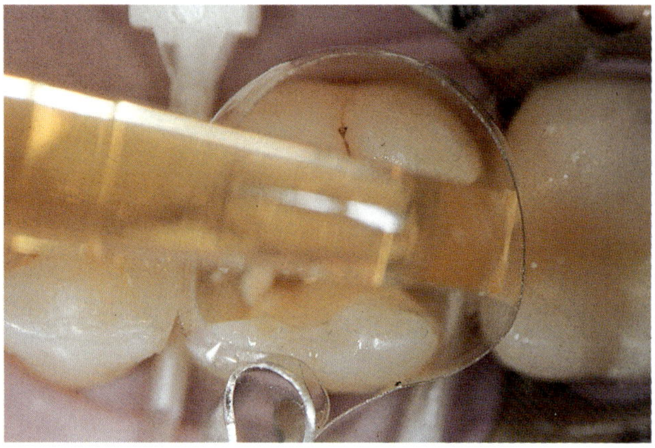

Abb. 6-11 b

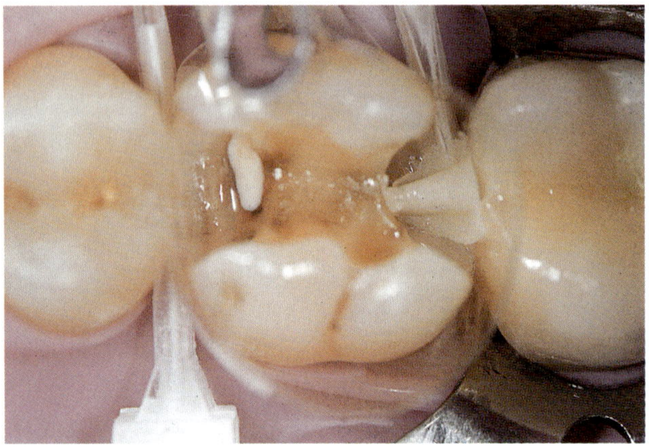

Abb. 6-11 c

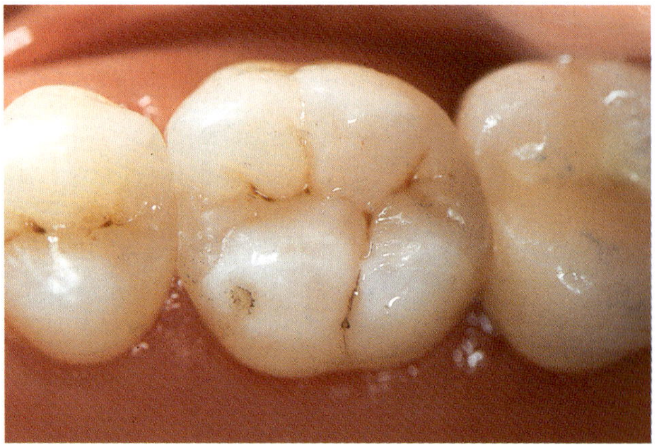

Abb. 6-11 d

Abb. 6-11 Diese speziellen Instrumente aus einem klaren Plastikmaterial können dazu benutzt werden, die Matrize (aus Plastik oder Metall) gegen den Nachbarzahn zu drücken, um starke Approximalkontakte herzustellen (a). In der praktischen Anwendung wird der an der Spitze des Instruments vorhandene konische Kanal mit Komposit gefüllt. Dann wird das Instrument in den approximalen Kasten der Kavität zwischen der pulpalen Wand und dem Nachbarzahn verkeilt und so bewegt, daß die Matrize gegen den Nachbarzahn gedrückt wird (b). Nach der Entfernung des Instruments bleibt nur eine geringe Menge Komposit in der Kavität zurück (c). Die nächsten restaurativen Schritte können nach den üblichen Kriterien ausgeführt werden. Bei richtiger Anwendung trägt dieses Instrument dazu bei, die approximalen Oberflächen anatomisch korrekt und lückenfrei zu rekonstruieren (d).

- Die Qualität solcher Kontaktpunkte kann durch den Einsatz spezieller Instrumente verbessert werden, wie z. B. CONTACT PRO (C. E. J. Dental), die für das dichte Anpressen der Matrize an den Nachbarzahn gestaltet wurden (Abb. 6-11).
- Der Einsatz von Polymerisationsaufsätzen (Abb. 6-12) oder keramischen Inserts (Abb. 6-13) sind als alternative Methoden zum Ausgleich der Polymerisationsschrumpfung vorgeschlagen worden. Aus praktischer Sicht kann die Verwen-

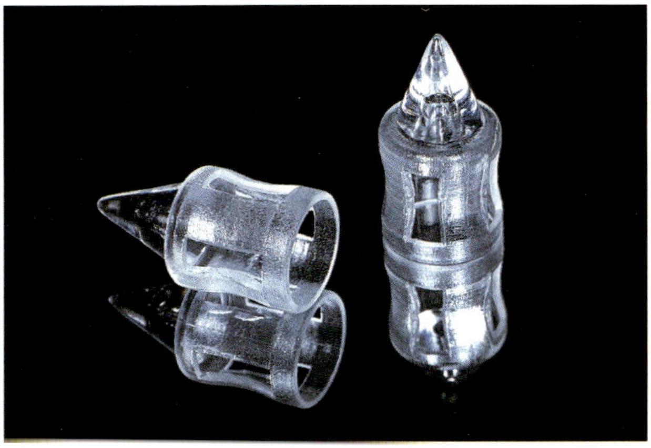

Abb. 6-12 a

Abb. 6-12 b

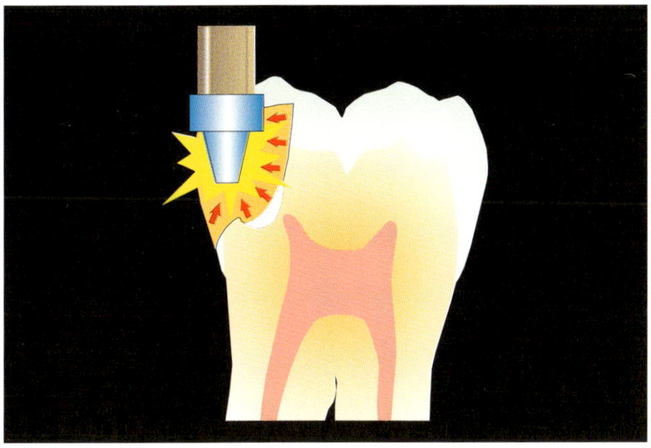

Abb. 6-12 c

Abb. 6-12 Polymerisationsaufsatz (Light-tip, CDB), der auf die Spitze der Polymerisationslampe aufgesetzt wird (a). Im approximalen Anteil der Kavität wird das Komposit durch den Aufsatz gleichzeitig kondensiert und polymerisiert (b). Die Vermeidung von Überschüssen des Restaurationsmaterials gestaltet sich schwierig, was die Ausarbeitung erschwert und den Zeitaufwand erhöht. Es ist jedoch offensichtlich, daß im Gegensatz zu einer Füllung nach der einzeitigen Technik („bulk"-Technik) die durch die Polymerisation entstehenden Spannungen signifikant reduziert werden (Polymerisationsvektoren mit Pfeilen dargestellt) (c).

dung großer Polymerisationsaufsätze die Kontrolle von Kompositüberschüssen im Randbereich erschweren. Kleinere Aufsätze können die klinische Arbeit hingegen erleichtern (Bitchacho, 1994). Bei der Verwendung von keramischen oder glaskeramischen Inserts sowie vorfabrizierten Inlays ist die Gestaltung einer adäquaten Morphologie und natürlicher Ästhetik nicht möglich.

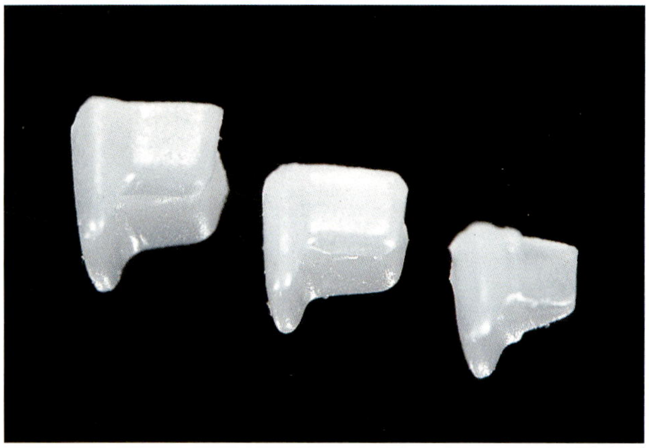

Abb. 6-13 a

Abb. 6-13 b

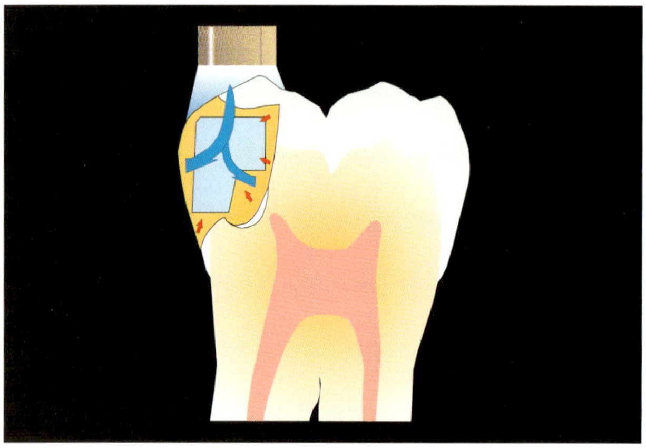

Abb. 6-13 c

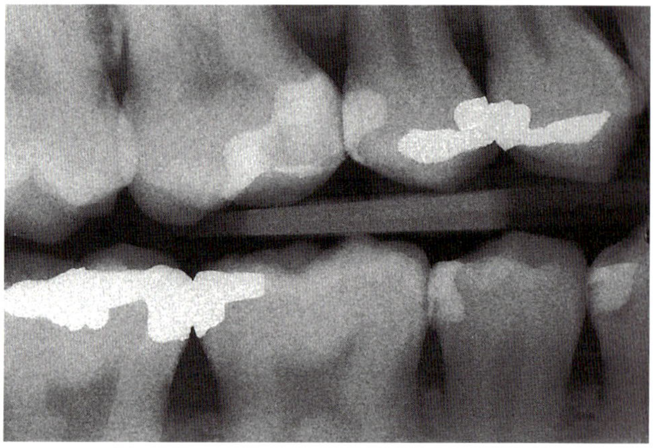

Abb. 6-13 d

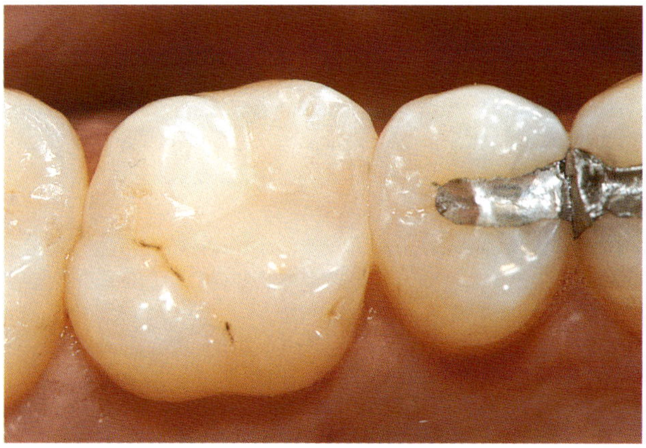

Abb. 6-13 e

Abb. 6-13 Vorfabrizierte keramische Inlays (SDS) (a). Glaskeramische Inserts (Lee Pharmaceuticals) (b). Der gedankliche Hintergrund dieser Technik ist das Ausfüllen der Kavität (besonders der approximalen Anteile) mit dem größtmöglichen Insert, um das Volumen des in der Kavität lichtgehärteten Komposits zu reduzieren (Polymerisationsvektoren mit Pfeilen dargestellt) (c). Das postoperative Röntgenbild zeigt, daß vorgeformte Inserts nicht in allen Fällen in der Lage sind, die approximale Kavität exakt auszufüllen (d). Bei einer derartigen „Hybridrestauration" ergeben sich Einbußen bei der Anatomie der Restauration und der Ästhetik zugunsten von Randschluß und Dichtigkeit (e).

Abb. 6-14 a

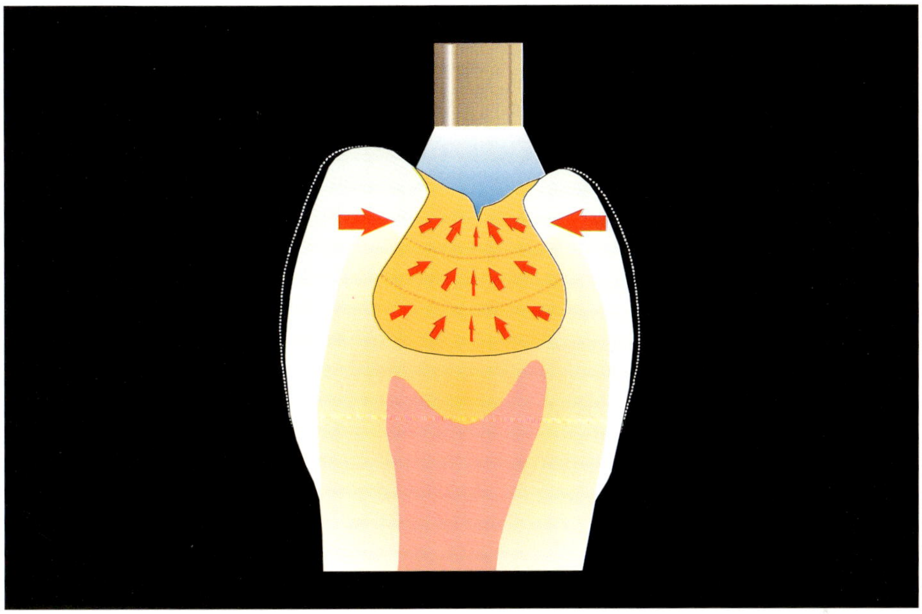

Abb. 6-14 b

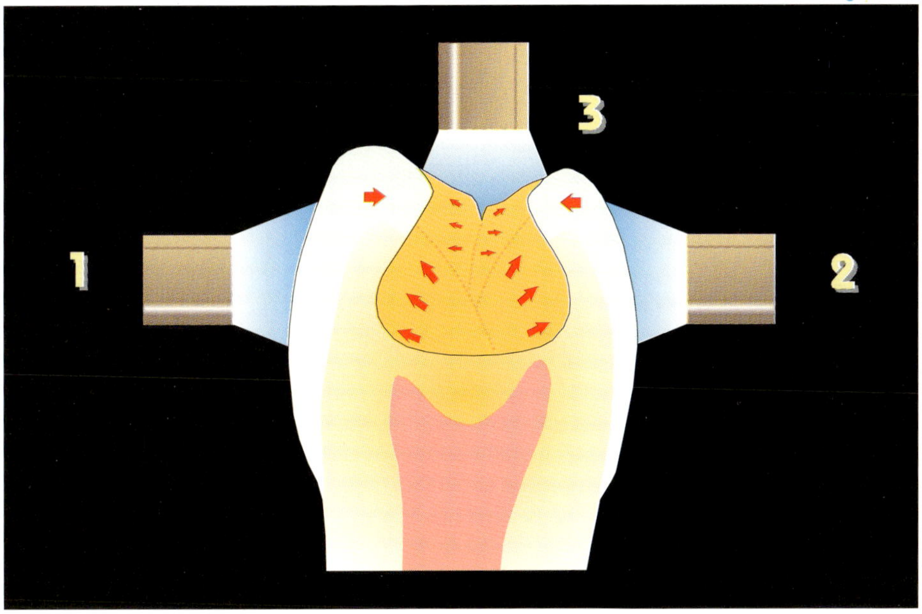

Abb. 6-14 Für mittelgroße Klasse-I-Kavitäten ist die Anwendung der horizontalen Schichttechnik aufgrund der Spannungen, die zwischen sich gegenüberliegenden Wände bestehen, nicht ideal (a). In einer solchen Situation wird die Randqualität durch die Anwendung der schrägen Inkrementtechnik verbessert (b) (Polymerisationsvektoren sind mit Pfeilen dargestellt).

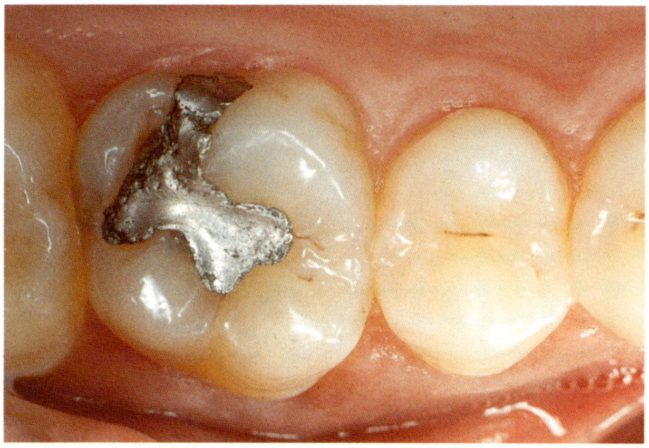

Abb. 6-15 a

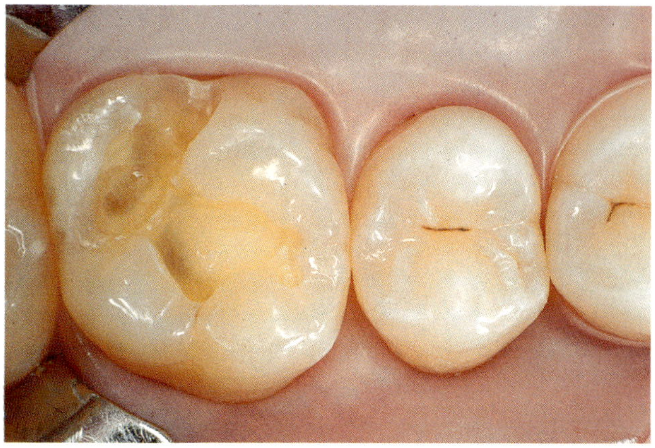

Abb. 6-15 b

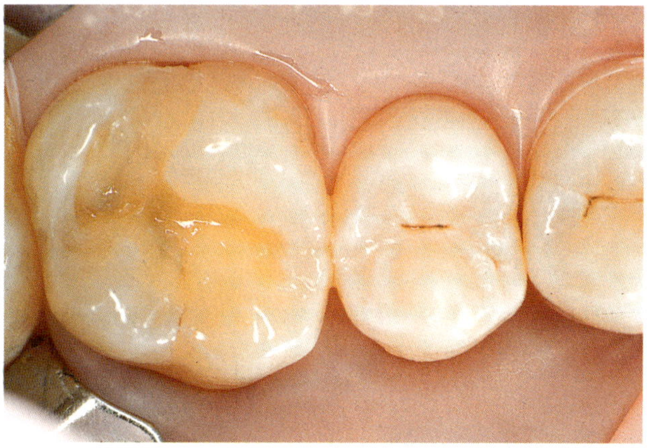

Abb. 6-15 c

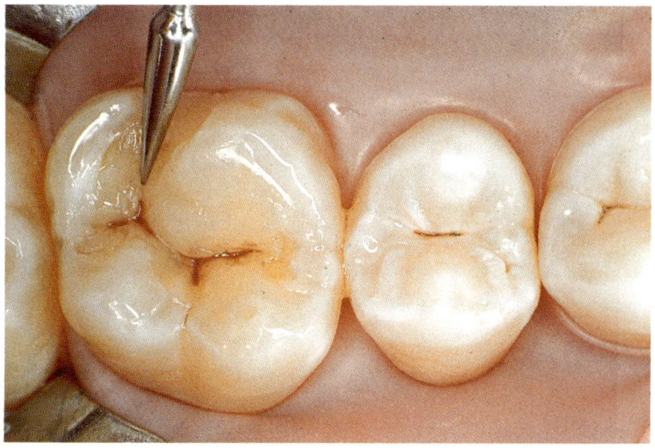

Abb. 6-15 d

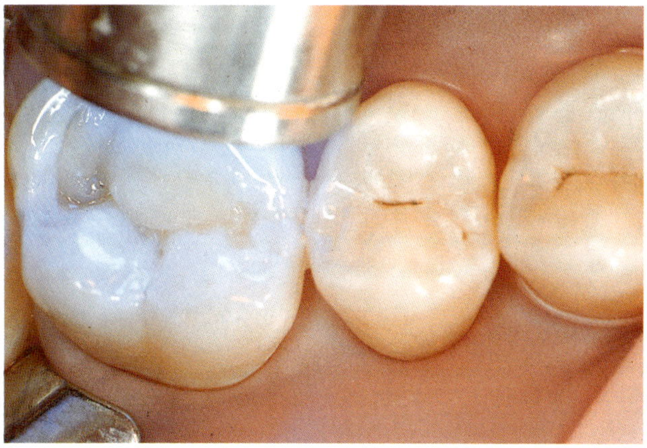

Abb. 6-15 e

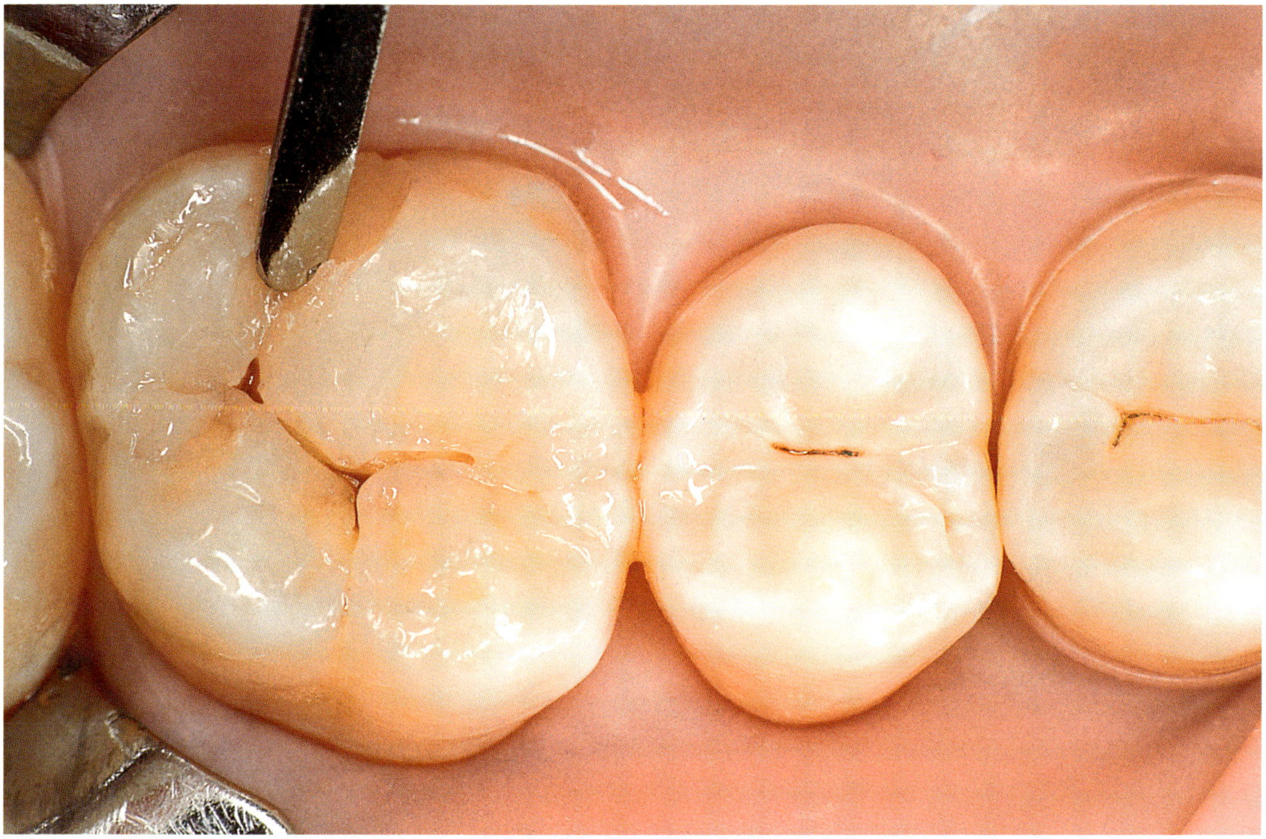

Abb. 6-15 f

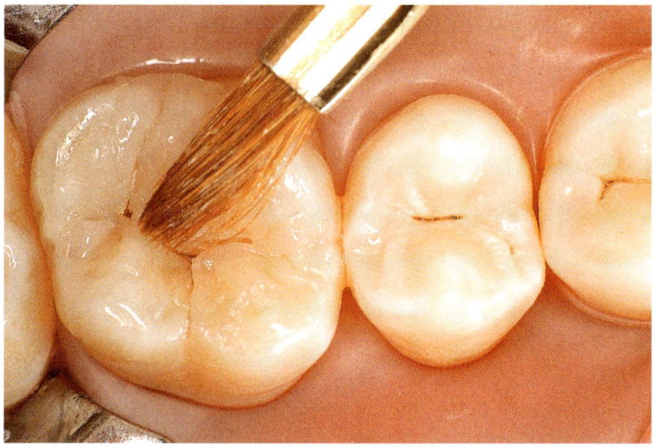

Abb. 6-15 g

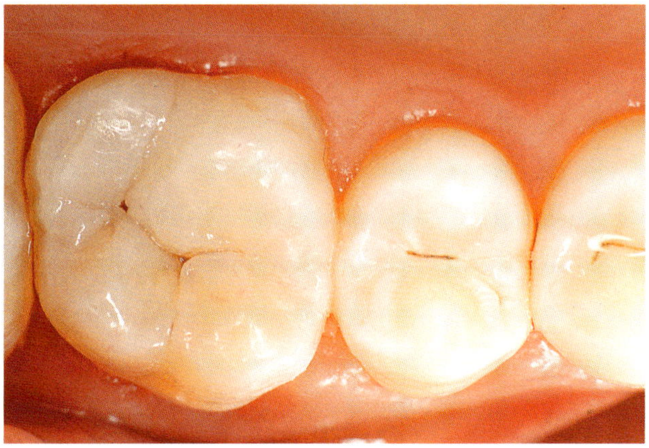

Abb. 6-15 h

Abb. 6-15 Klinische Ansicht einer zu ersetzenden okklusalen Amalgamfüllung (a). Die bukko-linguale Extension der Kavität spielt bei den restaurativen Überlegungen eine wichtige Rolle (b). Die Kompositinkremente wurden in schrägen Schichten eingebracht und durch die Kavitätenwände lichtgehärtet (c–d). Ein eingefärbtes flüssiges Komposit (e) und geringe Mengen des Restaurationsmaterials wurden nacheinander eingebracht, um die okklusale Morphologie mit Hilfe von Spateln (f) und Bürsten (g) zu rekonstruieren. Ansicht der fertiggestellten Restauration (h).

Abb. 6-16 Dieser Ausschnitt zeigt die anatomische Schichtung bei der Anwendung der direkten Technik, um optimale Ästhetik und Funktion zu erzielen. Dieses Konzept basiert auf dem sukzessivem Einbringen unterschiedlicher Kompositschichten: Dentin, Schmelz und transluzente Massen.

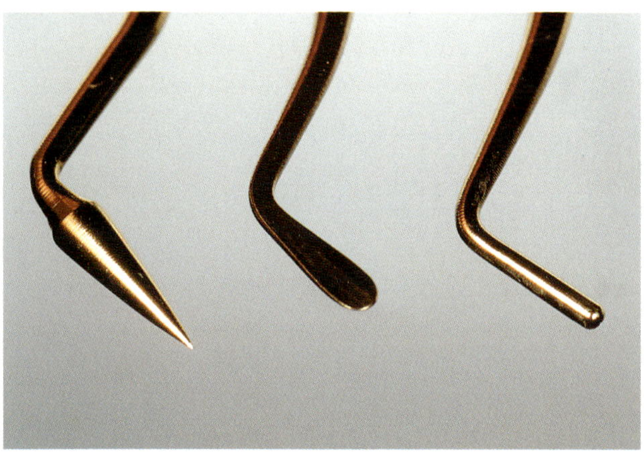

Abb. 6-17 Ein Aspekt von fundamentaler Bedeutung ist die Anwendung der geeigneten Instrumente. Zur Herstellung befriedigender Kompositrestaurationen besteht ein einfacher Instrumentensatz aus einem Spatel, einem rundgeformten Kondensationsinstrument und einer Spitze.

- Nach okklusal hin kann im Falle frakturgefährdeter Wände das Komposit in schrägen Schichten eingebracht und durch die Höcker polymerisiert werden (Weaver et al., 1988) (Abb. 6-14 und 6-15). Diese Maßnahme reduziert die zwischen den sich gegenüberliegenden Wänden auftretenden Kontraktionskräfte, die für die Qualität der Restauration äußerst nachteilig sein können (Spannungsaufbau, Randspaltbildung, Rißbildungen der Höcker).

Bei der Durchführung direkter Restaurationen kann eine bessere Ästhetik durch eine entsprechende Schichtung des verwendeten Komposits erzielt werden (von opaken und warmen Farbtönen am Boden zu transluzenteren und helleren Farbtönen in den oberen Bereichen) sowie durch die Verwendung starker Farbtöne entweder an der Restaurationsoberfläche oder vorzugsweise unter der letzten Kompositschicht (Abb. 6-16). Eine funktionelle Anatomie kann mit speziellen Modellationsinstrumenten erreicht werden (Abb. 6-17). Dieser letzte Schliff vereinfacht die Herstellung einer korrekten Okklusion und spart wertvolle Behandlungszeit.

Literatur

Bitchacho N. The centripetal build-up for composite resin posterior restorations. Pract Perio Aesthetic Dent 1994;6:17–23.

Bott B, Hannig M. Optimierung plastischer Kompositfüllungen durch Keramikinserts. Deutsch Zahnartzl Z 1994;49:917–920.

Bowen RL, Setz LE. Posterior composite restorations with novel structure. J Dent Res 1986;65:797 (Abstract No 642).

Donly KJ, Wild TW, Bowen RL, Jansen ME. An in vitro investigation of the effects of glass inserts on the effective composite resin polymerization shrinkage. J Dent Res 1989;68:1234–1237.

Ericson D, Dérand T. Reduction of cervical gaps in class II composite resin restorations. J Prosthet Dent 1991;65:33–37.

Jorgensen K, Hisamitsu H. Class 2 composite restorations: prevention in vitro of contraction gaps. J Dent Res 1984;63:141–145.

Kays, BT, Sneed WD, Nuckles DB. Microhardness of class II composite resin restorations with different matrices and light positions. J Prosthet Dent 1991; 65:487–490.

Lutz F, Kull M. The development of a posterior tooth composite system, in vitro investigation. Schweiz Mschr Zahnheilk 1980;90:455–483.

Lutz F, Krejci I, Oldenburg TR. Elimination of polymerization stresses at the margin of posterior composite resin restorations: a new restorative technique. Quintessence Int 1986;17:777–784.

Tjan AHL, Bergh BH, Lidner C. Effect of various incremental techniques on the marginal adaptation of class II composite resin restorations. J Prosthet Dent 1992;67:62–66.

Weaver WS, Blank LW, Pelleu GB. A visible-light-activated resin cured through tooth structure. Gen Dent 1988;36:236–237.

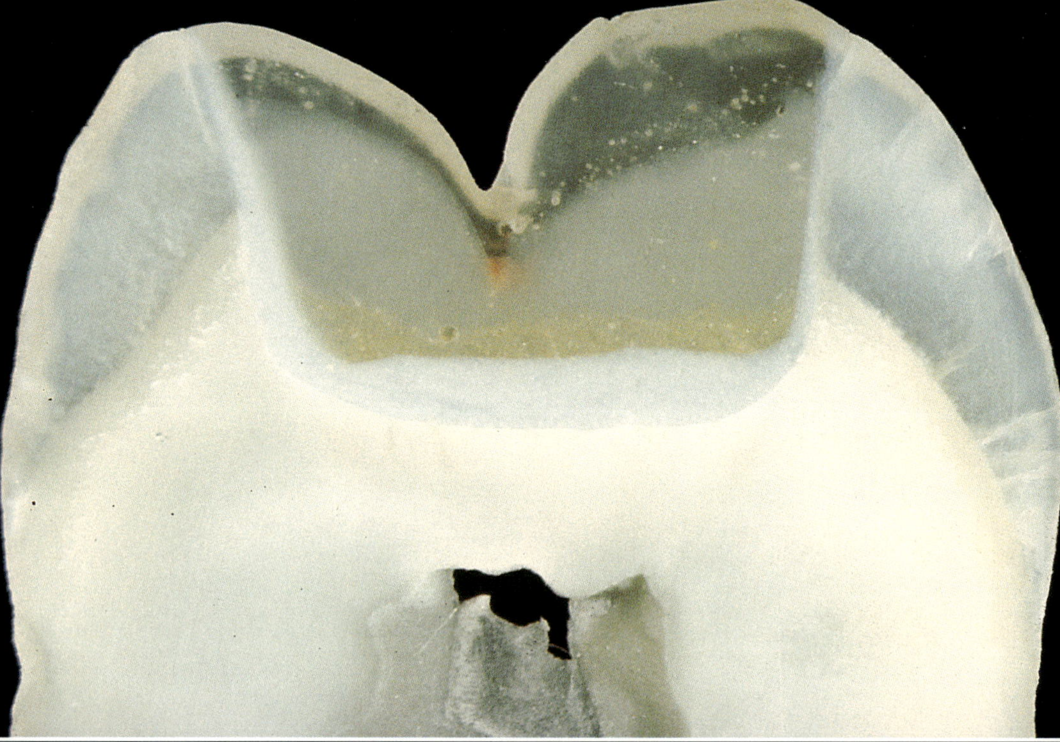

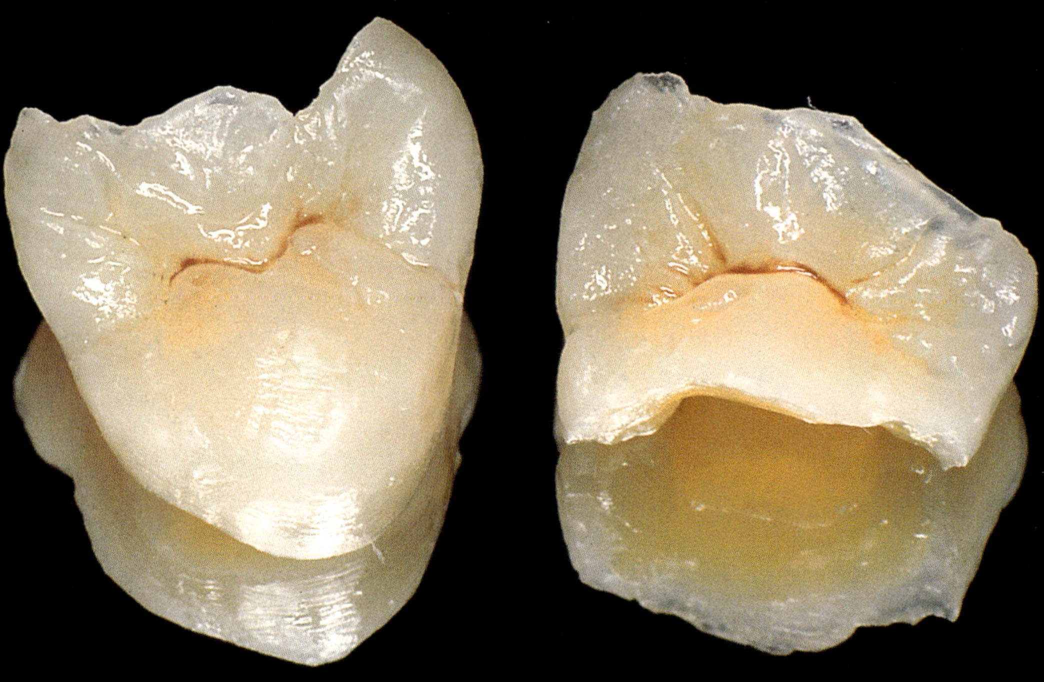

7 Semi-direkte Techniken

Ergibt sich aus den Dimensionen der Kavität bezüglich der Schmelz-Zement-Grenze eine Kontraindikation zur Anwendung der direkten Technik und sollen nur ein Zahn oder eine eng beschränkte Anzahl von Zähnen versorgt werden, ist die Anwendung semi-direkter Techniken indiziert (Abb. 7-1). Mit der Anwendung der semi-direkten Vorgehensweise ist es möglich, die Vorteile der Adhäsivtechnik ohne die Ko-

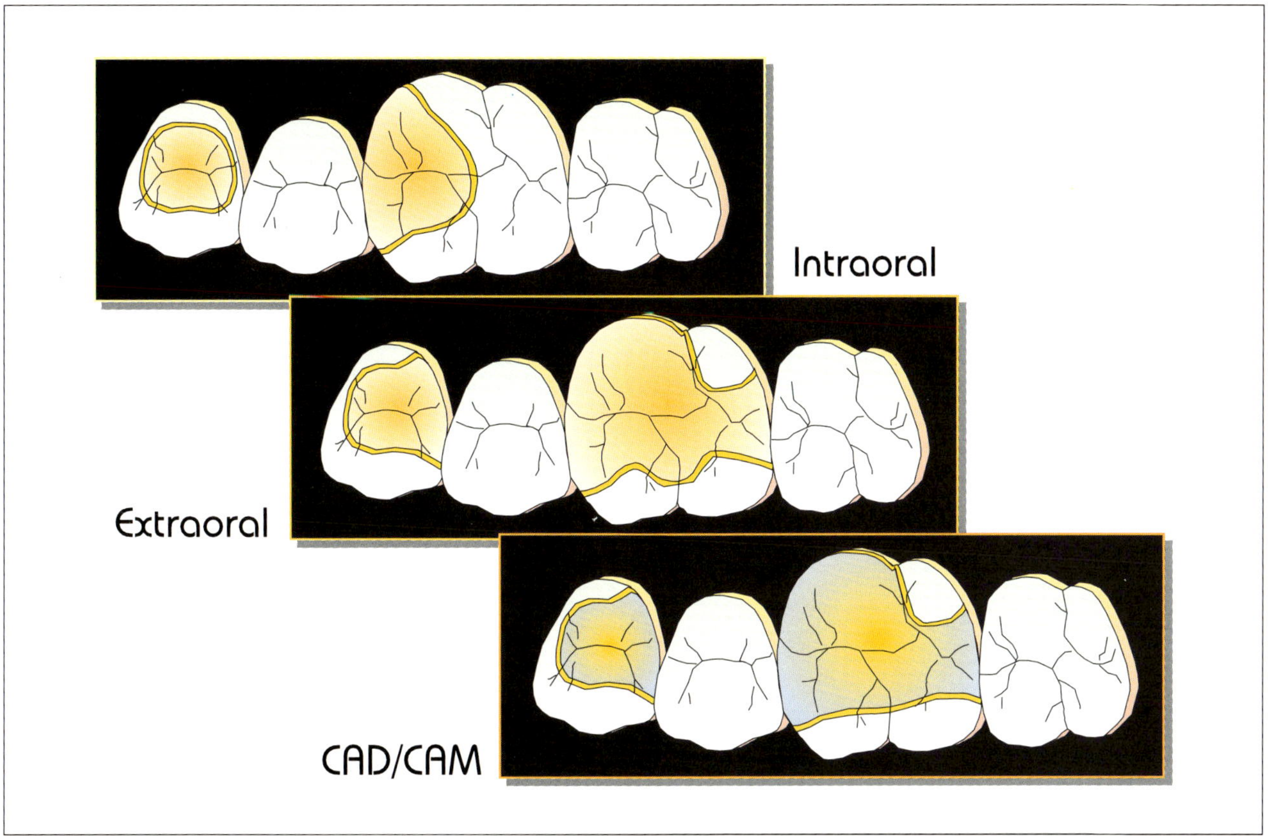

Abb. 7-1 Grundsätzliche Indikationen zur Anwendung der semi-direkten Techniken. Diese Techniken werden für die Versorgung großer kariöser Defekte und für den Austausch von Restaurationen empfohlen, falls nur eine begrenzte Anzahl von Zähnen betroffen ist. Man beachte, daß die Indikation für intraorale Kompositrestaurationen auf einen sehr guten Zugang und vorzugsweise einflächige und zweiflächige Kavitäten beschränkt ist.

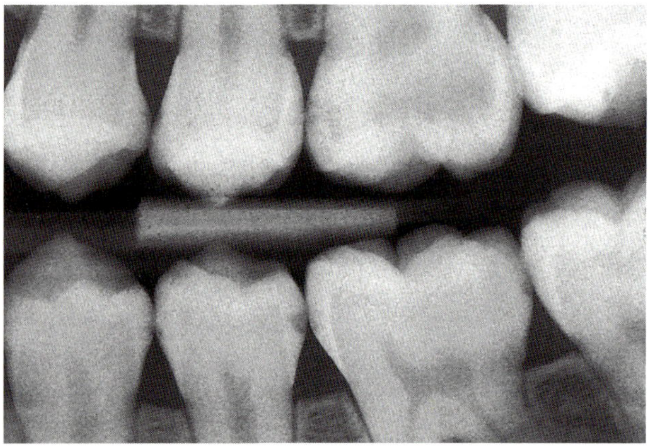

Abb. 7-2 a

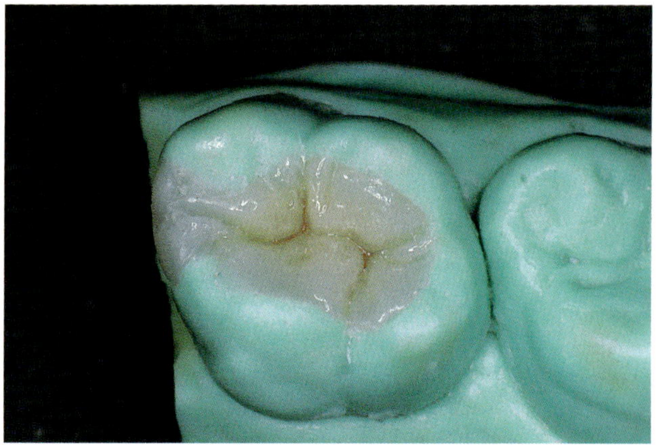

Abb. 7-2 b

Abb. 7-2 c

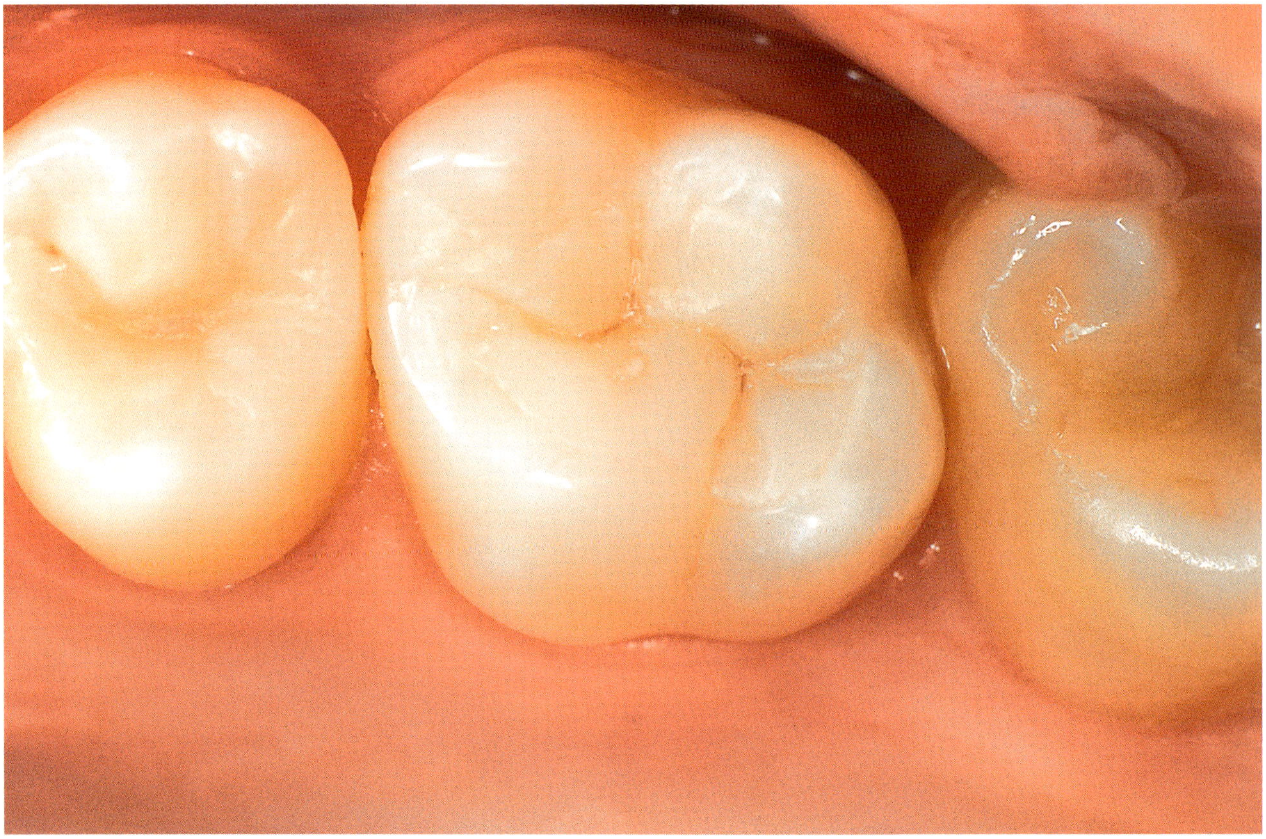

Abb. 7-2 Präoperatives Röntgenbild mit multiplen kariösen Läsionen im Seitenzahngebiet bei einem jungen Patienten (a). Für die Versorgung solch tief zerstörter erster Molaren war nur unter Anwendung der adhäsiven Vorgehensweise eine konservierende Versorgung der Zähne möglich. Auf Grund der Läsionsausdehnung wurde an dem oberen Molaren eine semi-direkte Technik angewandt (b–c).

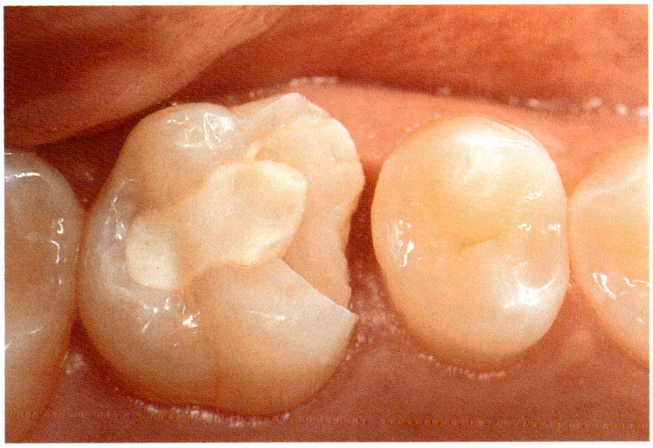

Abb. 7-3 a

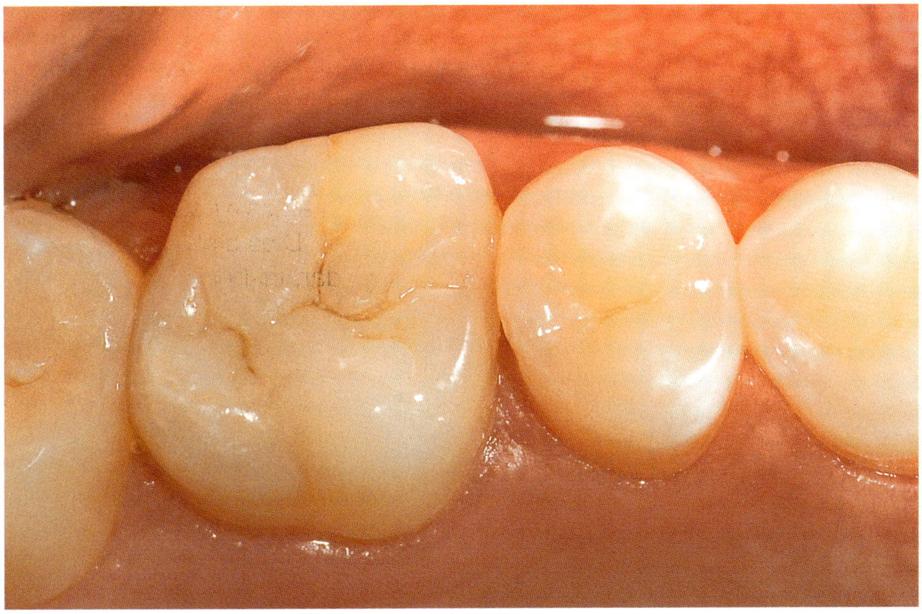

Abb. 7-3 b

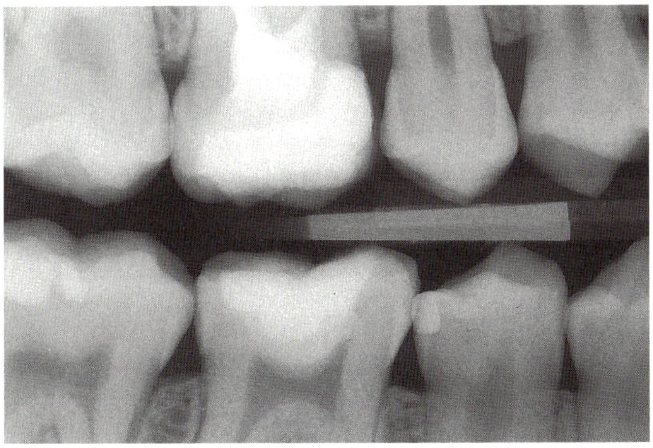

Abb. 7-3 c

Abb. 7-3 Wenn ein einzelner Zahn bei einem jungen Patienten eine derart große Zerstörung mit reduzierter koronaler Höhe aufweist, stellen semi-direkte Restaurationen eine zahnhartsubstanzschonende und ökonomische therapeutische Alternative auch für pulpalose Zähne dar (a–b). Wie die Ein-Jahres-Röntgen-Kontrolle zeigt, kann eine adhäsiv eingesetzte Restauration aufgrund des Volumens und der approximalen Tiefe der Kavität hier zur Versorgung geeigneter erscheinen (c).

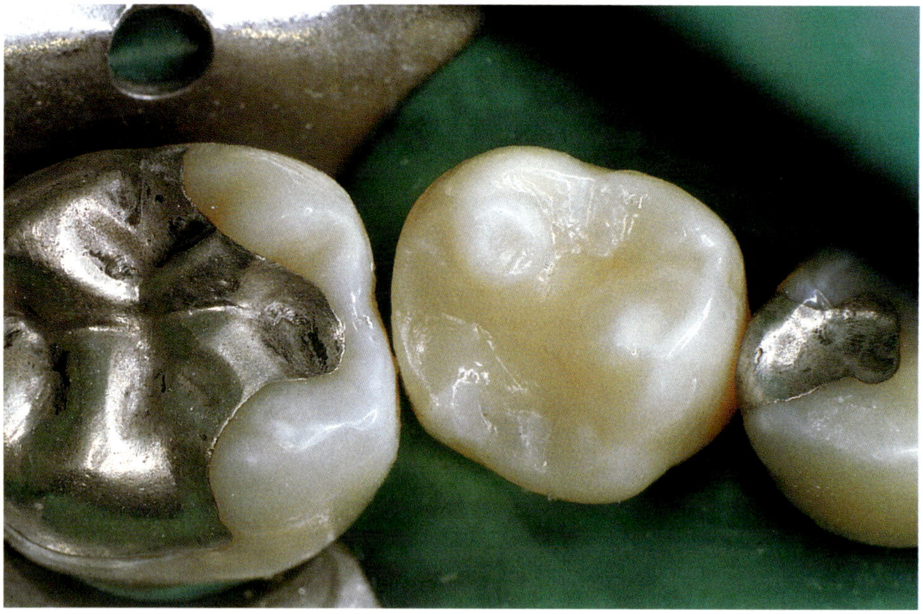

Abb. 7-4 Das Fehlen des disto-approximalen Kontaktes wird ersichtlich nach der Fertigstellung der Kompositrestauration an diesem zweiten Prämolaren. Dies stellt ein in Verbindung mit der Anwendung direkter Techniken häufig gefundenes Problem dar, insbesondere dann, wenn transparente Kunststoffmatrizen benutzt wurden.

sten indirekter laborgefertigter Inlays oder Onlays zu nützen. Dieses Konzept ist besonders interessant für jüngere Patienten mit nur wenigen stark geschädigten Zähnen, für deren Versorgung eine prothetische Lösung bei angemessenen Kosten für einen gewissen Zeitraum vermieden werden kann (Abb. 7-2 und 7-3).

Es soll nochmals betont werden, daß die Polymerisationsschrumpfung bei der Anwendung direkter Techniken niemals vollständig kontrolliert werden kann und daß Randschluß und Dichtigkeit deshalb bei gegebener Indikation (siehe oben) nicht die Qualität adhäsiv eingesetzter Restaurationen erreichen. Dieser Sachverhalt ist zutreffend für die momentan verfügbaren adhäsiven Materialien und zumindest solange, wie noch keine schrumpfungsfreien Materialien verfügbar sind. Darüber hinaus stellen direkte restaurative Methoden sehr hohe Anforderungen an die klinische Verarbeitung. Wie bereits erwähnt, ist besonders die Herstellung adäquater approximaler Konturen und Kontakte bei Kavitäten der Klasse II bei Anwendung der direkten Technik erschwert (Abb. 7-4).

Diese Überlegungen führten zur Entwicklung der semi-direkten Techniken (Mörmann et al., 1983; Blankenau et al., 1984; Mörmann et al., 1989), um die Qualität großer Klasse-I- und II-Restaurationen zu verbessern. Diese Art restaurativer Techniken beinhaltet nur solche Techniken, die in einer einzigen Sitzung mit der Durchführung intra-und extraoraler Schritte anwendbar sind.

Die dabei entstandene Komposit- oder Keramikrestauration kann ausschließlich mit der Adhäsivtechnik eingesetzt werden.

In Abhängigkeit von der klinischen Situation bieten einige der semi-direkten Techniken die Lösung der Wahl. Besteht ein ausreichender Zugang zur Kavität, können große Klasse-I- und zweiflächige Kavitäten der Klasse II mit intraoralen Kompositinlays restauriert werden. Für große Klasse-I- und Klasse-II-Kavitäten (ohne Berücksichtigung ihrer Umrißform) mit eingeschränkter Zugänglichkeit sind extraoale Kompositinlays indiziert (Abb. 7-1). CAD CAM-Keramikinlays oder Onlays können immer hergestellt werden, wenn die Videokamera korrekt positioniert und der Kofferdam angewendet werden kann, um so alle Kavitätenränder deutlich sichtbar zu machen.

Intraorale Kompositinlays (Direct Inlay System, Coltene; Chairside Inlay System, Kulzer) (Abb. 7-5)

Die Herstellung des Inlays erfolgt durch das Einbringen von einem oder von zwei Kompositinkrementen in die isolierte und absolut trockengelegte Kavität. Nach der intraoralen Polymerisation kann das Inlay aus einer korrekt präparierten Kavität ohne Unterschnitte entfernt werden (siehe Kapitel 5). In diesem Zusammenhang kann sich bei MOD- oder komplexen Kavitäten das Problem ergeben, daß das Inlay durch die Polymerisationsschrumpfung in dem präparierten Zahn fixiert wird (deshalb ist in solchen Fällen die Anwendung einer anderen semi-direkten Technik indiziert) (Abb. 7-6). Ein anderer wichtiger Grundsatz für intraorale Inlays ist der Einsatz von Feinkorndiamanten für die abschließende Präparation. Die Mikroretentionen, die durch den Einsatz grober Schleifkörper entstehen, können für die Fixierung des Inlays in der Kavität ausreichend sein (Abb. 7-7). Ein besonders wichtiger Schritt ist die Isolierung des Zahnes. Zu diesem Zweck sind spezielle Isolierungsgele entwickelt worden, die mit den spezifischen Materialsätzen zur Herstellung intraoraler Kompositinlays mitgeliefert werden. Ein Glyzeringel, wie z. B. Air-block (De Trey-Dentsply), kann während der abschließenden Maßnahmen ebenfalls zum Einsatz kommen (siehe Kapitel 11).

Nach der Entfernung der Restauration aus der Kavität können notwendige Korrekturen, wie das Verbesserung eines Approximalkontakts, okklusale und morphologische Konturierungen, durchgeführt werden.

Die Technik des intraoralen Kompositinlays ist eine sehr attraktive Technik, zweifellos die effektivste Methode zur Herstellung einer adhäsiv eingesetzen Restauration und darüber hinaus von optimaler Paßgenauigkeit (Peutzfeldt und Asmussen, 1990). Zur Vermeidung größerer Schwierigkeiten bei der praktischen Durchführung sollten die folgenden Grundsätze stets genauestens eingehalten werden:

- Indikationsstellung nur bei ein- oder zweiflächige Restaurationen
- ausreichende Konizität der Präparation
- Vermeidung größerer Unebenheiten der Präparation
- Vermeidung rauher Kavitätenwände
- Gebrauch eines geeigneten Isolierungsmittels

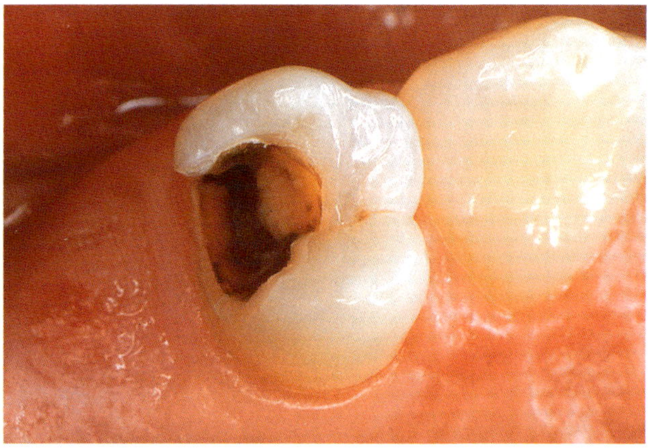

Abb. 7-5 a

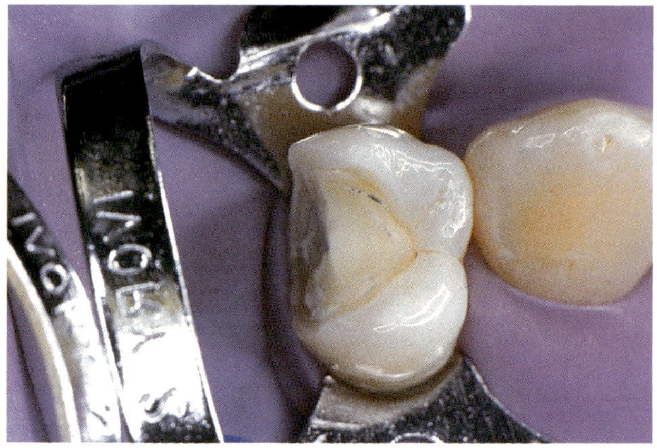

Abb. 7-5 b

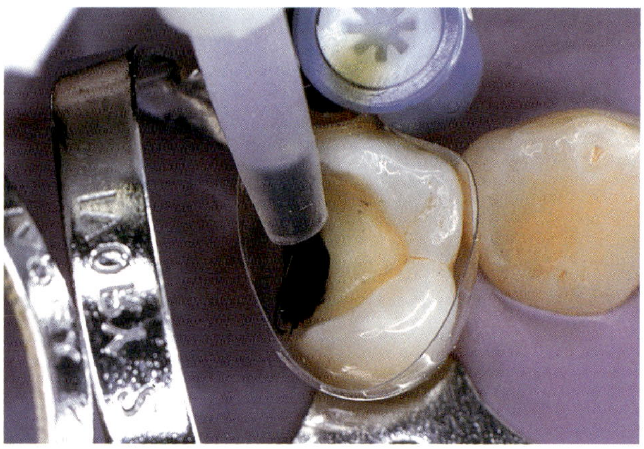

Abb. 7-5 c

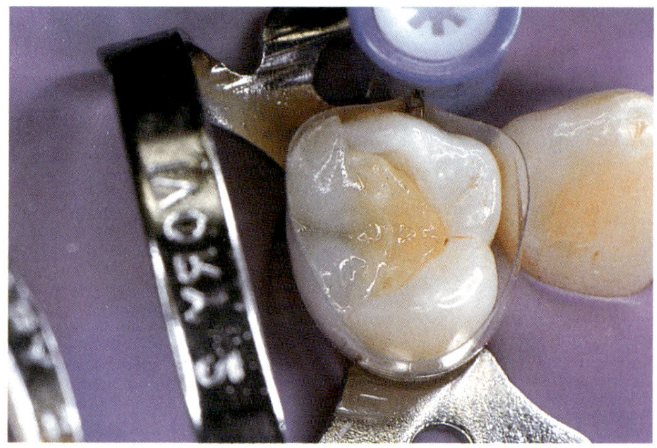

Abb. 7-5 d

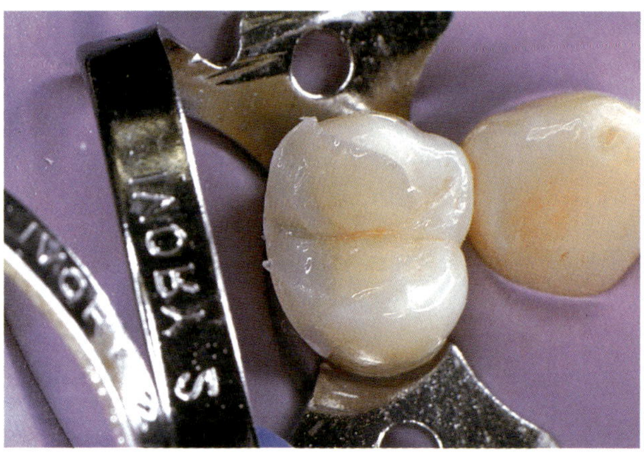

Abb. 7-5 e

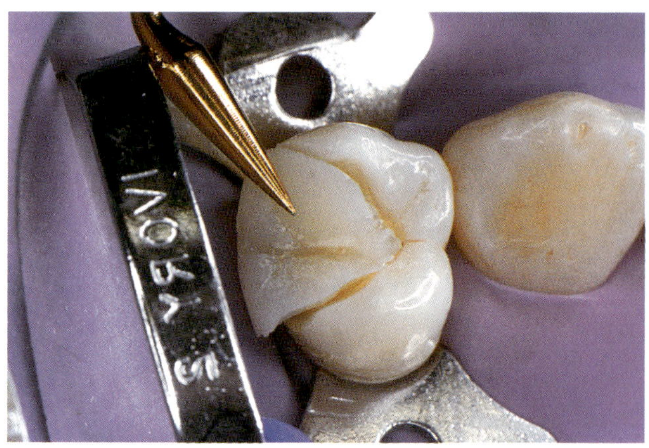

Abb. 7-5 f

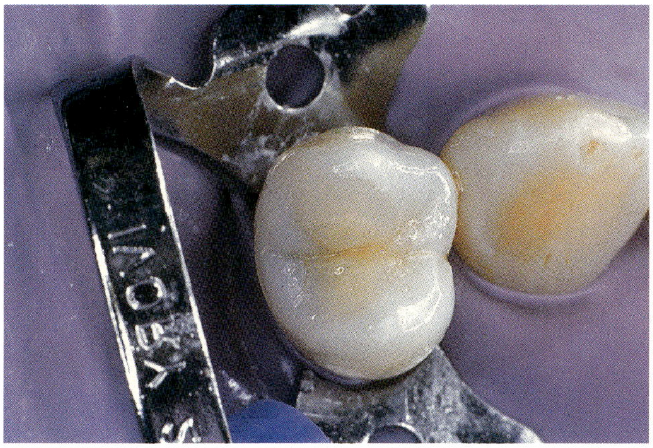

Abb. 7-5 g

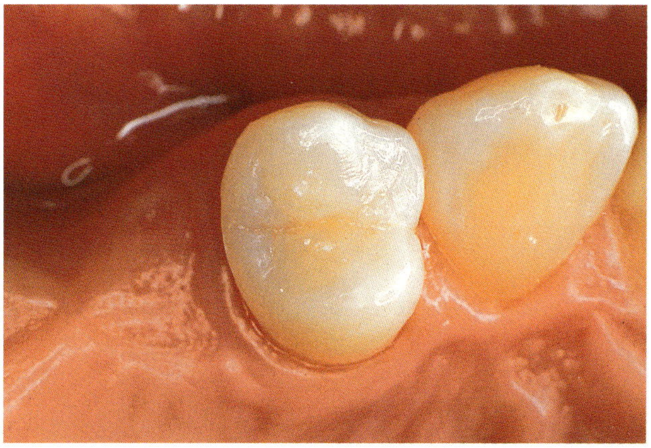

Abb. 7-5 h

Abb. 7-5 Die klinische Ausgangssituation zeigt einen tiefzerstörten oberen ersten Prämolaren (a). Die präparierte Kavität wies einige Unterschnitte auf, was mit der Anwendung der intraoralen semi-direkten Technik unvereinbar ist; um der Kavität die entsprechende Geometrie zu geben, wurde deshalb eine Unterfüllung aus Glasionomerzement eingebracht (b). Der präparierte Zahn wird im folgenden absolut trockengelegt (Kofferdam) und isoliert (c). Die Restauration wird unter Verwendung verschiedener Kompositmassen wie Dentin, Schmelz und transluzenten Schattierungen hergestellt (d). Das letzte Inkrement muß vor der Polymerisation nach morphologischen Kriterien geformt werden (e). Dann wird das Inlay aus der Kavität gelöst (f). Nach der Nachvergütung wird das Inlay adhäsiv eingesetzt (g). Fertiggestelltes Inlay (h).

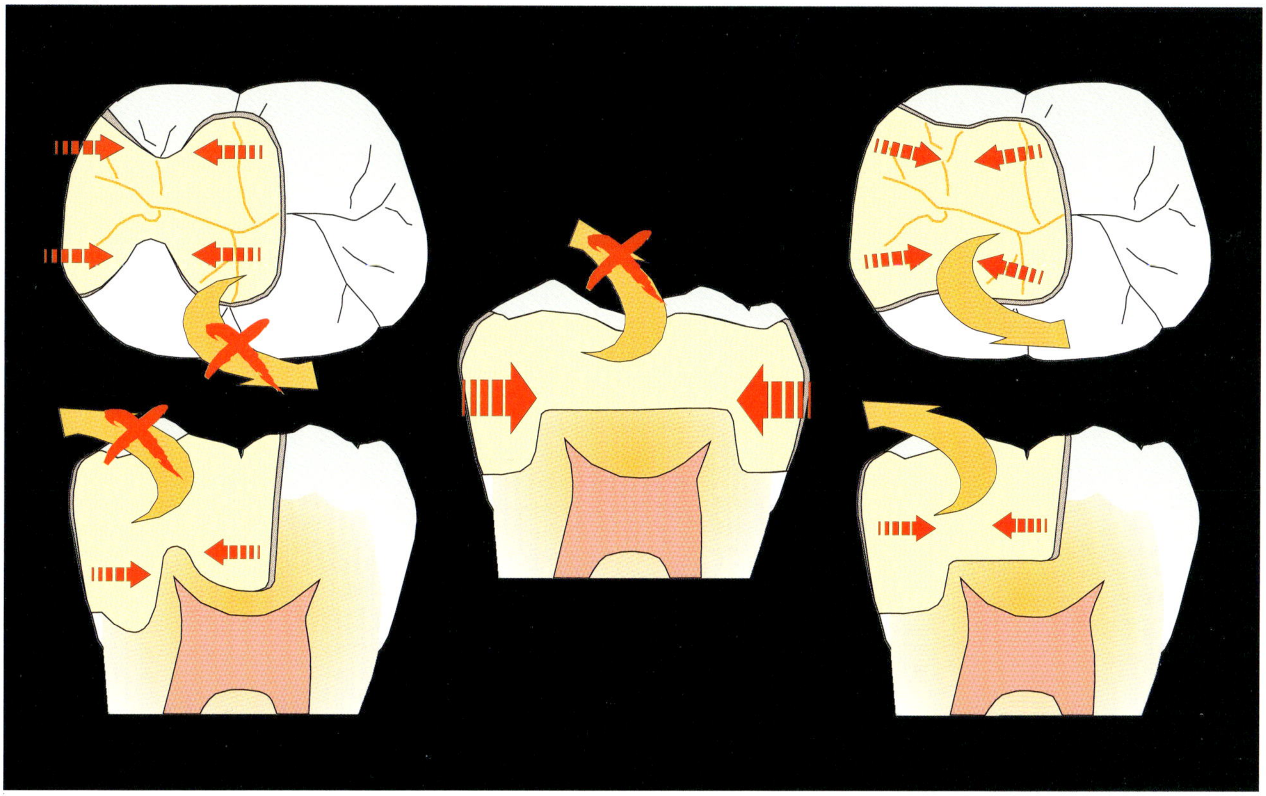

Abb. 7-6 Grundsätzliche Kavitätenform für intraorale semi-direkte Restaurationen. Um das Fixieren der Restauration durch das Drücken des polymerisierten Komposits gegen protrusive oder sich gegenüberliegende Wände zu vermeiden, sind Unterschnitte bei der Präparation der Kavitäten zu vermeiden.

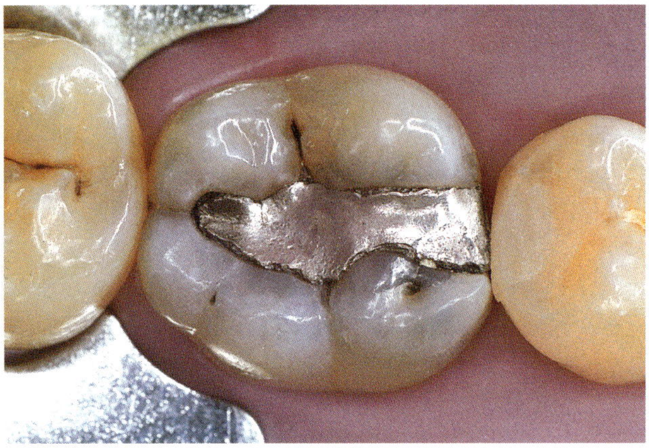

Abb. 7-7 a

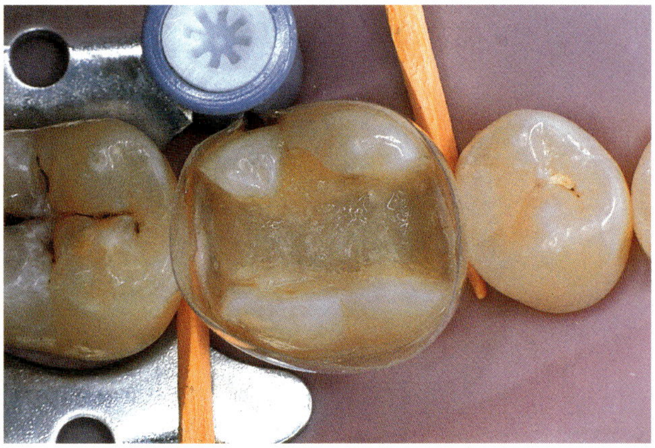

Abb. 7-7 b

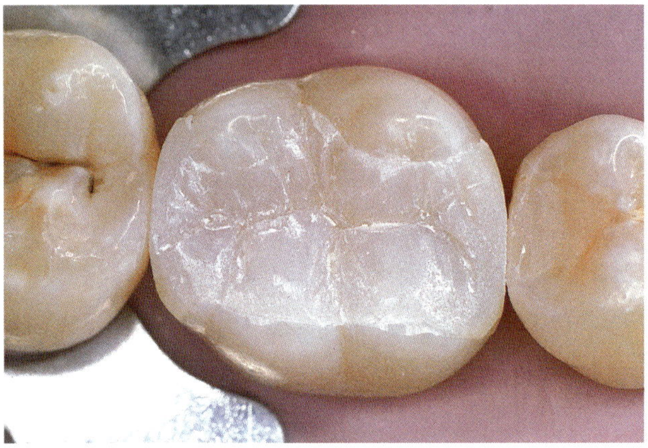

Abb. 7-7 c

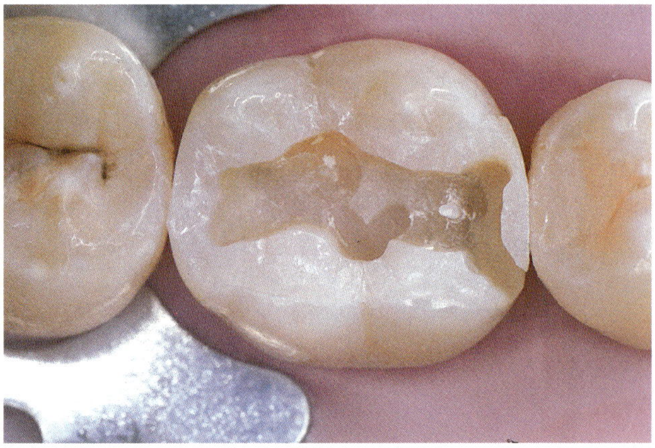

Abb. 7-7 d

Abb. 7-7 Anfangsaufnahme eines zur Restauration vorgesehenen, kariösen ersten Molaren (a). Aufgrund der Ausdehnung der Präparation wird eine semi-direkte intraorale Technik ausgewählt. Die Kavität wird mit einem spezifischen Medium isoliert (Separator, Coltene) und mit einer Matrize versehen (b). Danach erfolgt die Füllung der Kavität mit einem Komposit, dessen Oberfläche nach anatomischen Gesichtpunkten gestaltet wird (c). Da sich die Restauration nicht mehr aus der Kavität entfernen läßt, muß sie mit rotierenden Instrumenten entfernt werden (d). In einer derartigen Situation muß eine andere restaurative Vorgehensweise angewandt werden.

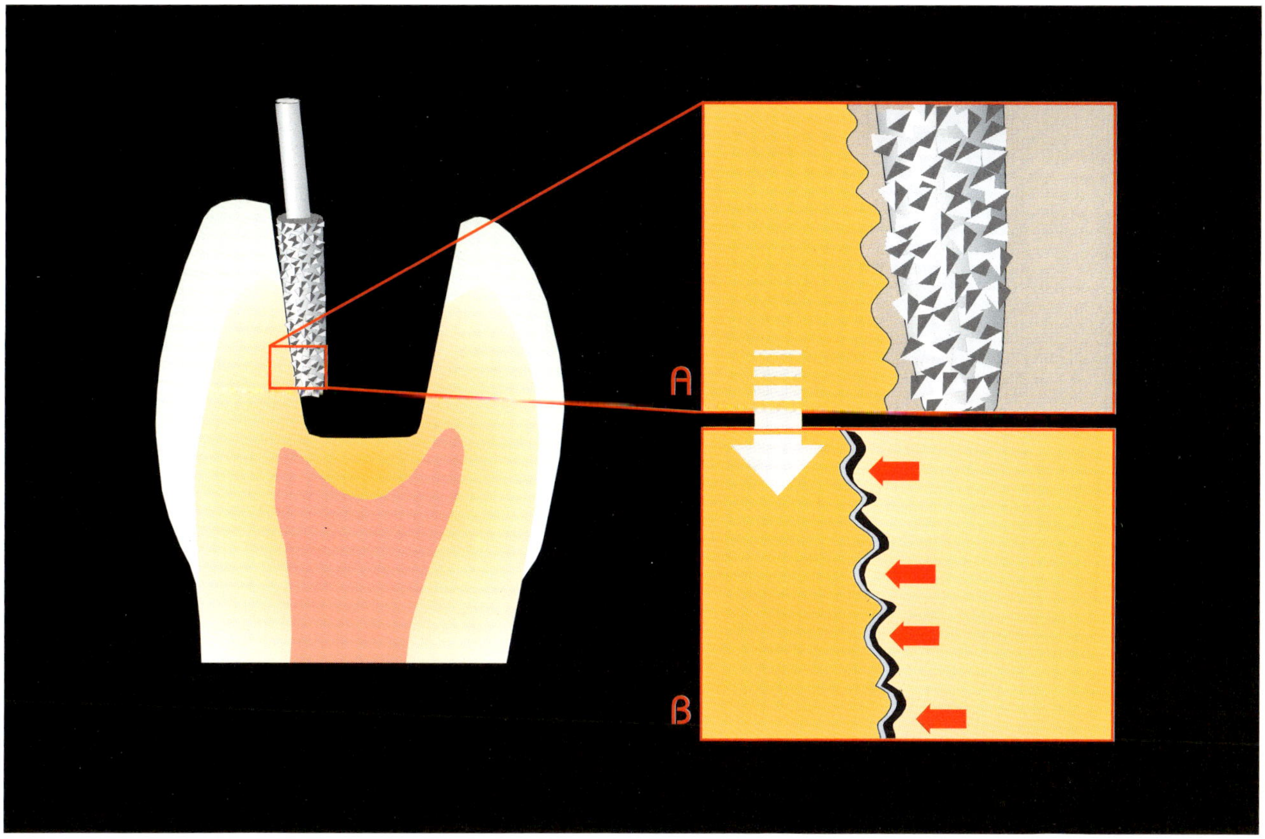

Abb. 7-8 Besondere Aufmerksamkeit muß den abschließenden Maßnahmen der Präparation gewidmet werden. Durch grobe Schleifkörper (a) entstandene Mikroretentionen können die Entnahme des intraoral hergestellten Inlays trotz Verwendung eines Isolierungsmediums verhindern (b).

Extraorale Kompositinlays/Onlays
(Abb. 7-8)

Die an dieser Technik interessante Besonderheit ist die extraorale Herstellung des Inlays oder Onlays auf einem Modell, ohne daß vorbereitende Maßnahmen erforderlich sind. Weil die Materialien für eine längere Lagerung ungeeignet waren und aufgrund des geringen kommerziellen Erfolges wurden die Materialsätze zur Herstellung extraoraler Kompositinlays wieder vom Markt genommen (EOS, Vivadent, Inlay System, De Trey-Dentsply). Diese Technik bietet jedoch auch zum gegebenen Zeitpunkt interessante Aspekte und kann mit anderen verfügbaren Materialien durchgeführt werden.

Da die meisten der Silikonmaterialien zur Herstellung von Modellen additionsvernetzende Materialien sind (z. B. Blue Mousse, Parkell; Stat-BR, Kerr), kann die Verwendung eines einfachen Alginates oder idealerweise eines kondensationsvernetzenden Silikons empfohlen werden (z. B. Xantopren, Bayer) (Abb. 7-9). Die hauptsächlichen Eigenschaften eines Materials zur Herstellung von Modellen sind eine schnelle Abbindereaktion und hohe Wiedergabetreue. Ein einfaches und rasches Entfernen des Stumpfes/der Stümpfe muß jedoch möglich sein. Durch die Verwen-

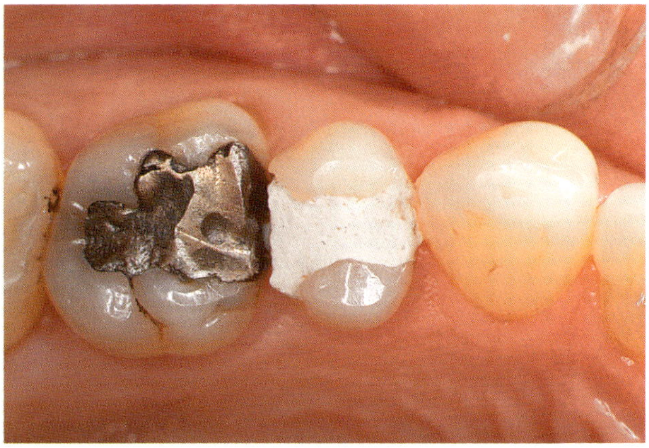

Abb. 7-9 a

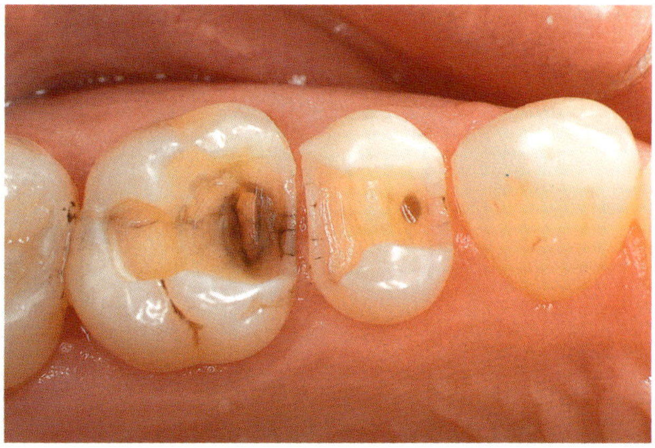

Abb. 7-9 b

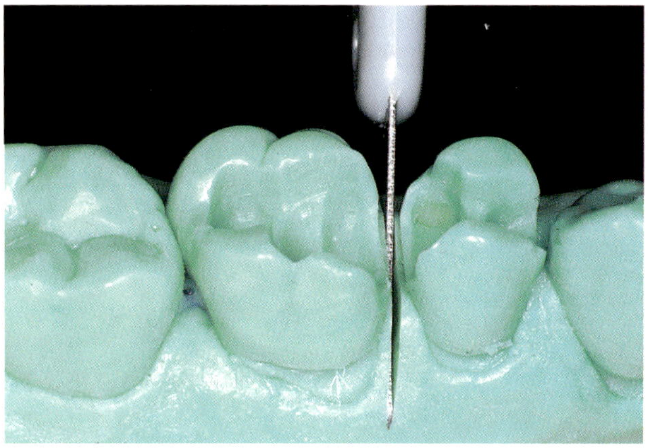

Abb. 7-9 c

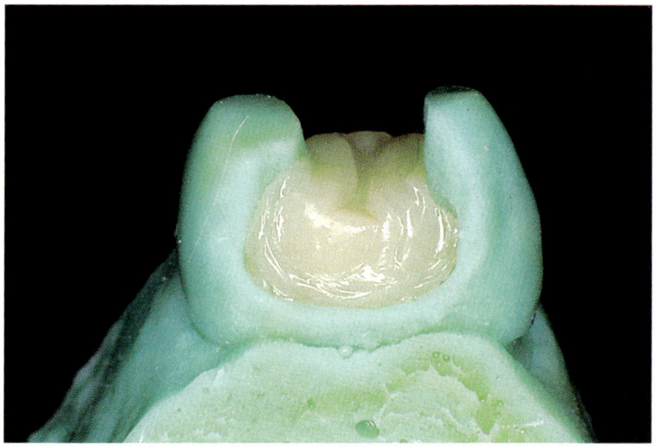

Abb. 7-9 d

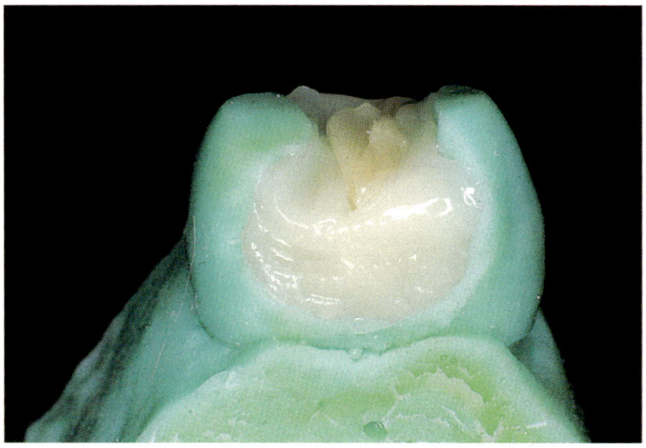

Abb. 7-9 e

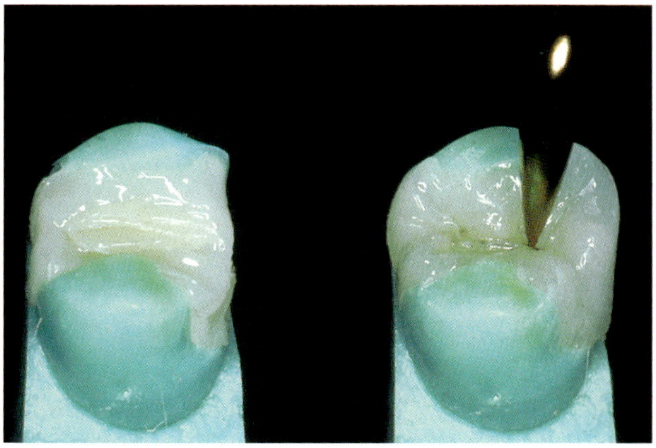

Abb. 7-9 f

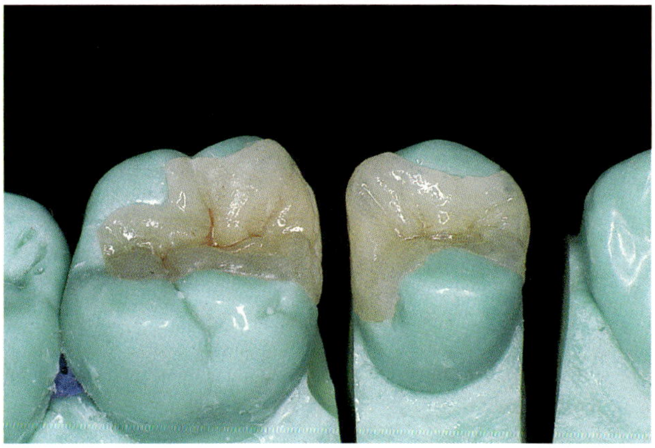

Abb. 7-9 g

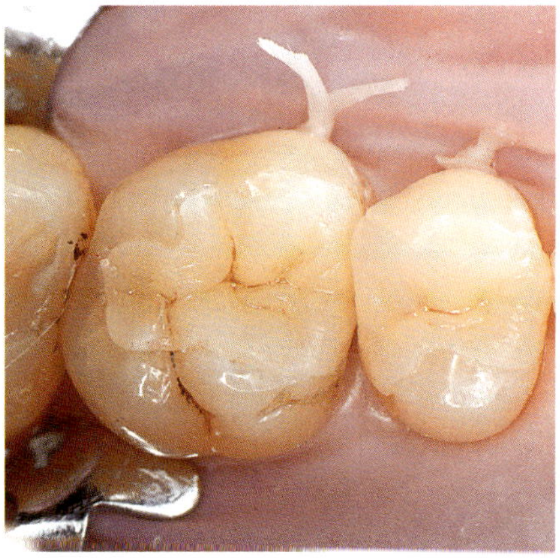

Abb. 7-9 h

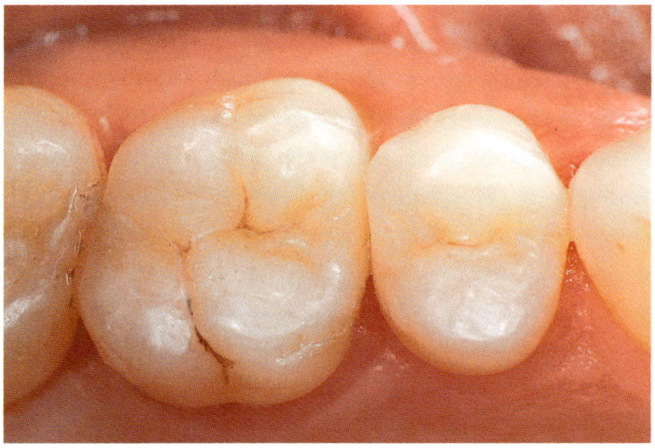

Abb. 7-9 i

Abb. 7-9 Präoperative Ansicht von zwei oberen Seitenzähnen, bei denen der Ersatz einer insuffizienten Amalgamfüllung und einer provisorische Füllung erforderlich sind (a). Die fertiggestellten Präparationen weisen einen von feinen Rissen durchzogenen zervikalen Schmelzrand auf sowie erhebliche Kavitätenbreite und -volumen, was die Anwendung der semi-direkten Methode nahelegt (b). Der zweite Schritt besteht in der Herstellung eines Arbeitsmodelles aus einem schnellabbindenden Silikonmaterial. Trennung des Modells (c). Das Inlay wird während der Sitzung aus drei aufeinderfolgenden Schichtungen von Komposit hergestellt. Eine erste Portion mit Dentinschattierung und Opazität wird auf den Stumpf aufgebracht (d). Danach werden die Schmelz- und Inzisalschichten aufgebracht, ausgeformt und mit intensiven Farbtönen der ästhetischen Situation angepaßt (e). Fertiggestellte Restaurationen auf dem Arbeitsmodell (f). Die Einprobe vor der Zementierung beweist die ausgezeichnete Paßgenauigkeit dieser Inlays (g). Farbgebung und Anatomie nach der Zementierung sind zufriedenstellend (i).

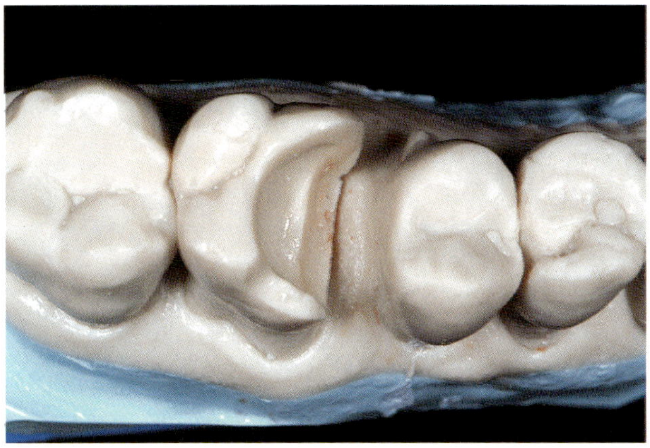

Abb. 7-10 a

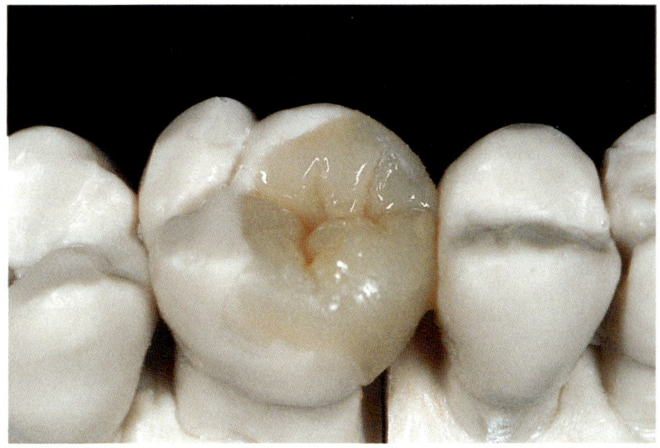

Abb. 7-10 b

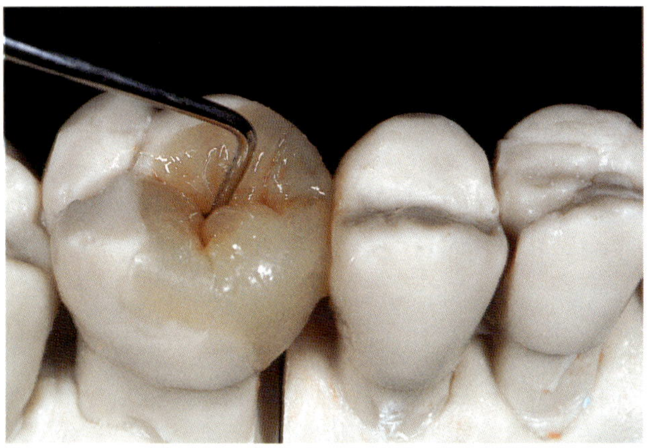

Abb. 7-10 c

Abb. 7-10 Für die Stumpfherstellung sind spezielle Silikonmaterialien erhältlich. Farbe, Viskosität und Abbindezeit wurden für diese Technik optimiert (Mach-2 und Super-fast Blu-Mousse, Parkell) (a). Fertiggestellte Konturierung der Restauration (b). Farbschichtung und ästhetische Bewertung sind mit diesem Material sehr erleichtert. Abschließende Gestaltung der Restaurationsoberfläche (c).

dung von Materialien unterschiedlicher chemischer Zusammensetzung kann das Risiko eines Verbundes von Modell und Abdruckmaterial vermieden werden. Bei der Verwendung moderner additionsvernetzender Silikone können Isolierungsmittel verwandt werden, deren Einsatz aber in Frage in zu stellen ist. Alginat bindet schnell ab und ist für diesen Zweck ausreichend genau. Sein Einsatz ist jedoch nur dann angezeigt, wenn keine Unterschnitte oder enge Approximalräume vorhanden sind, die ein Abreißen des Abdruckmaterials während der Entfernung aus der Mundhöhle bewirken können. Wenn auch nur ein Schritt des vollständigen Ablaufes unzureichend ausgeführt werden kann, sind Zeitverlust und Schwierigkeiten bei der Herstellung einer befriedigenden Restauration unvermeidbar.

Im Gegensatz zur intraoralen Technik können kleine interne Unterschnitte in der Präparation auf Grund der Elastizität des Silikonmodells toleriert werden. In jedem Fall kann das Inlay leicht von seinem Modell gelöst und nach der Durchführung der

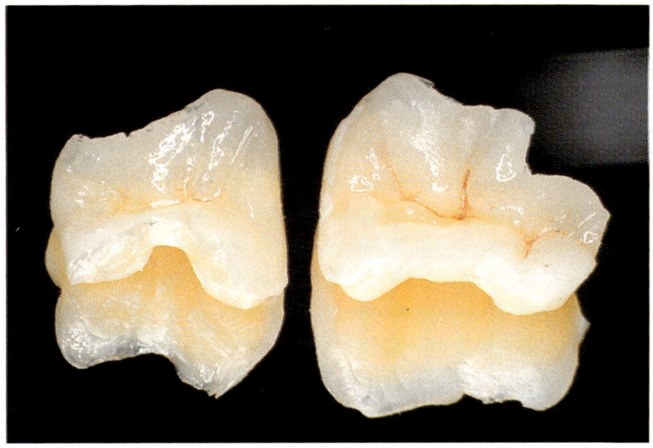

Abb. 7-11 Unter Verwendung ästhetischer Kompositsätze erlaubt die extraorale Technik die Herstellung ästhetisch sehr ansprechender Restaurationen auch innerhalb einer angemessenen Arbeitszeit.

entsprechenden Verbesserungen im Mund perfekt adaptiert werden (siehe Abb. 5-14, Kapitel 5).
Im Vergleich zu semi-direkten intraoralen Restaurationen weisen die extraoral hergestellten durch die erleichterte Durchführung der Schichttechniken generell eine bessere Ästhetik und Anatomie auf (Abb. 7-10). Okklusale Oberflächen müssen jedoch ohne Antagonistenreferenz hergestellt werden, und die dadurch notwendigen Maßnahmen zur Herstellung einer korrekten Okklusion können sich als sehr schwierig gestalten. Aus diesem Grund wird empfohlen, präoperativ bestehende, für die Herstellung der Restauration relevante Kriterien wie abradierte Oberflächen, Einziehungen oder Scheitelpunkte der Nachbarzähne zu berücksichtigen, um Volumen und Anatomie der anzufertigenden Restauration abzuschätzen.

CAD CAM-Restaurationen machen sehr spezifische Maßnahmen erforderlich, die in Kapitel 9 beschrieben werden.

Nachvergütung

Vor der Zementierung sollten die semi-direkten Kompositrestaurationen vorzugsweise einer photothermischen Behandlung (**Nachvergütung**) in einem speziellen Ofen unterzogen werden (z. B. D.I. 500, Coltene) (Abb. 7-11). Diese Maßnahme macht eine maximale Konversionsrate innerhalb weniger Minuten möglich, was die Dimensionsstabilität gewährleistet (Abb. 7-12). Dieser Effekt ist von größter Bedeutung, da von den lichthärtenden Kunststoffen bekannt ist, daß sich die Polymerisation spontan fortsetzt (Watts et al., 1987; Kandil et al., 1989; Peutzfeldt und Asmussen, 1990; Helvatjoglou-Antoniadi et al., 1991), was in der Folgezeit zu internen Spannungen und Spannungen in den Randbereichen führt.
In-vitro-Versuche zeigten, daß auch die Härte und die Abrasionsfestigkeit durch eine Nachvergütung erhöht werden kann (Baush et al., 1981; de Gee et al., 1990; Shinkai et al., 1994).
In vivo weisen die nachvergüteten Restaurationen Vorteile bezüglich der Randqualität und der Beständigkeit des restaurati-

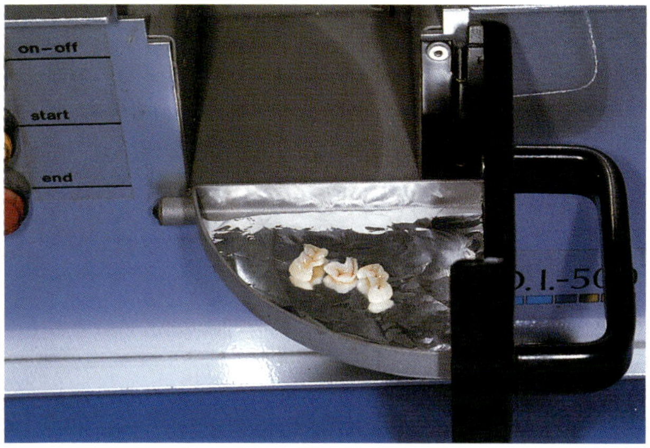

Abb. 7-12 Die fertiggestellte Restauration wird einer photothermischen Behandlung (Nachvergütung) unterzogen, um in wenigen Minuten die komplette Polymerisation des Kompositmaterials zu erreichen.

ven Materials auf (Wendt und Leinfelder, 1990 und 1993). Eine andere zur Nachvergütung vorgeschlagene einfache Methode war das fünfminütige Eintauchen der Restauration in kochendes Wasser, wobei hier die thermische Energie die einzige Energiequelle ist. Die klinische Erfahrung zeigte jedoch, daß solche Restaurationen eine größere Fleckenbildung an der Oberfläche aufweisen als solche, die mit trockener Hitze nachpolymerisiert wurden.
Sowohl bei den intra- als auch bei den extraoralen Techniken sollte die Okklusion vor der Nachvergütung und vor dem adhäsiven Einsetzen überprüft werden (Abb. 7-13). Falls nötig, können die okklusale Anatomie und die Approximalkontakte extraoral angepaßt und modifiziert werden. Es ist ebenfalls möglich, Komposit nachträglich anzupolymerisieren, z. B. zur Verstärkung eines approximalen Kontakts nach dem Aufrauhen der entsprechenden Oberfläche und Beschickung mit einer dünnen Schicht eines Bonding agents. Es ist dabei in jedem Fall günstiger, diese Korrekturen vor der Nachvergütung vorzunehmen. An dieser Stelle muß erwähnt werden, daß nach einer photothermischen Behandlung nur wenige Stellen der Restauration noch zu einem chemischen Verbund in der Lage sind (Burtscher, 1993). In diesen Fällen muß ein zusätzlicher Verbund durch mikromechanische Retention geschaffen werden (siehe Kapitel 11).

Außer der Verbesserung des Randschlusses und der Dichtigkeit sollten die direkten Techniken auch die klinischen Abläufe vereinfachen und die okklusale Anatomie und entsprechende Funktion verbessern. Heute sind diese Ziele in umfassender Weise erreicht worden, auf Kosten einer längeren Behandlungsdauer und höherer Behandlungskosten. Die semi-direke Vorgehensweise ist insofern sehr anspruchsvoll, daß jeder einzelne Schritt erfolgreich abgeschlossen sein muß, um das erwartete befriedigende Resultat zu erreichen. Trotzdem ist sie in Fällen, in denen die Anwendung der direkten Technik nicht indiziert ist und die Anwendung indirekter Techniken nicht gerechtfertigt erscheint, häufig die einzig sinnvolle Alternative. Aus ökonomischen Gründen können die Indikationen für extraorale Kompositrestaurationen auf komplexere Fälle ausgedehnt werden, vorausgesetzt, der Behandler verfügt über entsprechende Fähigkeiten und Erfahrung (Abb. 7-14).

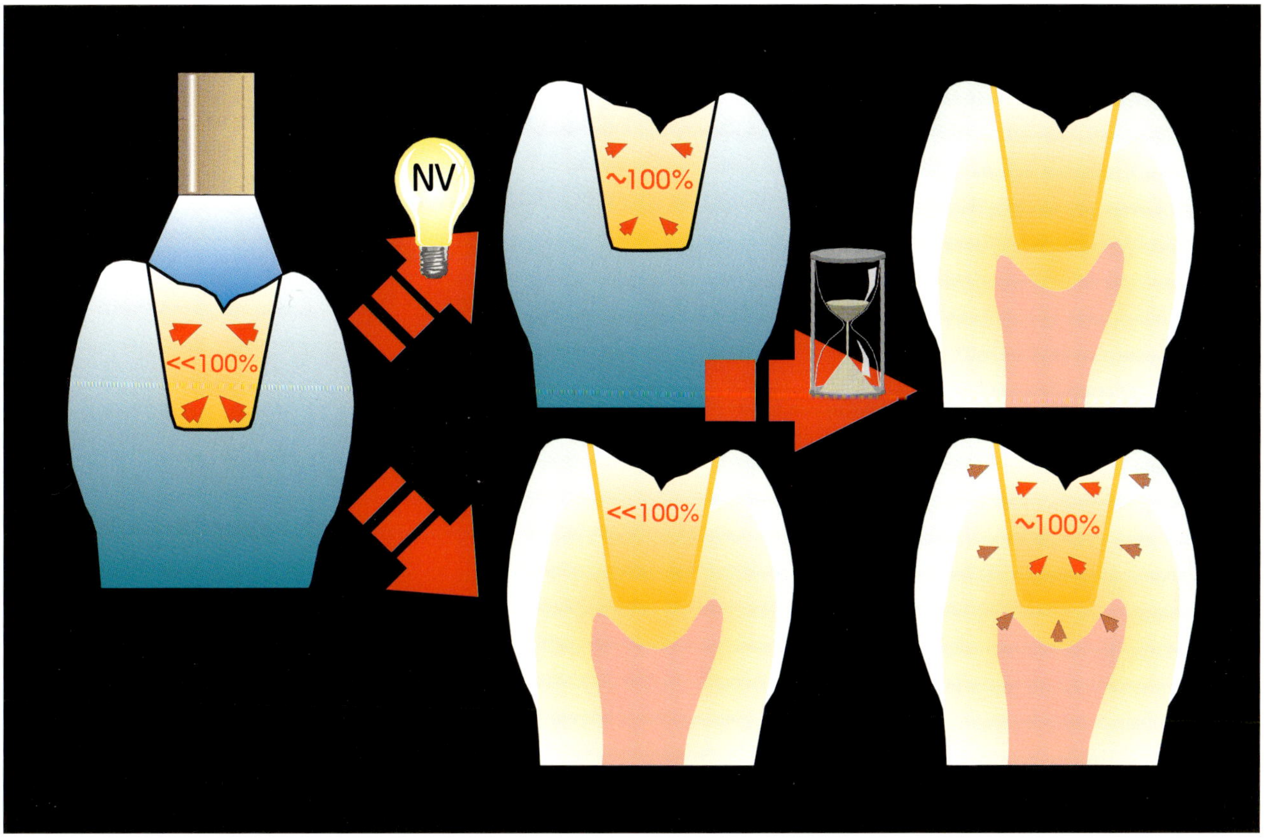

Abb. 7-13 Die Nachvergütung macht es möglich, innerhalb weniger Minuten eine maximale Konversionsrate und somit eine definitive Stabilität der Restaurationsdimensionen zu erreichen. Die Durchführung dieser photothermischen Behandlung unmittelbar vor dem Zementieren ist vermutlich der Hauptvorteil dieser Maßnahme, deren Ziel eine bessere Randqualität ist.

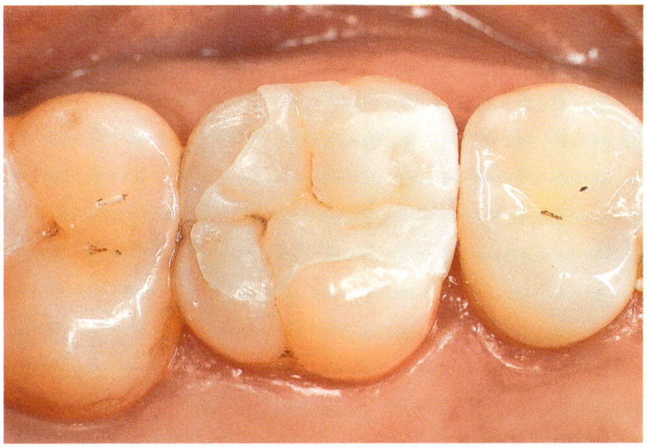

Abb. 7-14 Eine Einprobe der Restauration zur Kontrolle der Paßgenauigkeit approximaler und okklusaler Kontakte wird vorzugsweise vor dem Zementieren durchgeführt. Die extraorale Bearbeitung ist immer noch möglich, und falls nötig kann auf nicht nachvergütete Flächen zusätzliches Komposit aufgetragen werden.

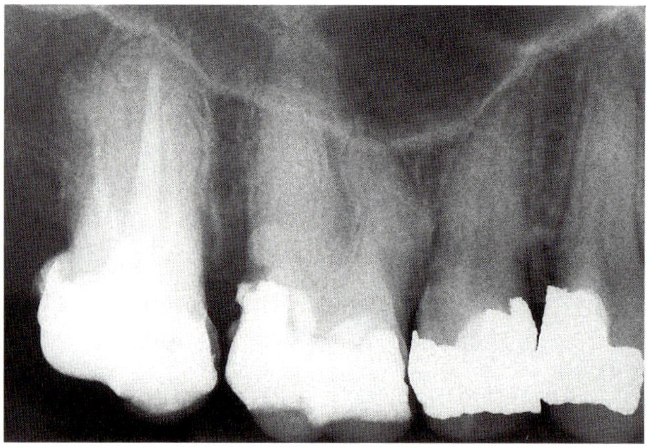

Abb. 7-15 a

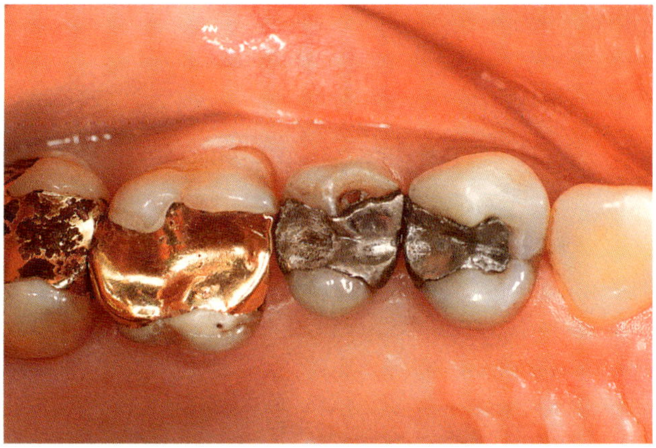

Abb. 7-15 b

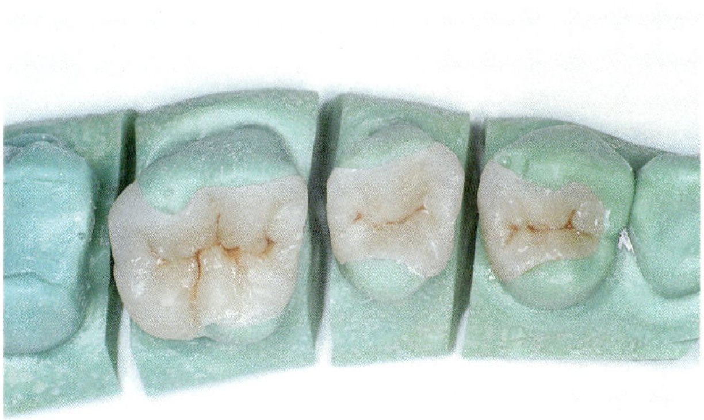

Abb. 7-15 c

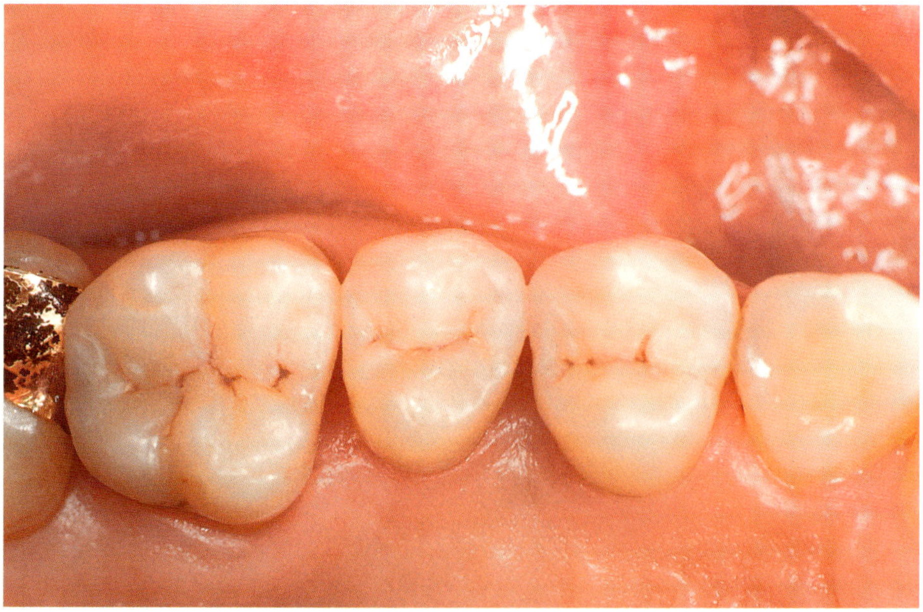

Abb. 7-15 d

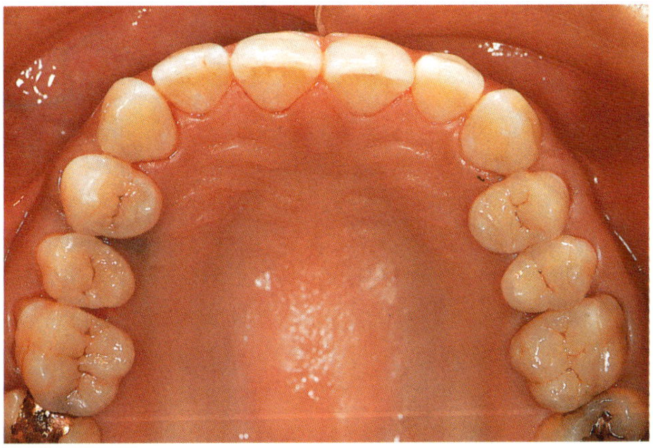

Abb. 7-15 e

Abb. 7-15 Präoperatives Röntgenbild (a) und klinischer Zustand (b) zeigen tief zerstörte Zähne, die üblicherweise mit einer prothetischen Restauration versorgt würden, vermutlich in Verbindung mit einer vorausgehenden endodontischen Behandlung. Nach einer Parodontalbehandlung wurde eine Versorgung mit semi-direkten extraoralen Restaurationen im Sinne einer ökonomisch vertretbaren Lösung durchgeführt (d). Postoperative Ansicht des Oberkiefers nach zwei Jahren, die einen zufriedenstellenden Zustand dieser Kompositrestaurationen zeigt (Onlays auf den Zähnen 16-24-25, Inlays auf 14-15-26) (e).

Literatur

Baush JR, de Lange C, Davidson CL. The influence of temperature on some physical properties of dental composites. J Oral Rehabil 1981;8:309–317.

Blankenau RJ, Kelsey WP, Cavel WT. A direct posterior restorative resin inlay technique. Quintessence Int 1984;15:515–516.

Burtscher P. Stability of radicals in cured composite materials. Dent Mat 1993;9:218–221.

de Gee AJ, Pallav P, Werner A, Davidson CL. Annealing as a mechanism of increasing wear resistance of composites. Dent Mater 1990;6:266–270.

Helvatjoglou-Antoniadi M, Papadogianis Y, Koliniotou-Kubia E, Kubisa S. Surface hardness of light-cured and self-cured composite resins. J Prosthet Dent 1991;65:215–220.

Kandil SH, Kamar AA, Shaaban SA, Taymour NM, Morsi SE. Effect of temperature and aging on the mechanical properties of dental polymeric composite materials. Biomaterial 1989;10:540–544.

Mörmann WH, Ameye C, Lutz F. Komposit Inlays: Marginale Adaptation, Randdichtigkeit, Porosität und okklusaler Verschleiss. Dtsch Zahnärztl Z 1982;37:438–441.

Mörmann WH, Brandestini M, Lutz F, Barbakow F. Chairside computer-aided direct ceramic inlays. Quintessence Int 1989;20:329–339.

Peutzfeldt A, Asmussen E. A comparison of accuracy in seating and gap formation for three inlay-onlay techniques. Oper Dent 1990;15:129–135.

Shinkai K, Susuki S, Leinfelder KF, Katoh Y. How heat treatment and thermal cycling affect wear of composite resin inlays. J Am Dent Assoc 1994;125:1467–1472.

Watts DC, Amer OM, Comb EC. Surface hardness development in light-cured composites. Dent Mater 1987;3:265–269.

Wendt SL Jr, Leinfelder KF. The clinical evaluation of heat-treated composite resin inlays. J Am Dent Assoc 1990;120:177–181.

Wendt SL Jr, Leinfelder KF. Clinical evaluation of a heat-treated resin composite inlay: 3-year results. Am J Dent 1993;5:258–262.

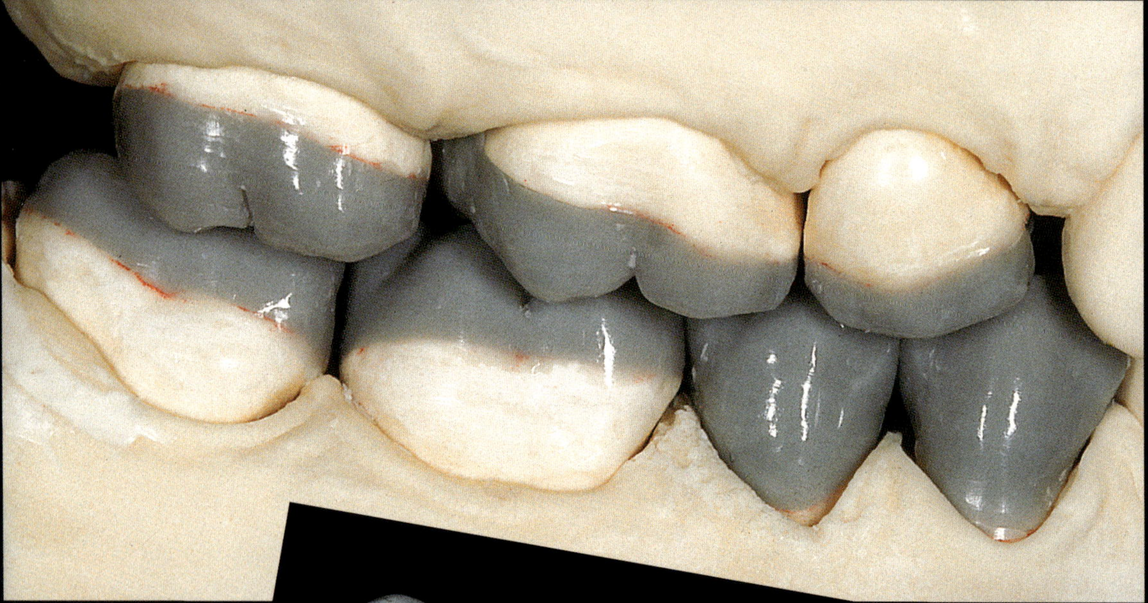

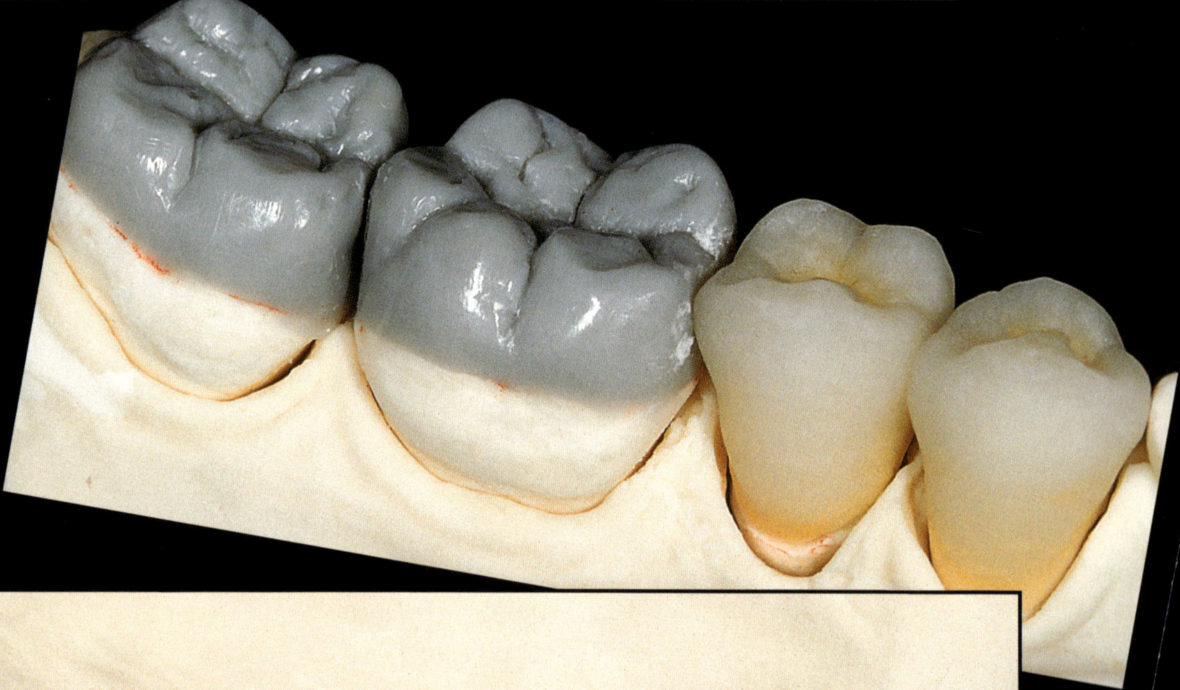

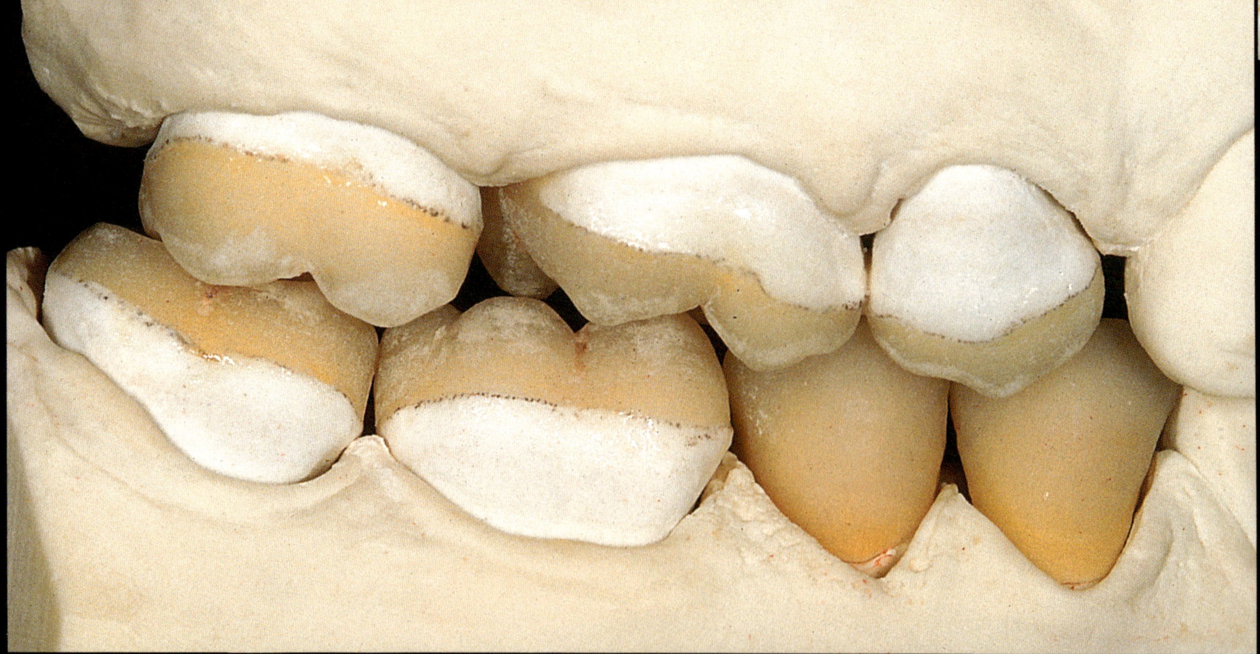

8 Indirekte Techniken

Laborarbeiten von

- **Marco Cossu**, CDT
  Genesi Dentale. Lugano, Schweiz
- **Denis Frieder**, CDT
  Laboratoire Apical. Fribourg, Schweiz
- **Michel Magne**, CDT
  Oral Design. Montreux, Schweiz
- **Alwin Schönenberger**, CDT
  Schönenberger Dentaltechnik.
  Zürich, Schweiz
- **Gérard Verdel**, CDT
  Universität Genf, Schweiz

Serienrestaurationen der Klasse II oder Überkronungen können mit den bisher vorgestellten Techniken nicht durchgeführt werden. Die besondere Schwierigkeit bei Serienrestaurationen bis hin zu Komplettsanierungen liegt darin, nicht nur der Ästhetik, dem Randschluß und der Dichtigkeit, sondern auch den Aspekten der statischen und dynamischen Okklusion Rechnung zu tragen. Der Versuch, alle diese Ziele mit den vorher beschriebenen direkten oder semi-direkten Techniken zu erreichen, würde eine größere Anzahl an Teilschritten erfordern und so zu einer Verlängerung der Behandlungszeit und eigentlich vermeidbaren klinischen Bemühungen führen. Deshalb sind in solchen Fällen indirekte Techniken mit Komposit und Keramik indiziert (Abb. 8-1), obwohl auch hier mindestens zwei Sitzungen unter Einbeziehung der provisorischen Versorgung und der Laborherstellung der Restaurationen nötig sind.

Auswahl der restaurativen Materialien

Die Entscheidung für Keramik oder Komposit als Restaurationsmaterial ist besonders durch die Verbesserung der Kompositeigenschaften hinsichtlich der physikalisch-mechanischen Belastbarkeit, der Verschleißfestigkeit und der Ästhetik schwierig geworden (Abb. 8-2). Trotz einer längeren Erfahrung im Umgang mit keramischen Materialien für den Einsatz bei indirekten Techniken weisen die momentan verfügbaren Feinhybride einige sehr interessante Eigenschaften auf, dic die Überlegenheit der Dentalporzellane mehr und mehr verringern.

Einige Vergleichsparameter mit klinischer Bedeutung zur Bewertung der beiden Materialien (Tabelle 8-1):

Tabelle 8-1 Vergleichsparameter von Keramik und Kompositen

Vergleichsparameter	Keramik	Komposit
Klinische Verarbeitung	+	++
Labortechnische Verarbeitung	+	+++
Reparaturmöglichkeit extra- und intraoral	–	++
Ästhetik: – kurzfristig	+++	+++
– langfristig	+++	++
Polierbarkeit	+/–	++
Verschleißfestigkeit: – restauratives Material	+++	++
– Antagonist	++/–	+++
Elastizitätsmodul, Sprödigkeit	+	++
Thermischer Ausdehnungskoeffizient	+++	+
Wirksamkeit adhäsiver Maßnahmen	++	++
Chemische Stabilität	+++	+
Biokompatibilität	+++	++
Klinische Nachuntersuchung	+	+
Kosten	–	+

(+++) = Ideal; (++) = Befriedigend; (+) = Akzeptabel; (–) = Unbefriedigend

Diese Punkte beziehen sich auf die grundsätzlichen Eigenschaften beider Materialgruppen; dabei muß erwähnt werden, daß einige Keramiken oder Komposite von der oben dargestellten Bewertung signifikant abweichen, wie später noch dargestellt werden wird.

• Für Serienrestaurationen der Klasse II ohne Höckerüberkuppelung scheint die Herstellung indirekter Kompositinlays indiziert (Abb. 8-3). Feinhybride sind in einer solchen Situation das Material der Wahl (Krejci et al., 1994). Auch die Anwendung von Keramik kann empfohlen werden (Abb. 8-4). Ob die komplexen technischen Abläufe und die damit verbundenen Kosten jedoch tatsächlich eine bessere Prognose bieten können, erscheint zumindest fraglich. Darüber hinaus ist die Handhabung von Kompositinlays weniger störanfällig als die Handhabung von keramischen Inlays, besonders während der Einprobe und des Zementiervorganges. Die Erfahrung vieler Kliniker zeigt, daß adhäsiv eingesetzte keramische Restaurationen mehr Frakturen aufweisen (Teilfrakturen und Komplettfrakturen) (Abb. 8-5) als Kompositrestauratio-

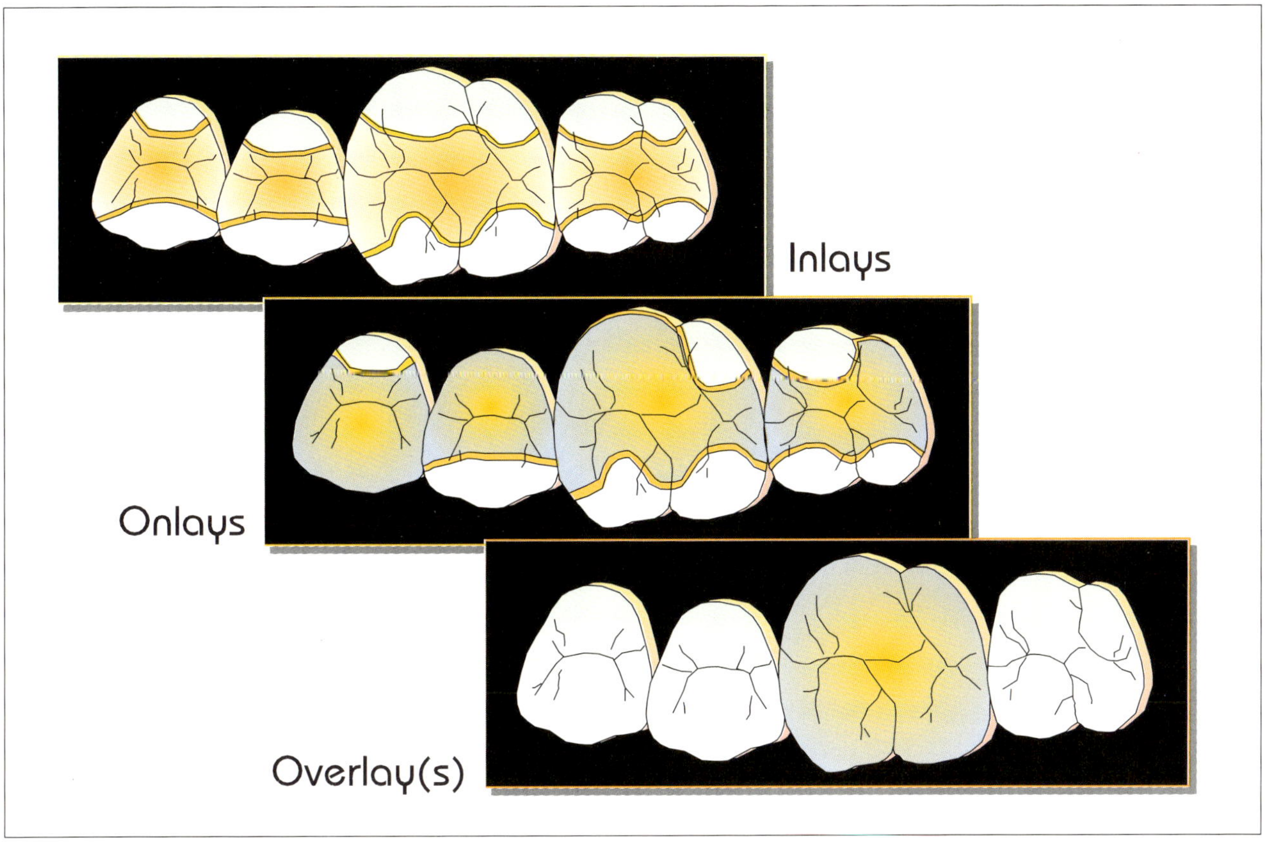

Abb. 8-1 Grundsätzliche Indikationen für die indirekten Techniken. Diese Techniken sind indiziert bei der Herstellung von Serieninlays, Serienonlays und einzelnen oder mehreren Overlays.

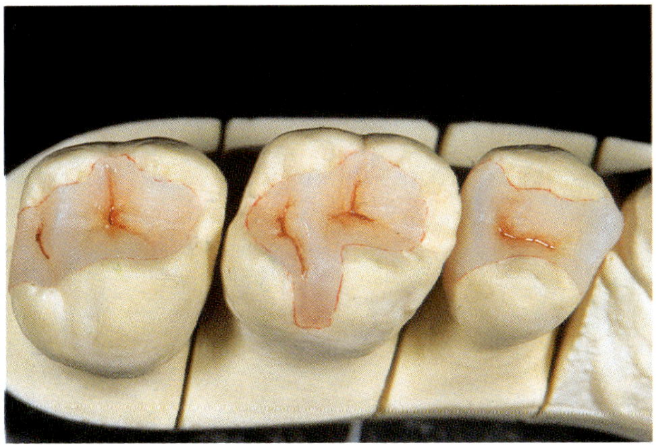

Abb. 8-2 a

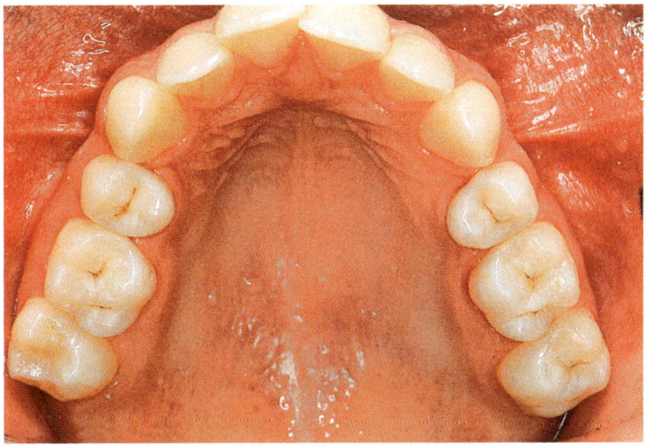

Abb. 8-2 b

Abb. 8-2 Die ästhetischen Möglichkeiten moderner Komposite sind unbestreitbar. Wie auf diesem Arbeitsmodell ersichtlich, erreichen Kompositinlays nunmehr fast die ästhetische Qualität von Keramikinlays (a). Diese Restaurationen, hier nach einer klinischen Tragezeit von zwei Jahren, belegen hiermit auch die befriedigende Anwendbarkeit von Kompositen für die indirekten Techniken (b).

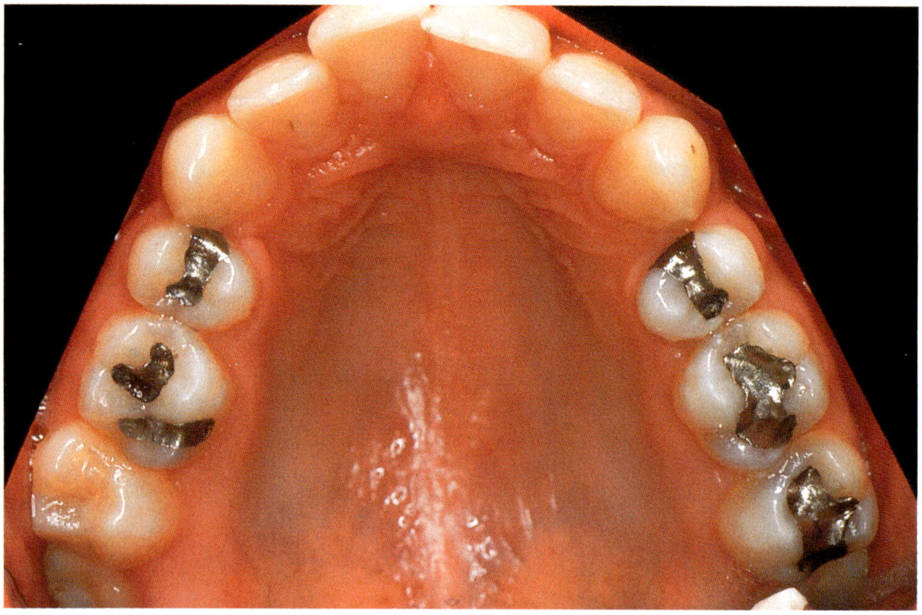

Abb. 8-3 a

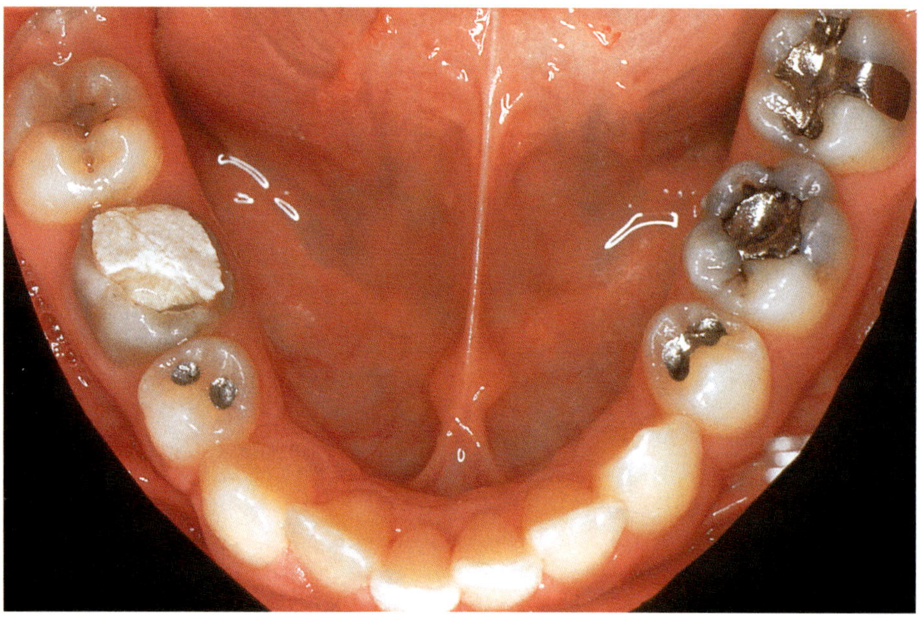

Abb. 8-3 b

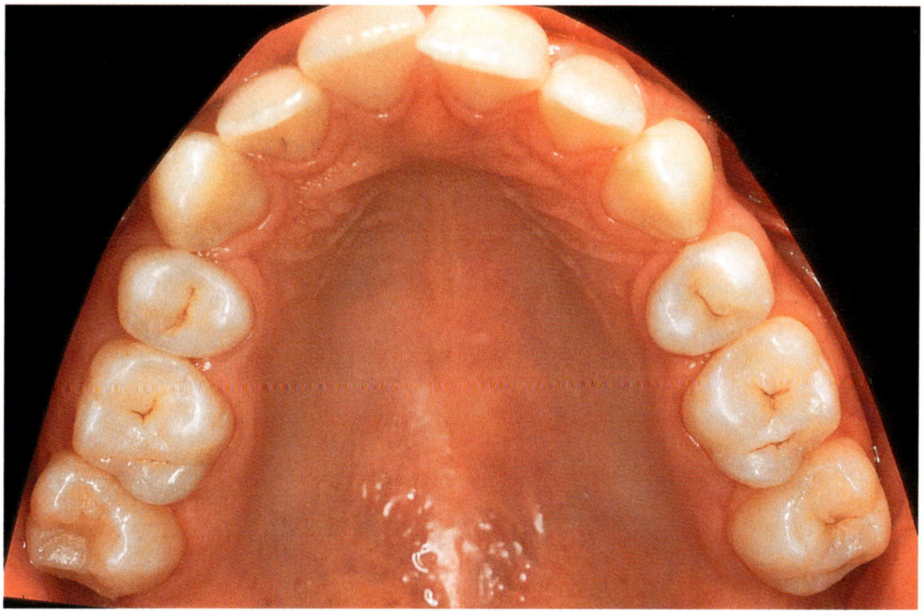

Abb. 8-3 c

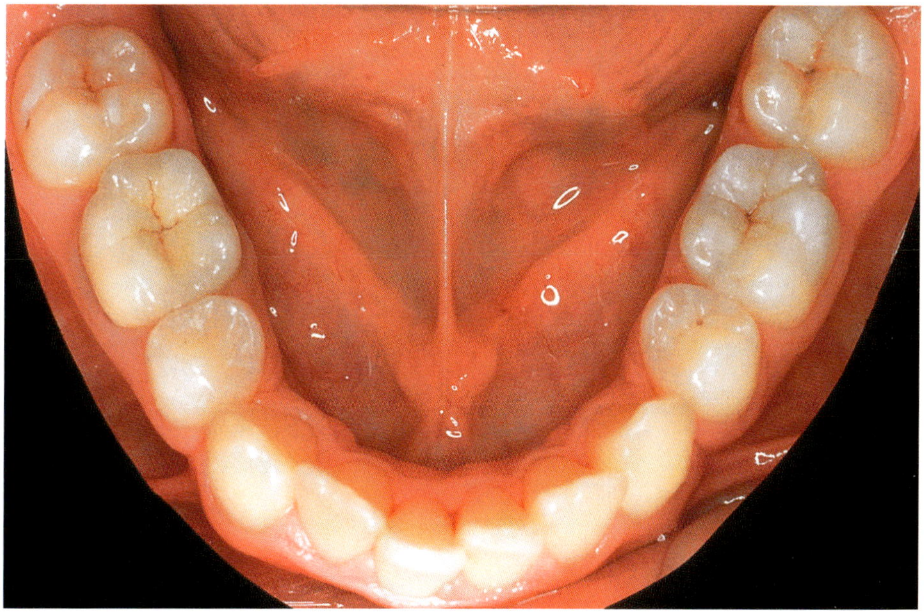

Abb. 8-3 d

Abb. 8-3 Präoperative Ansicht einer Komplettsanierung aufgrund insuffizienter Amalgamfüllungen und neuen approximalen Läsionen (a–b). Derselbe Patient nach Sanierung mit Kompositinlays (c–d). Nur die unteren Prämolaren wurden nach der direkten Methode restauriert.

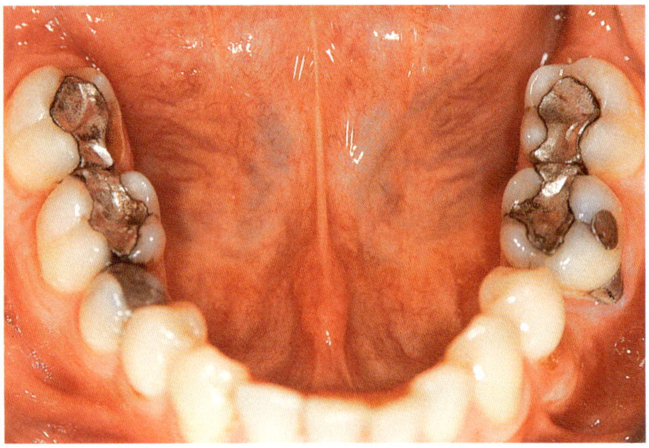

Abb. 8-4 a

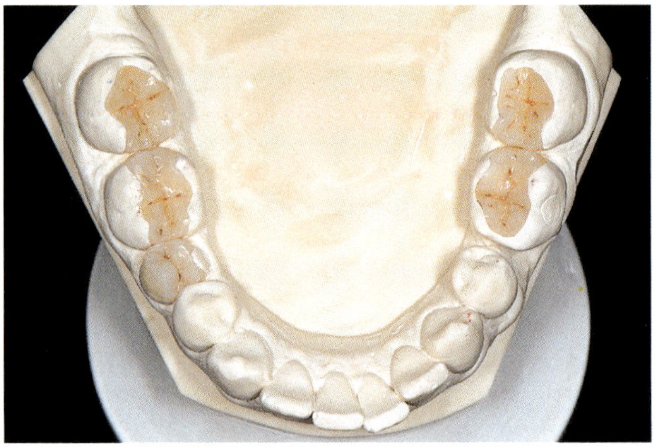

Abb. 8-4 b

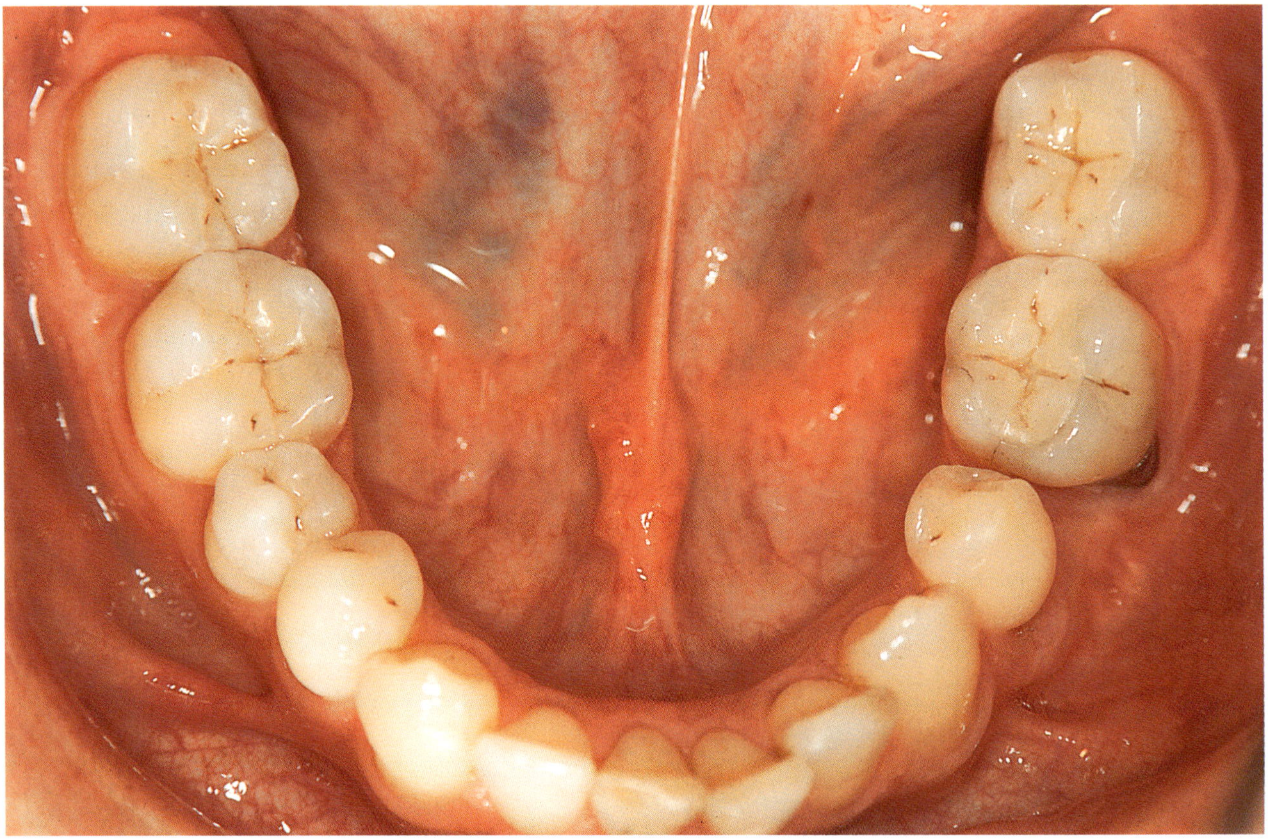

Abb. 8-4 c

Abb. 8-4 Keramiken werden immer noch für die Herstellung von Serieninlays empfohlen, wie hier für den Ersatz insuffizienter Amalgamfüllungen (a). Die etwas „weicheren" Materialien, wie beispielsweise die niedrigschemlzenden Keramiken sind bei dieser speziellen Konstellation jedoch vorzuziehen (b). Fertiggestellte LFC Inlays in situ (c).

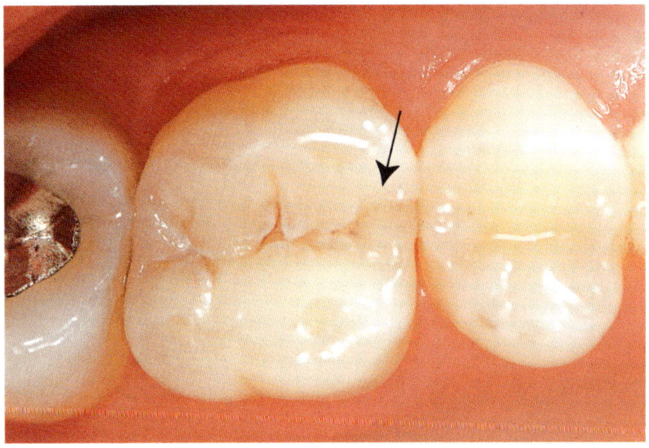

Abb. 8-5 Typisches Beispiel für ein frakturiertes Inlay, hergestellt mit einer konventionellen gesinterten Keramik. Die Häufigkeit solcher Frakturen führte die Forschung dazu, widerstandsfähigere Materialien zu entwickeln und den Einsatz von Kompositen als Alternative zu Keramiken stärker in Betracht zu ziehen.

nen, obwohl dieser Sachverhalt in der zahnärztlichen Literatur bislang nur unzureichend dokumentiert wurde. Das Auftreten solcher Frakturen war in der ersten Generation verstärkter Dentalporzellane wahrscheinlicher; ob die neuesten Keramiken diese Problematik überwunden haben, bedarf weiterer Abklärung. Ein anderer heikler Punkt ist die hohe Sprödigkeit von Keramiken. Aus einem theoretischen Blickwinkel ist das keramische Inlay weniger geeignet, mechanische Belastungen aufzunehmen und wird deshalb die adhäsive Grenzfläche mehr belasten als die weicheren Kompositinlays (Abb. 8-6). Dennoch ist diese Überlegung nur durch einige wenige In-vitro-Studien (Krejci, 1993; Dietschi et al., 1996a) bestätigt worden, in denen mehr Schmelzrandfrakturen bei keramischen Inlays gefunden wurden als bei Kompositinlays. Die vollständige Klärung dieser Frage ist zum gegenwärtigen Zeitpunkt unmöglich, da einige andere Faktoren wie die Schichtstärke des Einsatzkomposits und dessen Eigenschaften eine fundamentale Rolle bei der Randqualität der Restauration spielen (Dietschi et al., 1996a & b). Die Entscheidung muß deshalb unter Berücksichtigung der klinischen Parameter getroffen werden, die eine Bevorzugung der Komposite nahelegen und möglicherweise eine „weiche“ und polierbare Keramik wie die niedrigschmelzende Keramik (Ducera LFC, Ducera) oder auch ein gepreßtes Porzellan (Empress, Vivadent) (siehe unten).

- Bei großen Klasse II-Serienrestaurationen mit Höckerüberkuppelung ist die Anwendung indirekt hergestellter keramischer Inlays/Onlays indiziert (Abb. 8-7). Auch diese Empfehlung beruht mehr auf klinischer Empirie als auf harten klinischen oder wissenschaftlichen Daten. Der Einsatz moderner Komposite für große okklusale Restaurationen mit mechanischer Belastung ist immer noch in Frage zu stellen und erfordert weitere klinische Untersuchungen. Im speziellen Fall einer vollständigen Höckerüberkuppelung bei vitalen Zähnen mit einer kurzen klinischen Krone sind keramische indirekte Restaurationen ebenfalls indiziert (Abb. 8-8). Falls genügend anätzbarer Schmelz vorhanden ist,

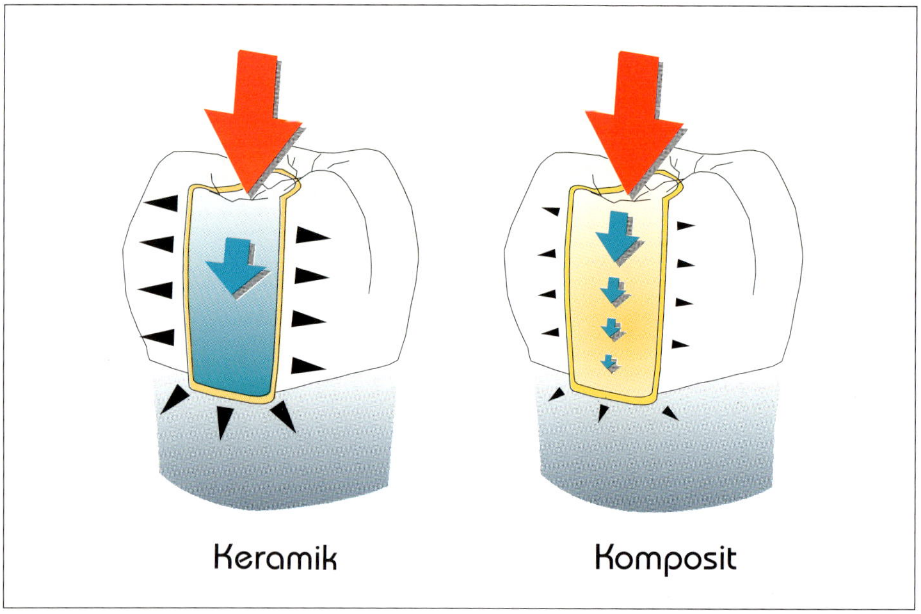

Abb. 8-6 Schematisierte Darstellung eines theoretischen Konzeptes, das die große Sprödigkeit der Keramiken für Adaptationsprobleme bei der Randqualiät intrakoronaler Restaurationen veranwortlich macht. Keramische Restaurationen scheinen weniger als Kompositrestaurationen in der Lage, funktionelle Belastungen zu absorbieren, die statt dessen an die adhäsiven Grenzflächen weitergegeben werden.

stellt das adhäsive Overlay die letzte konservierende Versorgung vor einer prothetischen Lösung dar (Abb. 8-9).

Unterfüllungen bei indirekten Restaurationen

Da Keramiken weder eine Flexion noch eine Deformation der Restauration erlauben, haben die mechanischen Eigenschaften darunterliegender Materialien wie Unterfüllung und Befestigungszemente eine essentielle Bedeutung für die Langzeitprognose. Für Vollkeramikkronen konnte gezeigt werden, daß ihre Bruchfestigkeit signifikant vom Elastizitätsmodul des Aufbaumaterials und des Befestigungszements abhängig ist (falls es sich um dicke Zementschichten handelte) (Sherrer et al., 1994). Das bedeutet, daß zur Verhinderung von Frakturen der Restauration einige weiche Materialien wie Kalziumhydroxidzement, Zinkoxidphosphatzemente und möglicherweise sogar herkömmliche Typ-III-Glasiomomerzemente als Unterfüllung kontraindiziert sind (Abb. 8-10). Das Material der Wahl für Unterfüllungen unter indirekten Restaurationen sind Kompomere oder restaurative Komposite (Abb. 8-11). Sie gewährleisten die besten mechanischen Eigenschaften und einen wirksamen Verbund zu Schmelz und Dentin. Darüberhinaus erleiden sie durch die verschiedenen restaurativen Maßnahmen keinen Qualitätverlust hinsichtlich

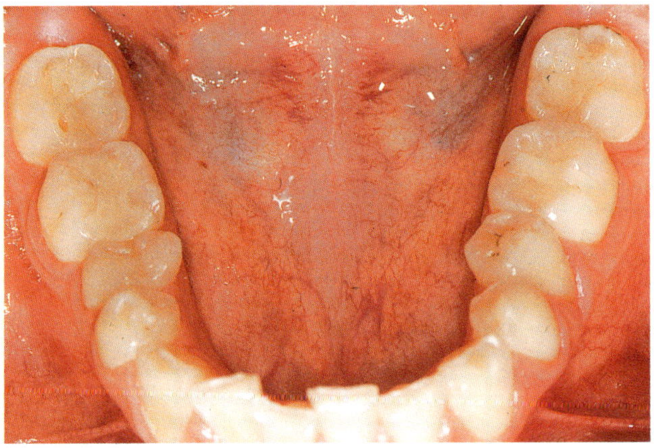

Abb. 8-7 a

Abb. 8-7 Für sehr ausgedehnte Restaurationen wie Serienonlays und -overlays muß vor allem die mechanische Widerstandkraft des restaurativen Materials berücksichtigt werden. Zur Rekonstruktion der Seitenzähne dieses unter Bulimie leidenden Patienten (a) wurde ein Material mit hoher mechanischer Widerstandkraft verwendet (In Ceram, Vita), um sowohl Kronen als auch adhäsive Overlays herzustellen (b–c). Postoperative Ansicht der restaurierten Seitenzähne (d–e). In diesem Zusammenhang muß erwähnt werden, daß die Einsetzmaßnahmen mit diesem vielversprechenden, aber sehr speziellen Material sich noch in der Versuchsphase befinden (siehe Kapitel 10).

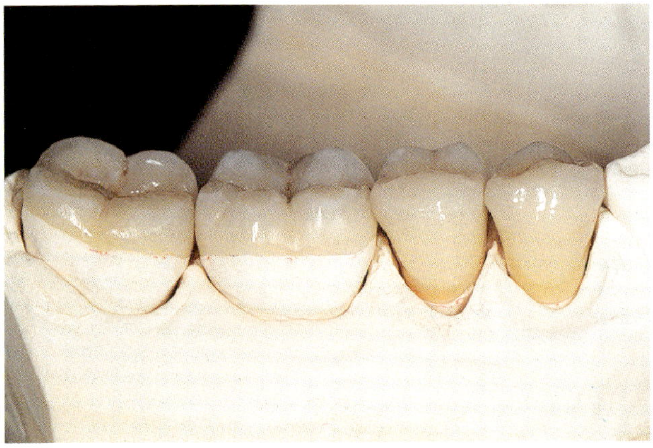

Abb. 8-7 b

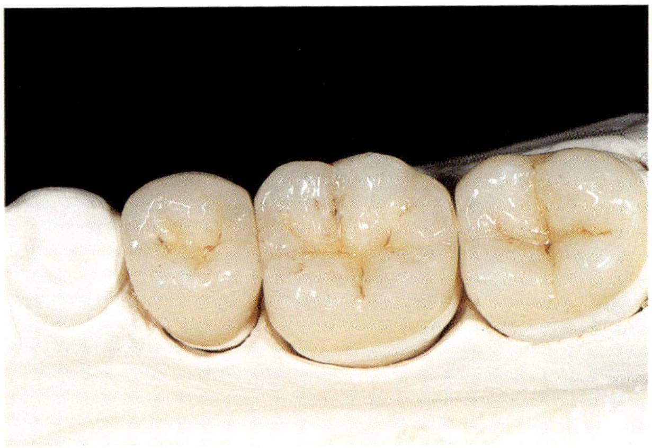

Abb. 8-7 c

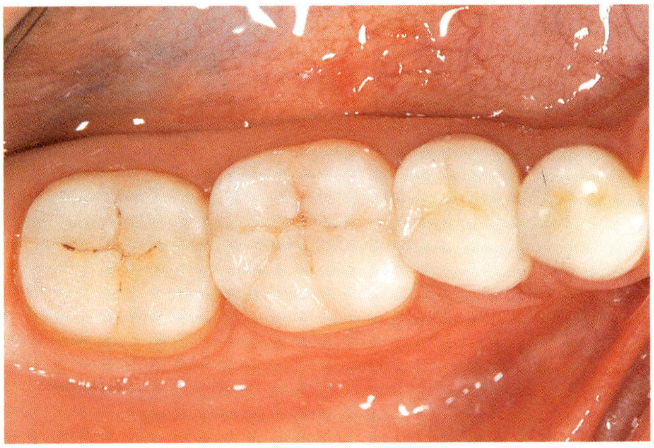

Abb. 8-7 d

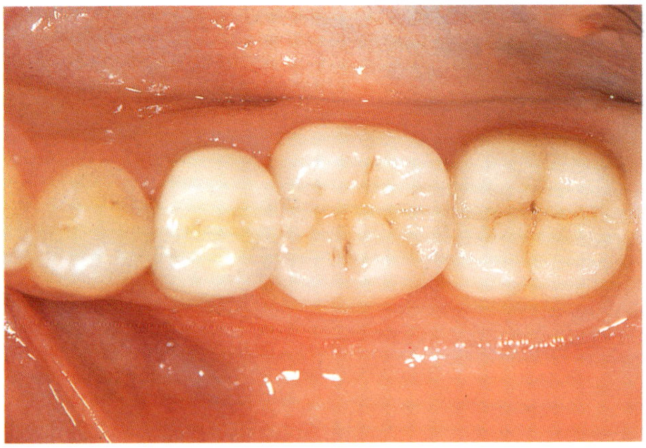

Abb. 8-7 e

Abb. 8-8 Die Einzelzahnrestauration mit einem adhäsiv eingesetzten Keramikoverlay ist eine konservierende Alternative bei ausgeprägten Defekten (a), die normalerweise eine prothetische Vorgehensweise erforderlich machen. Die Präparation zeigt, daß ausreichend Schmelz vorhanden ist, um einer adhäsiv eingesetzte Restauration ausgezeichnete Vorraussetzungen zu bieten (b). Das keramische Overlay auf dem Arbeitsmodell (c). Erste klinische Ansicht (d). Aufgrund der adhäsiven Lösung konnte die Durchführung invasiverer präprothetischer und prothetischer Maßnahmen vermieden werden.

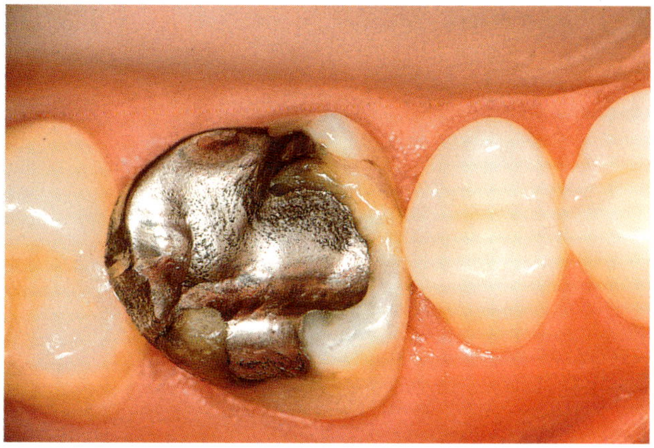

Abb. 8-8 a

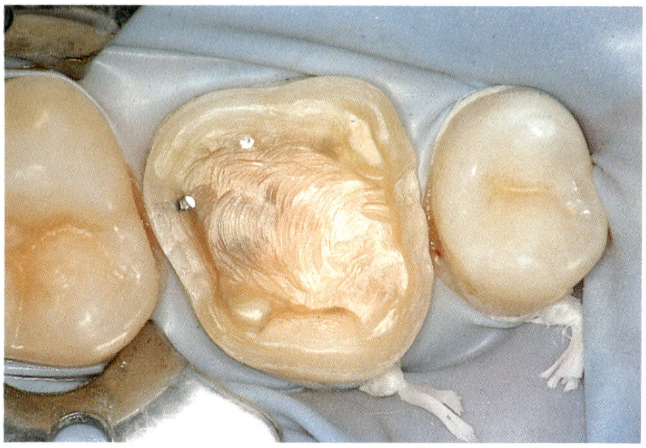

Abb. 8-8 b

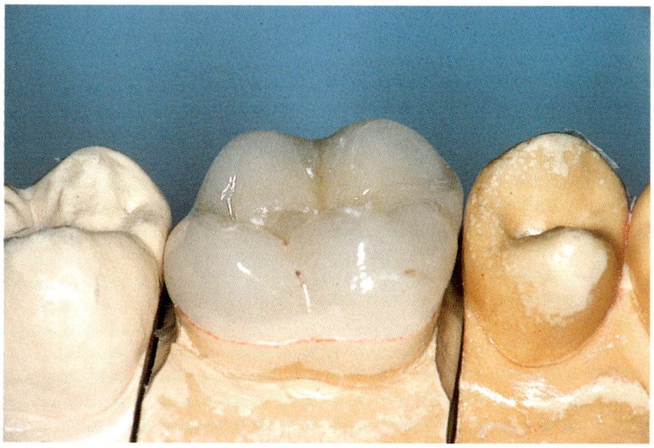

Abb. 8-8 c

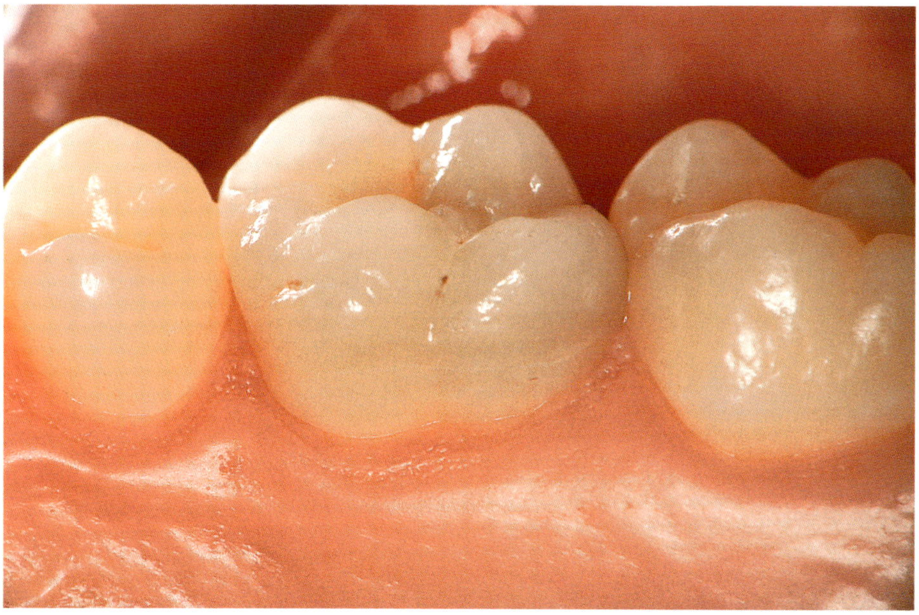

Abb. 8-8 d

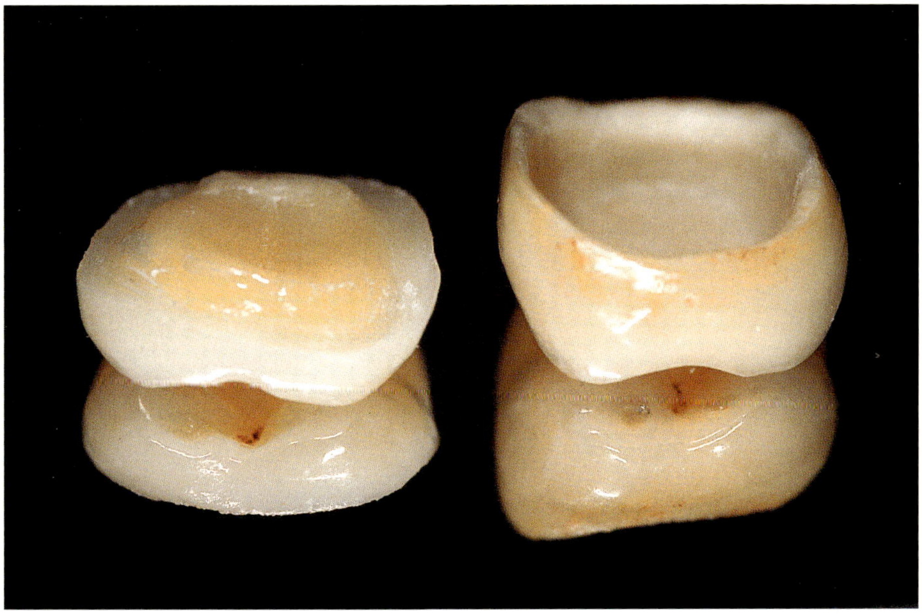

Abb. 8-9 Vergleich zwischen einer herkömmlichen und einer adhäsiven prothetischen Restauration. Der Vorteil der adhäsiven Alternative bezüglich der Zahnhartsubstanzschonung ist offensichtlich.

Abb. 8-10 Als mögliche Ursachen für Frakturen von Keramiken darf die Deformierung der Restauration über unzureichend stabilen Unterfüllungen nicht vergessen werden. Mit Dentin als Referenzmaterial für das elastische Verhalten und die Widerstandsfähigkeit auf Druck, sollten nur Kompomere und Komposite verwendet werden.

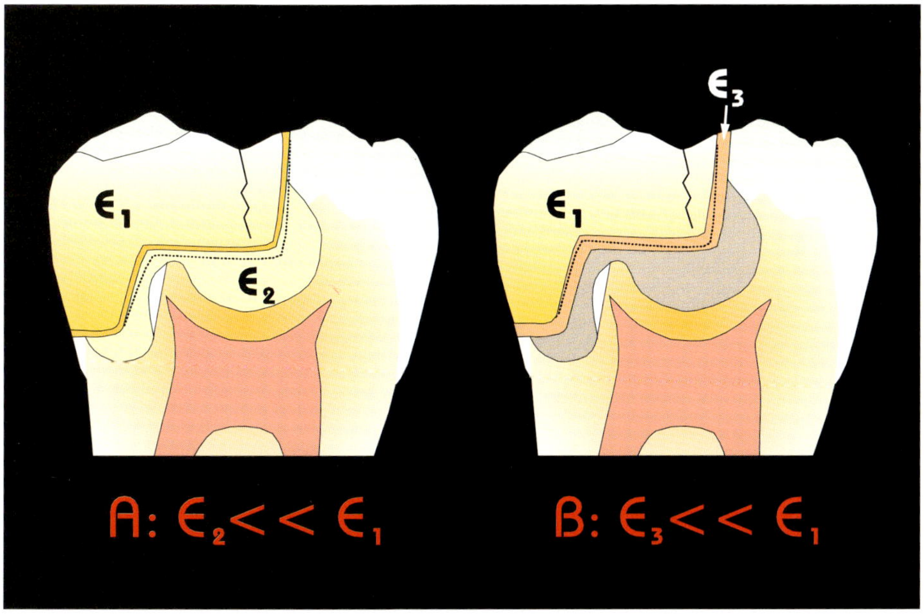

Abb. 8-11 In diesem klinischen Beispiel weist die Kavität nach Entfernung der alten Amalgamfüllung und des kariösen Gewebes nicht die für die Anwendung der adhäsiven Technik notwendige Konfiguration auf (a–b). Eine auf mechanische Belastung stabile Unterfüllung mit einem Kompomer (b) wurde eingebracht, um eine indirekte keramische Restauration durchführen zu können (d).

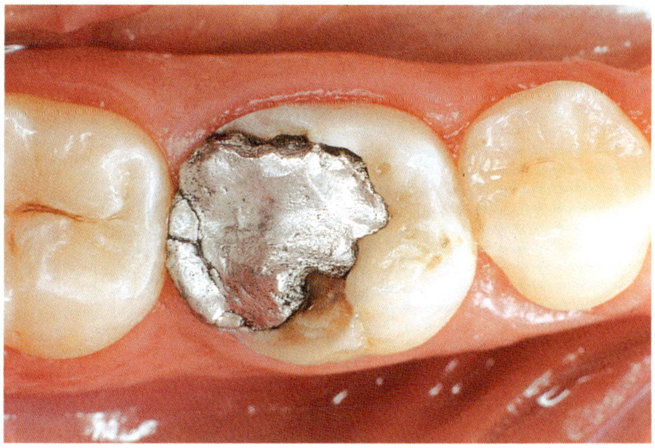

Abb. 8-11 a

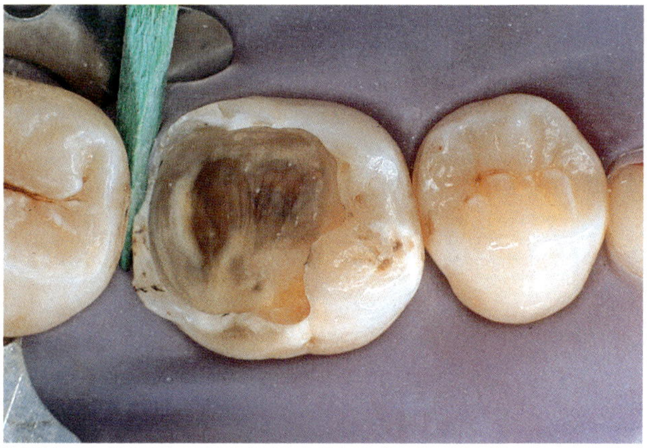

Abb. 8-11 b

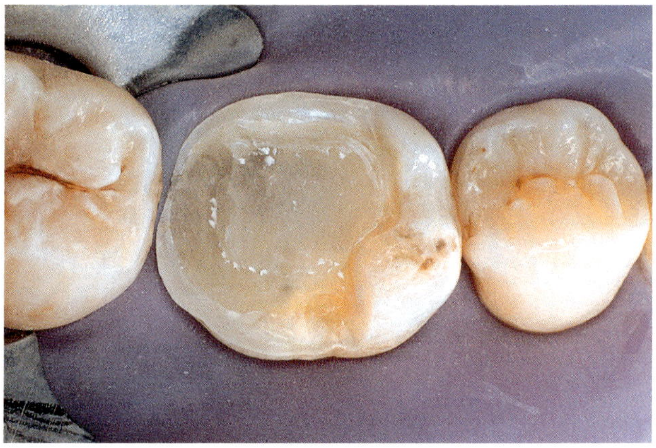

Abb. 8-11 c

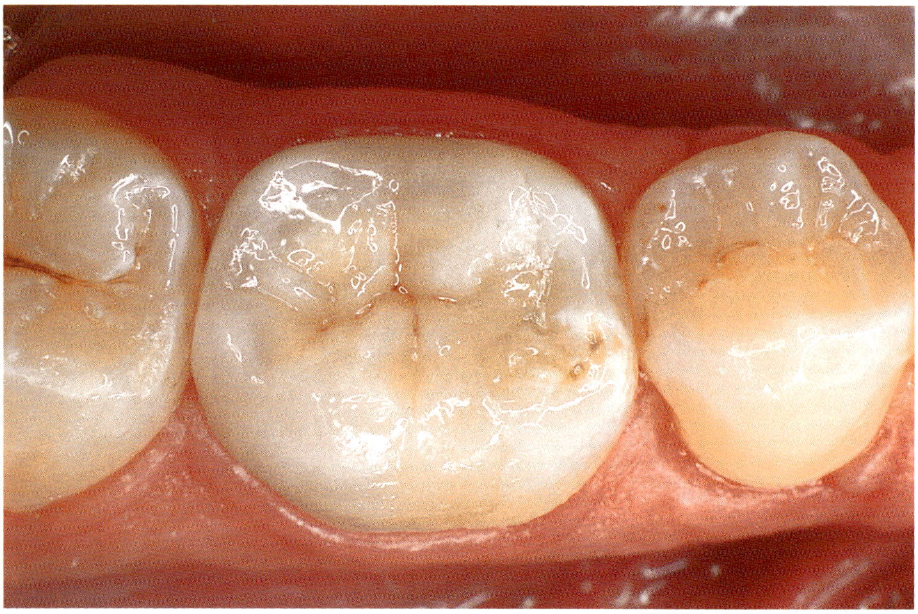

Abb. 8-11 d

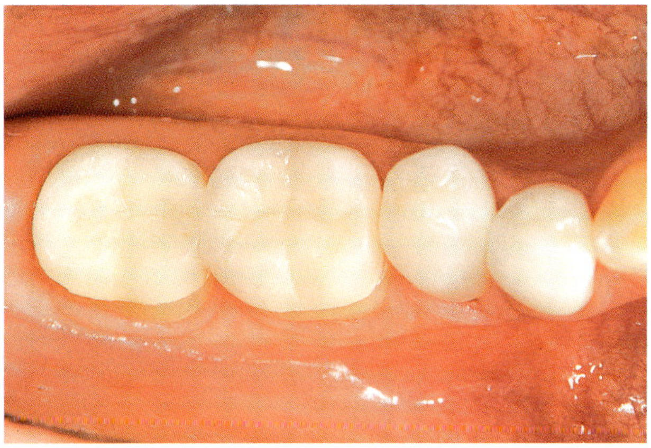

Abb. 8-12 Provisorische Versorgungen sind als biologischer und mechanischer Schutz für den Pulpa-Dentin-Komplex unverzichtbar. Sie erfüllen darüber hinaus ebenso einen funktionellen Aspekt, insbesondere bei Restaurationen mit Höckerüberkuppelung.

ihrer Eigenschaften, was für die herkömmlichen Glasionomerzemente nicht gilt.

Provisorische Versorgung

Eine provisorische Versorgung dient zunächst dem Schutz des Pulpa-Dentin-Komplexes vor jeglicher bakterieller, mechanischer und thermischer Reizung. Weiterhin wird eine provisorische Versorgung die Beziehungen des zu versorgenden Zahnes zu den Nachbarzähnen und zum Antagonisten stabilisieren und eine akzeptable Funktion erhalten (Abb. 8-12). Die provisorische Versorgung sollte jedoch nur für eine kurze Zeit im Mund verbleiben. Die Eingliederung der definitiven Versorgung sollte so schnell wie möglich vorgenommen werden, üblicherweise innerhalb einer Woche nach Abdrucknahme. Bei Berücksichtigung der üblichen klinischen Behandlungsmaßnahmen gibt es keinen Grund, warum bis zu den abschließenden Maßnahmen mehr Zeit vergehen sollte. Die Begründung für diese zeitlichen Empfehlungen ist in verschiedenen klinischen Aspekten zu sehen. Zum einen ist die Herstellung perfekter Provisorien (beispielsweise laborgefertigter) sehr zeitaufwendig und ohne Einfluß auf die spätere Restauration (der Aufwand dafür ist nur unwesentlich geringer als die Herstellung semi-direkter definitiver Restaurationen!). Zum zweiten gilt es, Auswaschungen des provisorischen Zementes und Lockerungen der provisorischen Versorgung hinsichtlich der dabei entstehenden potentiellen Randundichtigkeiten zu vermeiden (Mash et al., 1991; Millstein et al., 1991). Der letzte Punkt ist, daß die Provisorien keinerlei diagnostischen funktionellen oder ästhetischen Kriterien genügen müssen.
Die gezeigten Überlegungen legen die Anwendung ergonomischer Methoden zur Provisorienherstellung nahe. Die intraorale Herstellung von Provisorien mit lichthärtenden Kunststoffen oder Autopolymerisaten sind gegenwärtig die bevorzugen Methoden. Die Anwendung von lichthärtenden Kunststoffen wie Fermit (Vivadent) ist besonders einfach und als Kurzzeitprovisorium gut geeignet (Burgess et al., 1992), obwohl dafür kein Zement benötigt wird (Abb. 8-13 und 8-14). Da die Wahrscheinlichkeit einer marginalen Undichtigkeit bei diesen Materialien sehr groß ist, sollte ihre Verweildauer im Mund auf einige Tage und auf mit Unterfüllungen versorgte Kavitäten

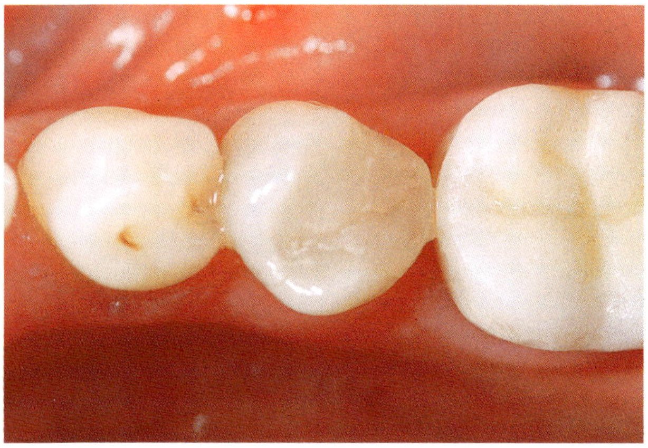

Abb. 8-13 Weiche lichtgehärtete Materalien ohne Zementierung sind besonders für die kurzzeitige provisorische Versorgung gut geeignet.

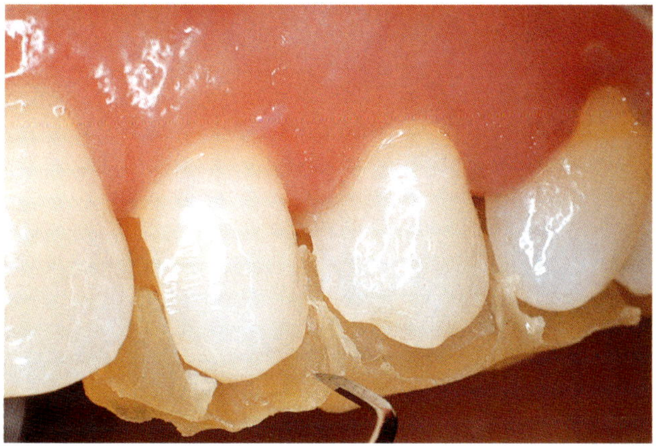

Abb. 8-14 Diese lichtgehärteten Provisorien können auch für Serienkavitäten verwandt werden. Sie sind patientenfreundlich, leicht entfernbar und erfordern keine besondere Kavitätenreinigung.

begrenzt werden. In allen anderen Fällen muß die klassische Methode unter Verwendung von autopolymerisierenden Acrylmaterialien angewandt werden (Abb. 8-15).

Die Benetzung der Kavitätenwände mit temporären Zementen (mit oder ohne Eugenol) und lichthärtenden Kunststoffen verändert die Wirksamkeit der folgenden adhäsiven Maßnahmen in signifikanter Weise (Lacey et al., 1991; Woody und Davis, 1992; Terata, 1993; Terata et al., 1994, Bertschinger et al., 1996, Paul et al., 1996). Alle Materialien und Materialrückstände müssen vollständig entfernt werden, um das volle Potential der adhäsiven Maßnahmen ausnützen zu können. Offensichtlich gelingt dies bei Schmelz besser als bei Dentin, wahrscheinlich aufgrund der porösen Struktur des Dentins (Schwartz et al., 1990; Woody und Davis, 1992). Die Säuberung mit Bimsmehl erscheint nur für die Entfernung von Zinkoxid-Eugenol-Rückständen unzureichend (Mojon et al., 1992) (Abb. 8-16a), von denen bekannt ist, daß sie die Polymerisation und die Eigenschaften des Kunststoffes beeinträchtigen (Lingard et al., 1981). Da der Zugang zu intrakoronalen Kavitäten mit rotierenden Bürstchen und Gummikelchen schwierig ist, scheint die effektivste Methode zur Säuberung darin zu bestehen, die groben Zementüberreste mit Handinstrumenten zu entfernen und anschließend ein Sandstrahlgerät einzusetzen (Abb. 8-16b). Das Hauptaugenmerk liegt auf der Entfernung von Rückständen des provisorischen Einsetzzements, die eine physikalische Barriere für die adhäsiv wirksamen Materialien darstellen, da das Eugenol durch die Ätzung von Schmelz und Dentin ausreichend neutralisiert zu werden scheint (Tjan und Nemetz, 1992). Aus diesem Grund bedeutet der Einsatz von eugenolfreien provisorischen Zementen keinen entscheidenden Vorteil bezüglich der Kontamination der Kavitäteno-

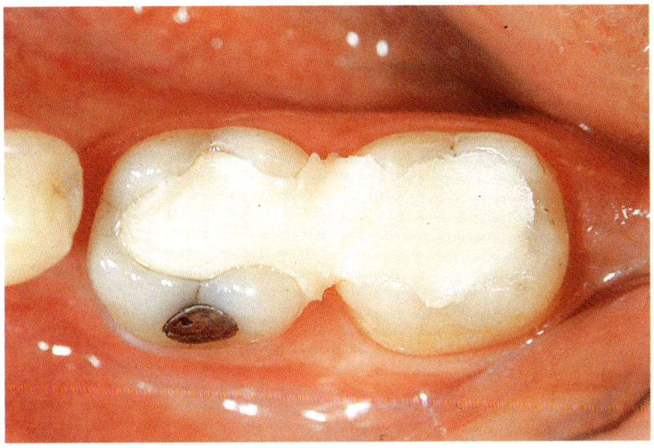

Abb. 8-15 a

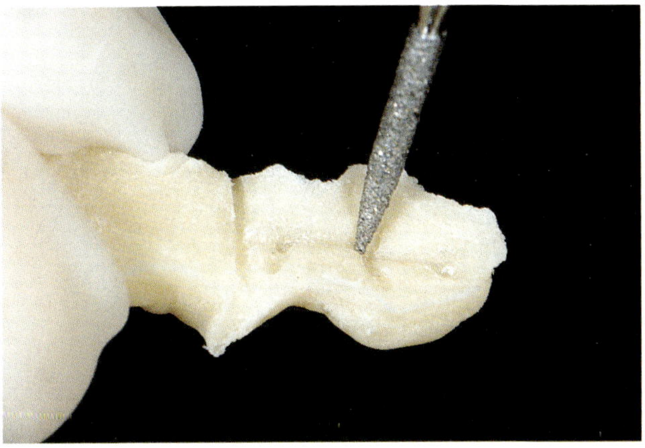

Abb. 8-15 b

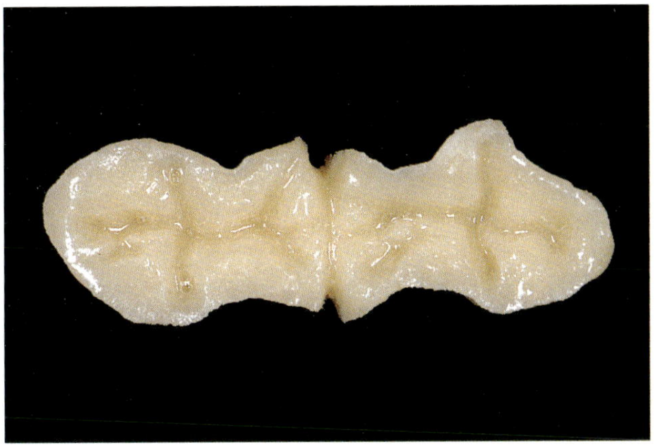

Abb. 8-15 c

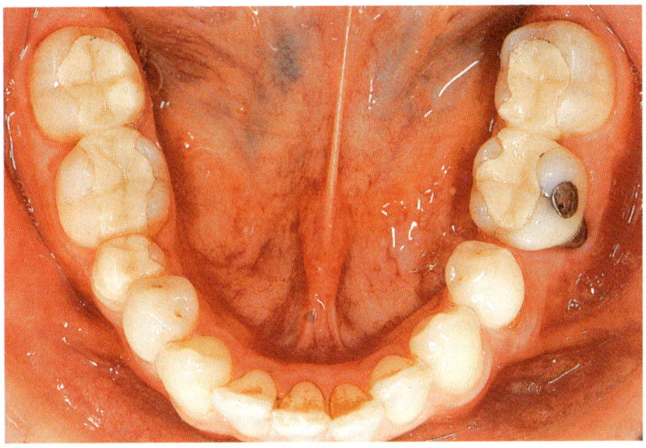

Abb. 8-15 d

Abb. 8-15 Falls die provisorische Versorgung über einen längeren Zeitraum geplant ist, müssen Techniken mit einem selbsthärtenden Acrylkunststoff und einem provisorischen Einsetzzement angewandt werden. Der erste Schritt besteht darin, die isolierte Kavität mit dem sich in noch plastischem Zustand befindlichen Kunststoff zu füllen (a). Bei retentiven Konfigurationen ist die Anwendung einer Matrize empfehlenswert. Sobald das Material genügend ausgehärtet ist (vor dem vollständigen Abbinden), wird der Kunststoff aus dem Mund entfernt und mit flammenförmigen Instrumenten konturiert (b). Nach der Herstellung der okklusalen und approximalen Beziehungen wird die Oberfläche mit einer lichthärtenden Glasur überschichtet und ist so fertig zum Zementieren (c). Ansicht der zementierten provisorischen Versorgung nach 10 Tagen Tragezeit (d). Die Zementauswaschungen sind offensichtlich. Dies rechtfertigt die Forderung, die Zeit zwischen Abdrucknahme und Einsetzen der Restauration möglichst gering zu halten.

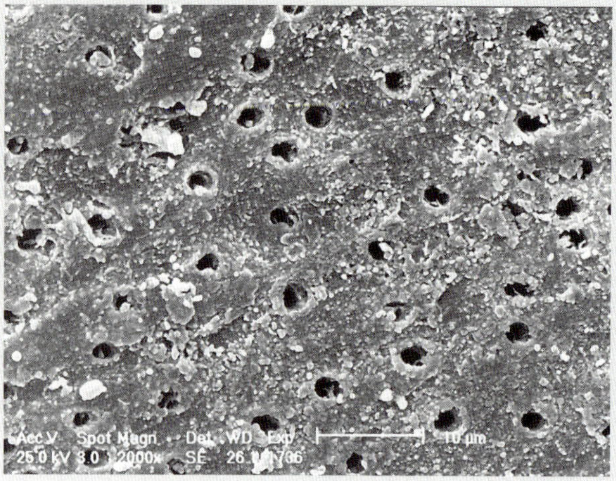

Abb. 8-16 a

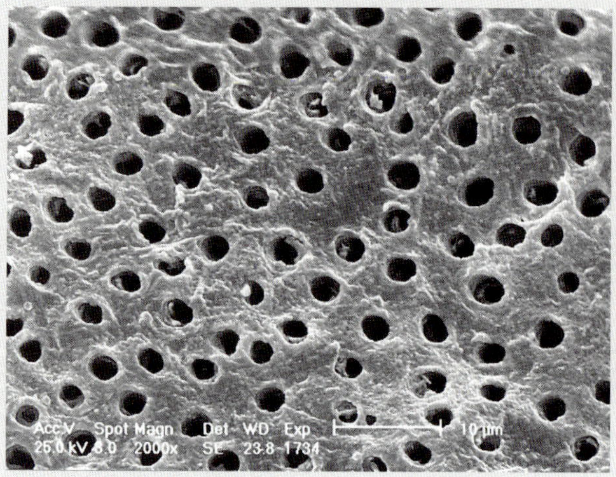

Abb. 8-16 b

Abb. 8-16 REM-Aufnahmen von mit provisorischem Einsetzzement kontaminierten geätzten Dentinproben nach dem Versuch der Reinigung mit Bimsmehl und Gummikelchen (a) oder einem Pulverstrahlgerät (b). Die mit Bimsmehl gereinigte Oberfläche weist noch Überreste auf, wohingegen das Pulverstrahlgerät eine saubere Oberfläche ohne Zementüberreste schafft.

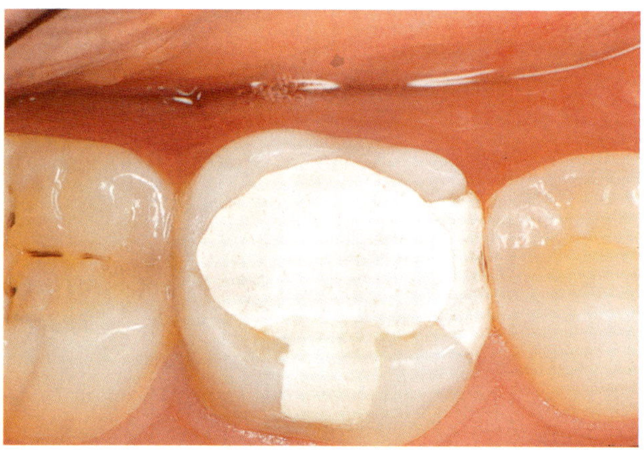

Abb. 8-17 a

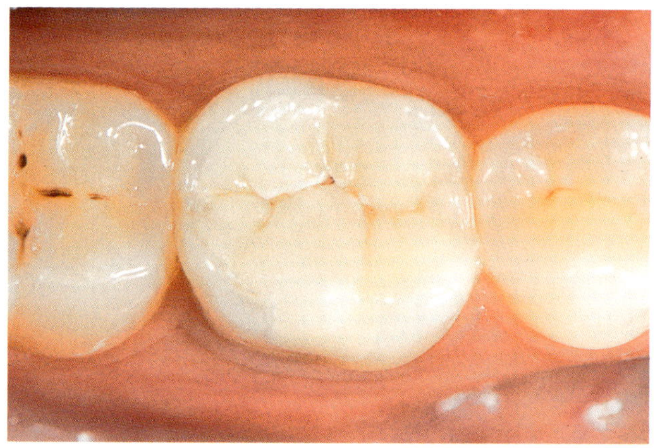

Abb. 8-17 b

Abb. 8-17 Dieser erste untere Molar trug mehrere Monate lang einen provisorischen Zinkoxid-Eugenol-haltigen Zement (a). Dessen ungeachtet wurde die Versorgung mit einem adhäsiv eingesetzten Keramikonlay vorgenommen. Ansicht der Restauration nach 6jähriger klinischer Tragezeit (b). Dies beweist, daß eine Oberfläche, die vorher mit Eugenol verunreinigt war, ohne Einschränkung adhäsiv nutzbar ist, falls sie vorher entsprechend gereinigt wurde.

berflächen. Die bakteriostatische Eigenschaft von Eugenol bleibt ein Vorteil, vorausgesetzt, es kommt im Anschluß zu einer Ätzung von Schmelz und Dentin (total etch) (Abb. 8-17).
Der zeitliche Abstand zwischen Abdruck und definitiver Eingliederung, der eine provisorische Versorgung erforderlich macht, ist mithin für vielerlei Komplikationen verantwortlich, weshalb, wann immer möglich, die semi-direkte Alternative angewandt werden sollte.

Herstellungsmethoden

Komposite

Moderne Kompositsätze für den Laborgebrauch enthalten üblicherweise dieselben Materialien wie die, die während der zahnärztlichen Sitzung zur Anwendung kommen (z. B. Herculite XRVlab, Kerr; Brilliant Indirect Esthetic System, Coltene; Tetric lab, Vivadent), in der Hauptsache handelt es sich dabei um lichthärtende Feinhybride (Abb. 8-18). Einige neue Materialien, die speziell für die Herstellung von Brücken und Kronen entwickelt wurden (z. B. Artglass, Kulzer; Cesead II, Kuraray; Conquest, Jeneric/Pentron), besitzen ebenfalls eine potentielle Indikation für die Herstellung indirekter Inlays. Laborgefertigte Kompositrestaurationen werden üblicherweise nach Abschluß des Herstellungsprozesses nachvergütet.

Keramiken

Dentalkeramiken für den Einsatz in der adhäsiven Zahnheilkunde können auf verschiedene Art und Weise hergestellt werden:

- gesintert
- gepreßt
- gegossen
- maschinell

Für die Auswahl des richtigen Systems sind einige Parameter zu berücksichtigen. Für den Kliniker sind die mechanischen und ästhetischen Eigenschaften von höchster Wichtigkeit. Die Paßgenauigkeit keramischer Inlays und Onlays hängt im wesentlichen von den Fertigkeiten des Technikers ab (Dietschi et al., 1992), obwohl einige keramische Systeme, die sehr viele Schritte beinhalten, mit Sicherheit einen höheren Aufwand erfordern, um Restaurationen mit einer hohen Paßgenauigkeit zu zeitigen. Von seiten des Labors müssen die Komplexität und Anzahl der einzelnen Schritte sowie die Kosten der einzelnen Systeme in Erwägung gezogen werden. Gegenwärtig gibt es keine Keramik, die alle Anforderungen an ein ideales Restaurationsmaterial erfüllt. Deshalb müssen für jeden Fall die spezifischen Ziele bestimmt werden, um aus der Anzahl der im folgenden genannten Keramiken, die sich für den klinischen Gebrauch als geeignet erwiesen haben, die richtige Keramik auszuwählen (Tabelle 8-2) (Abb. 8-19 bis 8-23).

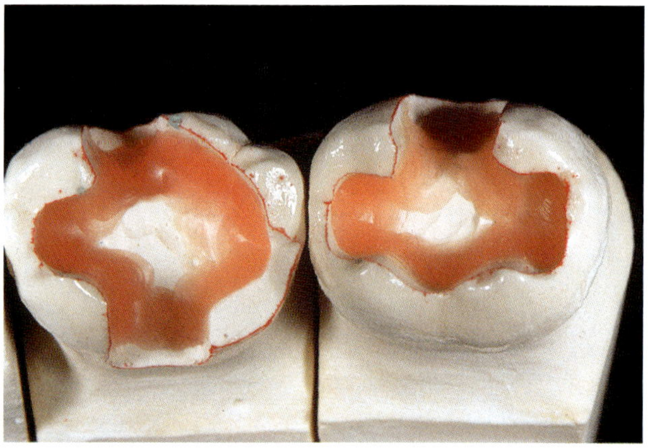

Abb. 8-18 a

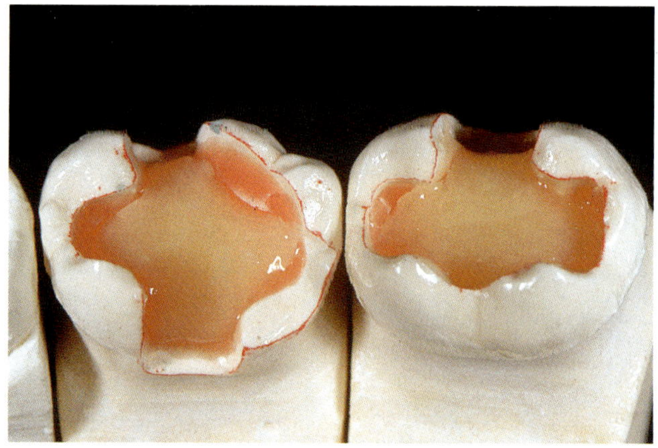

Abb. 8-18 b

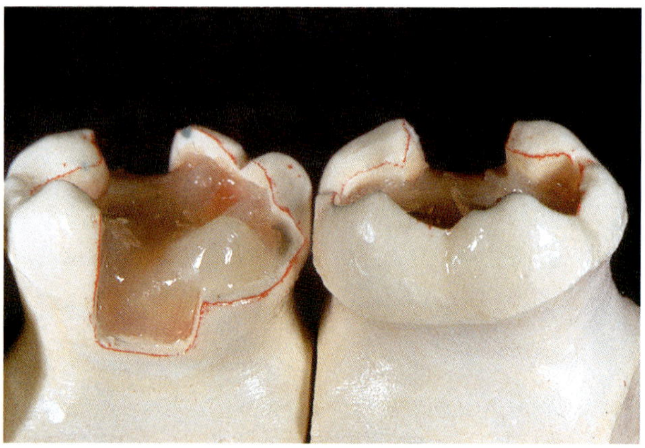

Abb. 8-18 c

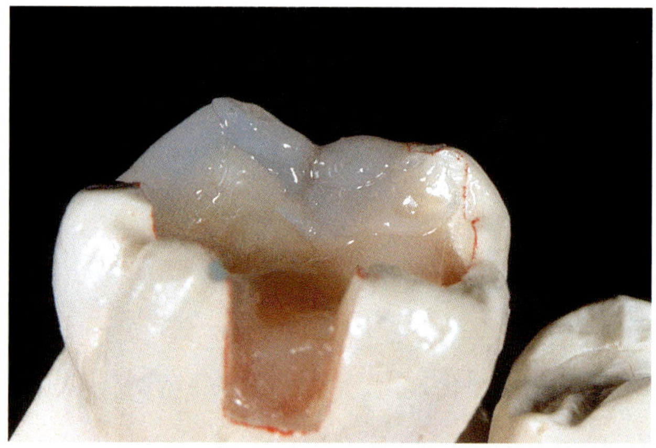

Abb. 8-18 d

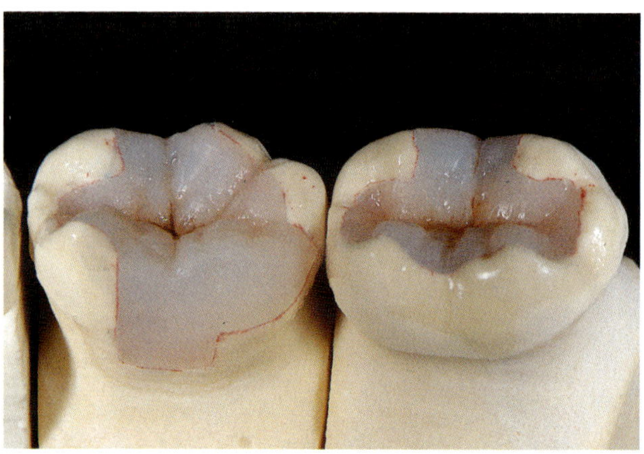

Abb. 8-18 e

Abb. 8-18 Spezifische Maßnahmen für die Herstellung einer indirekten Kompositrestauration. Der erste Schritt besteht im Einbringen eines Distanzlackes auf den Boden der Präparation (a). Eine eingefärbte Dentinmasse wird als erste Schicht eingebracht (b). Daran schließen sich Inkremente von Schmelz- (c) und tranzluzenten inzisalen Massen (d) an. Fertiggestellte Restaurationen auf dem Arbeitsmodell, die eine sehr natürliche Anatomie und Ästhetik aufweisen (e).

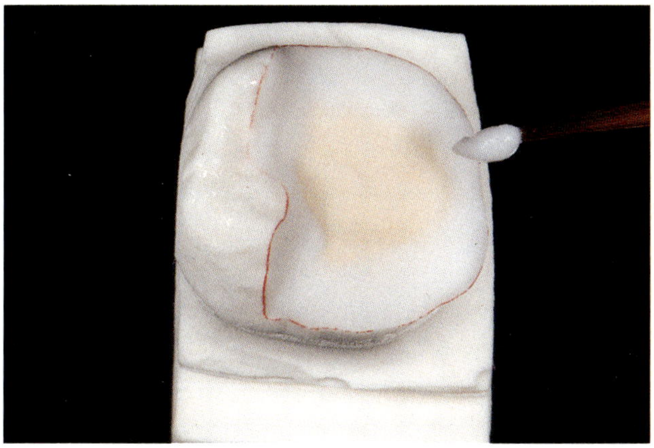

Abb. 8-19 a

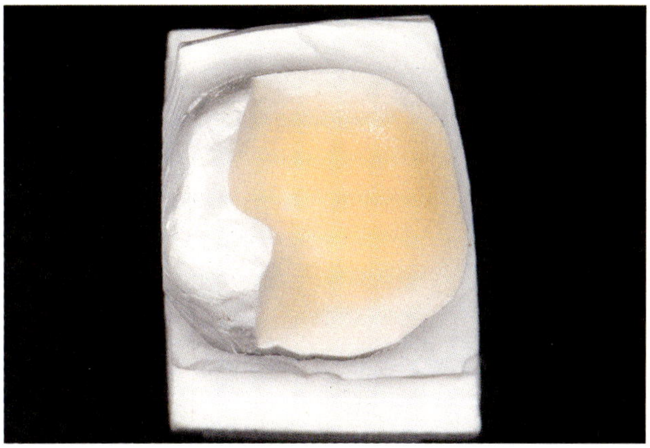

Abb. 8-19 b

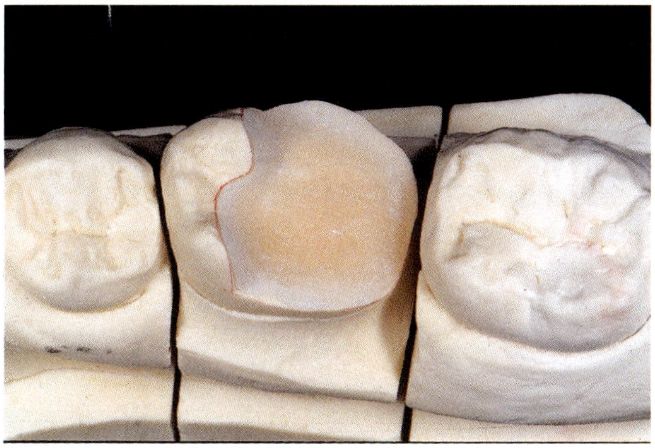

Abb. 8-19 c

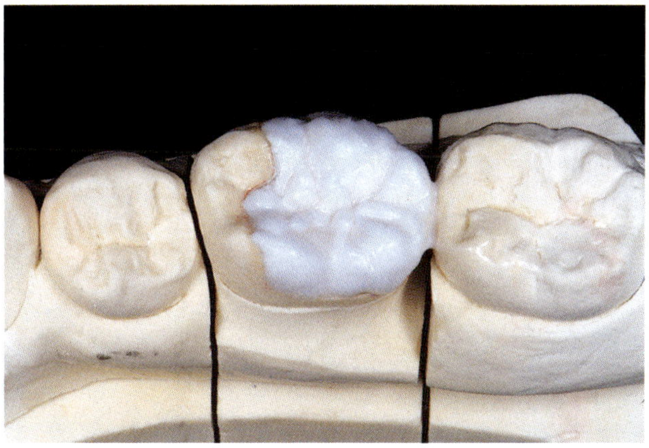

Abb. 8-19 d

Abb. 8-19 Spezifische Maßnahmen für die Herstellung einer Restauration mit niedrigeschmelzender Keramik (LFC Ducera; hergestellt von M. Cossu).
Der erste Schritt besteht in der Herstellung einer Basis aus konventionellem Porzellan auf einem feuerfesten Stumpf (a). Die gesinterte Basis wird auf dem feuerfesten Stumpf untersucht (b), und nach Umsetzen auf ein Arbeitsmodell (c). Der Vorteil dieses Systems ist, daß der Techniker die niedrigschmelzende Keramik direkt auf das Arbeitsmodell aufbringen kann, ohne den feuerfesten Stumpf in das Arbeitsmodell inkorporieren zu müssen (wie bei der konventionellen Methode) (d). Abschließende Ansicht der Restauration bestehend aus zwei Komponenten: die Basis aus konventionellem Porzellan, Überschichtung aus LFC-Material (e).

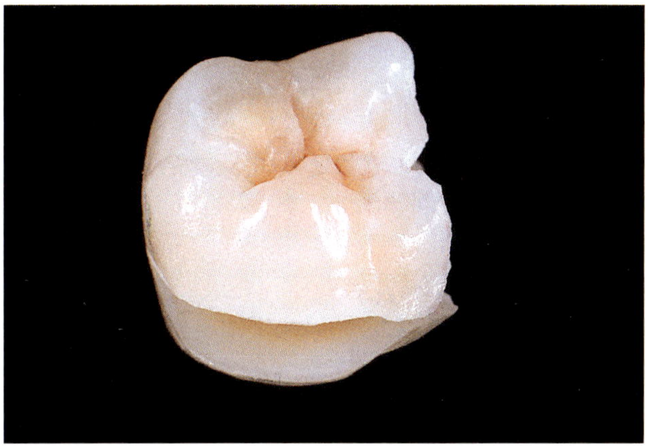

Abb. 8-19 e

Tabelle 8-2 Charakterisierung der am weitesten verbreiteten keramischen Systeme für den Einsatz bei adhäsiv eingesetzten Restaurationen.

Herstellungsmethode (Keramisches System)	Spezifische Schritte in der Verarbeitung
Sinterkeramiken: • niedrigschmelzende Keramik *(LFC Ducera)*	Dublierung des Meisterstumpfes in feuerfestem Material 1. Herstellung eines konventionellen Porzellankerns 2. Aufbau von LFC Material (auf Meistermodell)
• konventionelle, verstärkte Keramik *(Ceramco II, Corum, Optec, Vitadur)*	Dublierung des Meisterstumpfes in feuerfestem Material; Integration des feuerfesten Stumpfes ins Arbeitsmodell; Aufbau von Porzellan
• slip-casting Keramik *(In Ceram spinell)*	Dublierung des Meisterstumpfes in feuerfestem Material; 1. Herstellung einer hochbeständigen keramischen Basis - slip-casting der Spinellkeramik - Glasinfiltration 2. Kosmetische Porzellanverblendung (auf Meistermodell)
Gußkeramik (Dicor)	Wachsmodellation der Restauration Vergießen Keramisierungsprozeß (Herstellung der Oberflächeneigenschaften)
Gepreßte Keramik *(Empress)*	Wachsmodellation der Restauration: 1. vollständig, oder 2. partiell Keramikinjektion 1. Herstellen der Oberflächeneigenschaften oder 2. kosmetische Porzellanverblendung
Maschinell bearbeitete Keramik *(Celay)*	Herstellung eines Prototyps aus Kunststoff 1. vollständig, oder 2. partiell *„Reproduzieren"* des Modells in einem Keramikblock 1. Herstellen der Oberflächeneigenschaften 2. kosmetische Porzellanverblendung

Notwendige Ausrüstung	Material-stabilität	Intraorale Polierbarkeit	Ästhetik
herkömmlicher Ofen	niedrig	sehr gut	sehr gut
herkömmlicher Ofen	niedrig	unbefriedigend	sehr gut
Spezialofen (der eine Verarbeitung bei höheren Temperaturen ermöglicht)	hoch	unbefriedigend sehr gut	befriedigend (Randbereiche); (okklusal)
spezifische Gußvorrichtungen; spezifischer Keramisierungsofen; herkömmlicher Ofen	mittel	problematisch (Entfernung oberflächlicher Fleckenbildung)	akzeptabel (mit Herstellung der Oberflächeneigenschaften)
Spezifische Injektions-/Preßvorrichtung herkömmlicher Ofen	1. mittel bis hoch 2. mittel bis niedrig	unbefriedigend	1. befriedigend 2. sehr gut
Spezifische Duplizierungs-/Fräsvorrichtung herkömmlicher Ofen	Bei Verwendung nichtporöser Keramik von hoher Dichte: 1. hoch 2. mittelhoch	gut	1. akzeptabel 2. befriedigend

Abb. 8-20 Spezifische Maßnahmen für die Herstellung einer Restauration mit der slip-casting-Technik (InCeram Spinell; Zahntechnik von D. Frieder und M. Magne).
Der erste Schritt beinhaltet die Überschichtung eines spezifischen feuerfesten Materials (a) mit einer Spinellsuspension (Barbital). Nach dem ersten Brand wird die Basis vom Stumpf entfernt und nachkonturiert. Im Stadium des gesinterten Spinells ist das Material immer noch sehr spröde (b). Der zweite Brand besteht in der Imprägnierung der Basis mit einem kolorierten Glas (c). Die inneren und äußeren Oberflächen werden nach der Entfernung vom Stumpf auf Glasüberschüsse untersucht (d–e). Die Basis wird dann auf eine Arbeitsmodell umgesetzt zur Verblendung mit einem konventionellen verstärkten Porzellan (Vitadur Alpha). Ansicht der fertigen Restaurationen, die die In Ceram Krone zeigt (Alumina) und Inlay/Onlay-(Spinell)Materialien zur Restauration der Prämolaren und Molaren (f).

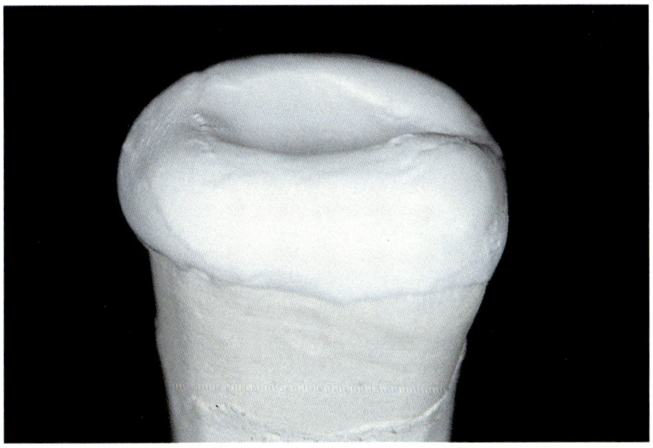

Abb. 8-20 a

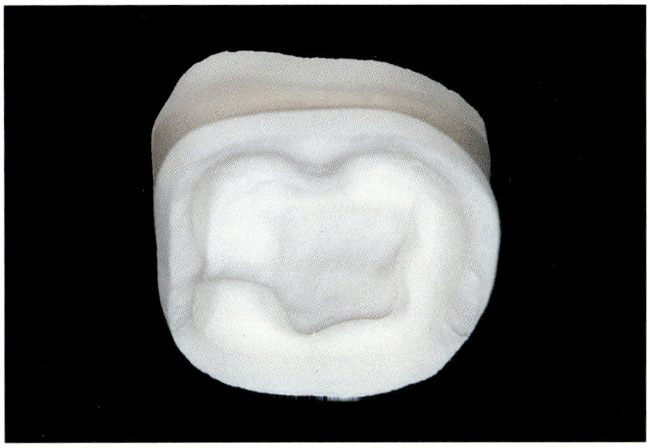

Abb. 8-20 b

Abb. 8-20 c

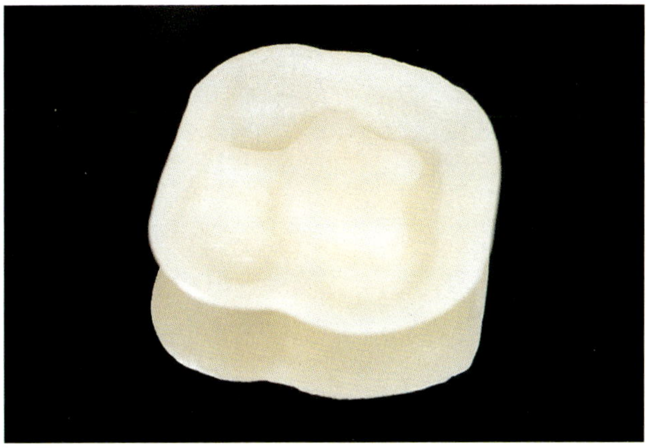

Abb. 8-20 d

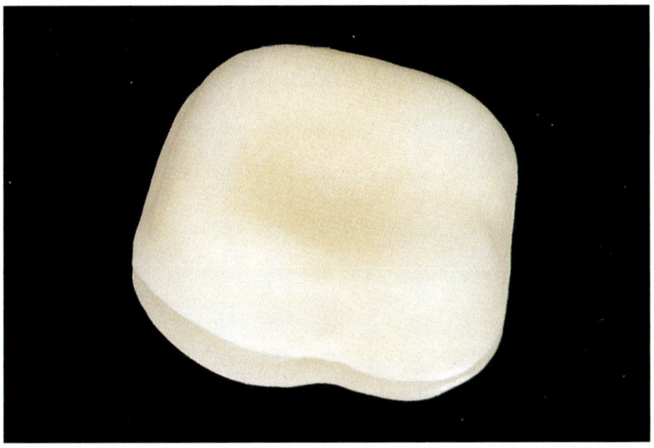

Abb. 8-20 e

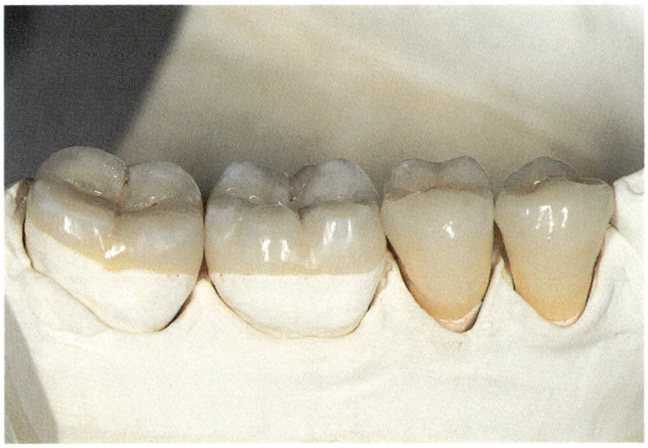

Abb. 8-20 f

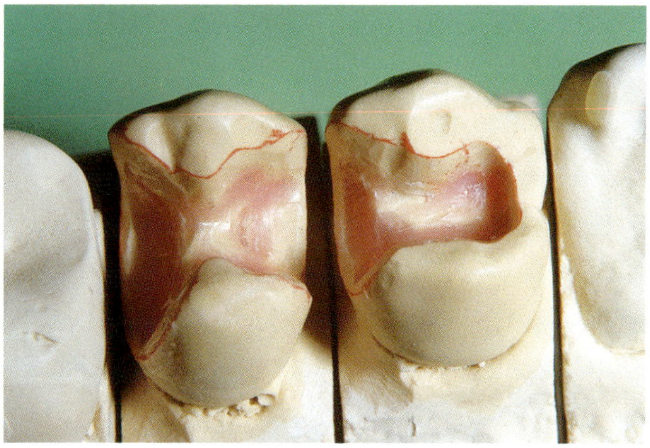

Abb. 8-21 a

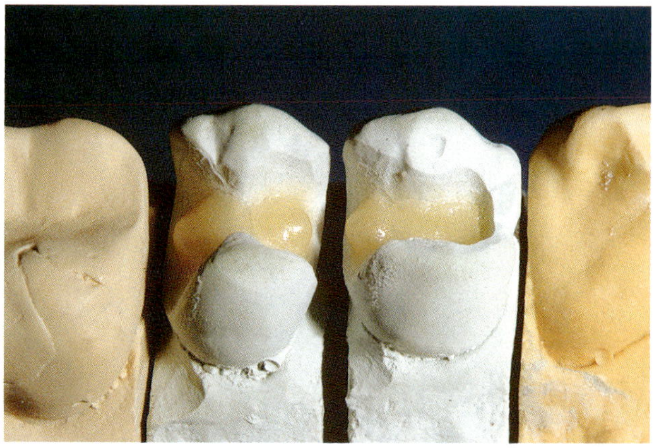

Abb. 8-21 b

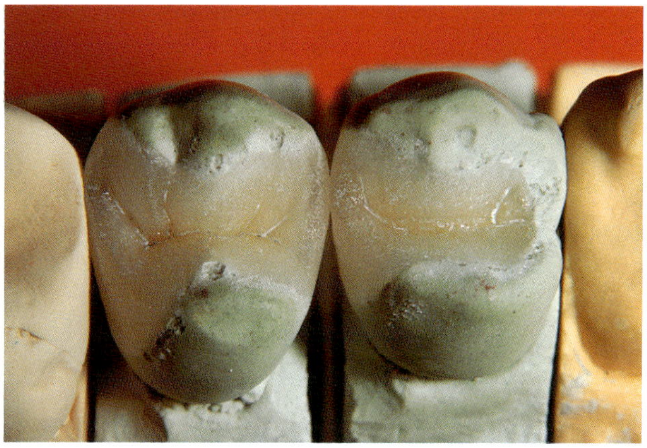

Abb. 8-21 c

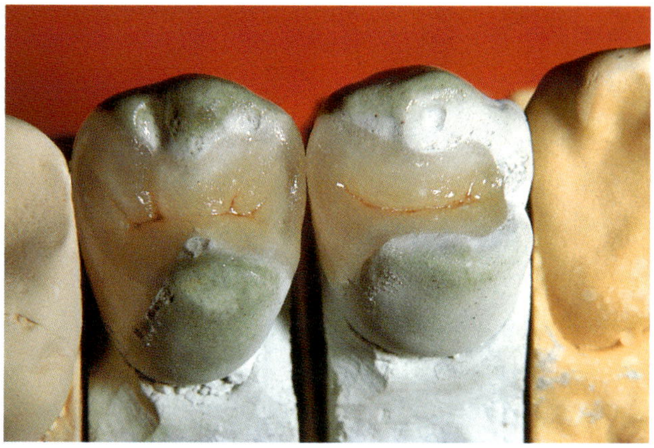

Abb. 8-21 d

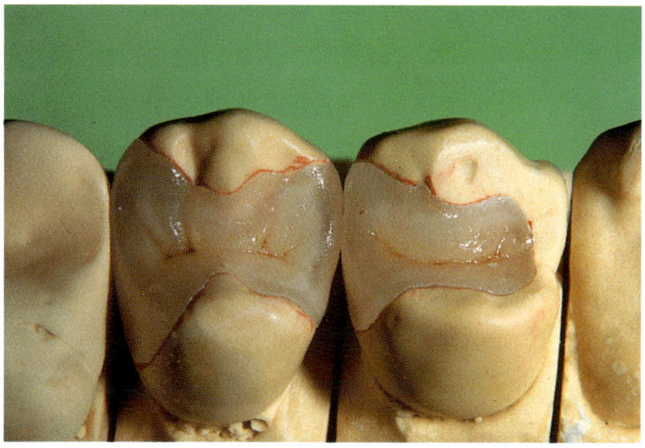

Abb. 8-21 e

Abb. 8-21 Spezifische Maßnahmen zur Herstellung eines herkömmlichen gesinterten keramischen Inlays (Zahntechnik von A. Schönenberger). Ansicht eines Meistermodells mit Distanzlacken (a). Die Hartgipsstümpfe müssen dubliert und in das Arbeitsmodell eingegliedert werden, damit die Keramik mit den erforderlichen anatomischen und funktionellen Aspekten hergestellt werden kann (b). Ansicht der beiden Porzellaninlays nach den verschiedenen Schichtungen und der Modellation (c). Während des letzten Brandes wird die Oberfläche ausgearbeitet und erhält den Glanzbrand (d). Die Restaurationen werden schließlich auf das Meistermodell umgesetzt für die abschließenden Maßnahmen (e).

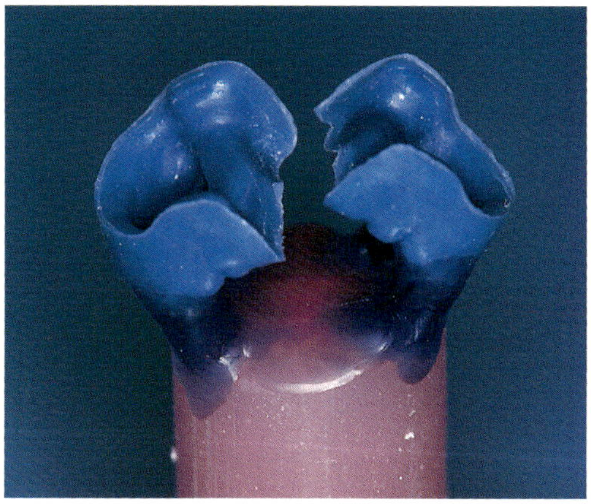

Abb. 8-22 a

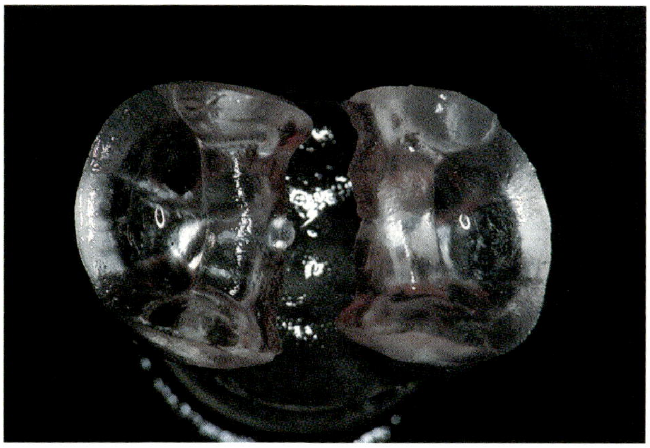

Abb. 8-22 b

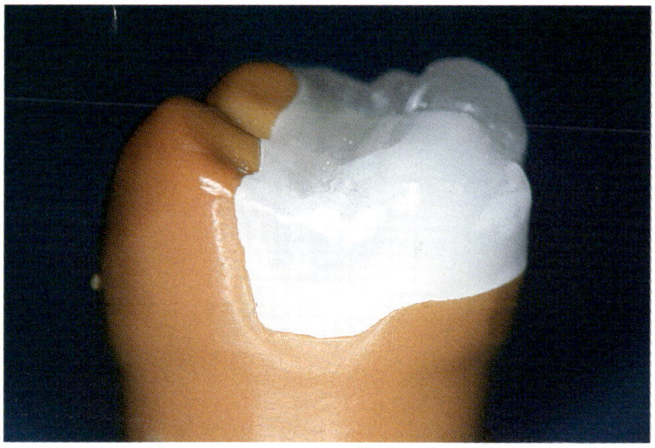

Abb. 8-22 c

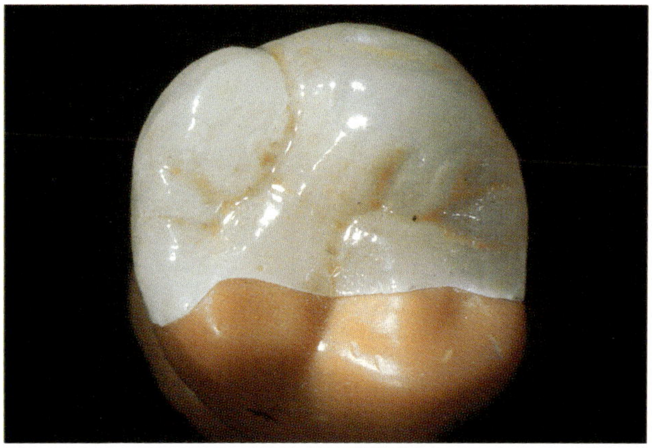

Abb. 8-22 d

Abb. 8-22 Spezifische Maßnahmen zur Herstellung einer Restauration mit der keramischen Gußtechnik (Dicor; Zahntechnik von G. Verdel).
Der erste Schritt besteht in der Modellation der zukünftigen Restauration mit Wachs und der Vorbereitung für den Gußvorgang (a). Ansicht der vergossenen Restaurationen; in glasigem Zustand erscheinen sie vollständig transparent (b). Die Restaurationen werden dann einem thermischen Keramisierungsprozeß unterzogen, der ihnen die erforderlichen mechanischen Eigenschaften verleiht. Ansicht eines Demonstrationsonlays nach der Anpassung und dem erneuten Umsetzen auf den Original-Stumpf (c). Fertiggestellte Restauration nach dem letzten Brand zur Oberflächengestaltung (d).

Abb. 8-23 Spezifische Maßnahmen zur Herstellung einer Restauration mit der Technik der gepreßten Keramik (Empress; Zahntechnik von A. Schönenberger).
Die ersten Schritte sind denen der keramischen Gußtechnik von Dicor sehr ähnlich; die Modellationen werden zuerst in Wachs hergestellt (a) und vor der Einbettung und dem Preßvorgang (b) mit einem Gußkanal versehen. Gepreßte Inlays nach der Entfernung der Einbettmasse (c). Die Restaurationen müssen dann entsprechend bearbeitet werden, um auf das Originalmeistermodell zu passen (d). Sie erscheinen transluzent aber monochromatisch, und bedürfen daher eine ästhetischen Bearbeitung, die während des letzten Brandes in Form einer intensiven keramischen Farbgestaltung der Oberfläche stattfindet (e). Fertiggestellte Restaurationen (f).

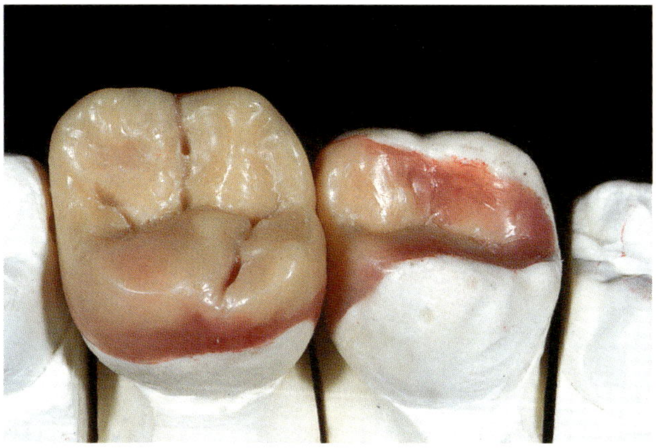

Abb. 8-23 a

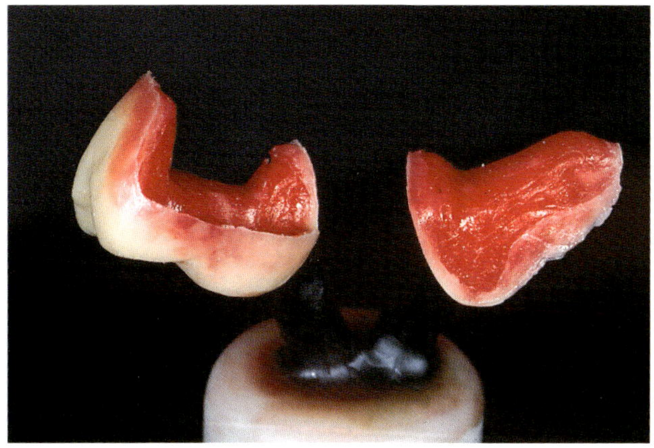

Abb. 8-23 b

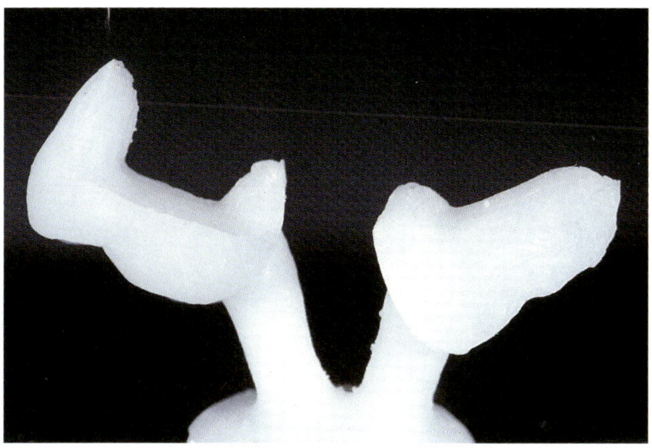

Abb. 8-23 c

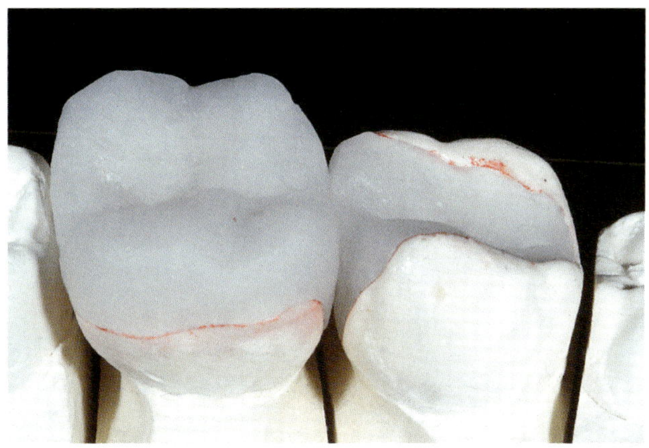

Abb. 8-23 d

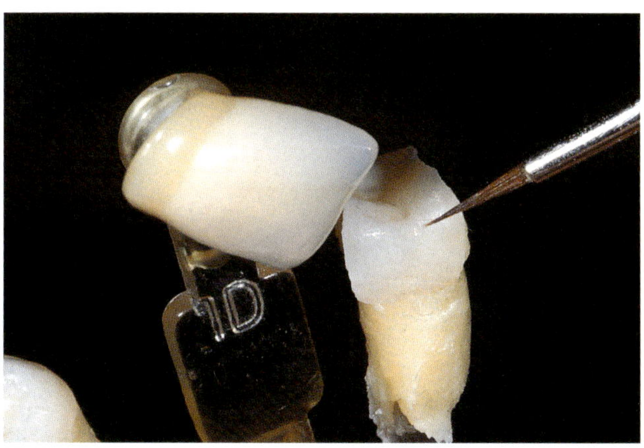

Abb. 8-23 e

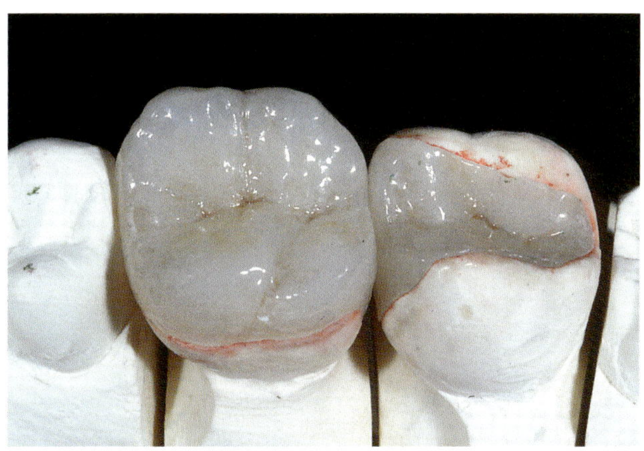

Abb. 8-23 f

Maschinell hergestellte Restaurationen

Das am weitesten verbreitete System ist der CELAY-Pantograph (Eidenbenz et al., 1994). Dieses Gerät erlaubt die Replikation einer Kunststoffrestauration mit keramischen Materialien mit Hilfe des simultanen Einsatzes eines Sensors (manuell geführt) auf allen Oberflächen des Prototyps und Diamantschleifern und Scheibchen auf der Keramik. Ursprünglich gedacht für den Einsatz in der Zahnarztpraxis, scheint dieses Gerät nun vermehrt im Dentallabor Anwendung zu finden. Obwohl die Idee der Pantographie für den Gebrauch in der Zahnheilkunde attraktiv war, werden die zukünftigen Perspektiven dieser Technik durch die klaren Vorteile der semi-direkten Kompositrestaurationen hinsichtlich der Praktikabilität und der Effektivität eingeschränkt.

Literatur

Bertschinger C, Paul SP, Lüthy H, Schärer P. Dual application of dentin bonding agents - its effect on shear bond strength. Am J Dent 1996. In press.

Burgess JO, Haveman CW, Butzin C. Evaluation of resins for provisional restorations. Am J Dent 1992;5:137–139.

Dietschi D, Maeder M, Holz J. In vitro evaluation of marginal fit and morphology of fired ceramic inlays. Quintessence Int 1992;23:271–278.

Dietschi D, Moor L, Holz J. Marginal adaptation of composite and ceramic inlays after an in-vitro fatigue test. 1996. In preparation.

Dietschi D, Herzfeld D, Holz J. Marginal adaptation of direct and semidirect composite restorations after an in vitro fatigue test. 1996. In preparation.

Eidenbenz S, Lehner CR, Schaerer P. Copy milling ceramic inlays from resin analogs: a practicable approach with the CELAY system. Int J Prosthodont 1994;7:134–142.

Krejci I. Standortbestimmung in der konservierenden Zahnmedizin. Schweiz Monatsschr Zahnmed 1993; 103:614–619.

Krejci I, Lutz F, Gautschi L. Wear and marginal adaptation of composite resin inlays. J Prosthet Dent 1994;72:233–244.

Lacy AM, Fowell I, Watanabe LG. Resin dentin bond stength following treatment with temporary cements. J Dent Res 1991;70:397 (Abstract No 1049).

Lingard GL, Davis EH, von Fraunhofer JA. The interaction between lining materials and composite resin restorative materials. J Oral Rehabilit 1981; 8:121–129.

Mash LK, Beninger CK, Bullard JT, Staffanou RS. Leakage of various types of luting agents. J Prosthet Dent 1991;66:763–766.

Millstein PL, Hazan E, Nathanson D. Effect of aging on temporary cement retention in vitro. J Prosthet Dent 1991;65:768–771.

Mojon P, Hawbolt EB, Mac Entee MI. A comparison of two methods for removing zinc oxide-eugenol provisional cement. Int J Prosthodont 1992;5:78–84.

Nikaido T, Yamada T, Koh Y, Burrow MF, Takatsu T. Effect of air-pawder polishing on adhesion of bonding systems to tooth substrates. Dent Mat 1995;II: 258–264.

Paul SJ, Schärer P. Effect of provisional cements on the bond strength of various bonding systems on dentin. J Oral Rehabil 1996. In press.

Scherrer S, de Rijk WG, Belser UC, Meyer JM. Effect of cement film thickness on the fracture resistance of a machinable glass-ceramic. Dent Mater 1994;10: 172–177.

Schwartz R, Davis R, Mayhew R. Effect of a ZOE temporary cement on the bond strength of a resin luting cement. Am J Dent 1990;3:28–30.

Tjan AH, Nemetz H. Effect of eugenol-containing endodontic sealer on retention of prefabricated posts luted with adhesive composite resin cement. Quintessence Int 1992;23:839–844.

Terata R. Characterization of enamel and dentin surfaces after removal of temporary cement: study on removal of temporary cement. Dent Mater 1993; 12:18–28.

Terata R, Nakashima K, Obara M, Kubota M. Characterization of enamel and dentin surfaces after removal of temporary cement: Effect of temporary cement on tensile bond strength of resin luting cement. Dent Mater 1994;13:148–154.

Woody TL, Davis RD. The effect of eugenol-containing and eugenol-free temporary cements on microleakage in resin bonded restorations. Oper Dent 1992; 17:175–180.

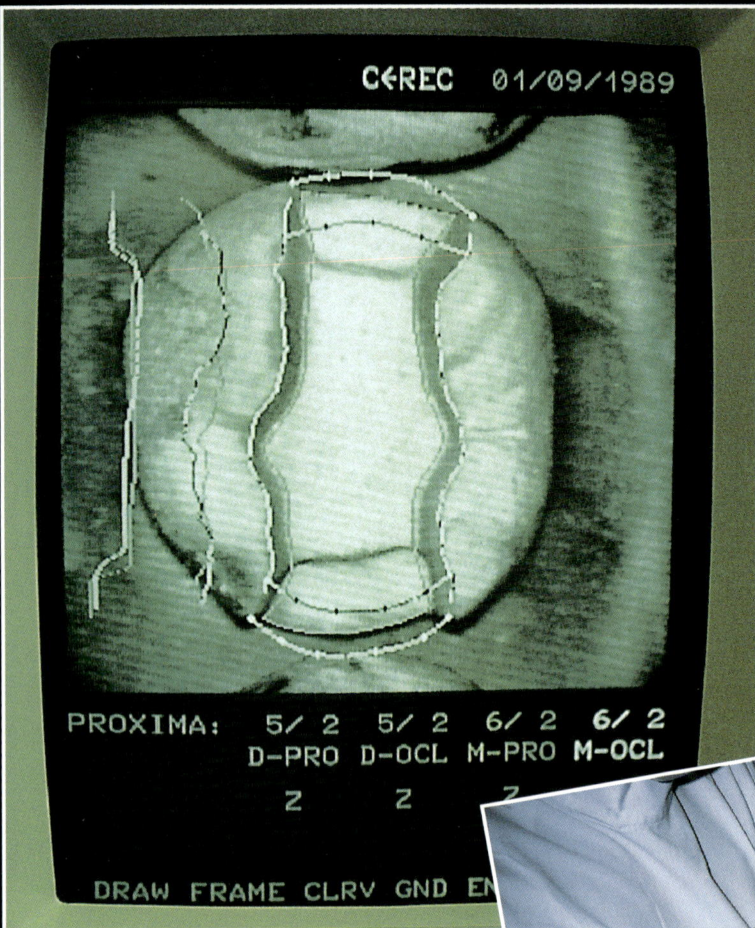
CEREC 01/09/1989
PROXIMA: 5/ 2 5/ 2 6/ 2 6/ 2
D-PRO D-OCL M-PRO M-OCL
Z Z
DRAW FRAME CLRV GND

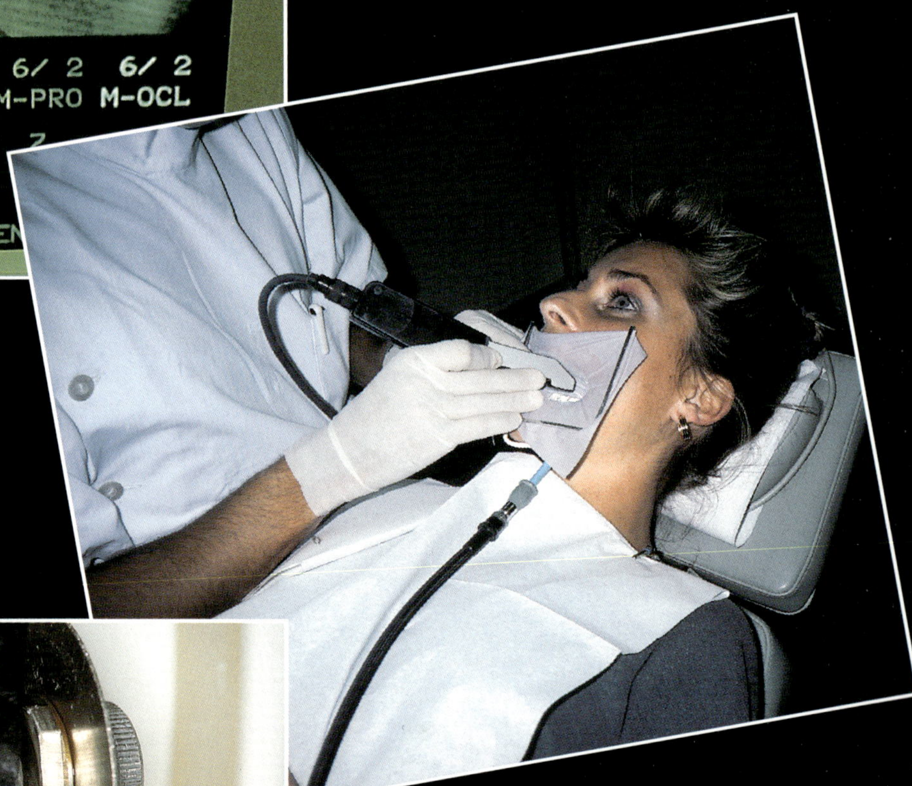

9 Neue Technologien zur Herstellung zahnfarbener Restaurationen

Unter Mitarbeit von
- **Dr. med. dent. Burkhard Hugo,**
  (Universität Würzburg)
  SONICSYS
- **Dr. med. dent. Gary Unterbrink,**
  (Vivadent, Schaan, Liechtenstein)
  SONICSYS

CAD/CAM-Systeme

Die seit den 70er Jahren zunehmende Anwendung von CAD (computer-aided design) und CAM (computer-aided manufacturing) in Auto- und Raumfahrtindustrie ist ein gutes Beispiel für das symbiotische Zusammenwirken der Entwicklung neuer Technologien einerseits und Produktionsbedürfnissen andererseits. Wie schon vorher auf anderen Gebieten, so machte sich die Zahnheilkunde auch in diesem Fall die Entwicklungen der Industrie zunutze. Etwa zehn Jahre später kamen die ersten CAD/CAM-Systeme für den spezifisch zahnärztlichen Gebrauch auf den Markt (Duret, 1988; Rekow, 1988; Mörmann und Brandestini, 1989). Dies war zweifellos einer der spektakulärsten Transfers von moderner Technologie in die Zahnheilkunde und möglicherweise der Beginn einer neuen Ära.

Das Hauptziel dabei war sicherlich nicht das Infragestellen der Fähigkeiten der Zahntechniker, genau passende, funktionelle und natürlich aussehende indirekte Restaurationen herzustellen. Da jeglicher menschliche Einfluß jedoch immer Abweichungen von der Idealvorstellung bedingt, war es ein folgerichtiges Ziel der Pioniere auf dem Gebiet der CAD/CAM-Fertigung, die Herstellung dentaler Restaurationen zu standardisieren, zu vereinfachen und die Kosten-Nutzen-Relation zu verbessern.

Ziele und Möglichkeiten der CAD/CAM-Systeme

Zunächst sollen mögliche Verbesserungen und Änderungen in der Herstellung zahnärztlicher Restaurationen dargestellt werden. Dabei ist folgendes zu erwarten:

- der Verzicht auf traditionelle Abdruckmethoden
- die Gestaltung der Restauration, beispielsweise mit Hilfe eines Computers,

nach präparativen, funktionellen und anatomischen Gesichtspunkten
- die Herstellung der zahnärztlichen Restauration innerhalb der zahnärztlichen Sitzung
- die maschinelle Herstellung der Restauration (z.B. mit rotierenden Instrumenten, Sono- oder Elektroerosion, Laser etc.)
- die Verbesserung der Qualität der Restauration hinsichtlich der mechanischen Widerstandskraft, der Randqualität, der Oberflächenqualität und der Ästhetik.

Um diese Ziele zu erreichen, wurden bislang schon eine ganze Reihe entsprechender Apparaturen auf der Grundlage traditioneller zahnärztlicher Abläufe entwickelt.

1. Voll integrierte CAD/CAM-Apparaturen (CEREC und CEREC II, Siemens) zur Herstellung der Restauration in der zahnärztlichen Sitzung, und
2. Systeme, die aus verschiedenen Teilen bestehen, wobei mindestens die CAD- und die CAM-Stationen getrennt sind. Diese beiden Teile können theoretisch nach folgenden unterschiedlichen Mustern zusammenarbeiten:

a) CAD- und CAM-Stationen befinden sich in der zahnärztlichen Praxis und kommen zu sukzessivem Einsatz, um nach der Abdrucknahme die Restauration innerhalb der zahnärztlichen Sitzung fertigzustellen.
b) Der Abdruck (optisch oder mit Hilfe einer anderen Technik) wird in der Praxis genommen, wo auch die CAD-Bearbeitung stattfindet. Die Daten werden zur Herstellung der Restauration einer zentralen CAM-Station übermittelt.
c) Der Abdruck (optisch oder mit Hilfe einer anderen Technik) wird in der Praxis genommen. Die gesammelte Information wird dann an eine zentrale Station übermittelt, wo CAD- und CAM-Stationen zusammenarbeiten.

Auf Grund der räumlichen Ausdehnung und der Kosten für die unter Punkt (2) beschriebenen CAD/CAM-Anordnungen findet man diese weniger in der zahnärztlichen Praxis als vielmehr in Zentrallabors, wo Informationen von verschiedenen angeschlossenen Behandlungsplätzen zusammenlaufen. Deshalb eignen sich diese Systeme (d. h. Duret system; Procera system, Nobel-Biocare; Cicero System, Elephant Industries; Precident DCS System, DCS dental) zum gegebenen Zeitpunkt vor allem zur Herstellung von Restaurationen nach der indirekten Technik.

CEREC und CEREC II

Der grundsätzliche Gedanke bei der Entwicklung des CEREC-Systems war die Verbindung einer optischen Abdruckmethode und einer computerbetriebenen Herstellungseinheit in einer einzigen beweglich gestalteten Anordnung (Mörmann und Brandestini, 1989). Dieses System beinhaltet ein dreidimensionales Design der Restauration mit Hilfe einer CAD-Station und die numerisch kontrollierte Herstellung der Restauration. In-vitro-Untersuchungen zeigten eine befriedigende und dauerhafte Randqualität der mit der ersten Generation des CEREC hergestellten keramischen Inlays (Mörmann et al., 1984). In-vivo-Studien mit Fünf- bis Neun-Jahres-Kontrollen bewiesen die klinische Funktionstüchtigkeit dieser Restaurationen (Schmalz et al., 1994; Walther et al., 1994). Die Herstellung einer CEREC-Restauration beinhaltet einige spezifische und originäre Schritte:

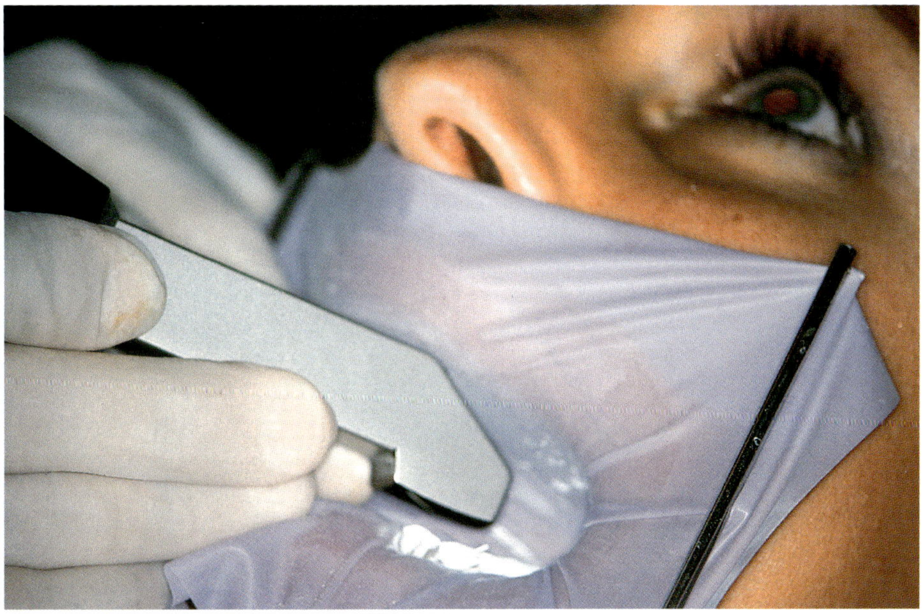

Abb. 9-1 Das CEREC-System setzt zur optischen Abdrucknahme der Präparation eine Miniaturkamera ein. Das Bild zeigt die Kamera im Einsatz.

- den optischen Abdruck
- das Bepudern der Präparation
- dreidimensionales Design der Restauration mit Hilfe einer CAD-Station
- computergesteuerter Fräsvorgang zur Herstellung der Restauration
- intraorale Herstellung und Ausarbeitung der okklusalen Anatomie.

Der optische Abdruck

Für dieses Verfahren eignen sich nur Präparationen, die bestimmte Anforderungen für die computergerechte Erstellung des Designs erfüllen; Inlay- und Onlay-Präparationen erfüllen diese Anforderungen, da alle wichtigen Bereiche deutlich erfaßbar sind, wenn der Scanner in die Position der zukünftigen Einschubrichtung gebracht wird (Abb.9-1). Die optische Aufnahme gewährleistet eine Auflösung von 50 Mikrometer (CEREC) und 25 Mikrometer (CEREC II) in allen drei Achsen des Raumes (Pfeiffer, 1994).

Puderauftrag

Unterschiedlichen Modalitäten bezüglich Reflektion und Absorption des einfallenden Lichts von Höckern und steilen Wänden aufgrund der Kavitätengeometrie und ungleichen optischen Eigenschaften der Zahnhartgewebe machen den Auftrag einer dünnen opaken Schicht auf die gesamte abzuformende Fläche erforderlich. Der Auftrag von Titandioxid auf den präparierten Zahn führt zu einer weitgehend gleichmäßigen Lichtverteilung, was den optischen Abdruck möglich macht (Abb. 9-2).

Datensammlung und Bildgebung

Vor der dreidimensionalen Ausmessung des Zahnes muß die korrekte Position des Scanners über dem Objekt gewährleistet sein. Im gegenwärtigen System geht dem Abdruck eine Suchfunktion voraus. Während der Suchfunktion arbeitet der Scan-

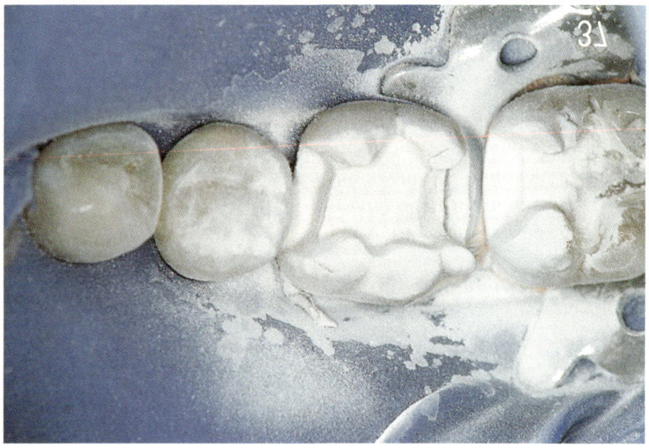

Abb. 9-2 Die Kavitätenpräparation, beschickt mit einem speziellen opaken Puder, ist nun bereit zur Abdrucknahme.

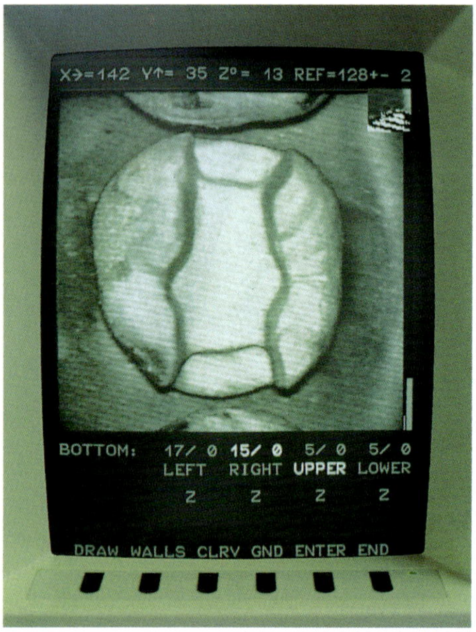

Abb. 9-3 Abbildung der Präparation, wie sie auf dem Monitor des CEREC I erscheint.

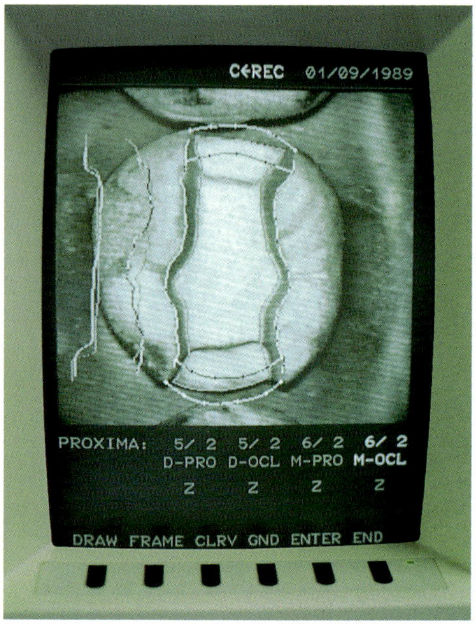

Abb. 9-4 Darstellung der Kavitätenbegrenzungen, wie sie von Anwender und Maschine festgelegt wurden. Links am Bildschirm sind die zervikalen und okklusalen Profillinien sichtbar. Zusammen bilden sie das Gerüst der zukünftigen Restauration.

ner wie eine herkömmliche Videokamera und führt so zu einer Abbildung auf dem Monitor. Die Suchfunktion wird durch die Aktivierung eines Fußschalters aufrechterhalten; das Loslassen führt zur Speicherung eines dreidimensionalen Bildes (Abb. 9-3). Einige Punkte oder Linien müssen vom Anwender im Sinne von Kavitätenhüllkurven am Bildschirm ergänzt werden, damit es zu einer dreidimensionalen computergesteuerten Synthese der Restauration kommen kann (Abb. 9-4). Dieser Vorgang wurde durch die Neuerungen der CEREC-Software beträchtlich vereinfacht.

Abb. 9-5 Ansicht der Fräsvorrichtung. Der keramische Block ist auf der Haltevorrichtung befestigt. Darüber ist das durch Wasser angetriebene Rad sichtbar.

Abb. 9-6

Abb. 9-6 Die CEREC-Fräsvorrichtung in Funktion; als Antriebsmedium für das Rad und Kühlmittel für die diamantbelegte Scheibe dient Wasser.

Abb. 9-7 Die Restauration wird vom mesialen bis zum distalen Anteil durch den Fräsvorgang in den drei Raumachsen hergestellt.

Das Fräsen der Restauration

Für die computergesteuerte Herstellung von Inlays, Overlays und Veneers werden industriell vorgefertigte keramische Blöcke benutzt (Vita CEREC Blöcke, Vitazahnfabrik; Dicor-CEREC Blöcke, Dentsply international) (Abb. 9-5), die nahezu porenfrei sind und keinen Glasurvorgang benötigen (Bienek und Marx 1994).

Beim CEREC I wurde eine einfach diamantierte Scheibe zur Bearbeitung der Keramik eingesetzt. Dabei zeigte sich, daß für die Mehrheit der Restaurationen diese ein-

Abb. 9-8 Fertiggestellte CEREC-Restauration (Dicor MGC Glaskeramik). Die intraorale Politur dieser speziellen maschinell bearbeitbaren porenfreien Keramik gewährleistet eine befriedigende Oberflächen- und Glanzqualität.

fache Anordnung ausreichend war. Der Fräskopf wurde anfänglich von einem Druckwasserstrahl angetrieben, der die Frässcheibe gleichzeitig kühlte und reinigte (Abb. 9-6). Diese erste Version der Fräsanordnung des CEREC I wurde später durch ein elektronisch gesteuertes System ersetzt. Das Fräsen der Restauration in den vorgefertigten Keramikblock umfaßt drei grundsätzliche Bewegungsrichtungen der computergesteuerten Bearbeitungsanordnung (Abb. 9-7):

- Rotation und Vorschub des Keramikblocks gegen die Frässcheibe (die Haltevorrichtung für den Keramikblock ist direkt mit der Zentralachse verbunden)
- ständig programmierte radiale Repositionierung der Frässcheibe

Beim CEREC II wurde die CAM-Station um ein zweites formfräsendes Instrument erweitert (einen zylindrischen Diamanten), so daß nun sechs statt drei Arbeitsachsen zur Verfügung stehen. Außerdem wurde beim CEREC II die für die Kontrollfunktionen zuständige Software verbessert. Diese Anordnung ist zur Herstellung sehr viel komplizierterer Restaurationsformen und zur groben Konturierung okklusaler Oberflächen in der Lage.

Ausarbeitung und Politur von CEREC-Restaurationen

Die Herstellung und Konturierung der okklusalen Anatomie muß intraoral mit Diamantschleifkörpern absteigender Korngröße (80, 40 bis 15 Mikrometer) (Féher und Mörmann, 1995) ausgeführt werden. Die abschließende Ausarbeitung und Politur aller zugänglichen Oberflächen wird mit flexiblen Scheibchen oder Gummispitzen und -rädchen (Stoll et al., 1996) durchgeführt. Fein diamantierte EVA-Aufsätze und Streifen dienen der Ausarbeitung in den approximalen Bereichen. Werden diese Arbeitsvorgänge auf die spezifischen CEREC-Keramiken angewandt, resultiert eine Oberflächenqualität der Restauration, die in ihren Okklusionseigenschaften den natürlichen antagonistischen Zähne entspricht (Abb. 9-8).

Indikationen für CEREC-Restaurationen

Die Indikation für CEREC-Restaurationen entspricht den Indikationen für die Anwendung der semidirekten Techniken. Dies schließt die meisten der Fälle ein, für die

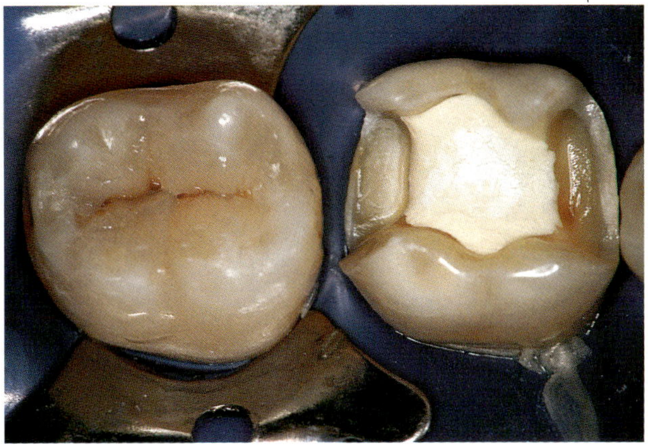

Abb. 9-9 Die Präparation ist zu groß für die Anwendung einer direkten restaurativen Technik. Die spezifische Konfiguration der Kavität macht die Anwendung einer semidirekten CAD/CAM-Technik möglich.

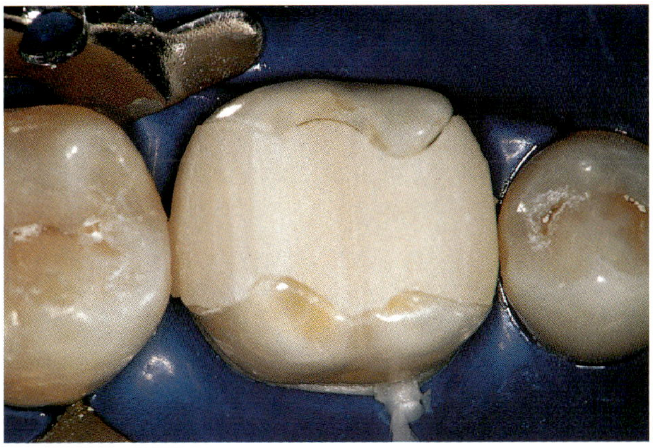

Abb. 9-10 Sofortige Einprobe der Restauration (in Vita MKII Keramik), die mit dem CEREC I-System hergestellt wurde.

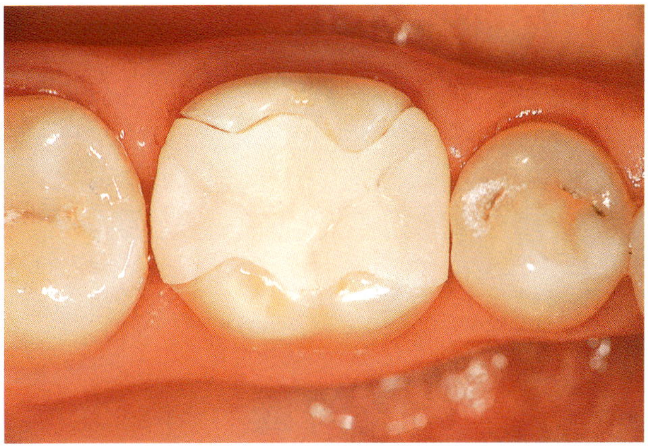

Abb. 9-11 Ansicht der Restauration nach Ausarbeitung und okklusaler Gestaltung. Man beachte den monochromatischen optischen Eindruck.

einerseits die Anwendung direkter Techniken kontraindiziert und andererseits der Aufwand labortechnischer Abläufe nicht zu rechtfertigen ist. Dies trifft in besonderer Weise auf große, aber isolierte kariöse Kavitäten oder Restaurationen zu (Abb. 9-9). Die Herstellung einer akzeptablen okklusalen Anatomie erwies sich bei den verwendeten außerordentlich dichten maschinell bearbeitbaren keramischen Materialien als zu zeitaufwendig (Abb. 9-10 und 9-11). Hinsichtlich der Farbe kann nur festgestellt werden, daß CEREC-Restaurationen zahnfarben sind (Abb. 9-12 bis 9-14), ohne jedoch die ästhetische Qualität üblicher Kompositrestaurationen auch nur im Entferntesten zu erreichen. Aus diesen Gründen darf der tatsächliche Nutzen der CEREC-Technik angezweifelt werden, zumal mit anderen semidirekten Techniken Restaurationen mit einer besseren anatomischen Gestaltung, Paßgenauigkeit und

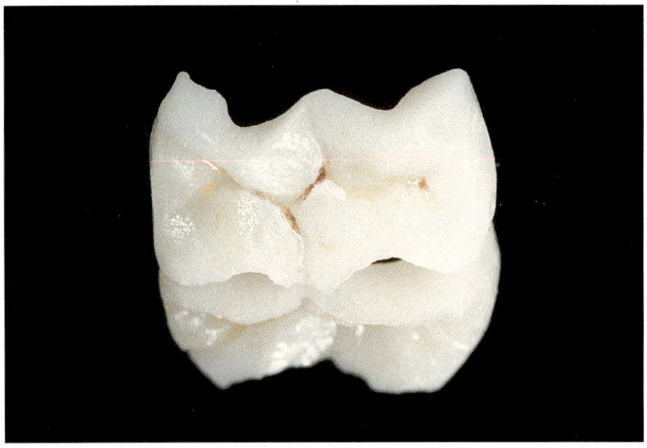

Abb. 9-12 In diesem Fall wurde versucht, das ästhetische Ergebnis durch das Einbrennen keramischer Flecken in die okklusalen Fissuren zu verbessern.

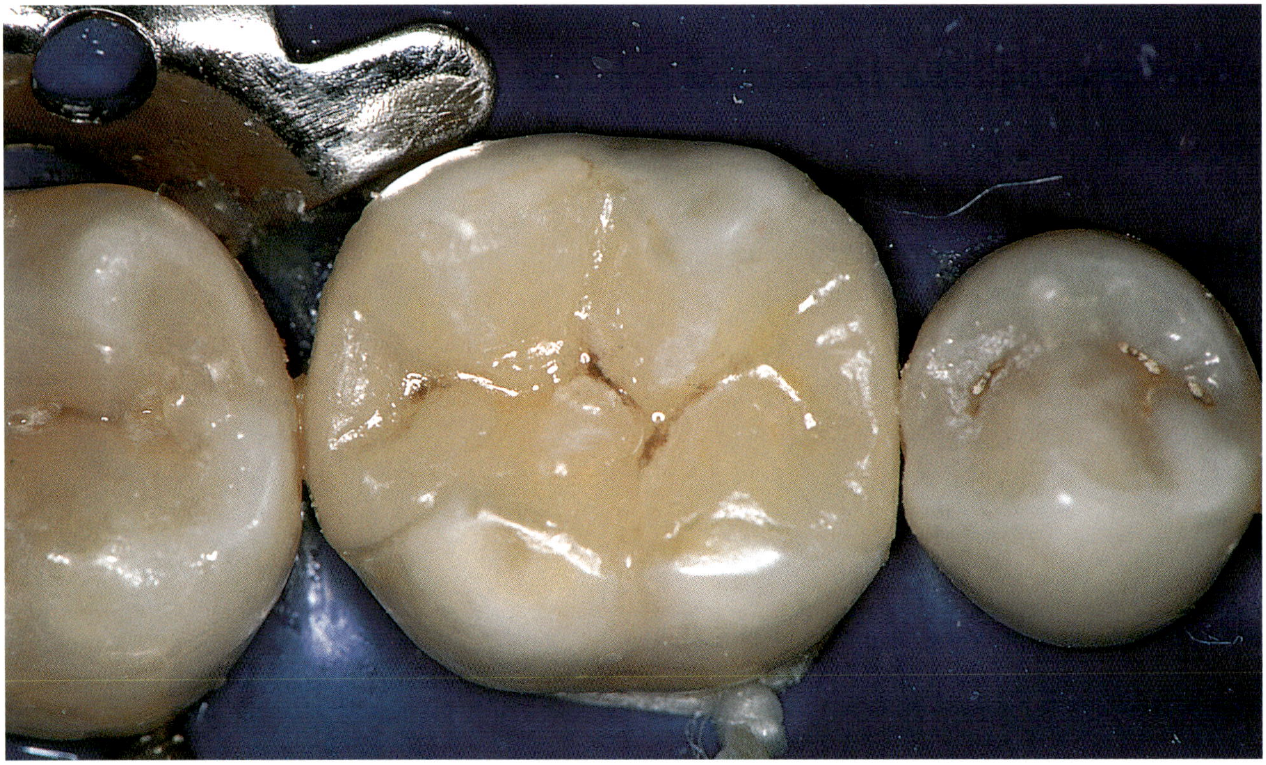

Abb. 9-13 Eingesetzte Restauration. Die Herstellung von qualitativ hochwertigen CEREC-Restaurationen erfordert außerordentliche Übung, Sorgfalt und eine ausgedehnte Behandlungszeit.

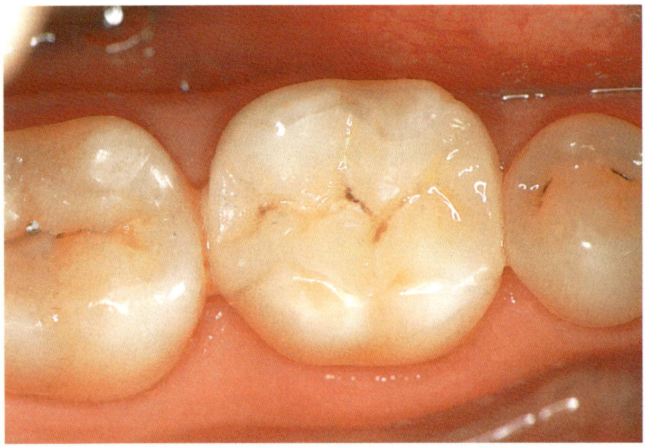

Abb. 9-14 Dieselbe Restauration, nach einigen Wochen Tragezeit.

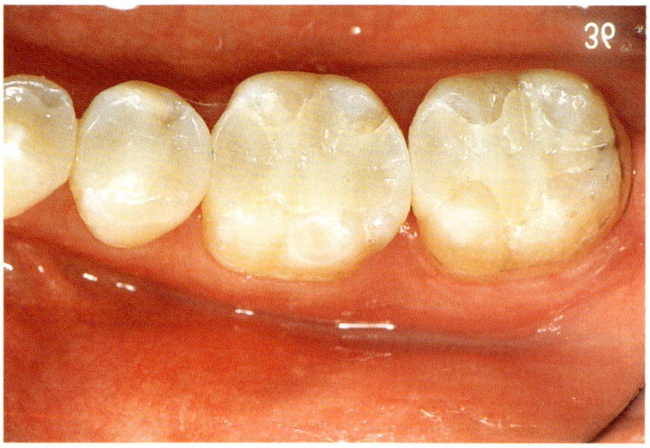

Abb. 9-15 Auch Serienrestaurationen können mit dem CEREC-System hergestellt werden, obwohl in einem solchen Fall laborgefertigte Restaurationen hergestellt werden sollten (die Fotografien erscheinen mit freundlicher Genehmigung von Dr. Pascal Magne, Universität Genf).

Ästhetik bei geringeren Kosten hergestellt werden können.
Obwohl nachgewiesen werden konnte, daß von versierten und intensiv ausgebildeten Praktikern auch Serienrestaurationen angefertigt werden können (Mörmann und Brandestini, 1989), sollte dieser spezifischen Indikation mit einer gewissen Zurückhaltung begegnet werden. Präzision und funktionelles Gleichgewicht der resultierenden okklusalen Anatomie ist mit dieser Methode weit weniger vorhersehbar als mit herkömmlichen labortechnischen Abläufen (Abb. 9-15).

Andere CAD/CAM-Methoden

Mittlerweile gibt es einige Systeme, mit denen CAD/CAM-Restaurationen hergestellt werden können. Diese Anordnungen zielen auf die Herstellung von Kronen, Käppchen oder Brückenkonstruktionen aus verschiedenen Materialien, wie Kompositen, Keramiken und Metallen ab. Diese Systeme wurden jedoch nicht für die spezifische Konfiguration von intrakoronalen oder partiellen Restaurationen entwickelt. Im Gegensatz zur Herstellung des letztlich resultierenden Werkstücks wurden für die dreidimensionale Darstellung der Präparation verschiedene Konzepte entwickelt. Die jeweilige Komplexität hängt von betrachteten System ab.

Zum gegenwärtigen Zeitpunkt arbeiten viele Systeme, abgesehen vom CEREC und Duret System, mit der dreidimensionalen Darstellung der Präparation mit Hilfe eines Steingipses, obwohl man urspünglich erwarten konnte, daß die Problematik konventioneller Abdruckverfahren erleichtert würde.
Verschiedene Methoden fanden zur Aufzeichnung der räumlichen Koordinaten des präparierten Zahnes Anwendung:

- Laserholographie (Duret, 1989)
- Laserscanner (Uchiyama, 1991; Miasaki et al., 1995) (Microdenta system; CAP system; Nissan CAD/CAM system)
- Stereofotografie (Rekow, 1988)
- Mechanischer Digitalisierer (Strupowsky, 1994; Hegenbarth, 1995) (Precident DCS system; Procera system).

Das gemeinsame Merkmal all dieser System ist die Computerverarbeitung der für die dreidimensionale Rekonstruktion des Objekts gesammelten Daten. Die Herstellung externer Konturen und der entsprechenden Anatomie unterscheidet sich hingegen in Abhängigkeit von der herzustellenden Struktur. Für die letztliche Fertigstellung der Restaurationen kann die funktionelle Anatomie durch den Rückgriff auf eine Datenbank („Bibliothek") mit vorgespeicherten natürlichen Zahnformen gestaltet werden, wobei schließlich noch benachbarte Strukturen berücksichtigt und den aufgezeichneten interokklusalen Beziehungen angepaßt werden müssen.

Die Zukunft der CAD/CAM-Technologie in der Zahnheilkunde

Es ist augenscheinlich, daß nur einige der Zielsetzungen, die eingangs erwähnt wurden, mit den oben beschriebenen Techniken erreicht werden können. Zum gegenwärtigen Zeitpunkt bietet das CEREC dem Zahnarzt als einziges System die Möglichkeit zur Herstellung keramischer Restaurationen ohne die Hilfe eines zahntechnischen Labors. Wie jedoch bereits erwähnt, ist die Indikation für den Einsatz dieses Systems durch das zugrundeliegende Konzept und die damit verbundenen Abläufe limitiert. Die Herstellung natürlicher ästhetischer und anatomischer Verhältnisse mit dem CEREC-System ist immer noch problematisch und unzuverlässig. Alle anderen Systeme haben, so scheint es, momentan ein mittleres Entwicklungsstadium erreicht und benötigen einige Verbesserungen und Modifikationen, um die Position und Anerkennung zu erreichen, die ihnen von ihren Entwicklern zugedacht wurde (Bayne und Heymann, 1996; Grimaudo, 1996).

Bei der Weiterentwicklung dieser Technologien ist eine ganze Reihe von Problemen sowohl praktischer als auch ökonomischer Natur und hinsichtlich der jeweils zugrunde liegenden entsprechenen Philosophie vorhersehbar:

1) Im Gegensatz zu den meisten Anwendungsgebieten von CAD/CAM-Systemen in der Industrie erfordert die Zahnheilkunde die Anfertigung von Einzelstücken. Deshalb läßt sich aus der Entwicklung ähnlicher Systeme auf anderen Gebieten nicht auf die Entwicklung in der Zahnheilkunde rückschließen.
2) Ein ideales System sollte einige wichtige Schritte und Funktionen umfassen (z. B. die Abdrucknahme, Farbgebung, Ausarbeitung der Oberflächen und Politur), die gegenwärtig auch den am weitesten entwickelten Systemen fehlen, obwohl die technischen Lösungen dafür existieren (Duret, 1996). Tatsächlich gibt es aufgrund des eng beschränkten Marktes starke Begrenzungen für die Weiterentwicklung technologischer Neuerungen und die Produktion verbesserter CAD/CAM-Maschinen.
3) Eine weitere direkte Folge der Kosten hochentwickelter Technologie ist die Beschränkung der Anwendung solcher Systeme auf Forschungsgruppen, Kliniken und möglicherweise einige spezialisierte Praxen und Labors. Darüber hinaus beziehen sich die im Moment anerkannten Anwendungen auf intrakoronale oder eng begrenzte prothetische Arbeiten, wohingegen der hauptsächliche Vorteil von CAD/CAM-Systemen grund-

sätzlich in der Anwendung bei Serienrestaurationen besteht, für die die traditionellen Methoden mit praktischen Schwierigkeiten und hohen Laborkosten zu kämpfen haben.

Aus diesen Gründen ist zu erwarten, daß die Anwendung von CAD/CAM-Systemen und einiger anderer Hi-Tech-Systeme in der Zahnheilkunde beschränkt bleibt und zumindest in der nächsten Dekade nur eine untergeordnete Rolle spielen wird. Diese Systeme scheinen eher auf lange Sicht erfolgversprechend, und solange die menschliche Hand eine bessere Qualität gewährleistet als eine Maschine, sollten wir uns für die Herstellung zahnmedizinischer Restaurationen weiterhin der herkömmlichen Methoden bedienen.

Andere Technologien

Kopiermaschinen

Celay

Das Celay-System ist ein mittlerweile gut bekanntes manuell betriebenes System, das für das zahntechnische Labor eine interessante Alternative zu CAD/CAM-Systemen darstellt (Eidenbenz et al., 1994). In einem ersten Schritt wird ein sogenanntes „pro-Inlay" im Munde des Patienten oder auf einem Modell hergestellt. Dieses „pro-Inlay", das aus Wachs oder Komposit besteht, wird auf der Seite der Abtastapparatur (scanning side) befestigt.
Das manuelle Abtasten und die maschinelle Herstellung finden gleichzeitig statt. Obwohl ursprünglich für den Einsatz in der Zahnarztpraxis konzipiert, erwies sich das System als für diesen Einsatz ungeeignet. Die Herstellung Keramischer Inlays, Onlays, Käppchen und sogar dreigliedriger Brückenkonstruktionen ist möglich.

Ceramatic

Das Ceramatic-System ist eine integrierte automatische Kopiermaschine für alle Vollkeramik- und Aluminiumoxid-Materialien. Das Konzept des Systems enspricht weitgehend dem des Celay-Systems. Als keramisches Material werden CEREC Vita Blöcke benützt (MK II Keramik).

Sonoerosion

Im Jahre 1992 veröffentlichten Hahn und Löst den ersten Bericht über die Anwendung der Sonoerosion in der Zahnheilkunde, einer Technik, die in der Industrie zur Herstellung hochwiderstandsfähiger Keramiken Anwendung findet. Grundsätzlich besteht sie aus maßgefertigten metallischen Instrumenten (Sonotroden), die den externen und den internen Konturen des zukünftigen Werkstücks genau entsprechen. Durch den Einsatz von Ultraschallenergie werden unter Verwendung eines Slurry aus Borkarbid als abrasives Medium beide Sonotroden gegen einen Keramikblock bewegt, wobei sukzessive beide Hälften der zukünftigen Restauration entstehen. Eine interessante Eigenschaft dieses neuartigen Systems ist die Möglichkeit, mit hochwiderstandsfähigen Materialien (insbesondere Keramiken) zu arbeiten, die mit den herkömmlichen in der Zahnheilkunde angewandten Methoden nicht bearbeitet werden konnten. Die Oberfläche der Materialien wird schonender bearbeitet, das führt zu einer höheren Belastungsfähigkeit gegenüber auftretenden Biegespannungen (Hahn und Löst, 1993). Ein weiterer Vorteil dieser Methode ist die Herstellung einer außerordentlich paßgenauen Restauration.

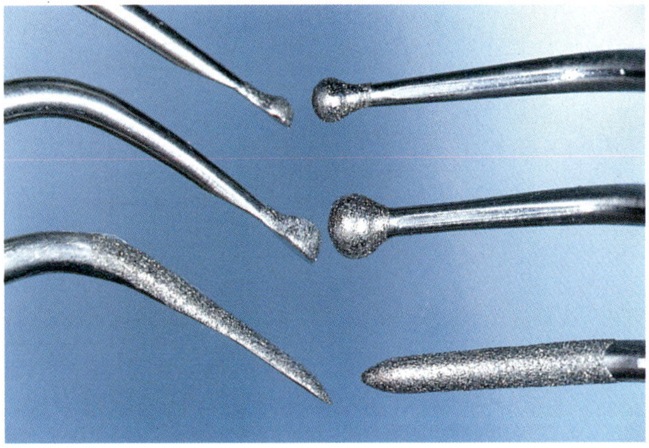

Abb. 9-16 Das „Microprep Set" enthält verschiedene Instrumentenformen, die insbesondere für die Randgestaltung in approximalen Kavitäten geeignet sind. Es ist ebenfalls für andere Präparationsarten nutzbar.

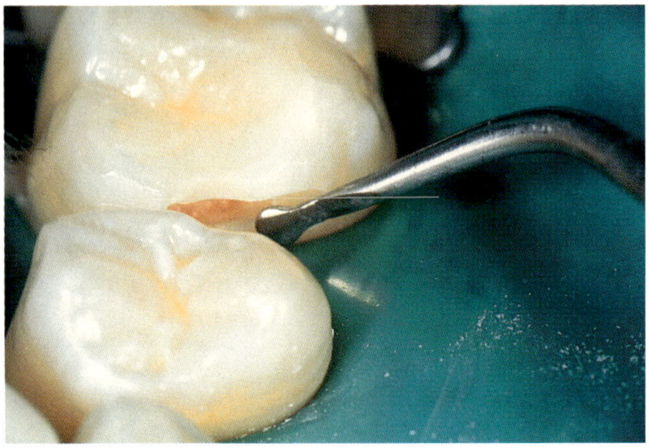

Abb. 9-17 Präparation mit der kleinen Linse der SONICSYS-Instrumente.

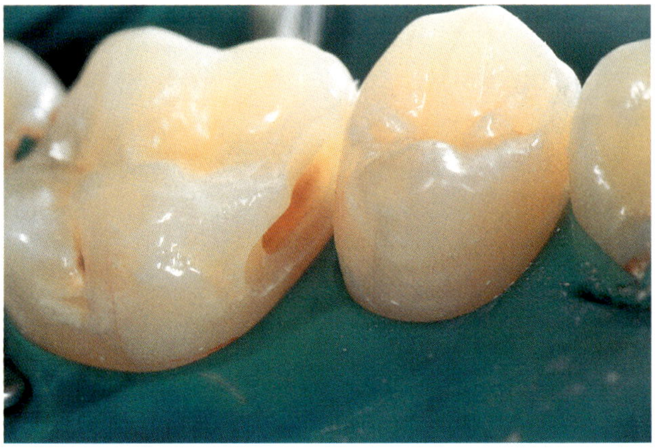

Abb. 9-18 Fertiggestellte Präparation. Eine breite Abschrägung wurde angelegt, was für eine adhäsive Restauration von Vorteil ist. Die approximale Oberfläche des Nachbarzahnes ist durch dieses Vorgehen geschützt.

Leider läßt die Notwendigkeit zur Herstellung spezifischer Instrumente für jede neue Restauration die Anwendung und die Zukunft dieses Systems als sehr problematisch erscheinen.

Oszillierende Präparationstechnik

Die Präparation mit rotierenden Instrumenten für die Anwendung adhäsiver Techniken ist für kleine approximale Kavitäten mit Problemen verbunden, die sowohl das Präparieren korrekter Winkel für die Anwendung der Säure-Ätz-Technik (Cheung, 1990; Loesche et al., 1993; Hugo et al., 1995) als auch die iatrogene Schädigung des Nachbarzahnes betreffen (Cardwell und Roberts, 1972; Qvist et al., 1992; Lussi, 1995).

Daher sind jetzt im Schallbereich operierende Präparationsinstrumente entwickelt worden (unter 6,5 kHz, KaVo SONIflex).

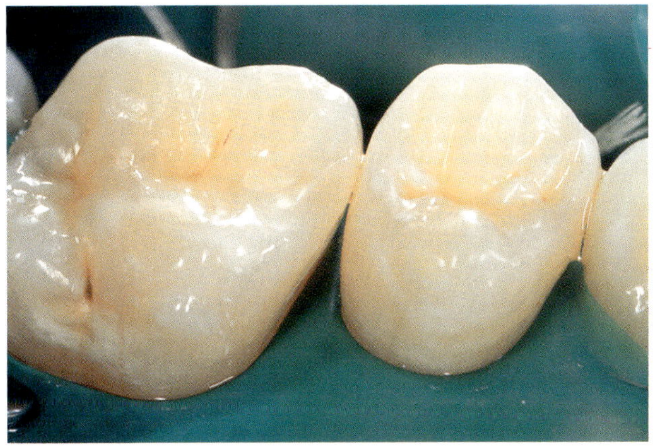

Abb. 9-19 Restauration nach vollständiger Ausarbeitung.

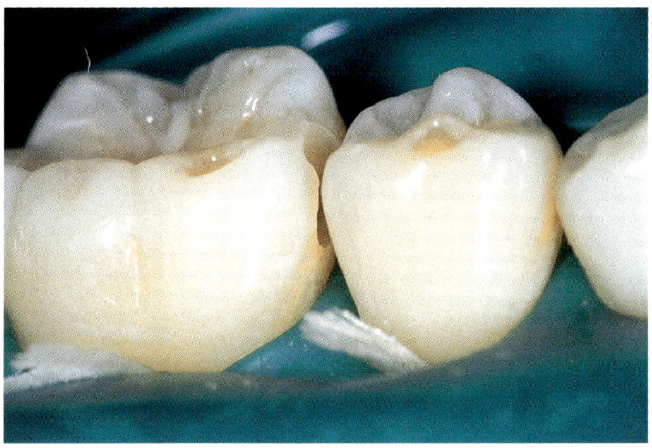

Abb. 9-20 Die Gestaltung von Mikropräparationen mit okklusalem Zugang ist mit konventionellen rotierenden Instrumenten erschwert. Hier bietet sich die Anwendung der SONICSYS-Instrumente an.

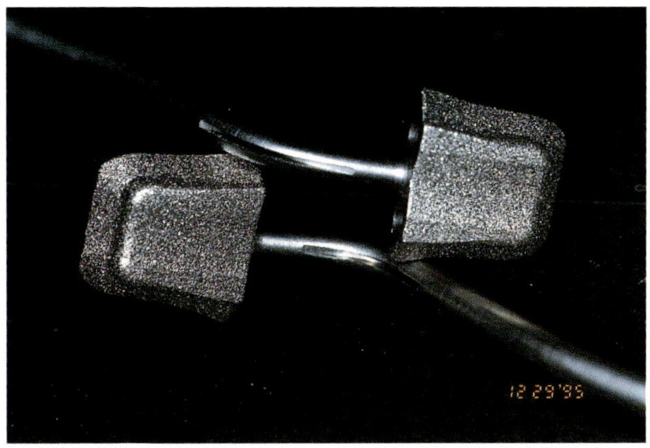

Abb. 9-21 Mesiale und distale approximale Präparationsinstrumente (hier Größe 3).

Diese Ansätze, die in verschieden Formen erhältlich sind, weisen eine Teildiamantierung der aktiven Flächen auf, wohingegen die Kontaktfläche zum Nachbarzahn poliert ist (Abb. 9-16).

SONICSYS micro

Diese Instrumente erlauben, was man als „präventive restaurative Therapie" bezeichnen könnte. Die Möglichkeit, Ränder noch in unmittelbarer Nähe zum Nachbarzahn zu präparieren, ist dabei nur ein Aspekt. Mit diesen Instrumenten können Kavitäten durch kleine okklusale oder laterale Zugänge präpariert werden, die den Ausdehnungen tatsächlicher Dekalzifizierungen Rechnung tragen. Außerdem kann die Bildung von frakturfreien Abschrägungen zu einer besseren Randqualität und Dichtigkeit beitragen (Abb. 9-17 bis 9-21). Die Präparationstechnik ist nicht auf ex-

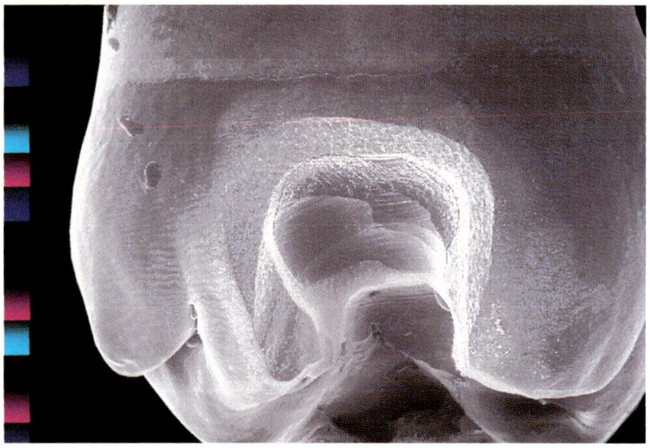

Abb. 9-22 REM-Ansicht einer mit SONICSYS-Instrumenten durchgeführten approximalen Präparation. Ersichtlich ist eine für die Anwendung der Adhäsivtechnik günstige Konfiguration.

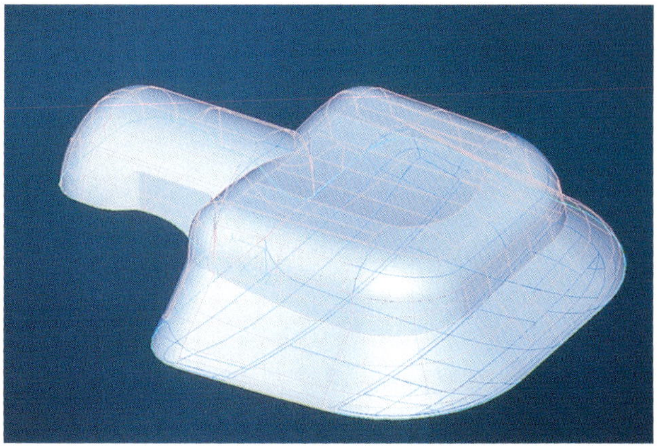

Abb. 9-23 Mit Hilfe der CAD-Technik hergestelltes SONICSYS approximal Inlay. Im Gegensatz zu vorgefertigten keramischen Inserts oder Inlays sind Form und Dimensionen den spezifischen Arbeitsinstrumenten genau angepaßt.

trem kleine Restaurationen beschränkt. Nahezu jede approximale Präparation, sowohl für die Herstellung metallfreier oder metallhaltiger Restaurationen bei Anwendung direkter als auch indirekter Techniken, kann mit SONICSYS-Instrumenten ihre endgültige Form erhalten. Da die idealen Winkelverhältnisse je nach Restaurationsmaterial und Kavitätenform variieren, wird zukünftig eine Reihe von Instrumenten erhältlich sein, um von der Tunnel- bis zur Onlaypräparation jede Präparation möglich zu machen (Abb. 9-16).

SONICSYS approx

Ein Satz von sechs Instrumenten, jeweils eine mesiale und distale Form in drei Größen, dient zum Finieren und zur „Standardisierung" kleiner bis mittelgroßer Klasse-II-Defekte (Abb. 9-21 und 9-22). Dazu gibt es vorgefertigte und mit bonding beschickte keramische „Approximalinlays" (Leuzitkeramik, Vivadent) (Abb. 9-23).
Die Standardisierung der approximalen Kavität ist der entscheidende Schritt dieser Technik. Während der Präparation wird die glatte Außenfläche des Instruments in Kontakt zum Nachbarzahn gehalten. Die Abschrägungen der Präparation bzw. des Instruments und die axialen und gingivalen Randbereiche der Präparation bilden die Führungsfläche für das keramische Inlay. Dadurch ist ein physiologischer Approximalkontakt praktisch garantiert.
Im Gegensatz zu bisherigen vorfabrizierten Inlay-Systemen werden die SONICSYS-Approximalinlays direkt von der Verpackung in die Kavität transferiert. Eine Einprobe ist nicht notwendig. Beide approximalen Anteile einer MOD-Kavität können in einem einzigen Arbeitsgang restauriert und polymerisiert werden.
Das „SONICSYS approxsystem" stellt eine restaurative Methode dar, die sich zwischen den Methoden einer direkt gelegten Kompositfüllung und einem laborgefertigten Inlay befindet. Ein kleiner Satz mit drei Größen ist ausreichend für überraschend viele verschiedene Indikationen.

Literatur

Bayne SC, Heymann HO. CAD/CAM in dentistry: present and future applications. in: Current concepts. Quintessence International 1996;27:431–433.

Bienek KW, Marx R. Die mechanische Belastbarkeit neuer vollkeramischer Kronen- und Brückenmaterialien. Schweiz Monatsschr Zahnmed 194;104:284–289.

Cardwell JE,Roberts BJ. Damage to adjacent teeth during cavity preparation. J Dent Res 1972;51:1269.

Cheung GSP. A scanning electron microscope investigation on the acid-etched cervical margin of class II cavities. Ouintessence Int 1990;21:299–302.

Duret F. CAD/CAM in dentistry. J Am Dent Assoc 1988;117:715–720.

Duret F. CAD/CAM in dentistry: present and future applications. In Current concepts. Quintessence International 1996;27:433–436.

Eidenbenz S, Lehner CR, Schärer P. Copy milling ceramic inlays from resin analogs: a practical approach with the Celay system. Int J Prosthodont 1994;7: 134–142.

Féher A, Mörmann WH. Die Ausarbeitung von Keramikrestaurationen mit superfeinen Diamantinstrumenten. Schweiz Monatsschr Zahnmed 1995;105: 474–479.

Grimaudo NJ. CAD/CAM in dentistry: present and future applications. In Current concepts. Quintessence International 1996;27:436–437.

Hahn R, Löst C. Sonoerosive Fertigung keramischer Zahnrestaurationen. Dtsch Zahnärztl Z 1992;47: 734–739.

Hahn R, Löst C. Microstructure and strength analysis of ultrasonically shaped ceramics. Schweiz Monatsschr Zahmed 1993;103:844–850.

Hegenbarth EA. Die Symbiose aus Computertechnologie und Kreativität. Dental Labor 1995; XLIII: 797–909.

Hugo B, Stassinakis A, Hotz P. Die Randqualität der Schmelzabschrägung bei adhäsiven Klasse-II-Kavitäten in vivo. Dtsch Zahnärztl Z 1995;50:832–835.

Lussi A. Verletzung der Nachbarzähne bei der Präparation approximaler Kavitäten. Schweiz Monatsschr Zahnmed 1995;105:136–140.

Loesche GM, Neuerburg CM, Roulet JF. Die adhäsive Versorgung konservativer Klasse-II-Kavitäten. Dtsch Zahnärztl Z 1993;48:26–31.

Mörmann WH, Jans H, Brandestini M, Ferru A, Lutz F. Computer machined adhesive porcelain inlays: margin adaptation after fatigue stress. J Dent Res 1984;63:763 (Abstract No 339)

Mörmann WH, Brandestini M. Die CEREC Computer Reconstruction, Inlays, Onlays und Overlays. Berlin: Quintessenz, 1989.

Miasaki T, Hotta Y, Lee WS, Fujiwara T, Koizumi E, Fukunaga H, Kawawa T. Automatic fabrication of dental restorations by a CAD/CAM process. Quintessence Dent Tech 1995;20.

Pfeiffer J. Siemens Werksangaben. Bensheim: Siemens Dental, 1994.

Qvist V, Johannessen L, Bruun M. Progression of approximal caries in relation to iatrogenic preparation damage. J Dent Res 1992;71:1370–1373.

Rekow ED. Prostheses by computer. NY State Dental J 1988; 54:21–22.

Shmalz G, Federlin M, Geursten W. Sind Keramik-Inlays und Veneers wissenschaftlich anerkannt? Dtsch Zahnärztl Z 1994;49:197–208.

Stoll R, Seitner T, Schulte A, Stachniss V. The use of Polishing systems on the surface of different ceramic materials. In Mörmann WH (ed): CEREC 10 Year Anniversary Symposium. Berlin: Quintessence, 1996: 589–597.

Strupowsky M. Das Precident-DCS-System, numerisch gesteuerte Zahntechnik. Dental Labor 1994;XLII: 1809–1815.

Uchiyama Y. Production of metal crowns by CAD/CAM. Quintessence 1991;10:111–117.

Walther W, Reiss B, Toutenburgh H. Longitudinale Ereignisanalyse von CEREC-Einlagefüllungen. Dtsch Zahnärztl Z 1994;49:914–917.

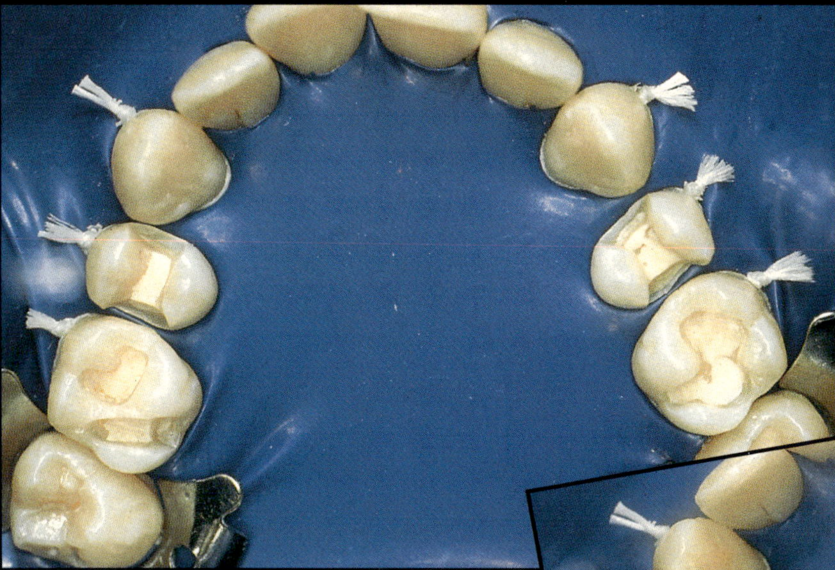
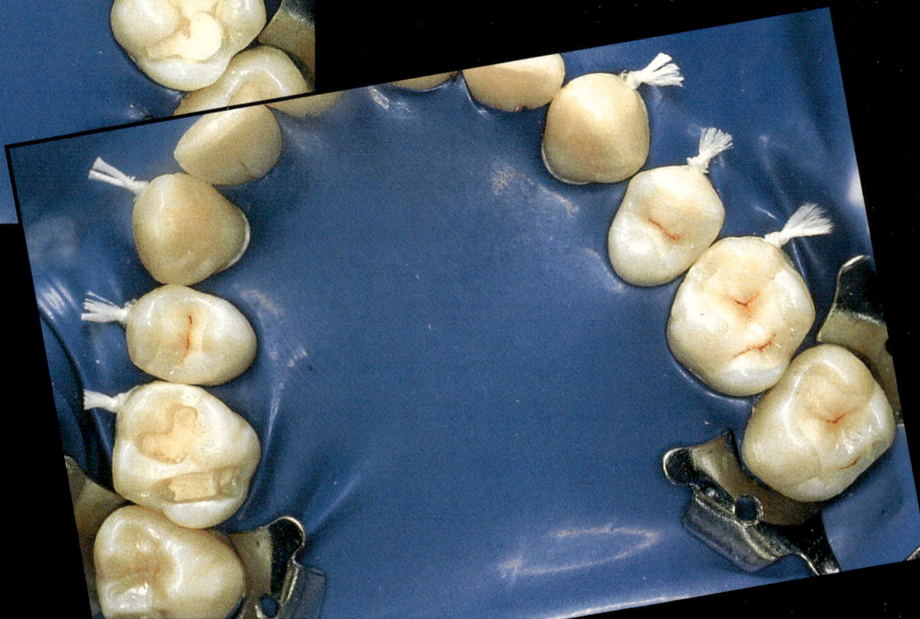
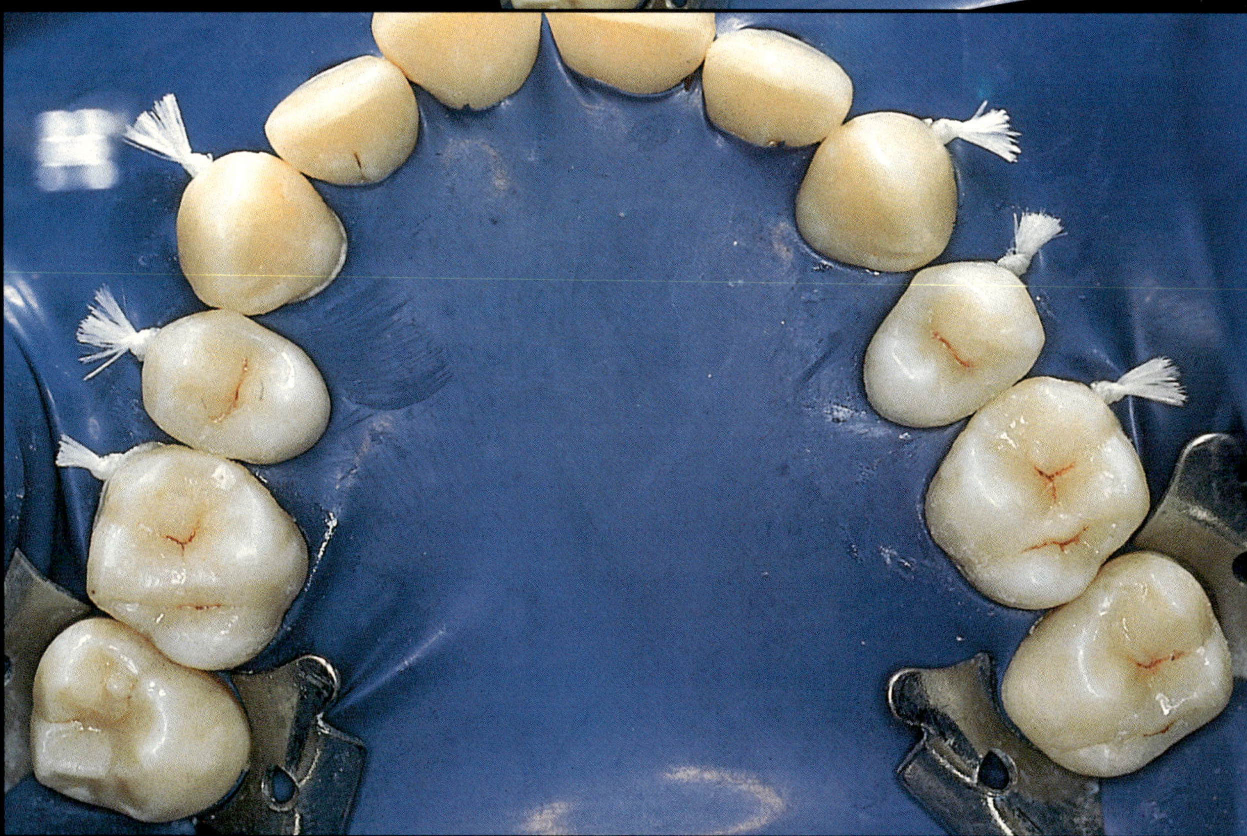

10 Vorgehensweisen beim Einsetzen

Während traditionelle Goldinlays und -onlays grundsätzlich durch die durch den Zement bewirkte mikromechanische Retention und Friktion in der Kavität gehalten werden, werden semi-direkte und indirekte ästhetische Restaurationen durch die mikromechanische oder chemische Adhäsion zwischen dem Befestigungszement und sowohl den Zahnhartgeweben als auch dem restaurativen Material in der Kavität gehalten. Dies macht die Einsetzmaßnahmen zu einem kritischen Schritt.

Reinigung der Kavitätenoberfläche

Für den Fall, daß eine provisorische Versorgung getragen wurde, muß zunächst der provisorische Zement vollständig entfernt werden. Wie in Kapitel 8 gezeigt, wird dies vorzugsweise mit Handinstrumenten bewerkstelligt, wobei sich eine Reinigung mit Bimsmehl oder einem Pulverstrahlgerät anschließen sollte; dabei erscheint die erstgenannte Technik weniger effektiv (siehe Kapitel 8, Abb. 8-16). Die weiteren adhäsiven Maßnahmen machen eine vollständige Reinigung des Zahnes und Entfernung aller Rückstände erforderlich (Lacy et al., 1991; Woody und Davis, 1992; Terata, 1993; Terata et al.,1994; Bertschinger et al., 1996; Paul und Schärer, 1996).

Einprobe der Restauration

Die Bedeutung der Präzision für die Qualität der adhäsiv eingesetzten Restauration wird in der wissenschaftlichen Literatur kontrovers diskutiert. Dieses Problem sollte nach fünf verschiedenen Aspekten analysiert werden:

1. **Dicke der Zementfuge:** Es konnte gezeigt werden, daß bei dünnen Zementfugen die Polymerisationsschrumpfung hauptsächlich uniaxial gerichtet ist (Feilzer et al.,1989). Die entstehende „Wand zu Wand-Kontraktion“ des Komposits verhält sich deshalb proportional zur Dicke des Komposits, wenn man von üblichen klinischen Kautelen ausgeht. Die Randspaltbreite von semi-direkten und indirekten Restaurationen (Komposit oder Keramik) liegt bei ungefähr 100 Mikrometer (Ariyaratnam et al., 1990; Dietschi et al., 1992). Interne Spaltbildungen können aufgrund der Verwendung von Distanzlacken und Maßnahmen zur Anpassung der Restauration jedoch größer sein (bis zu 300 Mikrometer).

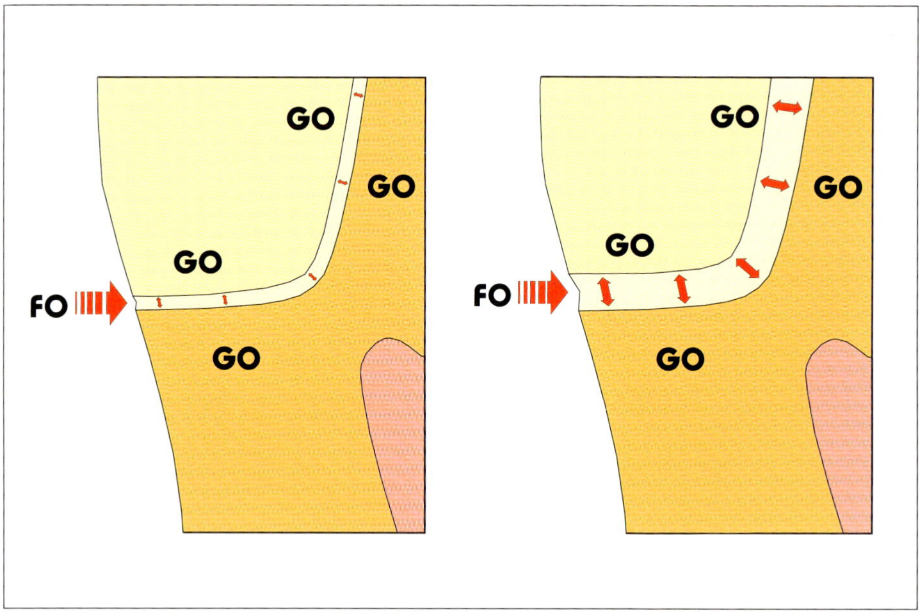

Abb. 10-1 Schematische Darstellung, die die speziellen Konfigurationen verschiedener dünner Zementspalten zeigt, wo das Verhältnis von „gebondeten Oberflächen" (GO) zu „freien oder ungebondeten Oberflächen" besonders hoch ist (FO). Bei einer solchen Konfiguration sind die Polymerisationkräfte nahezu ausschließlich senkrecht zur adhäsiven Grenzfläche gerichtet und verhalten sich allem Anschein nach proportional zur Zementfuge.

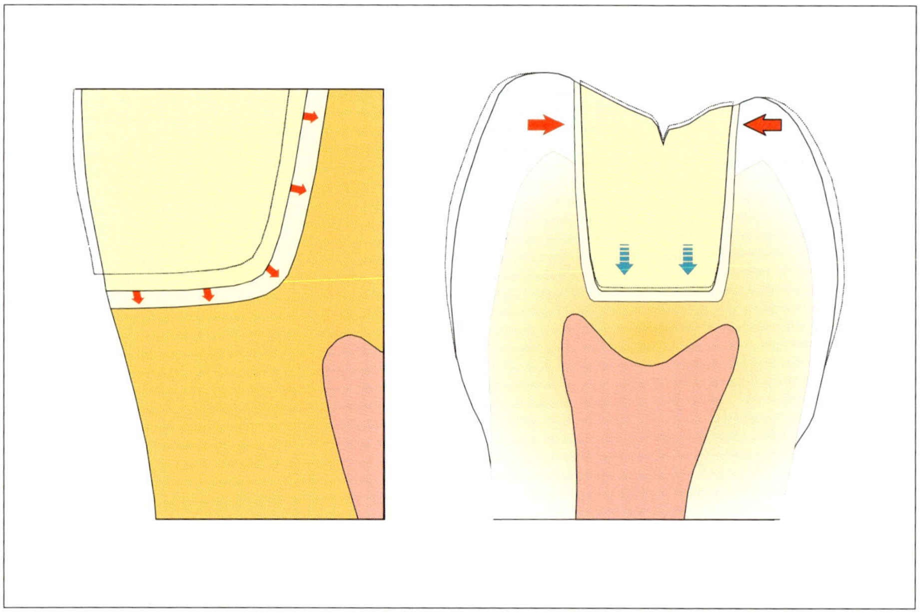

Abb. 10-2 Schematische Darstellung, die die typischen kompensatorischen Bewegungen zeigt, die während der Zementierung adhäsiver Restaurationen ablaufen. Die aus der Polymerisationsschrumpfung resultierenden Spannungen, die auf die mit Bonding agent beschickten Oberflächen wirken, werden reduziert. Solche Phänomene sind mit einer höheren Wahrscheinlichkeit bei großen Zementspalten anzutreffen.

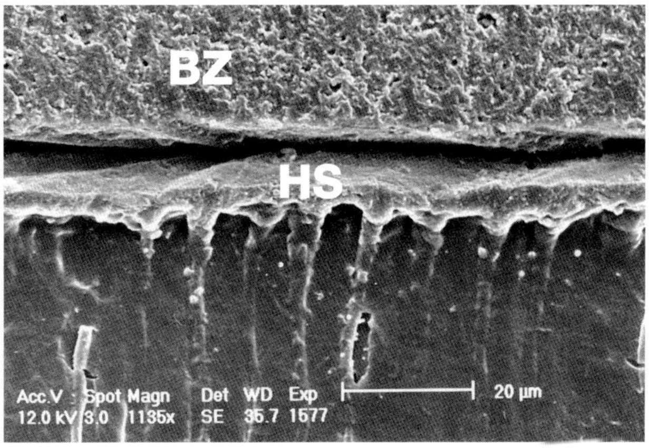

Abb. 10-3 Interne adhäsive Grenzfläche einer mit Komposit eingesetzten Restauration in REM-Ansicht, an der ein Abriß zwischen der Hybridschicht (HS) und dem darüberliegenden Befestigungszement (BZ) erkennbar wird. Dieser Mißerfolg rührt vermutlich aus einer während der Eingliederung des Inlays entstehenden Kompression des kollagenen Netzwerkes, das noch nicht durch ausgehärtetes Bonding stabilisiert war.

Dies bedeutet, daß präzise passende Restaurationen die auf die adhäsiven Grenzflächen wirkenden Polymerisationsbelastungen reduzieren und so einen besseren Randschluß und Dichtigkeit aufweisen (Abb. 10-1).

2. Kompensatorische Bewegungen: Die Fähigkeit der Einheit aus Restauration und Zahn, während der Polymerisationsschrumpfung des zum Einsetzen verwandten Komposits Mikrobewegungen auszuführen, kann die aus der Polymerisationschrumpfung resultierenden Belastungen teilweise kompensieren (Dietschi et al., 1992 und 1995; Sorensen und Munksgaard, 1995). Das bedeutet, daß präzise passende Restaurationen sich während des Einsetzens genau der Kavitätenform anpassen und jegliche kompensatorische Bewegungen wie geringe Lageveränderungen der Restauration und die Flexion der verbliebenen Wände verhindern (Abb. 10-2).

3. Adhäsionspotential: Wie bereits erwähnt, haben zahlreiche Studien die Vorteile adhäsiv eingesetzter Restaurationen bezüglich der Randqualität und der Dichtigkeit gezeigt. Wie es scheint, kommt dieser Vorteil jedoch im Fall des Gebrauchs von Dentinhaftvermittlern bei der Anwendung moderner Adhäsive nicht zum Tragen. Tatsächlich konnte gezeigt werden, daß Mißerfolge der adhäsiven Technik häufig zwischen dem Hybridlayer und dem Einsetzzement auftreten (Dietschi et al., 1995 und 1996a und b) (Abb. 10-3). Diese Problematik hängt vermutlich mit der Kompression des durch den Ätzvorgang exponierten kollagenen Netzwerkes während des Einsetzens zusammen, ohne daß der Hybridlayer durch eine ausgehärtete Kunststoffschicht stabilisiert ist. Dasselbe Phänomen und seine schädigenden Konsequenzen auf die Dentinadhäsion wurde schon im Zusammenhang mit der Dehydrierung des Dentins beschrieben (Pashley et al., 1994). Die Lösung dieser Problematik kann jedoch nicht in einem vorherigen Aushärten der Kunststoffschicht bestehen, da dies eine korrekte Positionierung der Restauration ausschließen würde, inbesondere bei präzise passenden Restaurationen. Es erscheint daher sachdienlich, in jedem nur möglichen Fall eine adhäsive Unterfüllung einzubringen, damit die Vorteile moderner Adhäsive voll zum

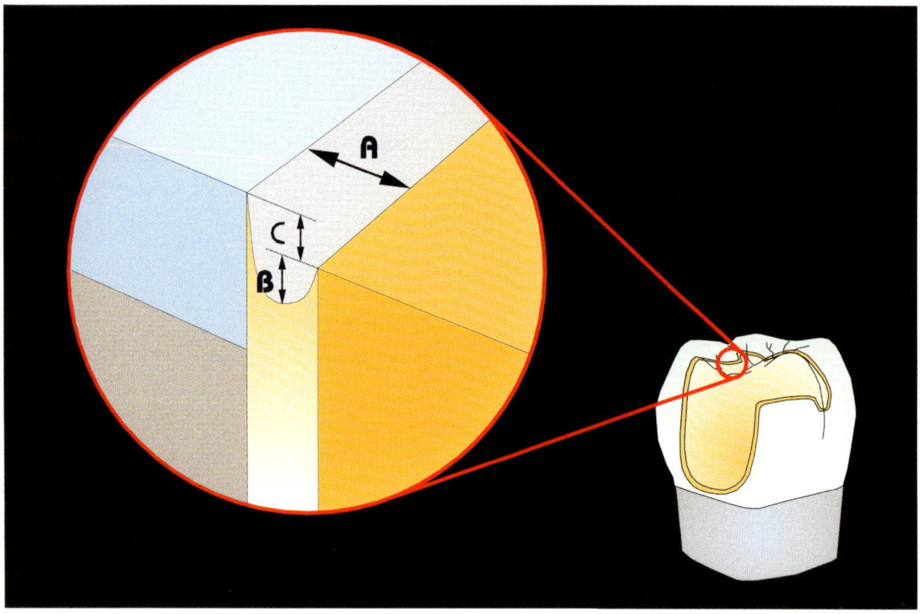

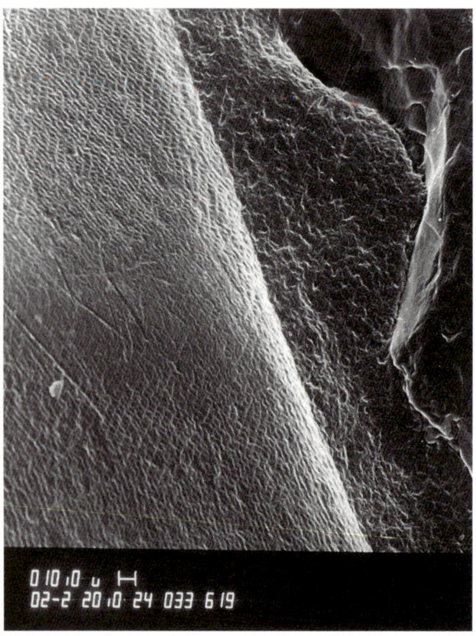

Abb. 10-4 Schematische Darstellung des Verschleißverhaltens von Einsetzkompositen bei okklusalen Oberflächen. Der Zement unterliegt sehr schnell einem vertikalen Verschleiß, bis ungefähr die Hälfte der Zementspaltbreite erreicht ist; von da an ist der Materialverschleiß auf ein Minimum reduziert (nach Leinfelder et al., 1993 und 1995).

Abb. 10-5 In-vivo-Aufnahme der Verschleißerscheinungen bei einem Einsetzkomposit. Die Ränder weisen die dabei typischen Veränderungen auf.

Tragen kommen. Dabei muß beachtet werden, daß traditionelle Unterfüllungsmaterialien wie chemische und lichthärtende Glasionomerzemente aufgrund ihres unzureichenden adhäsiven Potentials dafür nicht geeignet sind (Dietschi et al., 1995). Die kombinierte Anwendung eines modernen Dentinbondingagents und ein mechanisch stabiles Unterfüllungsmaterial ist dafür unverzichtbar. Für diesen Zweck können nur Kompomere und Füllungskomposite in Erwägung gezogen werden.

4. Verschleißverhalten des Einsetzzementes: Es ist bekannt, daß Einsetzkomposite einem größeren Verschleiß unterliegen als restaurative Komposite (Suzuki et al., 1995; O'Neal et al., 1993) und daß sich der ok-

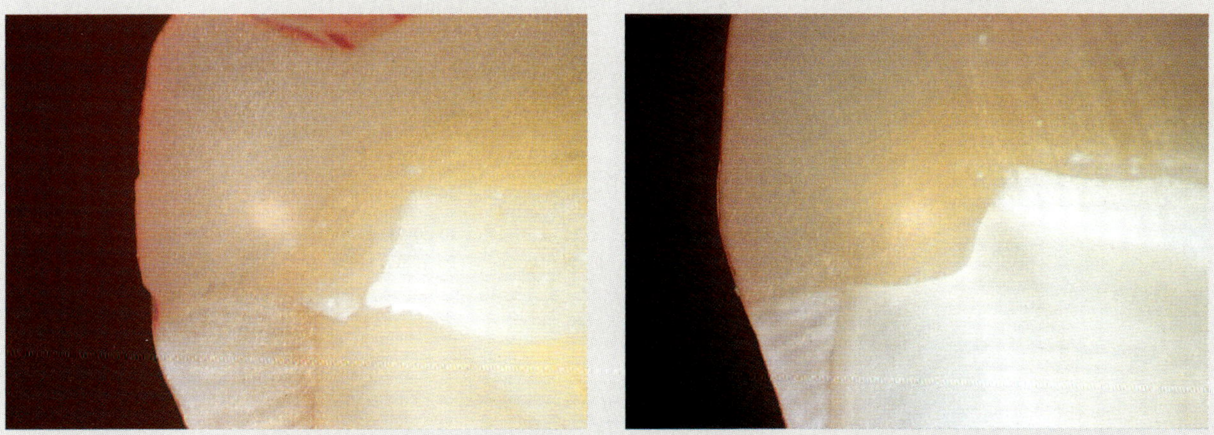

Abb. 10-6 a Abb. 10-6 b

Abb. 10-6 Während der Entfernung von Zementüberschüssen besteht eine enge Korrelation zwischen dem Risiko, Einsetzmaterial aus der Zementfuge zu entfernen, und der Passung der Restauration. Wie hier auf diesen beiden Teilen von in vitro restaurierten Zähnen zu sehen, weist das weniger gut adaptierte Inlay im gingivalen Bereich eine Einkerbung auf (a), wohingegen das gut adaptierte Inlay einen kontinuierlichen Randverlauf zeigt (b).

klusale Verschleiß proportional zur Dicke der Grenzfläche verhält (Noack et al., 1992; Leinfelder et al., 1993) (Abb. 10-4 und 10-5). Daher erscheint es wichtig, den Zementspalt zu reduzieren, zumindest im okklusalen Bereich.

5. Praktische und klinische Überlegungen: Innerhalb der klinischen Abläufe ist die Entfernung der Kompositüberschüsse vermutlich der kritischste aller durchzuführenden Schritte. Die Schwierigkeit besteht darin, aus der Zementierung resultierende Überschüsse oder Unterschüsse zu vermeiden. Randbereiche, die befriedigende Übergänge zwischen Restauration und Zahn aufweisen, ergeben sich nur, wenn die Restaurationen präzise passen (Abb.10-6).

Unter Berücksichtigung aller Faktoren erscheinen präzise passende Restaurationen wünschenswert, da sie die Polymerisationsspannungen innerhalb der Grenzflächen reduzieren, den Verschleiß der Einsetzzemente begrenzen, die Entfernung von Zementüberschüssen erleichtern und so glatte Übergänge gewährleisten (Abb. 10-7). Auch im Falle größerer Zementfugen kann ein befriedigender Randschluß erreicht werden, da kompensatorische Phänomene wirksam werden (Dietschi et al., 1992). Eine schnellere Qualitätsverschlechterung der Randbereiche ist dabei jedoch nicht auszuschließen. Zum gegenwärtigen Zeitpunkt ist die Dentinadhäsion noch ein verbesserungsfähiger Aspekt dieser Technik und erfordert weitere Untersuchungen, um die beste Vorgehensweise zu ermitteln.

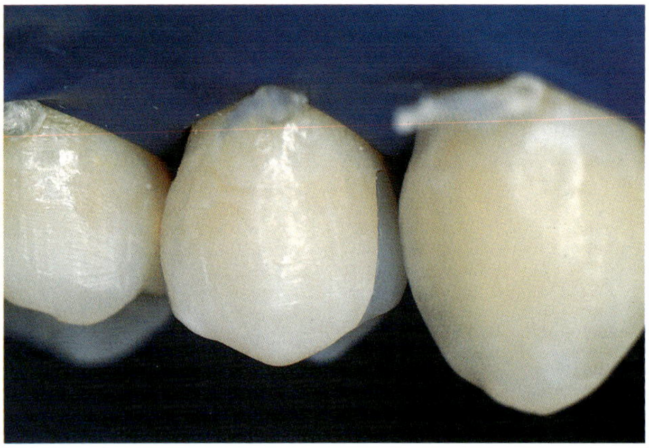

Abb. 10-7 a

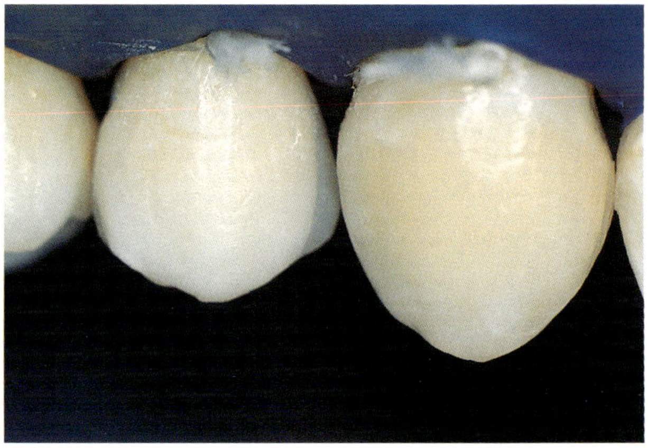

Abb. 10-7 b

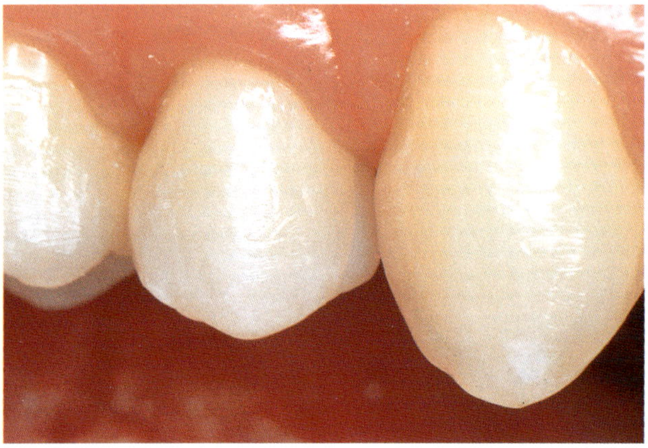

Abb. 10-7 c

Abb. 10-7 Eine perfekte Passung der Restauration, wie bei der Einprobe dieses Kompositinlays offenbar (a), besitzt eine Schlüsselfunktion für eine gute Langzeitprognose bezüglich Ästhetik und Randqualität. Dieselbe Restauration unmittelbar nach Zementierung (b) und nach zwei Jahren klinischer Tragezeit (c).

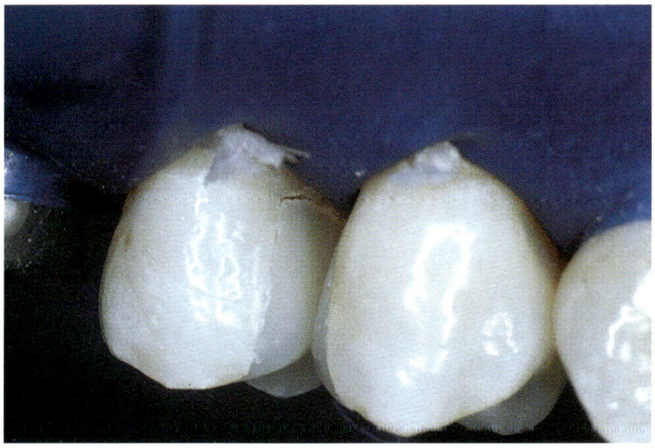

Abb. 10-8 a

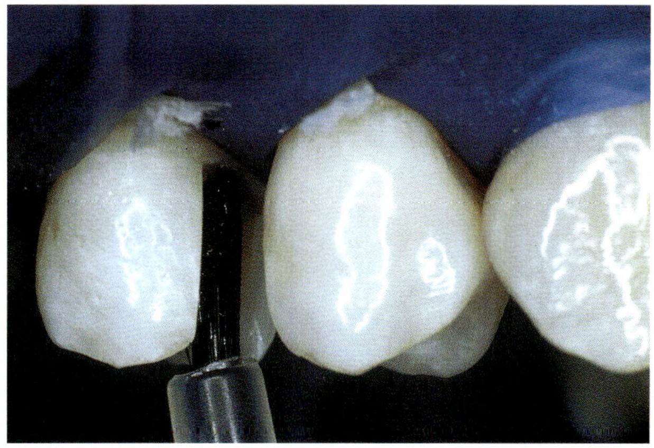

Abb. 10-8 b

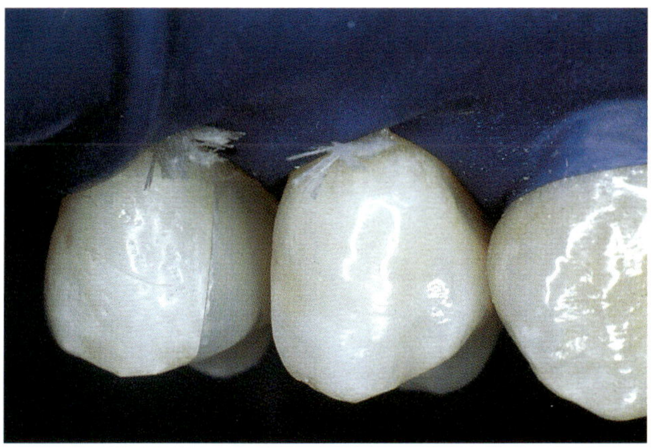

Abb. 10-8 c

Abb. 10-8 Tauchen Ungenauigkeiten im Randbereich auf (a), können bei Kompositinlays Korrekturen vorgenommen werden. Die Kavitätenoberfläche muß vor der Applikation und der Polymerisation einer kleinen Menge Komposit absolut trockengelegt werden (b). Die Verbesserung des Randschlusses ist, wann immer möglich, wünschenswert zur Vereinfachung der Einsetzmaßnahmen und zur Verbesserung der Randqualität (c).

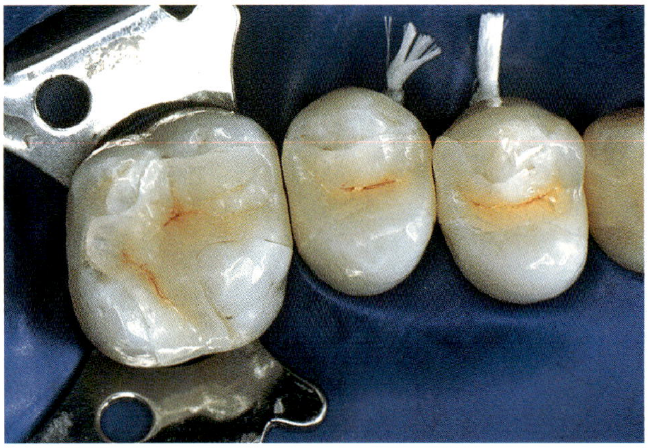

Abb. 10-9 a

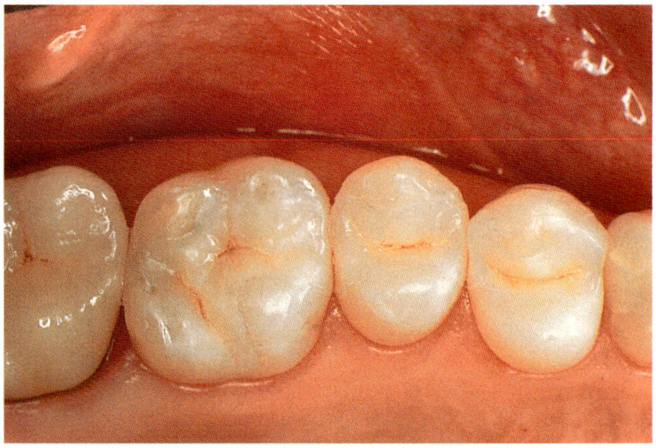

Abb. 10-9 b

Abb. 10-9 In ähnlicher Art und Weise können insuffiziente Approximalkontakte einer Kompositrestauration (a) vor der Zementierung vorteilhaft korrigiert werden (b). Diese Korrekturen während der Behandlung sind bei Porzellanrestaurationen nicht möglich; die meisten Maßnahmen zur Bearbeitung von Keramik erfordern wenigstens einen entsprechenden labortechnischen Vorgang, wenn nicht sogar die Anfertigung einer ganz neuen Restauration.

Bestehen Ungenauigkeiten im Randbereich, können bei Kompositrestaurationen Verbesserungen durchgeführt werden. Diese Verbesserungen können sehr leicht in situ nach Isolierung der Kavität und der Polymerisation einer kleinen Portion Komposit durchgeführt werden (Abb. 10-8). Ebenso kann die Verbesserung von Approximalkontakten erreicht werden, vorausgesetzt, die betreffenden Oberflächen sind angerauht und mit Kunststoff beschichtet worden; dies gilt insbesondere für laborgefertigte oder nachvergütete Restaurationen (Abb. 10-9). Die Möglichkeit zur Durchführung von Verbesserungen an den Restaurationen in der Zahnarztpraxis vor und nach dem Einsetzen ist ein großer Vorteil der Komposite gegenüber den Keramiken.

Auswahl der Materialien

Abgesehen von ihren physikalisch-chemischen Eigenschaften, die bereits in den Abschnitten zur Werkstoffkunde diskutiert wurden, sind Konsistenz und die Verarbeitungszeit zwei der grundsätzlichen Eigenschaften von Einsetzzementen.
Die Verarbeitungszeit ist ein kritischer Faktor beim Einbringen der Restauration in die korrekte Position und der Entfernung der Überschüsse, bevor der chemische Aushärtvorgang beginnt (Abb. 10-10). Unglücklicherweise verhält sich die Verarbeitungszeit umgekehrt zur Effektivität chemischer Aushärtung. Dies bedeutet, daß die Dualzemente, die auch im Dunkeln eine vollständige Aushärtung garantieren, grundsätzlich eine zu kurze Verarbeitungszeit haben. Unter praktischen Aspekten betrachtet, kann die notwendige Verarbeitungszeit aufgrund der Anzahl der Ober-

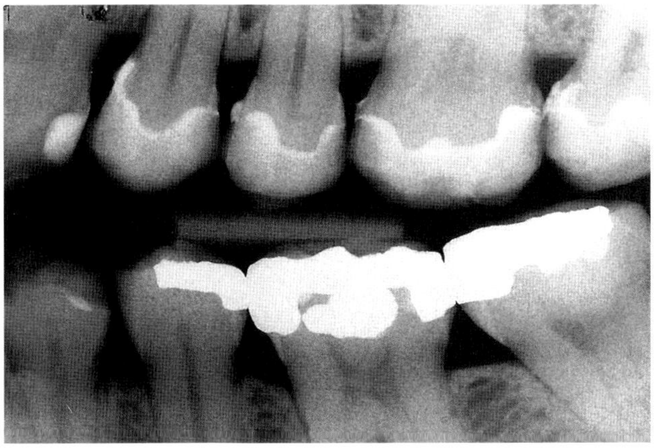

Abb. 10-10 a

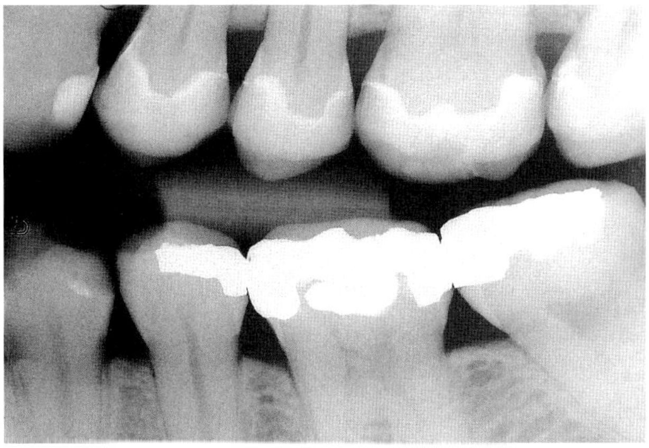

Abb. 10-10 b

Abb. 10-10 Röntgenaufnahmen von keramischen Inlays unmittelbar nach dem Einsetzen. Durch die Verwendung eines schnellhärtenden Einsetzkomposits war die Entfernung von Überschüsssen unvollständig (a). Die Ausarbeitung der Randbereiche nach der Aushärtung des Zementes ist schwierig, zeitaufwendig und mit potentiellen Schädigungen verbunden. Bei adhäsiv eingesetzten Restaurationen sind postoperative Röntgenbilder unabdingbar, um sicherzustellen, daß alle Zementüberschüsse entfernt worden sind (b).

flächen, der allgemeinen Formgebung und der Zugänglichkeit der Randbereiche sehr stark variieren. Obwohl es theoretisch kontraindiziert ist, kann eine Änderung des Verhältnisses von Paste zu Katalysator zur Verlängerung der Verarbeitungszeit gelegentlich unumgänglich sein.
Das Fließen und die Entfernung von Zement aus dem Fügebereich ist problematisch im approximalen Bereich. In dieser Hinsicht erlauben hochvisköse Materialien eher das Abschneiden als das Abwischen von Überschüssen, was üblicherweise zum Verschmieren des Einsetzzementes auf die angrenzenden Oberflächen führt. Aus klinischer Sicht erscheint das Einsetzen mit Hilfe von Ultraschallenergie sehr vielversprechend, obwohl ihr Einfluß auf die Hybridlayerschicht und die Stabilisation noch unbekannt ist.

Oberflächenkonditionierung

Das Einsetzen von semi-direkten oder indirekten Restaurationen impliziert eine doppelte Konditionierung: zum einen zwischen dem Einsetzkomposit und dem Zahn, zum anderen zwischen dem Einsetzkomposit und der Keramik- oder Kompositrestauration (Abb. 10-11).

- am Zahn: Guter Randschluß und Dichtigkeit kann erreicht werden, wenn die Kavität vollständig von Schmelz umschlossen ist. Wie bereits erwähnt, ist bei Vorhandensein von freien marginalen oder internen Dentinoberflächen die Anwendung eines modernen Dentinbondingagents und eine Kunststoffunterfüllung empfohlen, um die Dichtigkeit der Restauration zu verbessern und postoperative Sensibilitäten zu vermeiden.

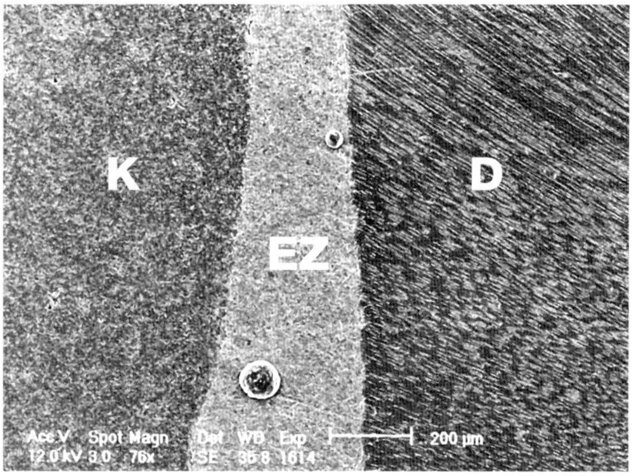

Abb. 10-11 Das Einsetzen ist von höchster Wichtigkeit, weil es einen festen und dauerhaften Verbund zwischen Zahnhartgeweben und dem restaurativen Material gewährleisten soll, wie hier zu sehen am Beispiel dieses keramischen Inlays, das mechanischer und thermischer Belastung ausgesetzt war (REM-Ansicht einer Replika des Probenteils).
K = keramisches Inlay;
EZ = Einsetzzement;
D = Dentin.

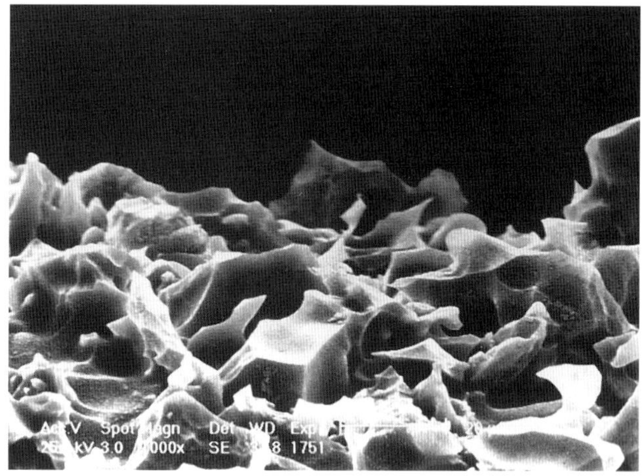

Abb. 10-12 REM-Ansicht einer geätzten Probe konventioneller verstärkter Keramik, die die typischen Unregelmäßigkeiten durch die Auflösungen kristalliner Einschlüsse aufweist. Solche rauhen Oberflächen sorgen für eine verläßliche mikromechanische Retention des Einsetzmaterials.

• an der Keramik: Der Komposit-Keramik-Verbund beruht grundsätzlich auf den Maßnahmen zur Keramikätzung mit einer Säure auf Hydrofluorbasis und Silanisierung (Simonsen und Calamia, 1983 und 1984) (Abb. 10-12). Diese Kombination aus mikromechanischer Verankerung und chemischer Koppelung hat sich in vitro als wirksamer erwiesen als jede Maßnahme für sich allein (Stangel und Nathanson, 1987; Lacy et al., 1988; Fett et al., 1991). Die thermische Aushärtung des Silans kann den Komposit-Keramik-Verbund verbessern (Bailey und Bennet, 1988). Silane, die während der zahnärztlichen Sitzung aktiviert werden, sind den voraktivierten Produkten vorzuziehen. Unter Berücksichtigung der Tatsache, daß Silane in einer feuchten Umgebung einer hydrolytischen Veränderung unterliegen, erscheint es gerechtfertigt, die durch die Ätzung bewirkte mikromechanische Retention als die hauptsächliche Maßnahme für eine gute Langzeitprognose der adhäsiv eingesetzten Keramikrestauration zu betrachten. Auf die konditionierte Keramik muß eine dünne Schicht eines Adhäsivs aufgetragen werden, die jedoch nicht gesondert ausgehärtet werden darf.

• am Komposit: Abhängig von der Herstellungsmethode kann die Restaurationsoberfläche mit Silikon vom Modell, dentalem Hartgips oder Isolierungsmaterialien kontaminiert sein. Deshalb ist ein Anrauhen der internen Oberflächen nicht nur zur Schaffung von Mikroretentionen erforderlich, sondern auch, um eine saubere Oberfläche für den chemischen Verbund des Einsetzkomposits mit verbliebenen freien

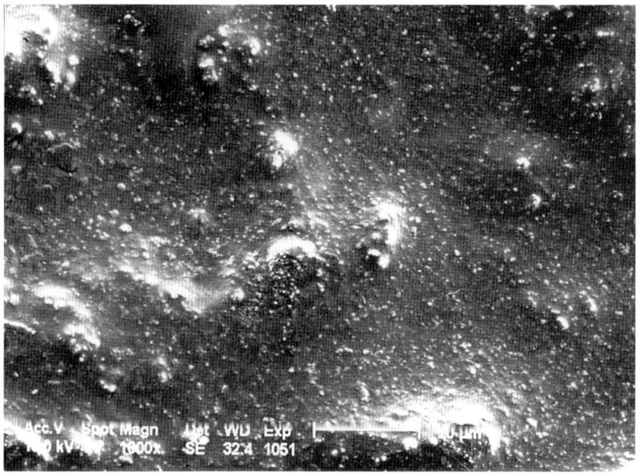

Abb. 10-13 a

Abb. 10-13 b

Abb. 10-13 Im Vergleich zu einer nichtkonditionierten Kompositprobe (a) sorgt das Aufrauhen der Oberfläche mit dem Sandstahlgerät für, in Verbindung mit dem Einsetzzement, wirksame Mikroretentionen (b).

Radikalen zu schaffen, falls diese noch vorhanden sind. Dies ist sehr einfach zu erreichen durch ein Aufrauhen mit einem grobkörnigen Diamanten oder einem Sandstrahlgerät (Boyer et al., 1984; Lata und Barkmeier, 1994, Swift et al., 1992) (Abb. 10-13). Die Beschichtung des Inlays mit einer dünnen Schicht Kunststoff ist gewünscht aus Gründen einer guten Oberflächenbenetzung. Einige klinische und In-vitro-Daten stellen jedoch die Wirksamkeit dieser Maßnahmen in Frage (Tam und McComb, 1991; Scott et al., 1992; Krejci et al., 1994) (Abb. 10-14). Die klinischen und REM-Nachkontrollen von semi-direkten Kompositinlays, die mit modernen restaurativen Systemen hergestellt wurden, konnten diese Beobachtungen nicht stützen, auch nach mehreren Jahren klinischer Tragezeit nicht (Gladys et al., 1995; Spreafico und Ciucchi, 1996). Obwohl das partielle Lösen zwischen Befestigungskompositen und restaurativen Kompositen sehr wahrscheinlich von den verwendeten Materialien abhängt, hat diese Problematik mit hoher Sicherheit keine große klinische Bedeutung (Abb. 10-15). Das Ätzen mit Flußsäure und die Silanisierung (Matsamura et al., 1995) des Komposits wurden vorgeschlagen, um den Verbund zu verbessern, obwohl unklar ist, ob ein solch starker Ätzvorgang einen positiven Effekt hat (Swift et al., 1992; Latta und Barkmeier, 1994). Eine geätzte Oberfläche kann im Gegenteil sogar zu Schwierigkeiten bei der kompletten Imprägnierung mit Kunststoff führen, was in einer Schwächung dieser Schicht resultieren kann (Abb. 10-16).

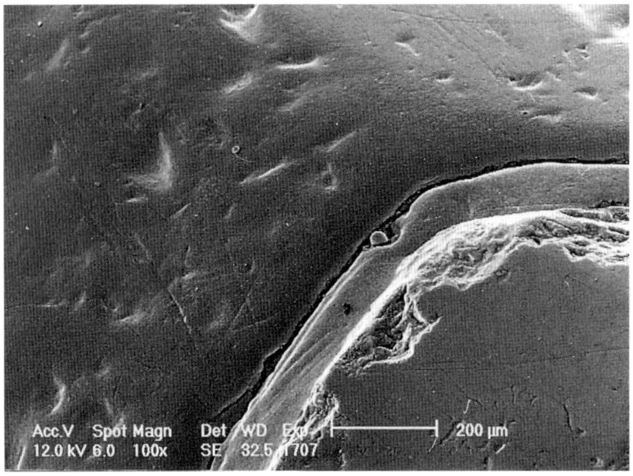

Abb. 10-14 REM-Ansicht der Replika eines Kompositinlays nach 8 Jahren klinischer Tragezeit. Das Lösen des Verbundes zwischen dem restaurativen und dem Befestigungskomposit ist deutlich sichtbar. Dauer und Wirksamkeit des Komposit zu Komposit-Verbundes kann unter Umständen gestört sein, insbesondere dann, wenn keine adäquate Präparation des Inlays vorhanden war.

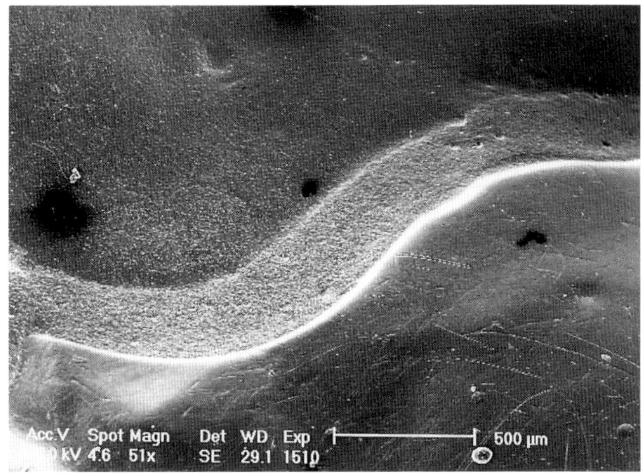

Abb. 10-15 Bei einem korrekten Vorgehen weisen semi-direkte Kompositinlays ein befriedigendes Verhalten an der Grenzfäche von restaurativem Material zu Einsetzmaterial auf, wie diese REM-Aufnahme einer Restauration nach dreieinhalb Jahren klinischer Tragezeit zeigt.

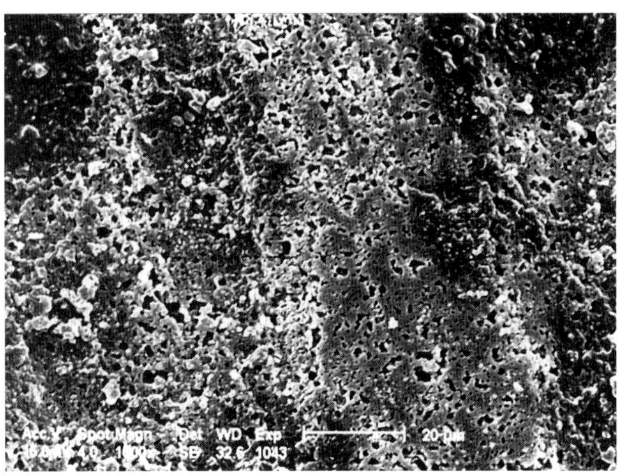

Abb. 10-16 a

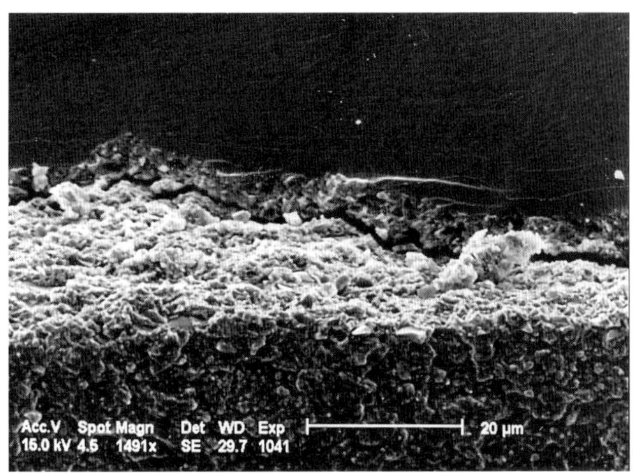

Abb. 10-16 b

Abb. 10-16 Das Ätzen eines Komposits mit Flußsäure entfernt die Füllerpartikel bis zu einer bestimmten Tiefe und bewirkt so ein retentives Muster (a). Falls es jedoch nicht zu einer vollständigen Penetration des Bonding agents in die poröse Oberfläche kommt, ist die Wahrscheinlichkeit kohäsiver Frakturen gegeben (b). Diese Maßnahme ist deshalb nicht zur Konditionierung der Kompositrestauration zu empfehlen.

Klinische Anwendung

Obwohl von verschiedenen Seiten vorgeschlagen, ist die Anwendung einer Matrize vor der Zementierung kontraindiziert, da sie die Überschüsse des Einsetzmaterials nach subgingival leitet. Der Zement wird vorzugsweise in die Kavität eingebracht, um das Handling der Restauration zu erleichtern (Abb. 10 17). Das Einbringen der Restauration muß umittelbar im Anschluß daran erfolgen, da die Polymerisationsaktivierung bei Mundtemperatur beschleunigt wird. Klinisch ist die Technik des zweiphasigen Einsetzens (partielles Einbringen – Entfernung der Zementüberschüsse – vollständiges Einbringen) schwierig und bei der Verwendung eines schnellhärtenden Dualzements kontraindiziert. Überschüsse des Einsetzkomposits werden in den gut zugänglichen Randbereichen vor der Polymerisation mit einer Sonde und einer in Bonding agent getauchten Bürste entfernt; approximal ist der Gebrauch von Zahnseide angezeigt. Ein letzter zu beachtender Punkt ist, daß die Restauration während der Entfernung der Zementüberschüsse fixiert werden muß, um keine Platzveränderungen zu erfahren.

Polymerisation des Einsetzkomposits

Die vollständige Polymerisation des Einsetzkomposits durch eine einzige Lichtapplikation kann nur unter einer dünnen Schicht von transluzentem und klarem Material gelingen (Schichtdicke geringer als 1,5 – 2,0 mm, je nach Transluzenz und Schattierung) (Blackman, 1990; Cardash et al., 1993). Da diese Bedingungen klinisch selten angetroffen werden, wird der Einsatz von Dualzementen erneut für das Einsetzen von adhäsiven Restaurationen in Betracht gezogen (Uctasli et al., 1994). Da die Effizienz der chemischen Aktivierung von Dualzementen unzureichend ist, bleibt eine entsprechende Lichtaktivierung für eine optimale Konversionsrate unabdingbar (Breeding et al., 1991; Hasegawa et al., 1991; Dar und Jacobson, 1995; Peutzfeldt, 1995). Dafür ist eine leistungsstarke Polymerisationslampe notwendig. Es wird empfohlen, jede Fläche mindestens eine Minute lang dem Polymerisationslicht auszusetzen. In diesem Zusammenhang muß nochmals darauf hingewiesen werden, daß Birnen und Lichtleitvorrichtungen regelmäßig mit einem entsprechenden Radiometer überprüft werden müssen, um sicherzustellen, daß eine ausreichende Menge an Lichtenergie abgegeben wird.

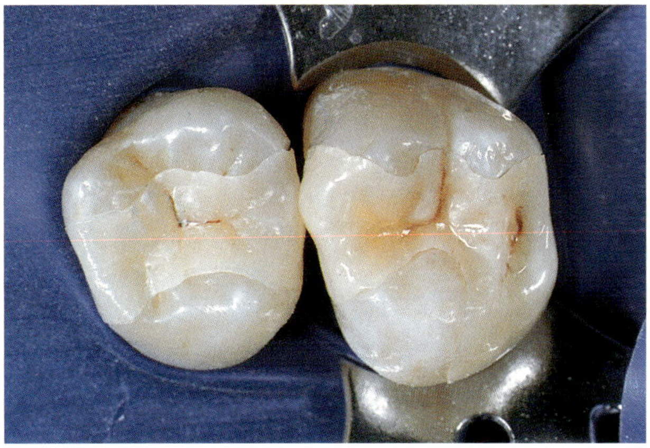

Abb. 10-17 a

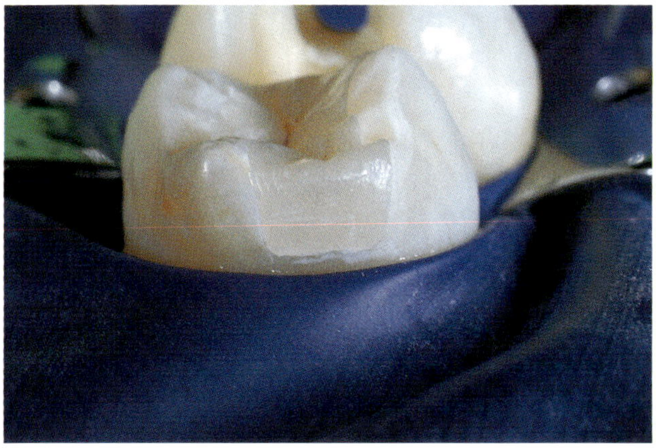

Abb. 10-17 b

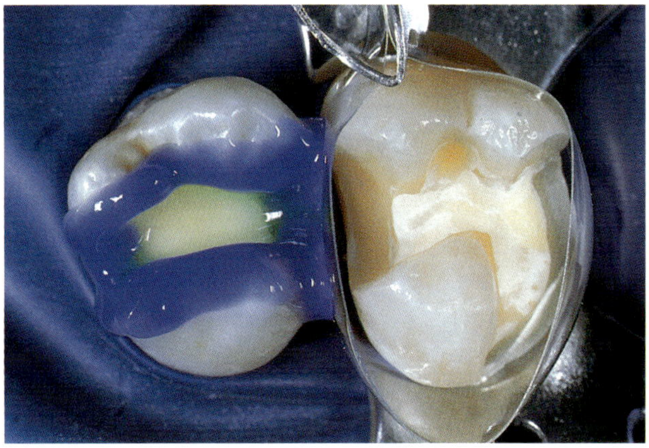

Abb. 10-17 c

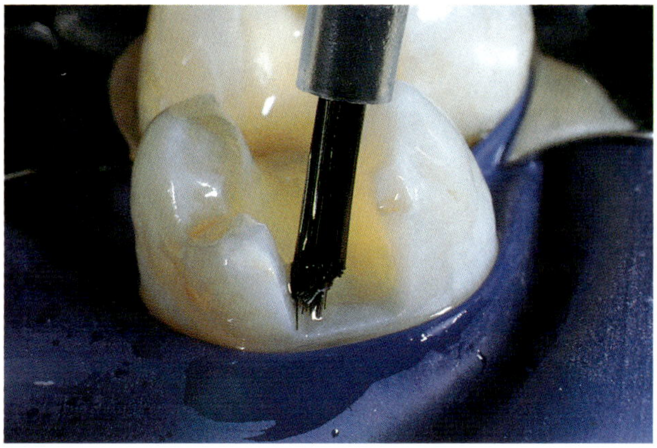

Abb. 10-17 d

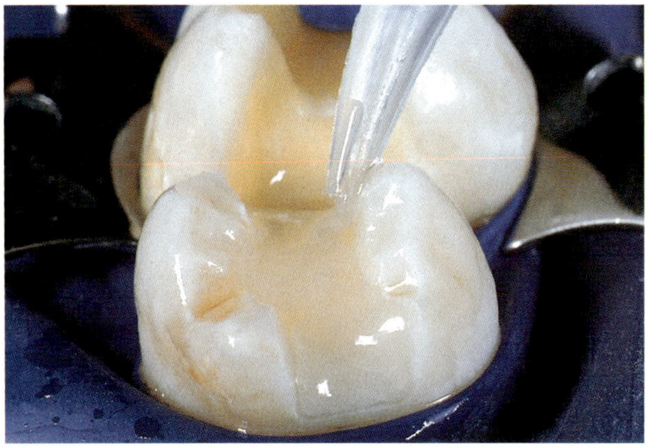

Abb. 10-17 e

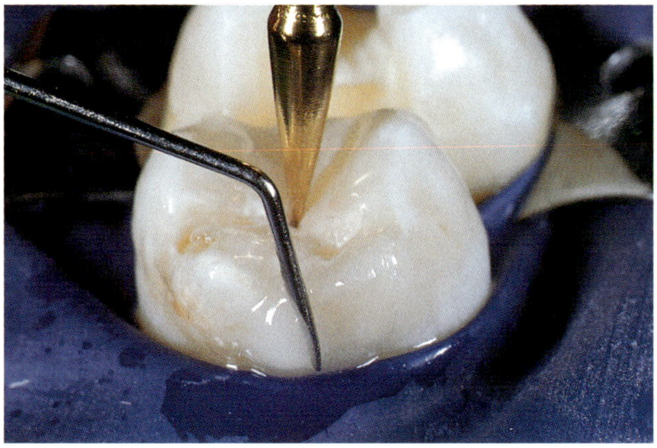

Abb. 10-17 f

Abb. 10-17 Das Einsetzen von semi-direkten und indirekten Restaurationen umfaßt einige kritische klinische Schritte: die Restaurationen (hier: laborgefertigte Kompositrestaurationen) werden eingepaßt und auf ihre okklusale (a) und approximale (b) Paßgenauigkeit überprüft. Die Nachbarzähne müssen vor der Kontamination ihrer Oberflächen geschützt werden, unabhängig davon, ob im weiteren Verlauf auch an ihnen adhäsive Maßnahmen vorgenommen werden oder nicht. Das Ätzen der Kavität wird durchgeführt

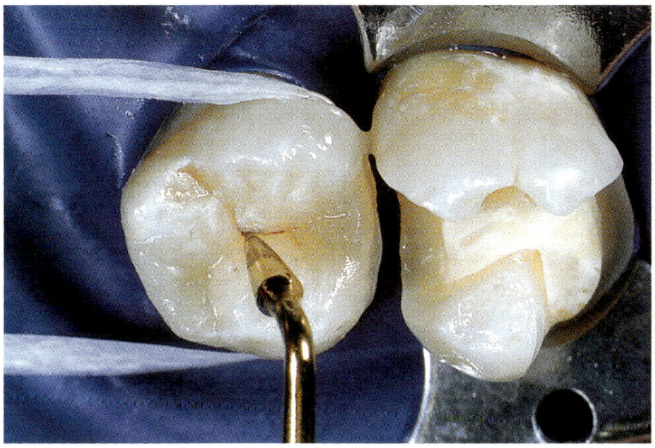

Abb. 10-17 g

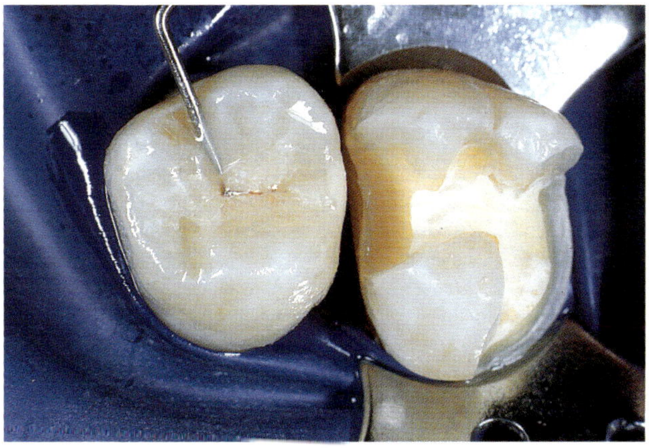

Abb. 10-17 h

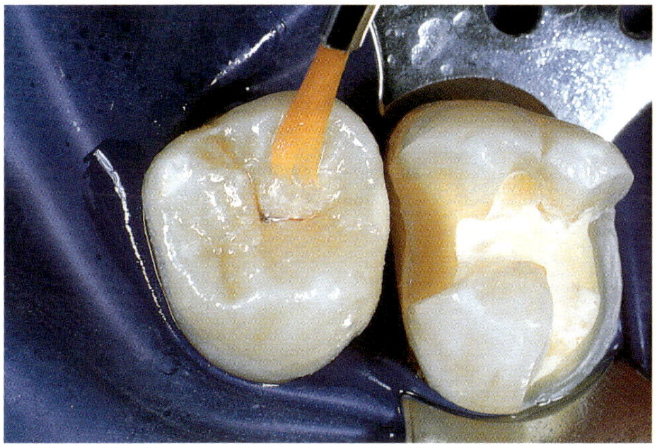

Abb. 10-17 i

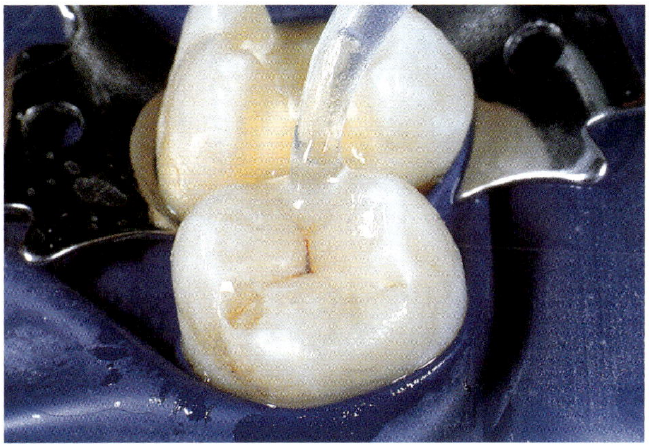

Abb. 10-17 j

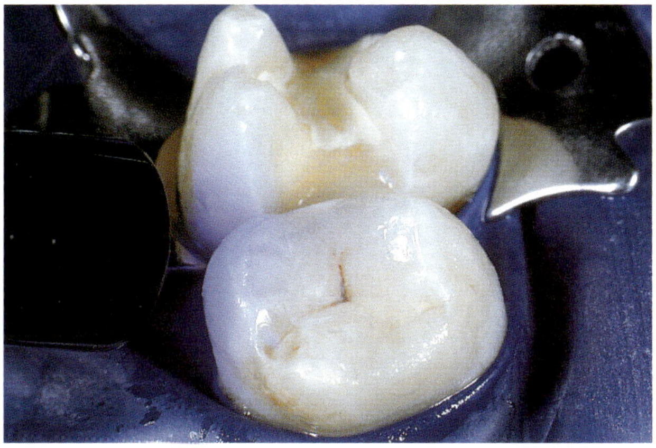

Abb. 10-17 k

(c). Dann wird das Adhäsiv aufgetragen und nicht ausgehärtet (d). Der Einsetzzement wird vorzugsweise in die Kavität eingebracht (e). Das Inlay wird während der Überschußentfernung in seiner Position gehalten. Bei gut zugänglichen approximalen Oberflächen werden die Überschüsse mit einer Sonde entfernt (f), bei schlecht zugänglichen Approximalflächen mit Zahnseide (g). Danach werden okklusale Zementüberschüsse mit einer Sonde abgewischt (h) und schließlich mit einer Bürste glatte Übergänge geschaffen (j), bevor das Einsetzkomposit lichtgehärtet wird (k).

Literatur

Ariyaratnam M, Wilson MA, Wilson NH, Watts DC. Variations in the thickness of the composite lute with an indirect composite inlay system. Restorative Dent 1990;6:16–18.

Bertschinger C, Paul SP, Lüthy H, Schärer P. Dual application of dentin bonding agents—its effect on shear bond strength. Am J Dent 1996;9:115–119.

Bailey LF, Bennet RJ. Dicro surface treatments for enhanced bonding. J Dent Res 1988;67:925–931.

Blackman R, Barghi N, Duke E. Influence of the ceramic thickness on the polymerization of light-cured resin cement. J Prosthet Dent 1990;63:295–300.

Boyer DB, Chan KC, Reinhardt JW. Build-up and repair of light-cured composites: bond strength. J Dent Res 1984;63:1241–1244.

Breeding LC, Dixon DL, Caughman WF. The curing potential of light-activated composite resin luting agents. J Prosthet Dent 1991;65:512–518.

Cardash HS, Baharav H, Pillo R, Ben-Amar A. The effect of porcelain color on the hardness of luting composite resin cement. J Prosthet Dent 1993;69: 620–623.

Darr AH, Jacobson PH. Conversion of dual cure luting cements. J Oral Rehabil 1995;22:43–47.

Dietschi D, Maeder M, Holz J. In vitro evaluation of marginal fit and morphology of fired ceramic inlays. Quintessence Int 1992;23:271–278.

Dietschi D, Magne P, Holz J. An in vitro study of parameters related to marginal and internal seal of bonded restorations. Quintessence Int 1993;24:281–291.

Dietschi D, Magne P, Holz J. Bonded to tooth ceramic restorations: in vitro evaluation of the efficiency and failure mode of two modern adhesives. Schweiz Monatsschr Zahnmed 1995;105:299–305.

Dietschi D, De Siebenthal G, Neveu-Rosenstand L, Holz J. Influence of the restorative technique and new adhesives on the dentin marginal seal and adaptation of resin composite class II restorations: an in vitro evaluation. Quintessence Int 1995;26:717–727.

Feilzer AJ, De Gee AJ, Davidson CL. Increased wall-to-wall curing contraction in thin bonded resin layers. J Dent Res 1989;68:48–50.

Fett HP, Mörmann WH, Krejci I, Lutz F. The effect of short bevel and silanization on marginal adaptation of computer-machined mesio-occlusodistal inlays. Quintessence Int 1991;22:823–829.

Gladys S, Van Meerbeeck B, Inokoshi S, Willems G, Braem M, Lambrechts P, Vanherle G. Clinical and semiquantitative marginal analysis of four tooth- colored inlay systems at 3 years. J Dent 1995;23: 329–338.

Hasegawa EA, Boyer DB, Chan DC. Hardening of dual-cured cements under composite resin inlays. J Prosthet Dent 1991;66:187–192.

Krejci I, Füllemann, Lutz F. Klinische und Rasterelektronenmikroskopische Langzeituntersuchung von Kompositinlays. Schweiz Monatsschr Zahnmed 1994;104:1351–1356.

Lacy AM, Laluz LJ, Watanabe LG, Delinges M. Effect of porcelain surface treatment of the bond to composite. J Prosthet Dent 1988;60:288–291.

Latta MA, Barkmeier WW. Bond strength of a resin cement to a cured composite inlay material. J Prosthet Dent 1994;72:189–193.

Matsumura H, Hisanatsu N, Atsuta M. Effect of unfilled resins and a silane primer on bonding between layers of a light-activated composite resin veneering material. J Prosthet Dent 1995;73:386–391.

Noack MJ, De Gee AJ, Roulet JF, Davidson CL. Interfacial wear of luting composites of ceramic inlays in vitro. J Dent Res 1992;71:113 (Abstract No 58).

O'Neal SJ, Miracle RL, Leinfelder KF. Evaluating interfacial gap for esthetic inlays. J Am Dent Assoc 1993;124:48–54.

Pashley DH, Ciucchi B, Sano H, Horner JA. Permeability of dentin to adhesive agents. Quintessence Int 1993;24:618–631.

Paul SJ, Schärer P. Effect of provisional cements on the bond strength of various bonding systems on dentin. J Oral Rehabil 1996. In press.

Peutzfeldt A. Dual-cure resin cement: in vitro wear and effect of quantity of remaining double-bonds, filler volume, and light-curing. Acta Odontol Scand 1995;53:29–34.

Roulet JF, Söderholm KJM, Longmate J. Effects of treatment storage conditions on ceramic composite bond strength. j Dent Res 1994;74:381–387.

Scott JA, Strang R, Saunders WT. The plane of fracture and shear bond strength of three composite inlay systems. Dent Mater 1992;8:208–210.

Simonsen RJ, Calamia JR. Tensile bond strength of etched porcelain. J Dent Res 1983;62:297 (Abstract No 1154).

Simonsen RJ, Calamia JR. Effect of coupling agents on bond strength of etched porcelain. J Dent Res 1984;63:179 (Abstract No 79).

Sorensen JA, Munksgaard EC. Ceramic inlay movement during polymerization of resin luting cement. Eur J Oral Sci 1995;103:186–189.

Spreafico R, Ciucchi B, Dietschi D. In vivo marginal adaptation of posterior composite restorations in direct and semidirect techniques: 3.5-year results. 1996. In preparation.

Stangel I, Nathanson D, Hsu CS. Shear strength of the composite bond to etched porcelain. J Dent Res 1987;66:1460–1465.

Susuki S, Leinfelder KF, Shinkai K. Wear resistance of resin cements. Am J Dent 1995;8:83–87.

Swift EJ Jr, Brodeur C, Cvitko E, Pires JA. Treatment of composite surfaces for indirect bonding. Dent Mater 1992;8:193–196.

Tam LE, Mc Comb D. Shear bond strength of resin luting cements to laboratory-made composite resin veneers: J Prosthet Dent 1991;66:314–321.

Terata R. Characterization of enamel and dentin surfaces after removal of temporary cement: study on removal of temporary cement. Dent Mater 1993; 12:18–28.

Terata R, Nakashima K, Obara M, Kubota M. Characterization of enamel and dentin surfaces after removal of temporary cement: effect of temporary cement on tensile bond strength of resin luting cement. Dent Mater 1994;13:148–154.

Uctasli S, Hasanreisoglu U, Wilson HJ. The attenuation of radiation by porcelain and its effect on polymerization of resin cements. J Oral Rehabil 1994;21: 565–575.

Woody TL, Davis RD. The effect of eugenol-containing and eugenol-free temporary cements on microleakage in resin bonded restorations. Oper Dent 1992; 17:175–180.

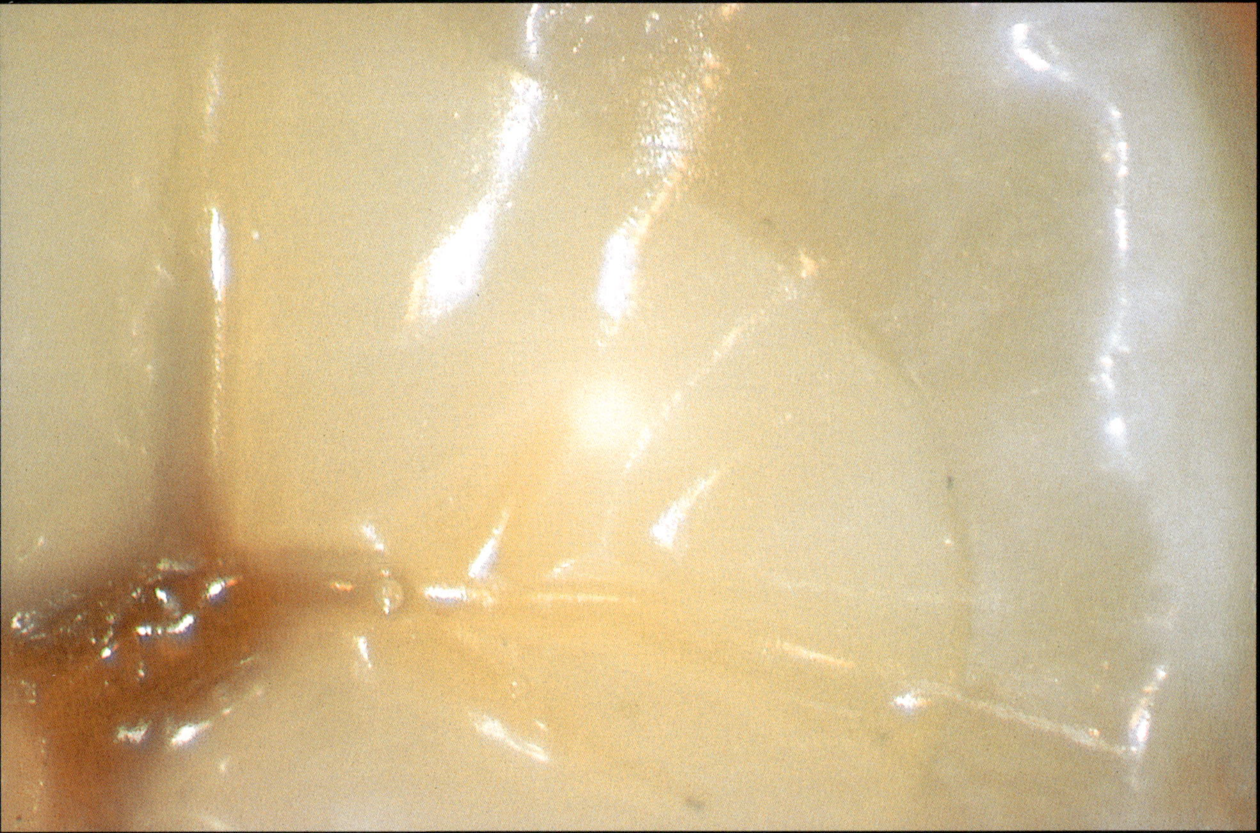

11 Ausarbeitung und Politur

Funktion, Passung, Anatomie und Ästhetik der Restaurationen werden bereits während der vorausgegangenen restaurativen Maßnahmen festgelegt. Die Zielsetzungen von Ausarbeitung und Politur sind

- Schaffung glatter Übergänge zwischen Restauration und den Zahnhartgeweben in okklusalen und approximalen Randbereichen
- Glättung rauher Oberflächen
- Korrektur möglicher Defekte in den Randbereichen

Diese Ziele müssen mit zahnschonenden Methoden erreicht werden, damit die Qualität der Restauration während dieser letzten Schritte erhalten oder verbessert wird (Abb. 11-1).

Polymerisation der obersten Kompositschicht

Die Aushärtung der Kompositoberfläche (einschließlich restaurativer- und Einsetzkomposite) wird durch die Anwesenheit von Sauerstoff beeinflußt (Barnes, 1945; Bovey und Kolthoff, 1948). Die Anwesenheit dieser „Sauerstoffinhibitionsschicht", die einem schnellen Abbau unterliegt, hat möglicherweise einen signifikanten Einfluß auf die Randqualität (Bergmann et al., 1991). Dieselben Autoren schlugen deshalb die Verwendung von Glyzeringel zur Abdeckung dieser Oberflächen während der letzten Phase der Aushärtung vor (z. B. Airblock, De Trey-Dentsply), um eine vollständige Aushärtung zu gewährleisten. Diese Maßnahme scheint für direkte und adhäsiv eingesetzte Restaurationen gleichermaßen von Vorteil zu sein (Abb. 11-2).

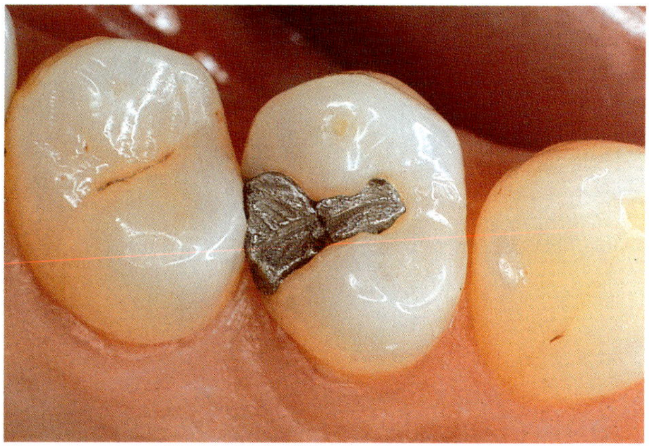

Abb. 11-1 a

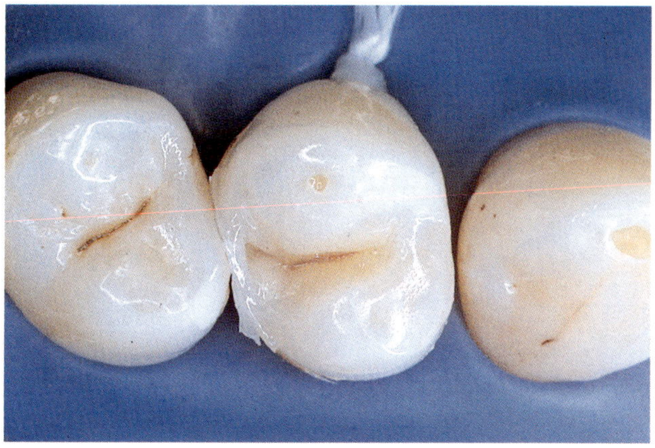

Abb. 11-1 b

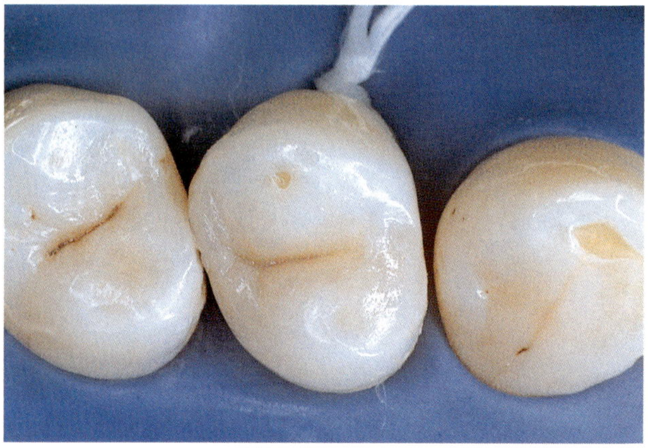

Abb. 11-1 c

Abb. 11-1 Präoperative Ansicht einer insuffizienten Amalgamfüllung (a). Fertiggestellte Kompositrestauration nach der direkten Methode, vor der Ausarbeitung (b). Die postoperative Ansicht zeigt, daß nur kleine morphologische Korrekturen und Verbesserungen in den Randbereichen notwendig waren. Dies zeigt deutlich die Bedeutung der sachgemäßen Durchführung der vorhergehenden restaurativen Schritte, um den Zeitaufwand für Ausarbeitungs- und Politurmaßnahmen zu reduzieren (c).

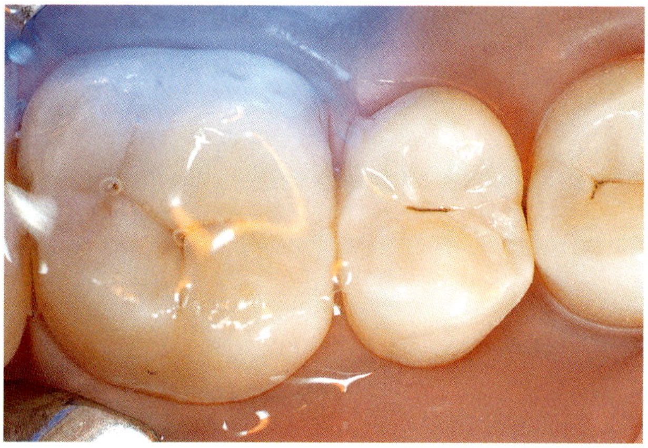

Abb. 11-2 Der letzte Aushärtungsvorgang findet mit einer Glyzeringelschicht auf der Oberfläche der Restauration statt, die die Oberfläche gegen den Zutritt von Sauerstoff isoliert und zu einer vollständigen Aushärtung der obersten Kompositschicht führt.

Ausarbeitung und Konturierung der Restauration

Dank einer genauen Applikation des Füllungsmaterials bei direkten Restaurationen und einer optimalen Passung bei eingesetzten semi-direkten und indirekten Restaurationen sollten Kompositüberschüsse und Oberflächendefekte auf ein Minimum reduziert sein. Bereits hier spielt die Berücksichtigung von Zugänglichkeit und Gestaltung der Ränder eine wichtige Rolle, da sich daraus die Wahl des richtigen Instruments zur Ausarbeitung ergibt (Abb. 11-3). Flache und gut zugängliche approximale Oberflächen werden vorzugsweise mit flexiblen Scheibchen und grober Körnung, Ränder im Gingivabereich mit abrasiven Streifen bearbeitet. Kantige Randübergänge und Oberflächen werden idealerweise mit Feinkorndiamanten oder Karbidschleifern ausgearbeitet (Krejci und Lutz, 1984, Hannig et al., 1990, Schmid et al., 1991). Der Einsatz von EVA-Handstücken mit diamantierten Aufsätzen sollte nur bei sehr großen Überschüssen in Erwägung gezogen werden, was nur sehr selten vorkommen sollte.

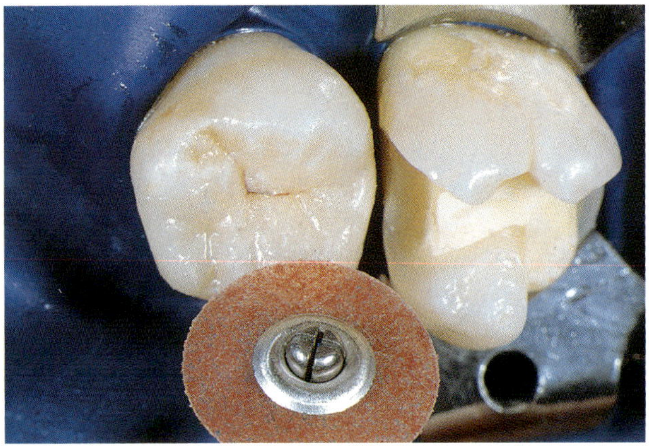

Abb. 11-3 a

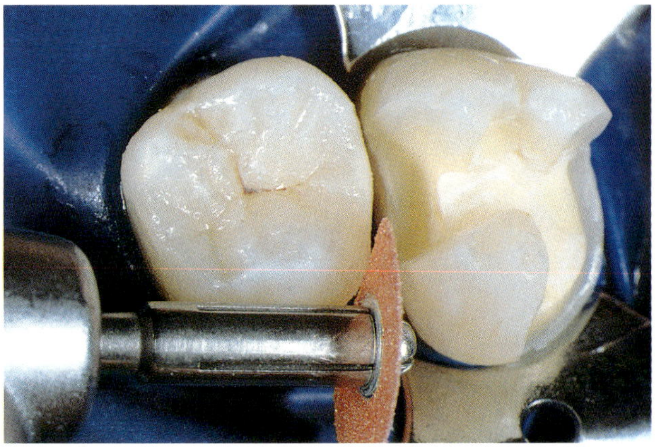

Abb. 11-3 b

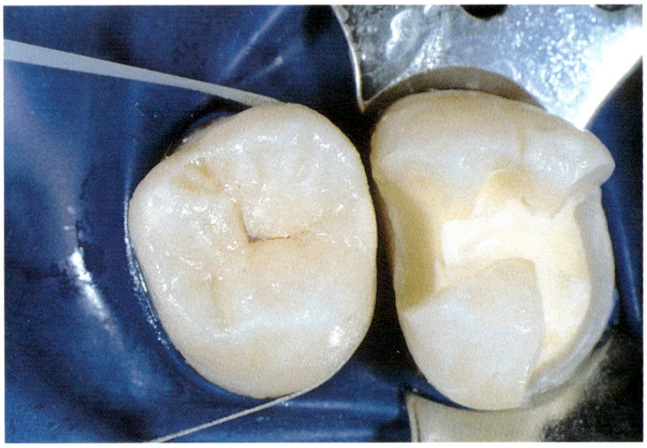

Abb. 11-3 c

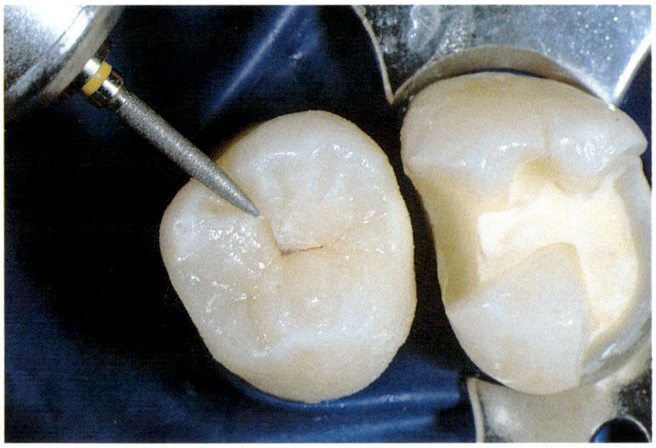

Abb. 11-3 d

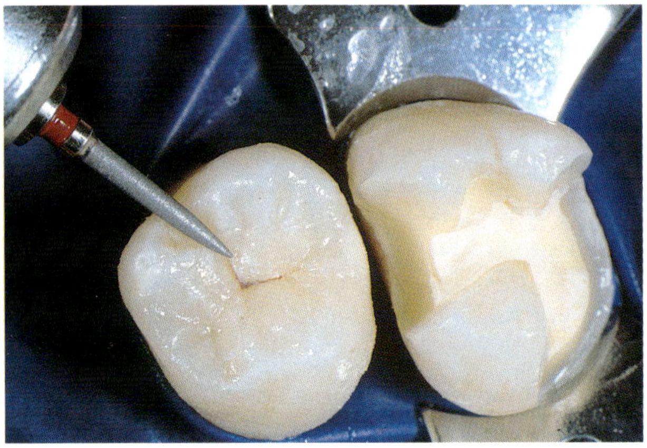

Abb. 11-3 e

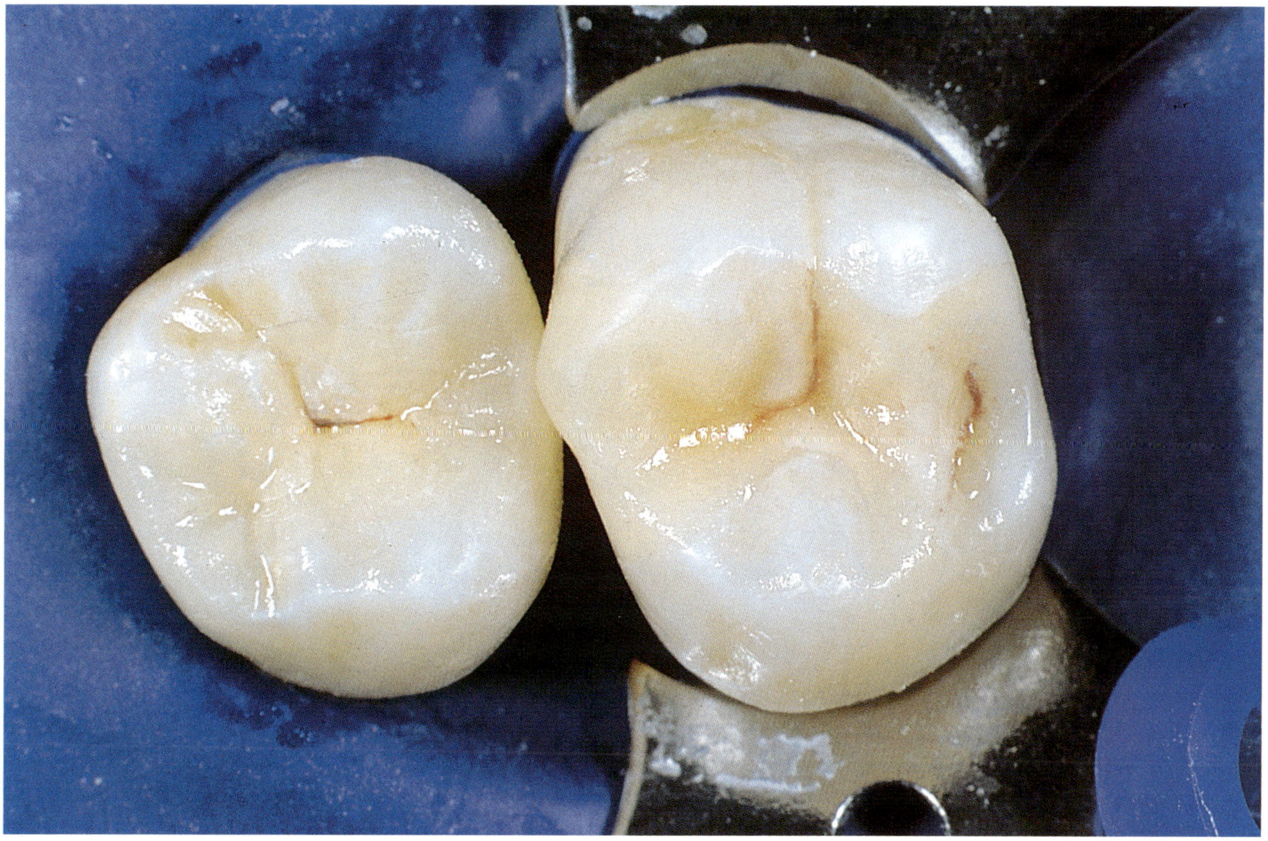

Abb. 11-3 f

Abb. 11-3 Zur Herstellung einer befriedigenden Qualität der Randbereiche und der Oberfläche ist die Anwendung von Instrumenten zur Ausarbeitung und Politur in der richtigen Reihenfolge unabdingbar. Flache und gut zugängliche Randbereiche werden mit flexiblen Scheibchen bearbeitet (a-b). Ränder im Gingivabereich werden üblicherweise mit Streifen bearbeitet und poliert (c). Für okklusale und unebene Randbereiche und Oberflächen werden rotierende Instrumente von entsprechender Form und Abrasivität, wie Feinkorn- und Superfeinkorndiamanten empfohlen (d-e). Ansicht der zementierten Restauration nach Ausarbeitung und Politur (f).

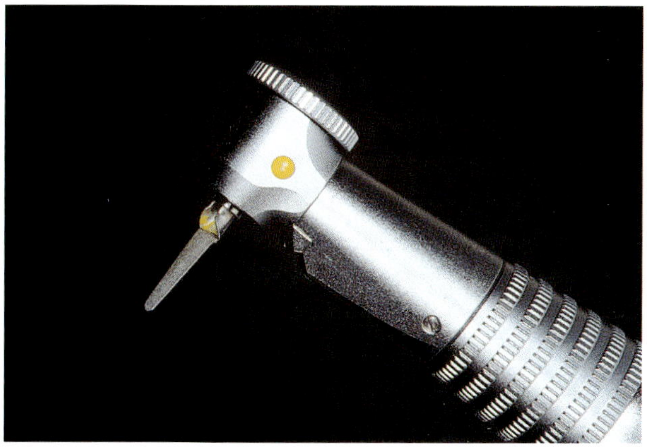

Abb. 11-4 EVA-Handstück mit einer mit Feinkorndiamant belegten Spitze für die Entferung grober Überschüsse des restaurativen Materials.

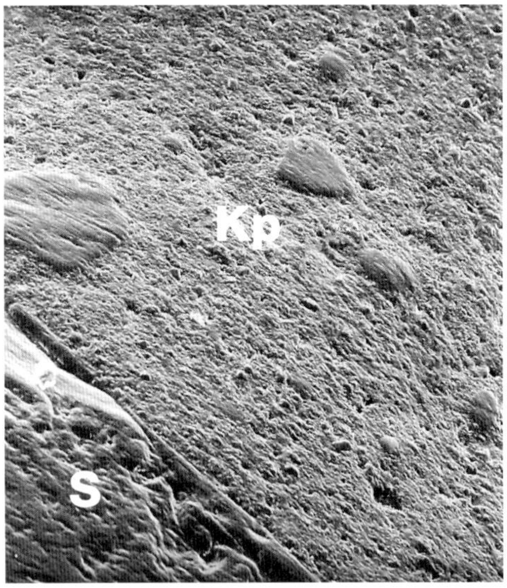

Abb. 11-5 a

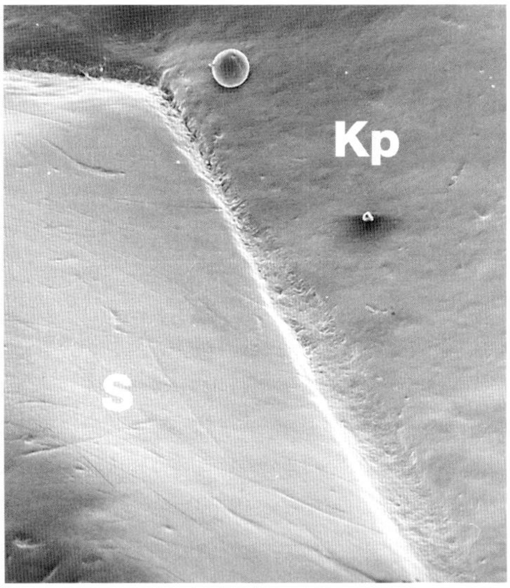

Abb. 11-5 b

Abb. 11-5 REM-Ansicht der Oberfläche einer direkten Kompositfüllung (Randbereich) unmittelbar nach der Ausarbeitung und der Politur (a). Dasselbe Material, ein Hybrid, nach 9monatiger klinischer Tragezeit. Die Verschlechterung der Kompositoberfläche durch den Verschleiß der Matrix ist offensichtlich (b). Die mit einem mikrogefüllten Komposit hergestellte Oberfläche zeigt unter vergleichbaren klinischen Umständen ein völlig anderes Bild (c). Die Beschaffenheit der Oberfläche ist abhängig von der Struktur des Materials, der Füllergröße, Füllerhärte und dessen Anteil am Gesamtvolumen.
S = Schmelz; Kp = Komposit.

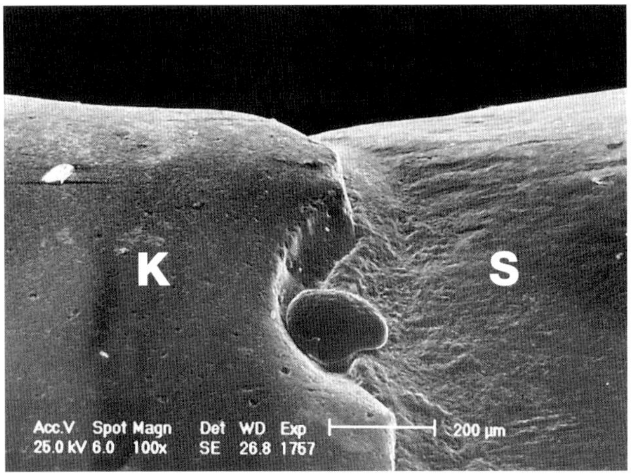

Abb. 11-6 REM-Aufnahme einer adhäsiv eingesetzten keramischen Restauration nach 3 Jahren klinischer Funktion. Die Oberfläche der Restauration bleibt glatt, weil sie kaum Verschleiß und chemischer Beeinträchtigung unterliegt.
K =Keramik; S = Schmelz.

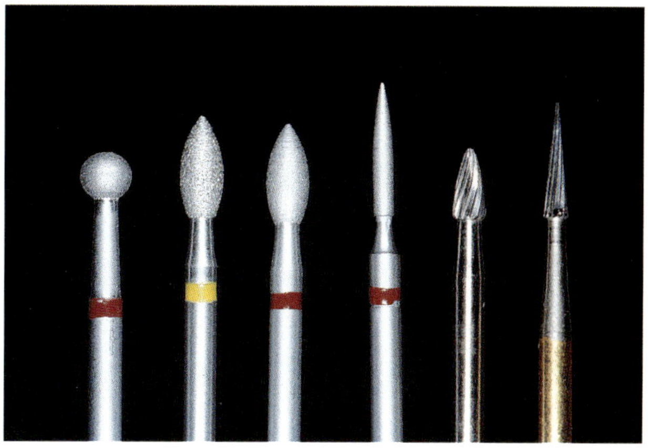

Abb. 11-7 Es gibt eine große Auswahl an Instrumenten für Politur und Ausarbeitung. Die Effektivität hängt von der Struktur des zu bearbeitenden Materials ab. Feinkorndiamanten (links) sind wahrscheinlich die einzigen universell einsetzbaren Instrumente für eine schonende Ausarbeitung aller zahnfarbenen Materialien.

Politur

Die einschlägige Literatur ist außerordentlich umfangreich und verwirrend (Van Noort und Davis, 1984; Stoddard und Johnson, 1991; Jefferies et al., 1992) und gibt nur wenige sachdienliche Hinweise bezüglich der klinischen Bedeutung der untersuchten Systeme, da die entsprechenden Untersuchungen fast alle In-vitro-Untersuchungen sind. Dazu muß gesagt werden, daß bei Kompositen in vivo die Qualität der Restaurationsoberfläche in fundamentaler Weise von der Struktur des Materials und der oralen Umgebung abhängt. Die Herstellung einer vollständig glatten Kompositoberfläche kann sich oft schwierig gestalten und in einem nur kurzzeitigen Glanz resultieren, der durch Verschleiß und Verschlechterung der Oberflächenqualität rasch wieder abnimmt (innerhalb von Wochen) (Abb. 11-5). Im Gegensatz dazu wird die Materialstruktur und anfängliche Oberflächenqualität von Keramik einen großen Einfluß auf ihr klinisches Verhalten ausüben, da sie intraoral nur einer sehr geringen Verschlechterung ihrer Qualität unterliegt (Abb. 11-6).

Das hauptsächliche Ziel ist das Erreichen von glatten Restaurationsrändern und die Eliminierung von groben Unebenheiten auf der Oberfläche. Dafür können verschiedene Instrumente benutzt werden.

Komposite

Flexible Scheibchen sind verläßliche Polierinstrumente für die meisten Materialien, für die sie untersucht wurden (Wilson et al., 1990; Schmid et al., 1991). Für flache und gut zugängliche Oberflächen stellen sie das Standardsystem dar. Für unebene Oberflächen und Ränder können Feinkorndiamanten, Karbidschleifer, Silikonspitzen und Polierpasten benützt werden (Lutz et al., 1984; Hannig et al., 1990; Schmid et al., 1991; Tate et al., 1992). Es existiert jedoch keine allgemeine Übereinstimmung bezüglich der Instrumente für eine optimale Politur in diesen Bereichen (Abb. 11-8). Eine Schlußpolitur mit Pasten und Bürstchen scheint nur in bestimmten Bereichen wie okklusalen Grübchen oder während der extraoralen oder labortechnischen Bearbeitung sinnvoll.
Ränder im Gingivabereich werden in kon-

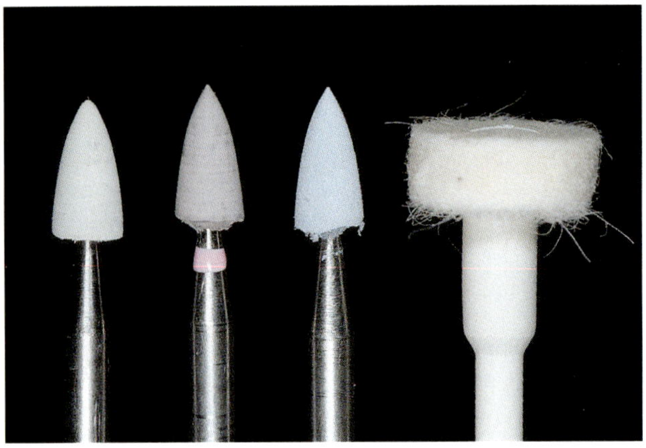

Abb. 11-8 Spezielle Gummispitzen und Rädchen, die feine abrasive Partikel enthalten, eignen sich für die Ausarbeitung und Politur von Keramiken. Unglücklicherweise sind einige der besten für den intraoralen Gebrauch weitgehend ungeeignet.

ventioneller Weise mit aluminiumbelegten oder Glasmetallstreifen poliert (z. B. Enhance Finishing und Polishing strips, De Trey-Dentsply)

Keramiken

Porenfreie Keramik, wie z. B. niedrigschmelzende Keramiken (LFC, Ducera) oder maschinell bearbeitbare Keramiken (Dicor MGC, Dentsply), können mit klinisch befriedigenden Ergebnissen leicht mit flexiblen Scheibchen, Feinkorndiamanten, aluminiumoxid- oder silikonkarbidhaltigen Silikonspitzen und speziellen diamantierten oder aluminumoxidhaltigen Polierpasten poliert werden (Schmid et al., 1991; Wirz, 1992, Scurria und Powers, 1994) (Abb. 11-8). Für andere Keramikarten sollten die abschließenden Maßnahmen auf das okklusale Einschleifen beschränkt werden, da diese Materialien intraoral sehr schwer zu polieren sind. Diese Empfehlung ist jedoch stark von der jeweiligen Stuktur abhängig (Raimondo et al., 1990; Romeo et al., 1991). Allem Anschein nach ergibt der Gebrauch von Diamatschleifern mit der anschließenden Verwendung von Silikonspitzen und speziellen Polierpasten die glatteren Oberflächen (Schmid et al., 1991; Hulterstrom und Bergman, 1993; Scurria und Powers, 1994).

Versiegelung der Restaurationsränder und Oberflächen

Offensichtlich kann eine perfekte Adaptation der adhäsiven Restauration nicht überall erreicht werden. In kritischen Bereichen, wie dentinbegrenzten Rändern, ist das Auftreten von Randungenauigkeiten wahrscheinlich. Das „rebonding" der Restaurationsränder mit einem niedrig viskösen Kunststoff ist deshalb als hilfreiche abschließende Maßnahme empfohlen worden (Torstenson et al. 1985; Reid und Saunders, 1991; Tjan und Tan, 1991) (Abb. 11-9). Die Langzeitprognose dieser Maßnahme ist jedoch nicht gesichert. Die Versiegelung der Kompositoberfläche mit einem niedrig viskösen Kunststoff kann den Verschleiß durch die Penetration in Porositäten und Mikrorisse ebenfalls reduzieren.

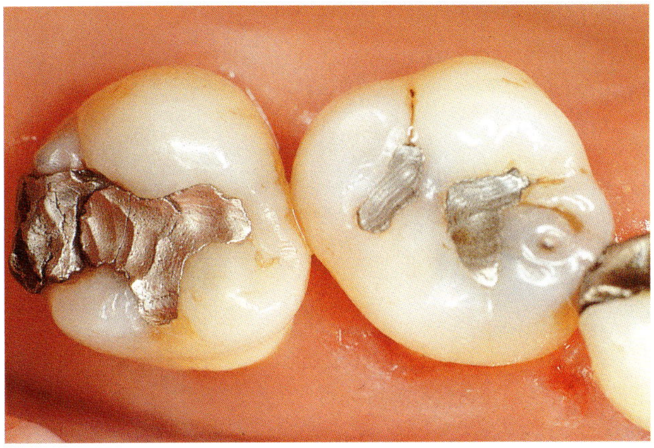

Abb. 11-9a

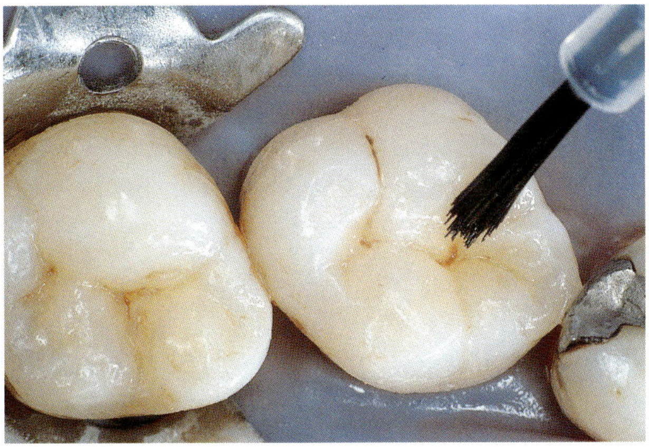

Abb. 11-9b

Abb. 11-9 Präoperative Ansicht von zwei alten insuffizienten Amalgamfüllungen (a), deren Entfernung sich als notwendig erwies. Eine direkte adhäsive Technik kam zur Anwendung. Nach der Fertigstellung der Füllungen werden die Randbereiche mit einem flüssigen Kunststoff imprägniert, um alle Oberflächenmikrokavitäten zu penetrieren (b).

Literatur

Barnes CE. Mechanism of vinyl polymerization. I. Role of oxygen. J Am Chem Soc 1945;67:217–220.

Bergmann P, Noack MJ, Roulet JF. Marginal adaptation with glass-ceramic inlays adhesively luted with glycerine gel. Quintessence Int 1991;22:739–744.

Bovey FA, Kolthoff IM. Inhibition and retardation of vinyl polymerization. Chem Rev 1948;42:491–525.

Dickinson GL, Leinfelder KF, Mazer RB, Russell CM. Effect of surface penetrating sealant on wear rate of posterior composite resins. J Am Dent Assoc 1990;121:251–255.

Jefferies SR, Smith R, Barkmeier WW, Gwinett AJ. Three composite finishing systems: a multisite in vitro evaluation. J Esthet Dent 1992;4:181–185.

Hannig M, Albers HK, Prieshoff T, Weinle S. REM-Untersuchungen zur Nacharbeitung der Befestigungkompositfunge adhäsiv zementierter Kompositinlays. Dtsch Zahnarztl Z 1990; 45:672–675.

Hulterstrom AK, Bergman M. Polishing systems for dental ceramics. Acta Odontol Scand 1993;51: 229–234.

Itoh K, Iwaku M, Fusayama T. Effectiveness of glazing composite resin restorations. J Prosthet Dent 1981; 45:606–613.

Krejci I, Lutz F. Kompositfüllungen – das 1x1 des Ausarbeitens. Schweiz Monatsschr Zahnmed 1984;94: 1015–1027.

Raimondo RL Jr, Richardson JT, Wiedner B. Polished versus autoglazed dental porcelain. J Prosthet Dent 1990;64:553–557.

Reid JS, Saunders WP, Chen YY. The effect of bonding agent and fissure sealant on microleakage of composite restorations. Quintessence Int 1991;22: 295–298.

Romeo E, Bardelli L, Marchesi A, Francetti L. Occlusal adjustment and crown finishing in gold ceramics. Prev Assist Dent 1991;17:26–29.

Schmid O, Krejci I, Lutz F. Ausarbeitung von Adhäsiven Zahnfarbenen Inlays aus Komposit und Keramik. Schweiz Monatsschr Zahnmed 1991;101:177–184.

Scurria MS, Powers JM. Surface roughness of two polished ceramic materials. J Prosthet Dent 1994;71: 174–177.

Stoddard JW, Johnson GH. An evaluation of polishing agents for composite resins. J Prosthet Dent 1991; 65:491–495.

Tate WH, De Schepper EJ, Cody T. Quantitative analysis of six composite polishing techniques on a hybrid composite material. J Esthet Dent 1992;4 Suppl; 30–32.

Tjan AH, Tan DE. Microleakage at gingival margins of class V composite resin restorations rebonded with various low-viscosity resin systems. Quintessence Int 1991;22:565–573.

Torstenson B, Brännström M, Mattsson B: A new method for sealing composite resin contraction gaps in lined cavities. J Dent Res 1985;64:450–453.

Van Noort R, Davis LG. The surface finish of composite resin restorative materials. Br Dent J 1984;157: 360–364.

Wilson F, Heath JR, Watts DC. Finishing composite restorative materials. J Oral Rehabil 1990;17:79–87.

Wirz J. Polierbarkeit gefräster Keramikinlays. Quintessenz 1992;101:177–184.

Sachregister

A

Abdruck, optischer 171
Abschrägung 79, 88, 90
- konkave 92, 93
adhäsive Grenzfläche siehe Grenzfläche, adhäsive
adhäsive Präparation siehe Präparation, adhäsive
adhäsive Zahnheilkunde siehe Zahnheilkunde, adhäsive
Aluminium-Silikat-Glas 41
Amalgam 67, 88
Approximalkontakte 104, 109
Ausarbeitung 203, 205
Autopolymerisation 56

B

Bimsmehl 154
BIS-GMA 29
Bruxismus 63
„Bulk"-Technik 103, 104, 113

C

CAD/CAM 47, 123, 169ff
Computer-aided-design 169

D

Dentin
- intertubuläres 37
- peritubuläres 37
Dentinadhäsion 37
Dentinätzung 37, 152, 187
Dentinbondingagent 37

E

Eingliederung 185
Eingliederungsmaterialien 54
- Dualzemente 192, 197
- Kompomer 55
- Komposit 57, 195, 197
Einprobe 140

F

Flußsäure 194
Frakturgefahr 95
Füller 49

G

Glasionomerzement 41, 54, 151
- lichthärtender 41
Glaskeramik 45
Glyzeringel 125, 203
Goldgußrestauration 22

Grenzfläche, adhäsive 27
Gußtechnik 155

H

Höckerüberkuppelung 95
Hohlkehlpräparation 92
Hybrid 53
– Kleinpartikelhybrid 54
Hybridlayer 37, 187, 193

I

InCeram 49
Inlay
– approximal 182
– extraorales 95, 125, 129
– intraorales Komposit- 95, 125ff
– keramisches 145
Insert 103, 113
Interdiffusionszone 37
Isolierungsmittel 128

K

Kavität
– Divergenz 95
– großflächige 67
– intrakoronale 152
– Klasse-I- 67
– Klasse-II- 67
– kleinflächige 104
– mittelgroße 104
Keramik 44, 140
– -Inlay 145
– -Insert 103, 113
– niedrigschmelzende 48
– -Onlay 145
– -Phase, kristalline 45
Knirschen 63
Kofferdam 62
Kompomer 41,146
Komposit 44
– bimodales 51, 54
– monomodales 52
– Phase, anorganische 49
– Phase, organische 49
– Restaurationen, laborgefertigte 155
Kontraktion
– Wand-zu-Wand 185
Konturierung 205
Konversationsrate 133
Kunststoffzotten 37

L

Lichtpolymerisation 50, 56

M

Matrize
– Metall 104
– transluzente 109
Modell, Silikon- 131
Monomere, hydrophile 37

N, O

Nachvergütung 133, 134
Onlay 145

P

Pantographie 166
– Systeme 47
Politur 174, 203, 209
Polycarboxylsäure 41
Polymerisation
– autokatalytische 56
– Licht- 50, 56
Polymerisationsaufsätze 112
Polymerisationsschrumpfung 50

Porzellane
– heterogene 44
– homogene 48
– verstärkte heterogene 45
Präparation
– adhäsive 85
– konische 88
– oszillierende 180
– Tunnel- 88, 104
Preßverfahren 155
Primer 37
Provisorien 151
Puderauftrag 171

R

Rand, Frakturen 92
Randschluß 92, 124
Randspaltbreite 185
rebonding 210
Restauration
– adhäsiv eingesetzte 88
– laborgefertigte 155
– maschinell hergestellte 166
– präventive 85, 104
Retention, mikromechanische 134

S

Sauerstoffinhibitionsschicht 203
Schmelz-Ätz-Technik 29, 152
Schmelzpool 70
Schmelzprismen 79, 90
Schmelz-Zement-Grenze 121
Schulterpräparation 90
Silanisierung 49, 194
Silikatzement 41
Silikon, kondensationsvernetzendes 129
Siliziumoxid, pyrogenes 51
Sinterverfahren 155
Sonoerosion 170, 179
Sprödigkeit 145

T

Technik
– direkte 61, 67, 73, 104
– dreiseitige Lichthärt- 101, 103, 104, 109
– indirekte 32, 62, 67, 73, 95
– Inkrement- 103
– Schicht- 67
– Schicht-, schräge 103
– semi-direkte 41, 62, 67, 73, 95, 121, 124
Thixotropie 56

U

Ultraschall 56, 193
Unterfüllungen 39, 43
– partielle 39
– totale 39

V

Vektoren 109
Verschleiß 54, 69, 188
Verschleißfestigkeit 49, 54

W

wet-bonding 62

Z

Zahnheilkunde, adhäsive 37, 44
Zement
– temporärer 152
– Zinkoxid-Eugenol- 15